RISC－V 处理器与嵌入式开发丛书

RISC－V 架构嵌入式系统原理与应用
——CH32V103 单片机编程与项目实践

裴晓芳　主　编
庄建军　刘建成　杨 勇　徐 伟　范 阳　副主编

北京航空航天大学出版社

内 容 简 介

本书以南京沁恒微电子股份有限公司自主研发的基于 RISC－V 内核的 CH32V103 单片机基本结构与原理为主线，详细阐述 CH32V103 的功能结构与应用系统开发的一般技术。

全书共 19 章。前 3 章简要叙述 RISC－V 架构的背景知识，第 4 章和第 5 章介绍 CH32V103 单片机的软硬件开发环境，第 6～17 章介绍 CH32V103 单片机的外设模块及应用实例，第 18 章和第 19 章是蓝牙加密 U 盘和智能家居应用两个综合实验案例。

本书可作为高等学校电子信息工程、通信工程、计算机科学与技术、物联网工程、自动化等专业的教材，也可作为对 RISC－V 处理器感兴趣或者有应用需求的工程技术人员的参考书。

书中相关例程下载链接：http://www.wch.cn/bbs/forum-106-1.html。

图书在版编目(CIP)数据

RISC－V 架构嵌入式系统原理与应用：CH32V103 单片机编程与项目实践 / 裴晓芳主编. -- 北京 ：北京航空航天大学出版社，2021.5

ISBN 978－7－5124－3507－0

Ⅰ. ①R… Ⅱ. ①裴… Ⅲ. ①微处理器－系统设计②单片微型计算机－程序设计 Ⅳ. ①TP332②TP368.1

中国版本图书馆 CIP 数据核字(2021)第 076870 号

版权所有，侵权必究。

RISC－V 架构嵌入式系统原理与应用——CH32V103 单片机编程与项目实践

裴晓芳　主　编

庄建军　刘建成　杨　勇　徐　伟　范　阳　副主编

策划编辑　陈守平　　责任编辑　陈守平

*

北京航空航天大学出版社出版发行

北京市海淀区学院路 37 号(邮编 100191)　http://www.buaapress.com.cn

发行部电话：(010)82317024　传真：(010)82328026

读者信箱：goodtextbook@126.com　邮购电话：(010)82316936

北京九州迅驰传媒文化有限公司印装　各地书店经销

*

开本：787×1 092　1/16　印张：22.25　字数：570 千字

2021 年 6 月第 1 版　2023 年 7 月第 2 次印刷　印数：2 001～2 200 册

ISBN 978－7－5124－3507－0　定价：69.00 元

若本书有倒页、脱页、缺页等印装质量问题，请与本社发行部联系调换。联系电话：(010)82317024

前　言

RISC－V架构诞生于2010年，由美国加州大学伯克利分校的多位教授联合推出。经过十多年的发展，RISC－V架构得到越来越多的关注。当前国内外众多院校与公司都在研究RISC－V架构，并将其应用于学术或工程应用中。

目前，针对嵌入式技术与应用的图书多以ARM内核单片机为主，以STM32为基础器件来介绍，而通用RISC－V芯片与开发板较少，图书资料更少。但是高校师生和应用开发者都需要一本有详细例程、可指导实际操作的参考书，以便快速了解RISC－V，进行基于RISC－V芯片的应用程序开发。

本书基于CH32V103单片机介绍RISC－V架构嵌入式系统原理与应用。CH32V103是一款自主研发的国产单片机芯片，主要面向对RISC－V处理器感兴趣的高校师生、有应用需求的工程师或者研究人员。书中以应用领域的实例为先导，讲述RISC－V基础知识和RISC－V应用案例，帮助读者深入了解和学习使用RISC－V处理器。主要内容包括：RISC－V基础理论知识、软件开发环境、基础类案例、综合类案例和应用设计类案例，可满足不同层次读者的需求；从功能分析、硬件设计、软件设计、系统调试对案例进行详细介绍，读者可以按照书中的有关内容完成案例的自主开发，提高实践能力。本书的应用案例具有“模块化”“设计性”和“实用性”的鲜明特色。本书第一部分介绍嵌入式系统，将ARM架构和RISC－V架构进行对比，概述RISC－V架构的指令集特点。第二部分介绍CH32V103单片机的软硬件开发环境，帮助读者迅速了解RISC－V架构的单片机特点，熟悉软件应用开发环境。第三部分介绍CH32V103单片机的外设模块并给出应用实例，所有应用代码都已经过验证。最后一部分列举2个综合设计案例，蓝牙加密U盘和智能家居应用，可以提高读者综合设计与开发的能力。

本书具有以下特点：

① 将单片机开发项目实战的思想和方法贯穿全过程，引导读者快速掌握开发实践要旨。

② 具有“从入门到实践”的属性，详细讲解RISC－V内核以及CH32V103单片机，读者可

熟练掌握RISC－V单片机开发工具的使用方法，快速搭建RISC－V单片机进行应用开发。

③ 本书内容覆盖开发的主要环节，从系统框图介绍、外设模块介绍、程序库函数介绍到应用实例设计，各个外设模块均有配套实验例程。

④ 本书配套开发板的原理图与PCB文件、相关例程代码可从沁恒微电子社区获取，下载链接：http://www.wch.cn/bbs/forum－106－1.html。

本书的编写得到了南京信息工程大学滨江学院横向课题(2020H022)、南京沁恒微电子股份有限公司及北京航空航天大学出版社的大力支持或资助，在此表示衷心的感谢！

由于作者水平有限，书中的不足之处，恳请读者批评指正。

编　者

2021年2月

本书为读者免费提供书中示例的程序源代码、配套开发板原理图和PCB文件、RISC－V指令集和特权体系文档、CH32V芯片参考手册、CH32V103官方例程包等增值服务材料，请关注微信公众号“北航科技图书”，回复“3507”，获得百度网盘的下载链接。

如使用中遇到任何问题，请发送电子邮件至goodtextbook@126.com，或致电010－82317738咨询处理。

目　　录

第1章　嵌入式系统简介

1.1　嵌入式系统概述

1.1.1　嵌入式系统特点

电子计算机诞生于1946年，是实现数值计算的大型昂贵设备。到20世纪70年代，随着微处理器的出现，微型计算机因具有小型化、低价格、高可靠性以及高速数值计算等特点而得以普及应用。随后，微型计算机被嵌入到对象系统中，以实现系统的智能化控制。例如，将微型计算机经电气加固、机械加固，并配置各种外围接口电路，安装到大型舰船中构成自动驾驶仪或轮机状态监测系统，等。为了区别于原有的通用计算机系统，把嵌入到对象体系中实现对象体系智能化控制的计算机称作嵌入式计算机系统，简称为嵌入式系统。

嵌入式系统虽然起源于微型计算机时代，但是微型计算机的体积、价位、可靠性都无法满足广大对象系统嵌入式应用的要求，因此，嵌入式系统走上了独立发展道路即芯片化道路。将计算机做在单个芯片上，开创了嵌入式系统独立发展的单片机时代。

单片机诞生于20世纪70年代末，经历了SCM、MCU和SoC三大阶段。

SCM即单片微型计算机(Single Chip Microcomputer)阶段。这个阶段主要是寻求单片形态嵌入式系统的最佳体系结构。在开创嵌入式系统独立发展道路上，Intel公司功不可没。

MCU即微控制器(Micro Controller Unit)阶段。该阶段主要的技术发展方向：在满足不断扩展的嵌入式应用要求的同时，集成对象系统要求的各种外围电路与接口电路，体现出强大的智能化控制能力。Philips公司以其在嵌入式应用方面的巨大优势将MCS－51从单片微型计算机迅速发展到微控制器。

SoC即片上系统(System on Chip)阶段。从狭义角度讲，该阶段发展方向是设计信息系统核心的芯片集成，将系统关键部件集成在一块芯片上；从广义角度讲，是设计出一个微小型系统。如果说中央处理器(CPU)是大脑，那么SoC就是包括大脑、心脏、眼睛和手的系统。SoC一般定义为将微处理器、模拟IP核、数字IP核和存储器(或片外存储控制接口)集成在单一芯片上。它通常是客户定制的或是面向特定用途的标准产品。

简单地说，嵌入式系统就是嵌入到目标体系中的专用计算机系统，一般由嵌入式微处理器、外围硬件设备、嵌入式软件操作系统以及用户的应用程序四大部分组成，用于实现对其他外部设备控制以及网络的数据交换等功能。

嵌入式系统与普通的PC系统相比主要具有以下特点：

1）系统内核小。由于嵌入式系统一般应用于小型电子装置，系统资源相对有限，所以内核较之传统操作系统要小得多。比如 Enea 公司的 OSE 分布式系统的内核只有 5 KB，与 Windows 的内核简直没有可比性。

2）专用性强。嵌入式系统的个性化很强，其软件系统和硬件系统结合得非常紧密，一般要针对硬件进行系统的移植。即使在同一品牌、同一系列的产品中也需要根据系统硬件的变化和增减不断进行修改；同时针对不同的任务，往往也需要对系统进行较大的更改，程序的编译下载要和系统相结合，这种修改和通用软件的升级完全是两个概念。

3）系统精简。嵌入式系统一般没有系统软件和应用软件的明显区分，不要求其功能设计和实现上过于复杂，这样有利于控制系统成本，也有利于系统安全。

4）高实时性的系统软件（OS）是嵌入式软件的基本要求。软件要求固态存储，以提高速度；软件代码要求高质量和高可靠性。

5）嵌入式软件开发要想走向标准化，就必须使用多任务的操作系统。嵌入式系统的应用程序可以没有操作系统而直接在芯片上运行，但是为了合理地调度多任务，利用系统资源、系统函数以及和标准库函数接口，用户必须自行选配 RTOS 开发平台，这样才能保证程序执行的实时性、可靠性，并缩短开发时间，保障软件质量。

6）嵌入式系统开发需要开发工具和环境。由于嵌入式系统本身不具备自主开发能力，设计完成以后用户通常不能对其中的程序功能进行修改，必须有一套开发工具和环境才能进行开发，这些工具和环境一般是基于通用计算机上的软硬件设备以及各种逻辑分析仪、混合信号示波器等设备的。开发时往往有主机和目标机的概念，主机用于程序的开发，目标机作为最后的执行机，开发时主机和目标机需要交替结合使用。

7）嵌入式系统与具体应用有机结合，升级换代也同步进行。因此，嵌入式系统产品一旦进入市场，具有较长的生命周期。

1.1.2 嵌入式系统发展趋势

近年来，随着移动互联网、物联网的迅猛发展，嵌入技术日渐普及，在通信、网络、工控、医疗、电子等领域，嵌入式系统发挥着越来越重要的作用，嵌入式产品不断渗透到人们的日常生活中。

目前，我国嵌入式行业人才缺口巨大。随着人工智能和汽车电子嵌入式开发业务需求量的增加，嵌入式专业的岗位需求还将持续增加。

嵌入式系统市场是巨大的，市场需求是嵌入式系统产业化发展的巨大推动力。据报告，10％～20％的计算机芯片是为台式或便携式计算机设计的，80％～90％的计算机芯片是为嵌入式产品设计的，这意味着每年有 10 亿～20 亿个 CPU 是为嵌入式产品制造的。市场决定了嵌入式行业是很有发展前途的行业。

嵌入式系统技术的应用领域可以包括：

1）工业控制：目前已经有大量的 8 位、16 位、32 位嵌入式微控制器应用于工业控制，而网络化是提高生产效率和产品质量、减少人力资源的主要途径，如工业过程控制、数字机床、电力系统、电网安全、电网设备监测、石油化工系统，基于嵌入式芯片的工业自动化设备将获得长足的发展。

2）交通管理：在车辆导航、流量控制、信息监测与汽车服务方面，嵌入式系统技术已经获得了广泛的应用，内嵌 GPS、GSM 模块的移动定位终端已经在各种运输行业得以成功使用。

3）信息家电：这将成为嵌入式系统最大的应用领域，冰箱、空调等的网络化、智能化将引领人们的生活步入一个崭新的阶段。人们可以通过电话、网络对家电进行远程控制。

4）家庭智能管理系统：水、电、煤气表的远程自动抄表系统，安全防火、防盗系统中将嵌入专用控制芯片来代替传统的人工检查，并实现更高、更准确和更安全的性能。

5）POS网络及电子商务：公共交通无接触智能卡发行系统、公共电话卡发行系统、自动售货机以及各种智能ATM终端将全面走入人们的生活，而嵌入式系统是其关键组成部分。

6）环境工程与自然：水文资料实时监测、防洪体系及水土质量监测、地震监测网、实时气象信息网以及水源和空气污染监测等都离不开嵌入式系统。在很多环境恶劣、地况复杂的地区，嵌入式系统将实现无人监测。

7）机器人：嵌入式芯片的发展将使机器人在微型化、高智能方面的优势更加明显，同时会大幅度降低机器人的价格，使其在工业领域和服务领域获得更广泛的应用。

总之，嵌入式系统技术正在国计民生中发挥着重要作用，有着非常广阔的应用和发展前景。

1.2　ARM架构介绍

1.2.1　ARM的历史背景

ARM是全球领先的半导体知识产权（IP）提供商。据统计，全世界超过95%的智能手机、平板电脑、智能汽车、可穿戴设备等都采用ARM架构。

1978年12月5日，奥地利籍物理学博士赫尔曼·豪泽（Hermann Hauser）和他的英国工程师Chris Curry在英国剑桥创办了CPU公司（Cambridge Processing Unit Ltd），主要业务是为当地市场供应电子设备。

1979年，CPU公司改名为Acorn Computer Ltd（艾康计算机公司）。1980年，英国BBC电视台想要资助一家公司开发便宜的微型计算机。BBC招标时，Acorn正在开发一款个人电脑的原型机，并以此与BBC开展合作，这款原型机被命名为BBC Micro。

剑桥大学的计算机科学家Sophie Wilson和Steve Furber为Acorn完成了Acorn RISC Machine处理器的设计，这就是“ARM”名称的由来。RISC的意思就是简化指令集计算机（Reduced Instruction Set Computer），是相对于复杂指令集（CISC，Complex Instruction Set Computer）的一个概念。早期的芯片全部是CISC架构，它的设计目的是要用最少的机器语言指令来完成所需的计算任务。这种架构会增加芯片结构的复杂性和对芯片工艺的要求，但对于编译器的开发十分有利。目前主要是Intel和AMD在使用CISC架构。

RISC是在CISC指令系统基础上发展起来的。对CISC机进行测试表明，各种指令的使用频度相当悬殊，最常使用的是一些比较简单的指令，仅占指令总数的20%，但在程序中出现的频度却占80%。针对CISC的这些弊病，美国加州大学伯克利分校的帕特逊教授等人提出了精简指令的设想，即指令系统应当只包含那些使用频率很高的少量指令，并提供一些必要的指令以支持操作系统和高级语言，按照这个原则发展而成的计算机被称为精简指令集计算机，简称RISC。

ARM1处理器最显著的特点是功耗低，这也是以后ARM起飞的关键。

1990年11月27日，苹果、Acorn和芯片厂商VLSI共同建立ARM计算机公司(Advanced RISC Machines)。

ARM计算机公司以授权的方式，将芯片设计方案转让给其他公司，即“Partnership”开放模式，极大地降低了研发成本和研发风险，形成了一个以ARM为核心的生态圈，使低成本创新成为可能。

1991年，ARM将产品授权给英国GEC Plessey半导体公司。

1993年，ARM将产品授权给Cirrus Logic和德州仪器(Texas Instruments，TI)。与德州仪器的合作，给ARM公司带来了重要的突破。

此后ARM的目标一直没有改变，着重生产体积小、功耗低的芯片，并打造一个庞大而多样的生态系统。苹果、高通、三星电子等公司也与ARM建立了合作关系。

ARM公司获得成功的原因不仅在于其授权的盈利模式，更重要的是其自身过硬的一系列产品，其中最出名的莫过于Cortex系列。

1.2.2 ARM系列简介

ARM公司在2004年之前，都采用“ARM＋数字”的形式给处理器命名。推出ARMv7内核架构时开始采用Cortex来命名。如今ARM公司主要有Cortex-A、Cortex-M和Cortex-R三大系列。

1. Cortex-A系列

Cortex-A系列是面向性能密集型系统的应用处理器核，是一组用于高性能、低功耗应用处理器领域的32位和64位RISC处理器系列。32位架构的处理器包括Cortex-A5、Cortex-A7、Cortex-A8、Cortex-A9、Cortex-A12、Cortex-A15、Cortex-A17和Corex-A32。64位架构的处理器包括ARM Corex-A35、ARM Cortex-A53、ARM Cortex-AS7、ARM Cortex-A72和ARM Cortex-A73。Cortex-A、Cortex-M和Cortex-R架构的最大区别是包含了存储器管理单元(Memory Management Unit，MMU)，因此可以支持操作系统的运行。

ARM在2005年向市场推出Cortex-A8处理器，这是第一款支持ARMv7-A架构的处理器。在当时的主流工艺下，Cortex-A8处理器的速率可以在600 MHz～1 GHz的范围内调节，能够满足需要工作在300 mW以下的移动设备的要求，并可满足那些需要高性能计算能力的消费类应用的要求。当Cortex-A8在2008年投入批量生产时，高带宽无线连接(3G)已经问世，大屏幕也已用于移动设备，Cortex-A8芯片的推出正好赶上了智能手机的大发展。

推出Cortex-A8之后不久，ARM又推出了首款支持ARMv7-A架构的多核处理器Cortex-A9。Cortex-A9利用硬件模块来管理CPU集群中1～4个核的高速缓存一致性，加入了一个外部二级高速缓存。与Cortex-A8相比，Cortex-A9处理器的单时钟周期指令吞吐量提高了大约25%，这个性能的提升是在保持相似功耗和芯片面积的前提下，通过缩短流水线并乱序执行，以及在流水线早期阶段集成NEON SIMD和浮点功能而实现的。

ARM Cortex-A系列各处理器的特点见表1-1。

表 1-1　ARM Cortex-A 系列部分处理器

型　号	位　数	架　构	流水线深度	指令发射类型
Cortex-A8	32	ARMv7-A	13 级	双发射
Cortex-A9	32	ARMv7-A	8 级	双发射
Cortex-A5	32	ARMv7-A	8 级	单发射
Cortex-A15	32	ARMv7-A	15 级	三发射
Cortex-A57	64	ARMv8-A	15 级	三发射
Cortex-A7	32	ARMv7-A	8 级	部分双发射
Cortex-A53	64	ARMv8-A	8 级	部分双发射
Cortex-A12	32	ARMv7-A	8 级	双发射
Cortex-A17	32	ARMv7-A	8 级	双发射
Cortex-A35	64	ARMv8-A	8 级	部分双发射
Cortex-A72	64	ARMv8-A	15 级	三发射
Cortex-A73	64	ARMv8-A	15 级	三发射
Cortex-A32	32	ARMv8-A	8 级	部分双发射
Cortex-A55	64	ARMv8.2-A	8 级	部分双发射
Cortex-A75	64	ARMv8.2-A	15 级	三发射

2. Cortex-M 系列

Cortex-M 系列是面向各类嵌入式应用的微控制器(Microcontroller Unit,MCU)内核,是用于低功耗微控制器领域的 32 位 RISC 处理器系列,包括 Cortex-M0、Cortex-M33(F)。其中,Cortex-M4/M7/M33 处理器包含硬件浮点运算单元(FPU),也称为 Cortex-M4F/M7F/M33F。表 1-2 列出了 Cortex-M 系列各处理器的发布时间和特点。

Cortex-M3 是 Cortex 产品家族中使用最为广泛的一款芯片,本身的体积也非常小,可以广泛应用于各种各样嵌入式智能设备,比如智能路灯、智能家居、温控器和智能灯泡等。至今全球已有超过 1 000 家厂商获得了 ARM Cortex-M 的授权,其中中国内地厂商超过 200 家。

随着越来越多的电子厂商推出物联网(IoT)新产品,Cortex-M 也被广泛应用于微控制器。Cortex-M 系列各处理器的发布时间和特点见表 1-2。

表 1-2　ARM Cortex-M 系列部分处理器

型　号	发布时间	流水线深度	描　述
Cortex-M3	2004	3 级	面向标准嵌入式市场的高性能、低成本的 ARM 处理器
Cortex-M1	2007	3 级	面向 FPGA 的 ARM 处理器
Cortex-M0	2009	3 级	面积最小和功耗最低的 ARM 处理器
Cortex-M4	2010	3 级	在 M3 基础上增加单精度浮点、DSP 功能,以满足数字信号处理控制市场的 ARM 处理器

续表 1－2

型 号	发布时间	流水线深度	描 述
Cortex－M0＋	2012	2 级	在 M0 基础上进一步降低功耗的 ARM 处理器
Cortex－M7	2014	6 级	超标量设计，配备分支预测单元，不仅支持单精度浮点，还增加了硬件双精度浮点能力，进一步提升计算性能和 DSP 处理能力，主要面向高端嵌入式市场
Cortex－M23	2016	2 级	在 M0＋基础上增加了硬件整数除法器和安全特性
Cortex－M33	2016	3 级	在 M4 基础上增加了安全特性

3. Cortex－R 系列

Cortex－R 系列是 Cortex 系列中体积最小的 ARM 处理器，针对高性能实时应用，例如企业中的网络设备和打印机、消费电子设备、汽车应用以及大型应用系统等。Cortex－R 系列部分处理器的特点见表 1－3。

表 1－3 ARM Cortex－R 系列部分处理器

型 号	架 构	流水线深度	描 述
Cortex－R4	ARMv7－R	8 级	面向汽车应用的 ARM 处理器
Cortex－R5	ARMv7－R	8 级	服务于网络和数据存储应用的 ARM 处理器
Cortex－R7	ARMv7－R	11 级	为范围广泛的深层嵌入式应用提供了高性能的双核、实时解决方案
Cortex－R8	ARMv7－R	11 级	为要求高可靠性、高可用性、高容错性、高维护性、实时响应的嵌入式系统提供高性能计算解决方案
Cortex－R52	ARMv8－R	8 级	Cortex－R5 的升级版，主力车联网、物联网、4G/5G 方案

1.2.3 ARM 的发展趋势

随着信息技术和网络技术的快速发展，嵌入式技术市场发展前景更为广阔。嵌入式技术自 20 世纪 90 年代末开始推广应用，在通信领域和消费品领域取得了巨大成果。

信息时代的到来为嵌入式技术提供了巨大的发展契机，同时也提出了新的挑战。首先，嵌入式技术不仅要提供相应的软件和硬件，还要提供软件包和硬件开发工具。其次，随着电子产品结构的复杂化以及性能的不断提高，嵌入式技术产品也要进行功能升级。再次，嵌入式系统经常要在极其恶劣的环境中运行，很容易受到温度、湿度等因素的影响，所以有必要增设防震、防水以及防电磁干扰等功能。另外，还需要通过技术优化进一步提高系统的可靠性和执行速度。

1.3 RISC－V 架构介绍

1.3.1 RISC－V 架构的历史背景

主流 ARM 结构是未开放的模式，核心技术一直掌握在 ARM 公司手中。20 世纪 80 年代初，加州大学伯克利分校的研究人员积极推动开源产品，开发了 RISC－V 指令集。起初，RISC－V 指令集架构只是用来帮助学生学习计算机架构的，现在也应用于云计算和物联网等新兴市场。

RISC－V 不同于其他“非 ARM”架构的商用处理器架构，是一个全新的开放架构，有可能成为未来的主流架构之一而与 ARM 并驾齐驱。到 2017 年，RISC－V 在国外已经诞生了很多开源或者商用版本的处理器内核，国内有学者开发了蜂鸟 E203 内核上传至 Github，给中国内地带来了有影响力的 RISC－V 开源内核。国内许多学者希望通过 RISC－V 这种完全开放的指令集，打破 ARM 对 CPU 架构的垄断，实现处理器内核的独立自主。

1.3.2 RISC－V 架构的发展趋势

RISC－V 最大的优势就是开源和免费，这意味着 RISC－V 可以帮助开发者低成本完成 CPU 设计。RISC－V 的第二个优势是简单，基础指令集只有 40 多条并模块化，架构短小精悍，方便芯片设计者开发简单的 RISC－V CPU。该 CPU 功耗小，代码密度低，适用于嵌入式系统和物联网产品。RISC－V 的第三个优势是灵活，RISC－V 架构通过预留大量的编码空间和 4 条用户指令，帮助用户扩展指令集，这个特性在现在的 AIoT 和信息安全市场具有很大的优势。

通过 RISC－V 架构的发展可以实现处理器内核的国产自主化，并且可拥有全世界认可的主流架构和主流生态；RISC－V 内核的成本优势，有利于开发出更高性价比的芯片；RISC－V 架构的开放性，有助于开发出更多具有差异化特性的芯片。

但与此同时，RISC－V 架构的发展非常迅猛，RISC－V 的生态尚属早期，相比于 ARM 的生态而言，RISC－V 任重而道远。目前比较适合 RISC－V 使用的领域还是对于生态依赖比较小的深嵌入式或者新兴的 IoT、边缘计算、人工智能等领域。

本章小结

本章主要介绍了嵌入式系统的历史背景及其特点，讲述了 ARM 架构以及 ARM 公司的发展背景，最后介绍 RISC－V 架构的历史背景和发展趋势。本书接下来的所有内容，从开发板到硬件设计，从代码编写到程序运行都将基于 RISC－V 架构芯片。

第2章　RISC-V 指令集架构简介

2.1　RISC-V 架构设计特点

1. 简洁的架构

目前的"RISC-V 架构文档"分为"指令集文档"和"特权架构文档"。相比"x86 的架构文档"与"ARM 的架构文档",RISC-V 的显得短小精悍。

2. 模块化的指令集

相比成熟的商业架构,RISC-V 架构是模块化的,不同的部分可以通过模块化方式进行组织,以满足各种不同的应用。

3. 少而精的指令

RISC-V 架构的指令非常简洁,基本的 RISC-V 指令仅有 40 多条,加上其他的模块化扩展指令也就几十条指令。

2.2　RISC-V 架构特性

1. 模块化的指令子集

RISC-V 的指令集使用模块化的方式进行组织,每一个模块使用一个英文字母来表示。RISC-V 最基本也是唯一强制要求实现的指令集部分是由 I 字母表示的基本整数指令子集,使用该整数指令子集便能够实现完整的软件编译器。其他的指令子集部分均为可选模块,具有代表性的模块包括 M/A/F/D/C 模块。

为了提高代码密度,RISC-V 架构也提供可选的"压缩"指令子集,由英文字母 C 表示。压缩指令的指令编码长度为 16 b,而普通的非压缩指令的长度为 32 b。以上这些模块的一个特定组合"IMAFD"也被称为"通用"组合,由英文字母 G 表示。因此,RV32G 表示 RV32IMAFD,同理 RV64G 表示 RV64IMAFD。

为了进一步减小面积,RISC-V 架构还提供一种"嵌入式"架构,由英文字母 E 表示。该架构主要用于追求极低面积与功耗的深嵌入式场景。该架构仅需要支持 16 个通用整数寄存器，而非嵌入式的普通架构则需要支持 32 个通用整数寄存器。

通过以上模块化指令集，能够选择不同的组合来满足不同的应用。譬如，追求小面积低功耗的嵌入式场景可以选择使用 RV32EC 架构，而大型的 64 位架构则可以选择 RV64G。

2. 可配置的通用寄存器组

RISC－V 架构支持 32 位或者 64 位的架构，32 位架构由 RV32 表示，其每个通用寄存器的宽度为 32 b；64 位架构由 RV64 表示，其每个通用寄存器的宽度为 64 b。

RISC－V 架构的整数通用寄存器组包含 32 个（I 架构）或者 16 个（E 架构）通用整数寄存器，其中整数寄存器 0 被预留为常数 0，其他的 31 个（I 架构）或者 15 个（E 架构）为普通的通用整数寄存器。

如果使用了浮点模块（F 或者 D），则需要另外一个独立的浮点寄存器组，包含 32 个通用浮点寄存器。如果仅使用 F 模块的浮点指令子集，则每个通用浮点寄存器的宽度为 32 b；如果使用了 D 模块的浮点指令子集，则每个通用浮点寄存器的宽度为 64 b。

3. 规整的指令编码

在流水线中能够尽早尽快地读取通用寄存器组，往往是处理器流水线设计的预期之一，因为这样可以提高处理器性能和优化时序。但这个看似简单的道理在很多现存的商用 RISC 架构中都难以实现，原因是经过多年反复修改不断添加新指令后，其指令编码中的寄存器索引位置变得非常凌乱，给译码器造成不小的负担。

得益于后发优势并总结了多年来处理器发展的教训，RISC－V 的指令集编码非常规整，指令所需的通用寄存器的索引（Index）都放在固定的位置，如图 2.1 所示。因此指令译码器（Instruction Decoder）可以非常便捷地译出寄存器索引，然后读取通用寄存器组（Register File，Regfile）。

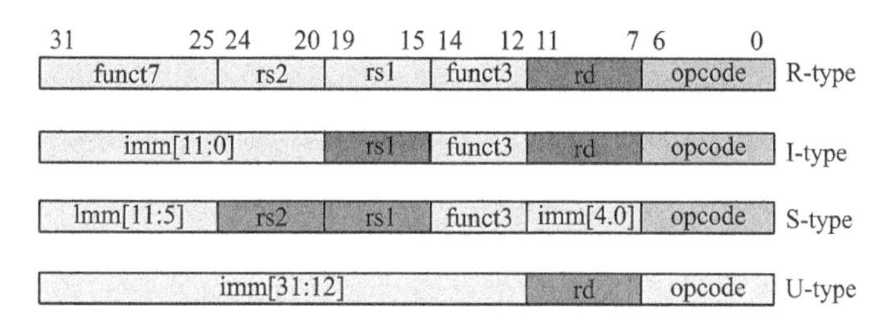

图 2.1　RV32I 规整的指令编码格式

4. 简洁的存储器访问指令

与所有的 RISC 处理器架构一样，RISC－V 架构使用专用的存储器读（Load）指令和存储器写（Store）指令访问存储器（Memory），其他的普通指令无法访问存储器。这种架构是 RISC 架构常用的一个基本策略，可使处理器核的硬件设计变得简单一些。

存储器访问的基本单位是 B（字节）。RISC－V 的存储器读和存储器写指令支持一个字节（8 位）、半字（16 位）、单字（32 位）为单位的存储器读写操作，如果是 64 位架构还可以支持一个双字（64 位）为单位的存储器读写操作。

RISC－V架构的存储器访问指令还有如下显著特点：

1）为了提高存储器读写的性能，RISC－V架构推荐使用地址对齐的存储器读写操作，但是地址非对齐的存储器操作RISC－V架构也支持；处理器可以选择用硬件来支持，也可以选择用软件来支持。

2）现在的主流应用是小端格式（Little－Endian），RISC－V架构仅支持小端格式。

3）很多RISC处理器都支持地址自增或者自减模式，这种自增或者自减模式虽然能够提高处理器访问连续存储器地址区间的性能，但也增加了设计处理器的难度。RISC－V架构的存储器读和存储器写指令不支持地址自增自减模式。

4）RISC－V架构采用松散存储器模型（Relaxed Memory Model），松散存储器模型对于访问不同地址的存储器读写指令的执行顺序不做要求，除非使用明确的存储器屏障（Fence）指令加以屏蔽。

这些选择都清楚地反映了RISC－V架构力图简化基本指令集，从而简化硬件设计的思想。RISC－V架构如此定义非常合理，能够达到“能屈能伸”的效果。

5. 高效的分支跳转指令

RISC－V架构有两条无条件跳转（Unconditional Jump）指令，jal与jalr指令。跳转链接（Jump and Link）指令jal可用于子程序调用，同时将子程序返回地址存在链接寄存器（Link Register，由某一个通用整数寄存器担任）中。跳转链接寄存器（Jump and Link－Register）指令jalr指令能够用于子程序返回指令，将jal指令（跳转进入子程序）保存的链接寄存器用于jalr指令的基地址寄存器，则可以从子程序返回。

RISC－V架构有6条带条件的跳转指令（Conditional Branch）。这种带条件的跳转指令跟普通的运算指令一样，直接使用2个整数操作数，然后对其进行比较，如果比较的条件满足，则进行跳转。因此，此类指令将比较与跳转两个操作放到了一条指令中完成。但是很多其他RISC架构的处理器需要使用两条独立的指令。第一条指令先是比较指令，比较的结果被保存到状态寄存器之中；第二条指令是跳转指令，判断前一条指令保存在状态寄存器中的比较结果为真时进行跳转。相比而言，RISC－V的这种带条件跳转指令不仅减少了指令的条数，而且使硬件设计更加简单。

对于没有配备硬件分支预测器的低端CPU，为了保证其性能，RISC－V的架构明确要求其采用默认的静态分支预测机制，即如果是向后跳转的条件跳转指令，则预测为“跳”；如果是向前跳转的条件跳转指令，则预测为“不跳”，并且RISC－V架构要求编译器也按照这种默认的静态分支预测机制来编译生成汇编代码，从而让低端的CPU也能具有不错的性能。

为了使硬件设计尽量简单，RISC－V架构特地定义所有带条件跳转指令跳转目标的偏移量（相对于当前指令的地址）都是有符号数，且其符号位被编码在固定的位置。因此，这种静态预测机制在硬件上很容易实现，硬件译码器可以轻松地找到这个固定的位置，并通过判断其是0还是1来判断其是正数还是负数，如果是负数则表示跳转的目标地址为当前地址减去偏移量，也就是向后跳转，则预测为“跳”。当然对于配备有硬件分支预测器的高端CPU，可以采用高级的动态分支预测机制来保证性能。

6. 简洁的子程序调用

为了理解本小节内容，需先介绍一般 RISC 架构中程序调用子函数的过程，其过程如下：

1) 进入子函数之后需要用存储器写（Store）指令来将当前的上下文（通用寄存器等的值）保存到系统存储器的堆栈区内，这个过程通常称为"保存现场"。

2) 在退出子程序时，需要用存储器读（Load）指令来将之前保存的上下文（通用寄存器等的值）从系统存储器的堆栈区读出来，这个过程通常称为"恢复现场"。

保存现场和恢复现场的过程通常由编译器编译生成的指令来完成，使用高层语言（譬如 C 或者 C＋＋）开发的开发者对此可以不用太关心。高层语言的程序中直接写上一个子函数调用即可，但是保存现场和恢复现场的过程在底层却实实在在地发生着（可以从编译出的汇编语言里面看到那些保存现场和恢复现场的汇编指令），并且还需要消耗若干的 CPU 执行时间。

为了加速保存现场和恢复现场的过程，有的 RISC 架构发明了一次写多个寄存器到存储器中（Store Multiple），或者一次从存储器中读多个寄存器出来（Load Multiple）的指令。此类指令的好处是一条指令就可以完成很多事情，减少汇编指令的代码量，节省代码的空间。但其弊端是会让 CPU 的硬件设计变得复杂，增加硬件的开销，也可能损伤时序，使得 CPU 的主频无法提高。

RISC－V 架构则放弃使用保存现场和恢复现场指令。如果有的场合需要这种指令，可以使用公用的程序库（专门用于保存和恢复现场）来进行。这样就可以省掉在每个子函数调用的过程中都放置数目不等的保存现场和恢复现场的指令。

放弃保存现场和恢复现场指令可以大幅简化 CPU 的硬件设计，低功耗小面积的 CPU 可以选择非常简单的电路来实现，而高性能超标量处理器由于硬件动态调度能力很强，可以用强大的分支预测电路保证 CPU 能够快速地跳转执行，从而可以选择使用公用的程序库（专门用于保存和恢复现场）的方式减少代码量，同时可具有很高的性能。

7. 无条件码执行

很多早期的 RISC 架构发明了带条件码的指令。譬如，指令编码的头几位表示的是条件码（Conditional Code），只有该条件码对应的条件为真时，该指令才被真正执行。

这种将条件码编码到指令中的形式可以使得编译器将短小的循环编译成带条件码的指令，而不用编译成分支跳转指令。这样便减少了分支跳转的出现，一方面减少了指令的数目，另一方面也避免了分支跳转带来的性能损失。然而，这种指令的弊端同样会使得 CPU 的硬件设计变得复杂，增加硬件的开销，也可能损伤时序使得 CPU 的主频无法提高，笔者在曾经设计此类处理器时便深受其苦。

RISC－V 架构则放弃使用这种带"条件码"指令的方式，对于任何的条件判断都使用普通的带条件分支跳转指令。此选择再次印证了 RISC－V 追求硬件简单的设计思想，因为放弃这种方式可以大幅简化 CPU 的硬件设计，低功耗小面积的 CPU 可以选择非常简单的电路进行实现，而高性能超标量处理器由于硬件动态调度能力很强，可以有强大的分支预测电路来保证 CPU 能够快速跳转执行并达到高性能。

8. 无分支延迟槽

很多早期的 RISC 架构使用了“分支延迟槽(Delay Slot)”，最具代表性的便是 MIPS 架构。很多经典的计算机体系结构教材均使用 MIPS 对分支延迟槽进行过介绍。分支延迟槽是指在每一条分支指令后面紧跟的一条或者若干条指令不受分支跳转的影响，不管分支是否跳转，这几条指令都一定会被执行。

早期的 RISC 架构采用分支延迟槽的原因主要是当时的处理器流水线比较简单，没有使用高级的硬件动态分支预测器，使用分支延迟槽能够取得可观的性能效果。现代的高性能处理器的分支预测算法精度已经非常高，可以有强大的分支预测电路保证 CPU 能够准确地预测跳转执行并可达到高性能。RISC－V 架构已放弃分支延迟槽。低功耗小面积的 CPU，由于无须支持分支延迟槽，硬件得到极大简化，可进一步减少功耗和提高时序。

9. 无零开销硬件循环指令

零开销硬件循环(Zero Overhead Hardware Loop)指令是指通过硬件的直接参与，设置某些循环次数寄存器(Loop Count)，之后让程序自动循环，每一次循环则 Loop Count 自动减 1，直到 Loop Count 的值变成 0 后退出循环。

软件代码中 for 循环极为常见，而这种软件代码通过编译器编译之后，往往会编译成若干条加法指令和条件分支跳转指令，从而达到循环的效果。一方面这些加法和条件跳转指令占据了指令的条数；另外一方面条件分支跳转存在分支预测的性能问题。零开销硬件循环则将这些工作交由硬件直接完成，省掉了这些加法和条件跳转指令，减少了指令条数且提高了性能。

但是，零开销硬件循环指令大幅增加了硬件设计的复杂度，在 RISC－V 架构中没有使用零开销硬件循环指令。

10. 简洁的运算指令

RISC－V 架构使用模块化的方式组织不同的指令子集，最基本的整数指令子集(字母 I 表示)支持的运算包括加法、减法、移位、按位逻辑操作和比较操作。这些基本的运算操作能够通过组合或者函数库的方式完成更多的复杂操作(譬如乘除法和浮点操作)，从而完成大多数的软件操作。

整数乘除法指令子集(字母 M 表示)支持的运算包括有符号或者无符号的乘法和除法。乘法操作能够支持两个 32 位的整数相乘得到一个 64 位的结果，除法操作能够支持两个 32 位的整数相除得到一个 32 位的商与 32 位的余数。

单精度浮点指令子集(字母 F 表示)与双精度浮点指令子集(字母 D 表示)支持的运算包括浮点加减法、乘除法、乘累加、开平方根和比较等，同时提供整数与浮点、单精度与双精度浮点彼此之间的格式转换操作。

很多 RISC 架构的处理器在运算指令产生错误之时，譬如上溢(Overflow)、下溢(Underflow)、非规格化浮点数(Subnormal)和除零(Divide by Zero)，都会产生软件异常。RISC－V 架构的一个特殊之处是对任何运算指令错误(包括整数与浮点指令)均不产生异常，而是产生某个特殊的默认值，同时设置某些状态寄存器的状态位。RISC－V 架构推荐软件通过其他方法来找到这些错误。这再次清楚地反映了 RISC - V 架构力图简化基本指令集,从而简化硬件设计的思想。

11. 优雅的压缩指令子集

基本 RISC - V 的基本整数指令子集(字母 I 表示)规定的指令长度均为等长的 32 位,这使得仅支持整数指令子集的基本 RISC - V CPU 非常容易设计,但是等长的 32 位编码指令也会造成代码体积(Code Size)相对较大的问题。

为了满足某些对于代码体积要求较高的场景(譬如嵌入式领域),RISC - V 定义了一种可选的压缩(Compressed)指令子集,由字母 C 表示,也可以由 RVC 表示。RISC - V 从一开始便规划了压缩指令,预留了足够的编码空间,16 位长指令与普通的 32 位长指令可以无缝自由地交织在一起,处理器也没有定义额外的状态。

RISC - V 压缩指令的另外一个特别之处是,16 位指令的压缩策略是将一部分最常用的 32 位指令中的信息进行压缩重排而得到的(譬如假设一条指令使用了两个同样的操作数索引,则可以省去其中一个索引的编码空间),因此每一条 16 位长的指令都能找到其对应的原始 32 位指令。这样,仅在汇编器阶段就可以把程序编译成压缩指令,极大地简化了编译器工具链的负担。

12. 特权模式

RISC - V 架构定义了以下三种工作模式(又称特权模式,Privileged Mode):

1) Machine Mode:机器模式,简称 M Mode。

2) Supervisor Mode:监督模式,简称 S Mode。

3) User Mode:用户模式,简称 U Mode。

RISC - V 架构定义 M Mode 为必选模式,另外两种为可选模式。通过不同的模式组合可以实现不同的系统。

RISC - V 架构也支持几种不同的存储器地址管理机制,包括对于物理地址和虚拟地址的管理机制,使得 RISC - V 架构能够支持从简单的嵌入式系统(直接操作物理地址)到复杂的操作系统(直接操作虚拟地址)的各种系统。

13. CSR 寄存器

RISC - V 架构定义了一些控制和状态寄存器(Control and Status Register,CSR),用于配置或记录一些运行状态。CSR 寄存器是处理器核内部的寄存器,使用其自己的地址编码空间和存储器寻址的地址区间完全没关系。

CSR 寄存器的访问采用专用的 CSR 指令,包括 CSRRW、CSRRS、CSRRC、CSRRWI、CS-RRSI 以及 CSRRCI 指令。

14. 中断和异常

中断和异常机制往往是处理器指令集架构中最为复杂且关键的部分。RISC - V 架构定义了一套相对简单的中断和异常机制,但也允许用户对其进行定制和扩展。

15. 矢量指令子集

RISC－V 架构目前虽然还没有定型矢量(Vector)指令子集，但是从目前的草案中已经可以看出，RISC－V 矢量指令子集的设计理念非常的先进。由于后发优势及借助矢量架构多年发展成熟的结论，RISC－V 架构将使用可变长度的矢量，而不是矢量定长的 SIMD 指令集(譬如 ARM 的 NEON 和 Intel 的 MMX)，从而能够灵活地支持不同的实现。追求低功耗小面积的 CPU 可以选择使用长度较短的硬件矢量来实现，而高性能的 CPU 则可以选择较长的硬件矢量来实现，并且同样的软件代码能够彼此兼容。

16. 自定制指令扩展

除了上述模块化指令子集可扩展、可选择外，RISC－V 架构还有一个非常重要的特性，那就是支持第三方的扩展，即用户可以扩展自己的指令子集。RISC－V 预留了大量的指令编码空间用于用户的自定义扩展，同时还定义了四条 Custom 指令供用户直接使用，每条 Custom 指令都有几位的子编码预留空间，用户可以直接使用四条 Custom 指令扩展出几十条自定义指令。

2.3 RISC－V 与其他架构的比较

根据 Andrew Waterman 的博士论文(RISC－V 的创始人之一)，RISC－V 在当初的设计目标中与嵌入式处理器相关的部分如下：

1) 指令集规模小，要求模块化并可扩展。

2) 指令集设计独立于具体的处理器来实现。

3) 支持 16 位与 32 位混合编程，以提高代码密度。

4) 对 C++等编程语言提供硬件支持。

5) 将用户指令集和特权架构做正交分割，即不同特权架构的处理器可以在二进制接口层面做到代码互相兼容。

基于以上设计目标，RISC－V 做出了以下改进：

1) 将指令集分为基础指令集与扩展指令集。在处理器实现时，基础指令集是强制要求的，但扩展部分可选。

2) 去除了对跳转指令延迟槽的支持。延迟槽是把一部分工作量转移给了软件，严重限制了处理器的实现方式，RISC－V 舍弃了这种方式。

3) 取消对寄存器窗口的支持。在函数调用时，编译器往往会插入开场白和收场白代码来传递参数，并保存寄存器到栈上。当函数嵌套层次比较多时，这种开场白和收场白代码的开销就很可观。为了降低函数调用中的这部分开销，在加州大学伯克利分校设计的第一代 RISC 处理器和后来 SUN 公司的 SPARC 处理器中，都引入了寄存器窗口的设计，也就是在处理器中包含了多套通用寄存器。当函数调用发生时，主调函数和被调函数共享现有的通用寄存器，同时硬件还会给被调函数分配一套新的通用寄存器。这样，在函数嵌套调用时，每次调用都无须再保存寄存器到栈上，大大降低了代码开销。

4）支持 16 位指令扩展，并支持 16 位与 32 位混合编程。与 ARM 等指令集不同的是，RISC - V 的 16 位指令只是一个扩展，并不是一个单独的指令集，而且每条 16 位指令都可以翻译成一条对应的 32 位指令，从而简化了指令解码器的设计。

2.4　RISC - V 与 CH32V103 的关系

RISC - V 指令集基于模块化设计，可以根据配置而灵活组合。CH32V103 系列内核支持的是如下模块化指令集：

1）RV32 架构：32 位地址空间，通用寄存器宽度 32 位。

2）I：支持 32 个通用整数寄存器。

3）M：支持整数乘法与除法指令。

4）C：支持编码长度为 16 位的压缩指令，提高代码密度。

5）A：支持原子操作指令。

按照 RISC - V 架构命名规则，以上指令子集的组合可表示为 RV32IMAC，指令集编码列表见附录 C。

CH32V103 系列单片机采用南京沁恒微电子股份有限公司（以下简称为“南京沁恒微电子”）自主设计的 RISC - V3A 处理器内核，支持 IMAC 指令子集，支持硬件乘法和除法，内嵌 PFIC 中断控制器，提供硬件加速中断进出栈模式、快速中断通道（硬件获取中断源）等设计，加快了中断服务函数响应，集成了 2 线方式的调试接口，方便运行的跟踪和调试。CH32V103 系列单片机的详细介绍见后续章节。

本章小结

本章主要讲述了 RISC - V 架构的设计特点和架构特性。通过对 RISC - V 架构设计的介绍，读者可对 RISC - V 架构有一个简单的了解，并且通过 RISC - V 与其他架构的比较能够更加清楚地认识到 RISC - V 的特点。

第3章 RISC－V架构的中断和异常

3.1 RISC－V中断和异常概述

当前RISC－V架构文档主要分为指令集文档和特权架构文档。RISC－V架构的异常处理机制定义在特权架构文档中。

RISC－V架构的工作模式不仅有机器模式（Machine Mode），还有用户模式（User Mode）、监督模式（Supervisor Mode）等，在不同的模式下均可以产生异常，而且有的模式也可以响应中断。

RISC－V架构的机器模式是必须具备的模式，其他模式均是可选模式。

RISC－V异常与中断处理的基本机制会以简化的模型来阐述，也就是说，只考虑在机器模式下异常与中断处理的基本机制。

3.1.1 中断概述

中断（Interrupt）机制即处理器内核在顺序执行程序指令流的过程中突然被别的请求打断而中止执行当前的程序，转而去处理别的事情，待其处理完别的事情后，重新回到之前程序中断的点继续执行之前的程序指令流。

中断的基本知识要点如下：

1）打断处理器执行的“别的请求”称为中断请求（Interrupt Request），“别的请求”的来源称为中断源（Interrupt Source），中断源通常来自内核外部（外部中断源），也可以来自内核内部（内部中断源）。

2）处理器转而去处理的“别的事情”称为中断服务程序（Interrupt Service Routine，ISR）。

3）中断处理是一种正常的机制，而非一种错误情形。处理器收到中断请求之后，需要保存当前程序的现场，称为“保存现场”。等到处理完中断服务程序后，处理器需要恢复之前的现场，继续执行之前被打断的程序，称为“恢复现场”。

4）可能存在多个中断源同时向处理器发起请求的情形，因而需要对这些中断源进行仲裁，从而选择哪个中断源被优先处理，称为“中断仲裁”，同时可以给不同的中断分配级别和优先级以便于仲裁，因此中断存在着“中断级别”和“中断优先级”。

3.1.2 异常概述

异常（Exception）机制即处理器核在顺序执行程序指令流的过程中突然遇到了异常的事

情而中止执行当前的程序，转而去处理该异常。其要点是：异常是由处理器内部事件或程序执行中的事件引起的，譬如本身硬件故障、程序故障，或者执行特殊的系统服务指令而引起的，是一种内因。异常发生后，处理器会进入异常服务处理程序。

3.2　RISC－V 中断机制

3.2.1　中断类型

RISC－V 有两大中断类型：局部中断（Local Interrupts）和全局中断（Global Interrupts）。

局部中断是指直接与 hart 相连的中断，可以直接通过 CSR 寄存器当中的 xcause（Machine Cause Rtegister/mcause、Supervisor Cause Register/scause、User Cause Register/ucause）的值得知中断的类型。在局部中断中，只有两种标准的中断类型：计时中断（Timer Interrupts）和软件中断（Software Interrupts）。

全局中断就是外部中断（External Interrupts），与 PLIC 相连（Platform-Level Interrupt Controller，平台级中断控制器）。实际上，全局中断在多个硬件线程的情况下最为常用。PLIC 用于对外部中断进行仲裁，再将仲裁的结果送入核内的中断控制器。

1. 计时器中断

计时器中断是指来自计时器的中断。RISC－V 架构在机器模式、监督模式和用户模式下均有对应的计时器中断。机器模式计时器中断的屏蔽由 mie 寄存器中的 MTIE 域控制，等待（Pending）标志则反映在 mip 寄存器中的 MTIP 域。RISC－V 架构定义 mtime 定时器为实时（Real-Time）计时器，系统必须以一种恒定的频率作为计时器的时钟。该恒定的时钟频率必须用低速的电源常开的（Always-On）时钟，低速是为了省电，常开是为了提供准确的计时。

2. 软件中断

软件中断是指来自软件触发的中断。RISC－V 架构在机器模式、监督模式和用户模式下均有对应的软件中断。机器模式软件中断的屏蔽由 mie 寄存器中的 MSIE 域控制，等待（Pending）标志则反应在 mip 寄存器中的 MSIP 域。

3. 外部中断

外部中断是指来自处理器核外部的中断。外部中断可供用户连接外部中断源，譬如外部设备 UART、GPIO 等产生的中断。RISC－V 架构在机器模式、监督模式和用户模式下均有对应的外部中断。机器模式外部中断（Machine External Interrupt）的屏蔽由 CSR 寄存器 mie 中的 MEIE 域控制，等待（Pending）标志则反映在 CSR 寄存器 mip 中的 MEIP 域。

3.2.2　中断屏蔽

RISC－V 架构狭义上的异常是不可以被屏蔽的，也就是说一旦发生狭义上的异常，处理器一定会停止当前操作转而处理异常。但是狭义上的中断可以被屏蔽掉，RISC-V架构定义了CSR寄存器机器模式中断使能寄存器MIE(Machine Interrupt Enable Registers)，可以用于控制中断的屏蔽。CSR寄存器mstatus的MIE域控制中断的全局使能。对于不同的中断源而言，均有各自的中断使能寄存器，用户可以通过配置中断使能寄存器来管理各个中断源的屏蔽。

3.2.3 中断级别、优先级与仲裁

多个中断同时出现时，需要进行仲裁，如图3.1所示，其响应的优先级顺序如下：外部中断优先级最高，软件中断其次，计时器中断再次。mcause寄存器将按此优先级顺序选择更新异常编号(Exception Code)的值。外部中断来自PLIC，而PLIC可以管理众多的外部中断源，多个外部中断源之间的优先级和仲裁可以通过配置PLIC的寄存器来管理，详细信息见第7章。

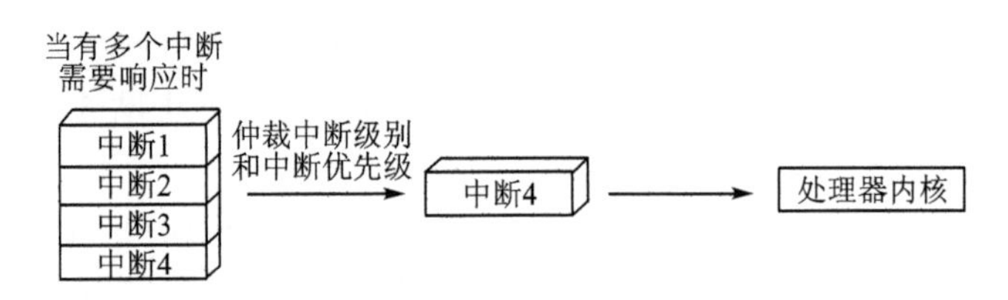

图3.1 中断仲裁示意图

3.2.4 进入中断处理

响应中断时，RISC-V处理器内核的硬件行为如下：

1）停止执行当前程序流，转而从新的PC地址开始执行。

2）进入中断不仅会让处理器跳转到上述的PC地址开始执行，还会让硬件同时更新以下几个CSR寄存器：

① mepc(Machine Exception Program Counter)；

② mstatus(Machine Status Register)；

③ mcause(Machine Cause Register)；

④ mip and mie(Machine Interrupt Registers)。

3）进入中断还会更新处理器内核的Privilege Mode和Machine Sub-Mode。

3.2.5 退出中断处理

当程序完成中断处理之后，需要从中断服务程序中退出，并返回主程序。中断处理处于Machine Mode下，退出中断时，软件必须使用MRET指令。处理器执行MERT指令后的硬件行为如下：

1）停止执行当前程序流，转而从CSR寄存器mepc定义的PC地址开始执行。

2）执行MRET指令不仅会让处理器跳转到上述的PC地址开始执行，还会让硬件同时更新以下CSR寄存器：

① mstatus(Machine Status Register)；

② mcause(Machine Cause Register)；

③ mip and mie(Machine Interrupt Registers)。

3）退出中断会更新处理器内核的 Privilege Mode 和 Machine Sub－Mode。

3.2.6 中断嵌套

对于 RISC－V 架构而言，进入异常之后，mstatus 寄存器中的 MIE 域将会被硬件自动更新为 0(意味着中断被全局关闭，从而无法响应新的中断)；退出中断后，MIE 域才被硬件自动恢复成中断发生之前的值(通过 MPIE 域得到)，从而再次全局打开中断。

由此可见，一旦响应中断进入异常模式，中断被全局关闭再也无法响应新的中断，因此 RISC－V 架构定义的硬件机制默认无法支持硬件中断嵌套行为。

如果一定要支持中断嵌套，需要使用软件的方式来实现，从理论上来讲，可采用如下方法：

1）进入异常之后，软件通过查询 mcause 寄存器确认这是响应中断造成的异常，并跳入响应的中断复位程序中。在这期间，由于 mcause 寄存器中的 MIE 域被硬件自动更新为 0，因此新的中断都不会被响应。

2）待程序跳入中断服务程序后，软件通过强行改写 mstatus 寄存器的值，将 MIE 域的值改为 1，将中断再次全局打开。从此时起，处理器将能够再次响应中断。在强行打开 MIE 域之前，需要注意如下事项：

① 假设软件希望屏蔽比其优先级低的中断，而仅允许优先级比它高的新中断来打断当前中断，软件就需要通过配置 mie 寄存器中的 MEIE/MTIE/MSIE 域来有选择地屏蔽不同类型的中断。

② 对于 PLIC 管理的众多外部中断而言，其优先级受 PLIC 控制。假设软件希望屏蔽比其优先级低的中断，而仅仅允许优先级比它高的新中断打断当前中断，那么软件就需要通过配置 PLIC 阈值(Threshold)寄存器的方式来有选择地屏蔽不同类型的中断。

③ 在中断嵌套的过程中，软件需要注意保存上下文至存储器堆栈中，以及从存储器堆栈中将上下文恢复(与函数嵌套同理)。

④ 在中断嵌套的过程中，软件还需要将 mepc 寄存器，以及为了实现软件中断嵌套被修改的其他 CSR 寄存器的值保存至存储器堆栈中，或者从存储器堆栈中恢复。

除此之外，RISC－V 架构也允许用户用自定义的中断控制器来实现硬件中断嵌套功能。

3.3 RISC－V 异常机制

3.3.1 异常屏蔽

RISC－V 架构中规定异常是不可以被屏蔽的。也就是说，一旦发生了异常，处理器一定会停止当前操作转而进入异常处理模式。

3.3.2 异常的优先级

处理器内核可能存在多个异常同时发生的情形，因此异常也有优先级。异常编号数字越小，异常优先级越高。

3.3.3 进入异常处理模式

进入异常时，RISC - V 架构规定的硬件执行的行为如下：

1）停止执行当前程序流，转而从 CSR 寄存器 mtvec 定义的 PC 地址开始执行。

2）更新以下相关 CSR 寄存器：

① mepc(Machine Exception Program Counter)。

② mcause(Machine Cause Register)。

③ mtval(Machine Trap Value Register)。

④ mstatus(Machine Status Register)。

3）更新处理器内核的 Privilege Mode 和 Machine Sub - Mode。

3.3.4 退出异常处理模式

程序完成异常处理之后，需要从异常服务程序中退出。由于异常处理处于机器模式下，退出异常时，软件必须使用 MRET 指令。处理器执行 MRET 指令后的硬件行为如下：

1）停止执行当前程序流，转而从 CSR 寄存器 mepc 定义的 PC 地址开始执行。

2）更新 CSR 寄存器 mstatus(Machine Status Register)，并更新处理器内核的 Privilege Mode 和 Machine Sub - Mode。

3.3.5 异常服务程序

处理器进入异常后，即开始从 mtvec 寄存器定义的 PC 地址执行新的程序。该程序通常为异常服务程序，并且可以通过查询 mcause 中的异常编号(Exception Code)后进一步跳转到更具体的异常服务程序。譬如，当程序查询到 mcause 中的值为 0x2，可知该异常是非法指令错误(Illegal Instructions)引起的，因此可以进一步跳转到非法指令错误异常服务子程序中去。

RISC - V 架构规定的进入异常和退出异常机制中没有硬件自动保存和恢复上下文的操作，因此需要软件明确地使用指令进行上下文的保存和恢复。

异常与中断处理过程如图 3.2 所示。

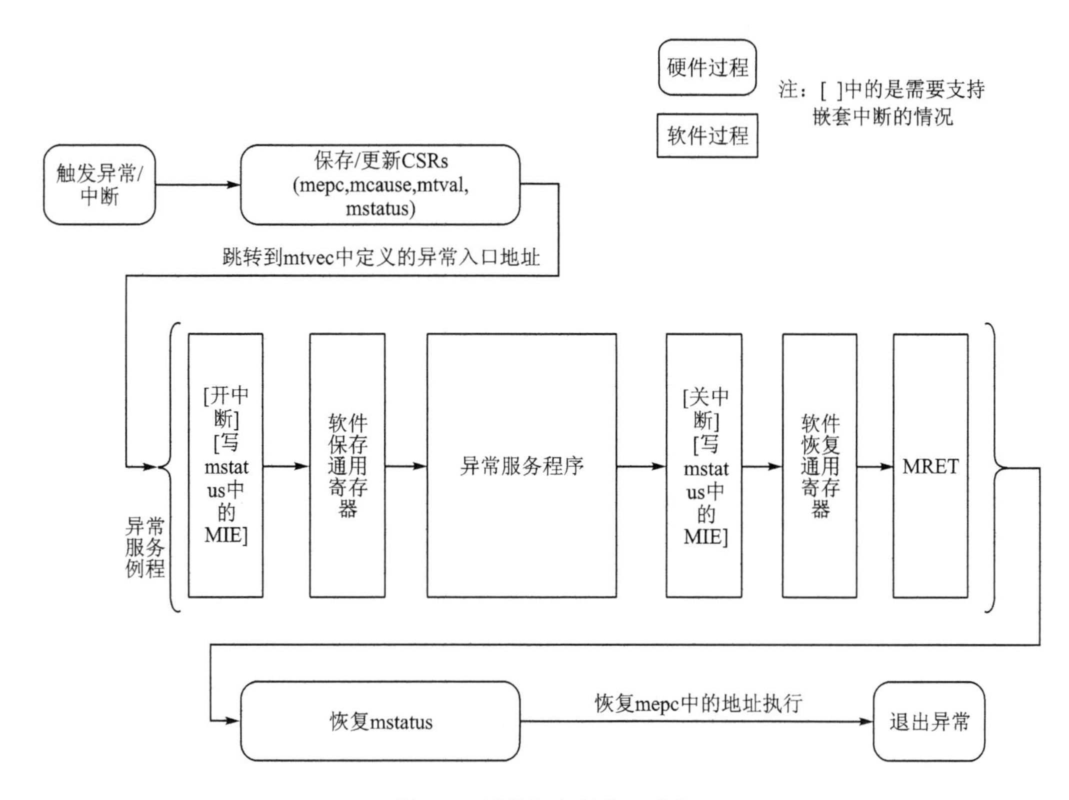

图 3.2　异常与中断处理过程

3.4　CSR 寄存器介绍

1. Machine Trap－Vector Base－Address Register (mtvec)

mtvec 即机器模式异常入口基地址寄存器。mtvec 是一个 MXLEN 位(字长)的可读写的寄存器,保存异常向量的设置,包括向量的基地址(BASE)和模式(MODE)。实际上,它定义的就是异常入口程序的基地址。

图 3.3 中,WARL 指的是 Write Any Read Legal。mtvec 寄存器是必须实现的,但是可以只包含硬编码的只读值。如果 mtvec 是可写的,那么寄存器中可以保存的值可以有很多种。BASE 域中的值必须以 4 字节对齐,同时在 MODE 中设定的值可能会给 BASE 域的值带来额外的限制。MODE 域中的编码见表 3－1。

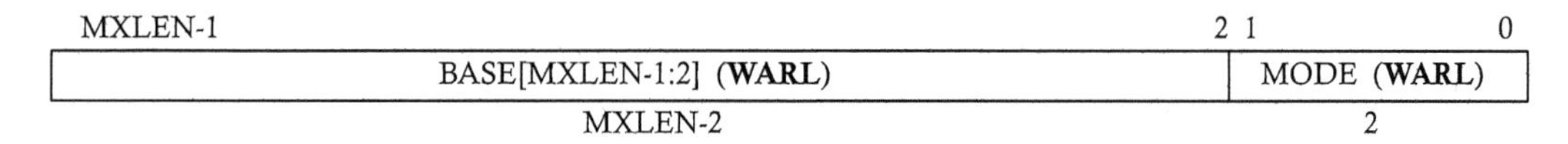

图 3.3　mtvec 寄存器

表 3-1　MODE 域的编码定义

值	名　字	描　述
0	直接	所有的异常都将 PC 设为 BASE
1	向量	异常的中断发生时将 PC 地址设置为 BASE+4 * cause
>=2	—	(保留)

2. Machine Cause Register (mcause)

mcause 即机器模式异常原因寄存器。mcause 是一个 MXLEN 位的可读写的寄存器。RISC-V 架构规定，所有的异常默认进入机器模式(Machine Mode)，此时 mcause 被写入一个值，表明是什么事件造成了这个异常。

异常是由一个中断所造成的时，mcause 中的 Interrupt 位会被置为 1，如图 3.4 所示。Exception Code 域包含着标明最近一个异常发生的原因。表 3-2 列出了可能的机器级的异常编码。Exception Code 域是 WLRL(Write Legal Read Legal)的，因此需要保证只能包含所支持的异常编码。

图 3.4　mcause 寄存器

表 3-2　异常编码

是否中断	异常编码	描　述
1	0	保留
1	1	监督模式软件中断
1	2	保留
1	3	机器模式软件中断
1	4	保留
1	5	监督模式定时器中断
1	6	保留
1	7	机器模式定时器中断
1	8	保留
1	9	监督模式外部中断
1	10	保留
1	11	机器模式外部中断
1	12—15	保留
1	≥16	预留给平台使用
0	0	指令地址不一致
0	1	指令地址错误

续表 3－2

是否中断	异常编码	描　述
0	2	非法指令
0	3	断点
0	4	加载地址不一致
0	5	加载地址失败
0	6	存储/AMO 地址不一致
0	7	存储/AMO 访问失败
0	8	来自用户模式的环境调用
0	9	来自监督模式的环境调用
0	10	保留
0	11	来自机器模式的环境调用
0	12	指令页错误
0	13	加载页错误
0	14	保留
0	15	存储/AMO 页错误
0	16—23	保留
0	24—31	预留给用户使用
0	32—47	保留
0	48—63	预留给用户使用
0	≥64	保留

3. Machine Trap Value Register (mtval)

mtval 即机器模式异常值寄存器。mtval 是一个 MXLEN 位的可读写寄存器。当一个异常发生进入机器模式时，mtval 被写入该异常的信息，用于帮助服务程序来处理这个异常。

当一个硬件的断点触发，或者指令的获取，或者加载存储地址未对齐，或者存储器读写造成的异常发生时，mtval 会写入受异常影响的地址。在非法指令的异常中，mtval 会写入故障指令的 MXLEN 位，如图 3.5 所示。对于其他的异常来说，mtval 会写入为 0，但将来可能会扩展更多的内容。

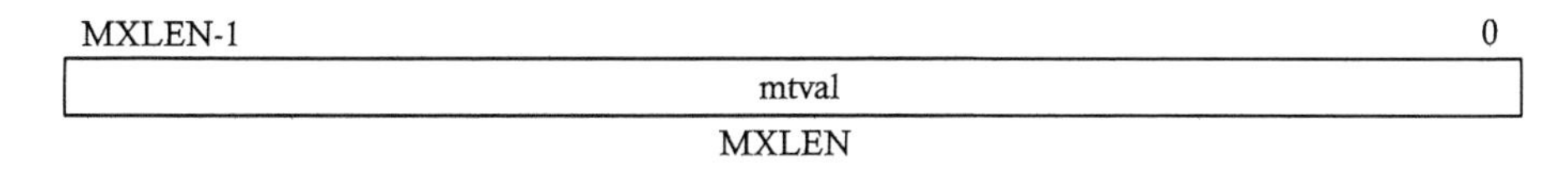

图 3.5　mtval 寄存器

RISC－V 的指令获取异常中，如果指令是变长的，mtval 会包含一个指向该指令一部分的指针，而 mepc 会指向该指令的起始地址。

mtval 还可以在非法指令异常时选择返回异常指令（mepc 指向内存中该异常指令的地址）。如果不支持这个特性，那么 mtval 设置为 0；如果支持这个特性，在一个非法指令异常之后，mtval 会包含整个异常指令。如果指令的长度小于 MXLEN，则 mtval 的高位用 0 来填充。如果指令的长度大于 MXLEN，那么 mtval 会包含该异常指令的前 MXLEN 位。

4. Machine Exception Program Counter (mepc)

mepc 即机器模式异常程序计数器，如图 3.6 所示。mepc 是一个 MXLEN 位的可读写寄存器。mepc 的最低位（mepc[0]）恒为 0。在不支持 16 位指令扩展的实现当中，mepc 最低的两位（mepc[1:0]）恒为 0。

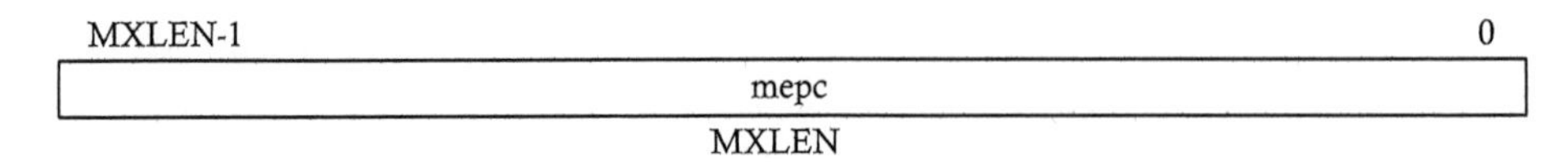

图 3.6　mepc 寄存器

mepc 是一个 WARL 的寄存器，必须能够包含所有合法的物理以及虚拟地址。它不需要支持包含所有可能的不合法的地址，某些实现当中，可能会将一些不合法的地址串转换成其他的不合法的地址写入 mepc 当中。当发生异常进入机器模式时，mepc 会写入该异常的虚拟地址。

5. Machine Status Register (mstatus)

mstatus 即机器模式状态寄存器。mstatus 是一个 MXLEN 位的可读写的寄存器。图 3.7 展示的是 RV32 位的格式。mstatus 寄存器会追踪以及控制所有 hart 当前的状态。而在特权级以及用户级指令集架构中，则为 sstatus 以及 ustatus 寄存器。

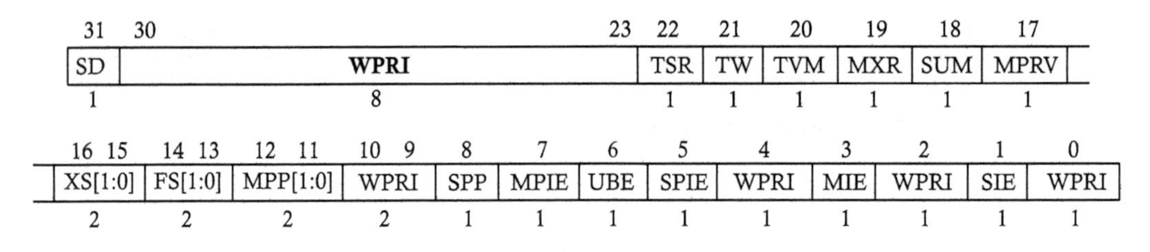

图 3.7　mstatus 寄存器

mstatus 提供了不同特权级模式的中断使能位：MIE、SIE。这些位用于表明当前特权级的全局中断使能情况。当一个 hart 在 x 特权级执行时，若 xIE=1，则此特权级下允许中断。

为了支持嵌套中断，每个特权模式 x 都有一个两级的栈提供给中断使能位以及特权模式。xPIE 保存着在异常发生前的中断使能位，xPP 保存着异常发生前的特权模式。MPP 有 2 位，SPP 只有 1 位，而 UPP 是隐式为 0 的（异常进入用户模式只能是用户模式，异常进入特权模式可以是用户模式也可以是特权模式，异常进入机器模式则可以是所有模式）。当一个异常发生后，从特权模式 y 切换到了特权模式 x，则 xPIE 设置为 xIE 的值，xIE 设为 0，同时 xPP 设置为 y。

而 MRET、SRET 以及 URET 指令用于从机器模式、特权模式以及用户模式下的异常返回。当执行 xRET 指令时，假设 xPP 为 y。此时 xIE 从 xPIE 中恢复，特权模式设置为 y，xPIE 设置为 1，xPP 设置为 U（或者 M，如果用户模式不被支持）。

如果实现中没有用户模式，则 UIE 和 UPIE 硬编码为 0。

6. Machine Interrupt Registers（mip 和 mie）

机器模式下的中断寄存器有两个：Machine interrupt-pending register（mip，机器模式中断等待寄存器）和 Machine interrupt-enable register（mie，机器模式中断使能寄存器）。mip 和 mie 都是 MXLEN 位的可读写的寄存器，mip 包含着与中断等待相关的信息，而 mie 包含中断使能位，如图 3.8 和图 3.9 所示。在 mip 中，只有在低特权级别的位才能够使用 CSR 来寻址写入，包括软件中断（MSIP、SSIP）、时钟中断（MTIP、STIP）以及外部中断（MEIP、SEIP）。其余位都是只读的。

mip 和 mie 在其他的特权级别下的寄存器分别为 sip/sie 以及 uip/uie。如果一个中断通过设置在 mideleg 寄存器中的位来下放到 x 特权级别下处理，则它在 xip 寄存器中是可见的，并且可以在 xie 寄存器中进行屏蔽；否则，对应的 xip 以及 xie 中的位会被硬编码为 0。

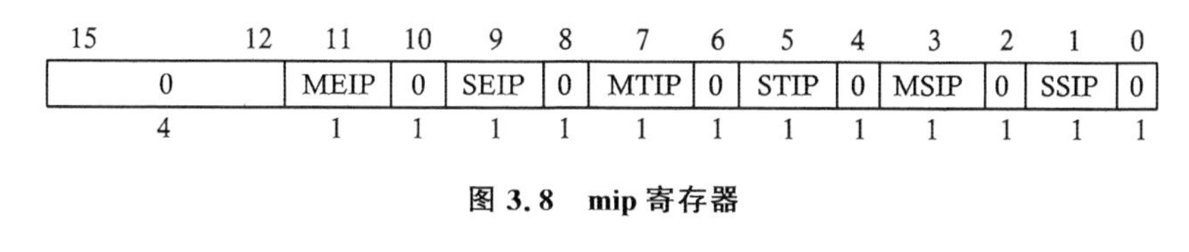

图 3.8　mip 寄存器

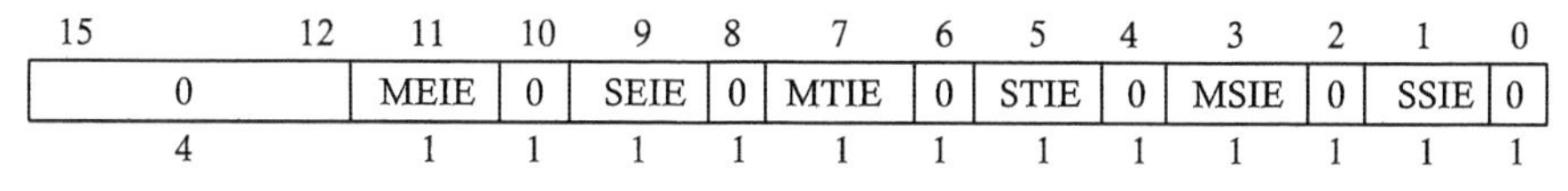

图 3.9　mie 寄存器

MTIP、STIP 分别对应机器级、特权级下的计时中断等待位。MTIP 位是只读的，只能通过写内存映射的机器模式计时器比较寄存器（machine-code timer compare register，mtimecmp）来清除。STIP 可以被工作在机器模式下的软件写入，用于传递计时中断给低级的特权级。特权级的软件可以通过调用 SEE（Supervisor Execution Environment）来清除 STIP 位。

MTIE、STIE 分别对应机器级、特权级下的计时中断使能位。

每个低级的特权级都有一个软件中断等待位，可以在本特权级或者更高的特权级使用 CSR 指令来读写。机器级的 MSIP 只能通过存储器映射的控制寄存器来控制。

MEIP 域是只读的，表示一个机器模式下的外部中断正在等待。MEIP 只能通过 PLIC（Platform - Level Interrupt Controller）来设置。MEIE 在设置后即允许外部中断。

SEIP 是可读写的位。SEIP 可能会在机器模式下被软件写入，表示在特权模式下有一个外部中断正在等待，也可能是 PLIC 产生了一个特权级的中断正在等待，因此，特权级的外部中断可以由 PLIC 产生，也可以由机器模式下的软件来产生。

MEIE、SEIE 分别对应机器级、特权级下的外部中断使能位。

对于所有的中断类型（软件中断、计时中断以及外部中断）来说，如果其特权级没有得到支持，则对应的 mip 和 mie 中的位硬编码为 0。

一个中断 i 会在 mip 以及 mie 中对应类型的位置为 1 时得以触发，并且此时全局的中断位也是 1。默认情况下，当 hart 运行在低于机器模式的特权级别下时，或者 hart 运行在机器模式下且 MIE 位为 1 时，机器级的中断都是开放的。如果 mideleg 中的位 i 置为 1，那么，中断在以下情况中是全局开放的：当前 hart 的特权级与下放的特权级相等，且该模式的全局中断使能为 1;当前的特权级模式比下放的特权级模式要低。

7. Machine Timer Registers(mtime 和 mtimecmp)

机器模式计时器寄存器(machine-mode timer register,mtime)是一个在硬件上提供的实时计数器,并通过内存映射的方式进行访问。mtime 必须运行在不变的频率当中,并且必须提供一个机制来决定 mtime 的基准时间。图 3.10 所示为 mtime 寄存器,mtime 寄存器在 RV32、RV64 以及 RV128 中是 64 位的。

同时还会提供一个内存映射的机器模式计时器比较寄存器(machine-mode timer compare register,mtimecmp)。当 mtime 中的值比 mtimecmp 中的值要大的时候,会产生一个计时中断。图 3.11 所示为 mtimecmp 寄存器。

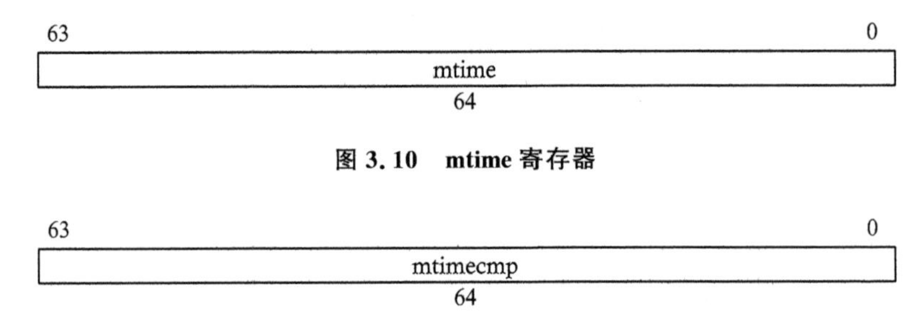

图 3.10 mtime 寄存器

图 3.11 mtimecmp 寄存器

本章小结

本章主要介绍了 RISC-V 架构定义的中断和异常机制。中断和异常本身不是一种指令,却是处理器指令集架构中非常重要的一环,以致任何一种架构都会安排专门的章节去介绍中断和异常。中断和异常是最难理解和最复杂的部分。本章的介绍可帮助读者理解中断和异常的定义和使用。

第4章　CH32V103硬件基础

南京沁恒微电子通用增强型单片机包括32位RISC－V系列单片机CH32V103和32位Cortex－M3系列单片机CH32F103。

CH32F103x系列产品是基于ARM Cortex－M3内核设计的单片机，与大部分ARM工具和软件兼容，提供了丰富的通信接口和控制单元，适用于大部分控制、连接、综合等嵌入式领域。

CH32V103系列是以RISC－V3A处理器为核心的32位单片机，基于32位RISC－V指令集(IMAC)，挂载了丰富的外设接口和功能模块，支持多种省电工作模式来满足产品低功耗应用要求，可以广泛应用于电机驱动和应用控制、医疗和手持设备、PC游戏外设和GPS平台、可编程控制器、变频器、打印机、扫描仪、警报系统、视频对讲、暖气通风空调系统等场合。2021年初，南京沁恒微电子又推出了CH32V203/303/305/307/208一系列单片机，其具有64 K RAM和256 K Flash，最高主频达144 MHz，该系列单片机的出现进一步丰富了RISC－V产品线。

以Cortex－M3为核心的CH32F103系列和以RISC－V3A为核心的CH32V103系列有所区别，具体异同见表4－1。

表4－1　CH32F103x产品与CH32V103x产品的对比

芯片型号	CH32F103x	CH32V103x	说　明
内核 (指令)	Cortex－M3 (ARM)	RISC－V3A (RV32IMAC)	指令、架构不同
中断控制器	NVIC	PFIC	实际用法不同
位段映射	支持	不支持	—
TKEY	TKEY_F	TKEY_V	用法不同
USBHD	5个可配置USB设备端点	16个可配置USB设备端点	端点数量不同； 端点寄存器地址不同； USB主机端点收发长度不同； 物理USB端口引脚不同
CAN/DAC/USBD	支持	不支持	—
DEBUG	SWD	RVSWD	协议不同
其他	一致		

从表4－1中可以看出，两款系列产品大部分功能与外设模块一致，仅有细微的差别。

1) 内核与指令集：CH32F103采用Cortex－M3内核，使用ARM架构；CH32V103采用沁恒微电子自主设计的内核RISC－V3A，使用RV32IMAC指令集。

2) 中断控制器：CH32F103使用Cortex－M3的NVIC(Nested Vectored Interrupt Controller，嵌套向量中断控制器)，管理44个可屏蔽外部中断通道和10个内核中断通道，其他中断源保留。中断控制器与内核接口紧密相连，以最小的中断延迟提供灵活的中断管理功能。关于NVIC控制器的使用请参考Cortex-M3相关文档说明；CH32V103使用PFIC(Programmable Fast Interrupt Controller，快速可编程中断控制器)，最多支持255个中断向量。

3）位段映射：位操作就是单独读写一个位的操作。CH32F103产品中通过映射的处理方式提供对外设寄存器和SRAM区内容的位操作读写。CH32V103产品不支持该模式。

4）TKEY：TKEY即触摸按键检测。CH32F103系列产品触摸检测控制(TKEY_F)单元借助ADC模块的电压转换功能，通过将电容量转换为电压量进行采样，实现触摸按键检测功能。检测通道复用ADC的16个外部通道，通过ADC模块的单次转换模式实现触摸按键检测。CH32V103系列产品触摸检测控制(TKEY_V)单元通过将电容量变化转变为频率变化进行采样，实现触摸按键检测功能。检测通道复用ADC的16个外部通道。应用程序通过数字值的变化量判断触摸按键状态。

5）USBHD：CH32F103的USBHD外设有5个可配置USB设备端点；CH32V103的USBHD外设有16个可配置USB设备端点。它们在端点数量、端点寄存器地址、USB主机端点收发长度、物理USB端口引脚方面都有差异。

6）CAN/DAC/USBD：CH32F103支持CAN、DAC、USBD外设，CH32V103不支持这三个外设模块。

本书后续章节将基于CH32V103C8T6单片机来展开，着重讲解其外设与应用。

4.1 CH32系列单片机外部结构

4.1.1 CH32系列单片机命名规则

CH32系列命名遵循一定的规则，通过名字可以确定该芯片引脚、封装、Flash容量等信息。CH32的命名规则如图4.1所示。

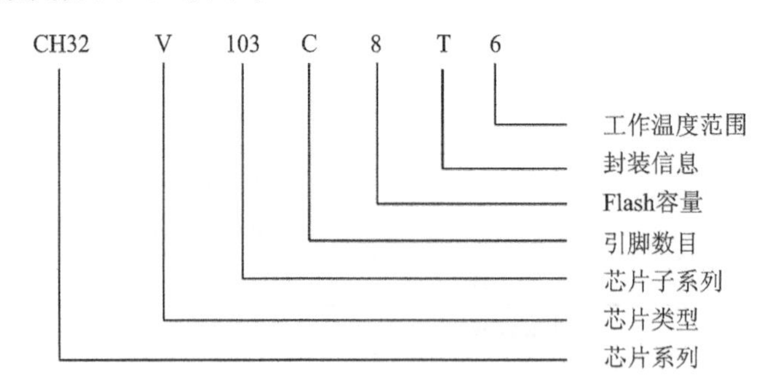

图4.1 CH32命名规则

1）芯片系列：CH32代表的是沁恒微电子品牌的32位MCU。

2）芯片类型：V表示RISC-V内核，F表示Cortex-M3系列内核。

3）芯片子系列：103表示增强型。

4）引脚数目：T表示36脚，C表示48脚，R表示64脚，V表示100脚，Z表示144脚。

5）Flash 容量：6 表示 32K 字节 Flash，8 表示 64K 字节 Flash，B 表示 128K 字节 Flash，C 表示 256K 字节 Flash。

6）封装信息：H 表示 BGA 封装，T 表示 LQFP 封装，U 表示 VFQFPN 封装，Y 表示 WLCSP/ WLCSP64。

7）工作温度范围：6 表示－40～85 ℃（工业级），7 表示－40～105 ℃（工业级）。

4.1.2 CH32 系列单片机引脚功能

LQFP48（48 引脚贴片）封装的 CH32V103 芯片如图 4.2 所示。引脚按功能可分为电源、复位、时钟控制、启动配置和输入/输出，其中输入/输出可作为通用输入/输出，也可经过配置实现特定的第二功能，如 ADC、USART、I^{2}C、SPI 等。下面按功能简要介绍各引脚，涉及第二功能的引脚将在后面章节详细介绍。

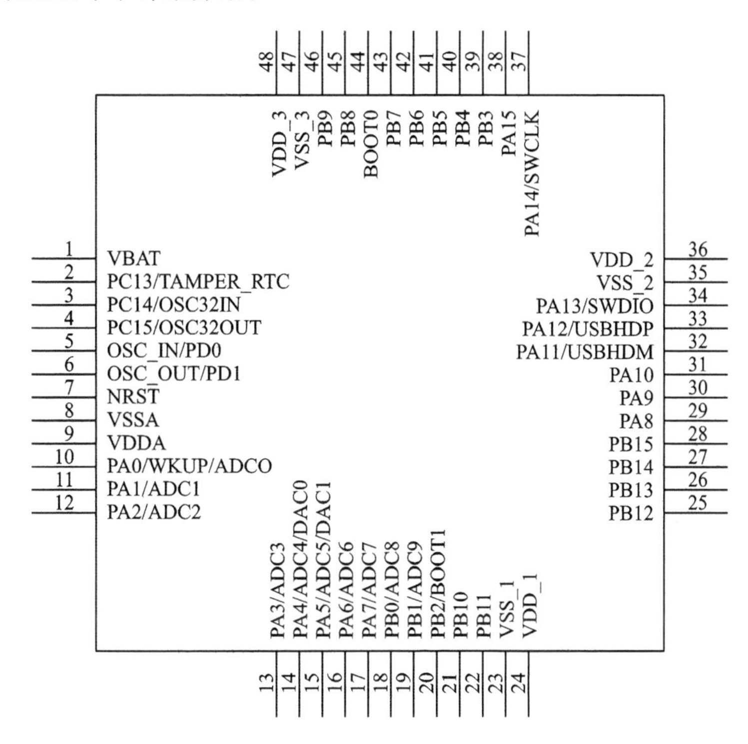

图 4.2 LQFP48 封装的 CH32V103 芯片

1. 电源：VDD_x(x=1,2,3)，VSS_x(x=1,2,3)，VBAT，VDDA，VSSA

CH32V103 系列单片机的工作电压为 2.7～5.5 V，整个系统由 VDD_x（接 2.7～5.5 V 电源）和 VSS_x（接地）提供稳定的电源供应。

1）VDD 的供电电压在 2.7～5.5 V 之间，VDD 引脚为 I/O 引脚、RC 振荡器、复位模块和内部调压器供电。每一个 VDD 引脚需要外接 0.1 nF 的电容。

2）VDDA 为 ADC、温度传感器和 PLL 的模拟部分供电。VDDA 和 VSSA 必须分别连接到 VDD 和 VSS。VDDA 和 VSSA 引脚需要外接 0.1 nF 的电容。

3）VBAT 的供电电压在 1.8～5.5 V 之间。当 VDD 移除或者不工作时，VBAT 单独为

RTC、外部32 kHz振荡器和后备寄存器供电。

2. 复位:NRST

NRST引脚出现低电平将使系统复位,通常加一个按键连接到低电平以实现手动复位功能。

3. 时钟控制:OSC_IN、OSC_OUT、OSC32IN、OSC32OUT

OSC_IN和OSC_OUT可外接4～16 MHz晶振,为系统提供稳定的高速外部时钟;OSC32IN和OSC32OUT可外接32 768 Hz的晶振,为系统提供稳定的低速外部时钟。

4. 启动模式:BOOT0、BOOT1

通过BOOT0和BOOT1引脚可以配置CH32V103的启动模式,为便于设置可以通过跳线帽与高低电平连接。

5. 输入/输出

输入/输出端口可以作为通用输入/输出,有些引脚还具有第二功能(需要配置)。

4.2 CH32V103单片机内部结构

CH32V103单片机片上资源丰富,系统主频最高80 MHz,内置高速存储器,片上集成了时钟安全机制、多级电源管理、通用DMA控制器。该系列单片机具有1路USB2.0主机/设备接口、多通道12位ADC转换模块、多通道TouchKey、多组定时器、多路I^2C/USART/SPI接口等丰富的外设资源。

4.2.1 CH32V103单片机内部总线结构

CH32V103系列产品是基于RISC-V3A处理器设计的通用单片机。RISC-V3A是32位嵌入式处理器,内部模块化管理,支持RISC-V开源指令集IMAC子集,采用小端数据模式。CH32V103系列产品包含快速可编程中断控制器(PFIC),提供了4个向量可编程的快速中断通道及44个优先级可配的普通中断,通过硬件现场保存和恢复的方式实现中断的最短周期响应;采用Tail-Chaining尾链中断处理,具有2级硬件压栈;支持机器和用户特权模式;包含2线串行调试接口,支持用户在线升级和调试;包括多组总线连接处理器外部单元模块,实现外部功能模块和内核的交互。

其架构中的内核、仲裁单元、DMA模块、SRAM存储等部分通过多组总线实现交互。内核采用2级流水线处理,设置了静态分支预测、指令预取机制,实现系统低功耗、低成本、高速运行的最佳性能比。该系列单片机设有通用DMA控制器以减轻CPU负担,提高效率;时钟树分级管理降低了外设总的运行功耗,兼有数据保护机制,且采用时钟安全系统保护机制等措施来增加系统稳定性。

CH32V103的总线系统由驱动单元、总线矩阵和被动单元组成,如图4.3所示。

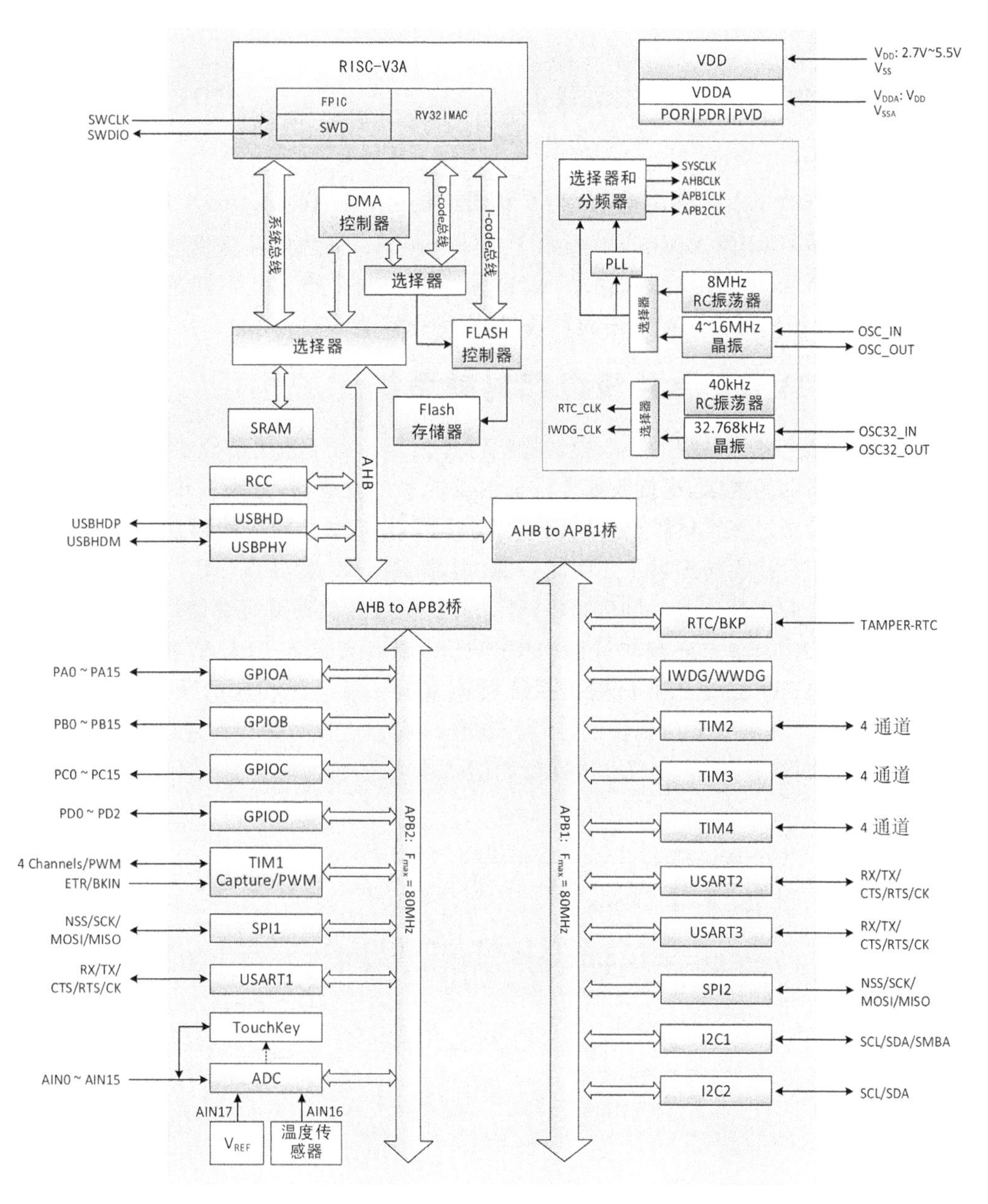

图 4.3　系统框图

1. 驱动单元

1) 指令总线(I - Code):将内核和 Flash 指令接口相连,预取指令在此总线上完成。

2) 数据总线(D - Code):将内核和 Flash 数据接口相连,用于常量加载和调试。

3) 系统总线(System):将内核和总线矩阵相连,用于协调内核、DMA、SRAM 和外设的访问。

4) DMA 总线:负责 DMA 的 AHB 主控接口与总线矩阵相连,访问对象是 Flash 数据、SRAM 和外设。

2. 总线矩阵

总线矩阵负责的是系统总线、数据总线、DMA 总线、SRAM 和 AHB/APB 桥之间的访问协调。

3. 被动单元

被动单元有 3 个，分别是内部 SRAM、内部 Flash、AHB(Advanced High Performance Bus，高级性能总线)/APB(Advanced High Peripheral Bus，高级外设总线)桥。

AHB/APB 桥为 AHB 总线和两个 APB 总线提供同步连接。不同的外设挂在不同的 APB 总线下，可以按实际需求配置不同总线时钟，优化性能。

4.2.2 CH32V103 单片机内部时钟系统

时钟系统为整个硬件系统的各个模块提供时钟信号。由于系统的复杂性，各个硬件模块很可能对时钟有不同的要求，这就要求在系统中设置多个振荡器，分别提供时钟信号；或者从一个主振荡器开始经过多次倍频、分频、锁相环等电路，生成各个模块的独立时钟信号。

CH32V103 单片机系统提供了 4 组时钟源：内部高频 RC 振荡器(HSI)、内部低频 RC 振荡器(LSI)、外接高频振荡器或时钟信号(HSE)、外接低频振荡器或时钟信号(LSE)。其中，系统总线时钟(SYSCLK)来自高频时钟源(HSI/HSE)或者其送入 PLL 倍频后产生的更高时钟。而 AHB 域、APB1 域、APB2 域则由系统时钟或前一级经过相应的预分频器分频得到。低频时钟源为 RTC 和独立看门狗提供了时钟基准。PLL 倍频时钟直接通过分频器提供 USBHD 模块的工作时钟基准 48 MHz。CH32V103 单片机的时钟树如图 4.4 所示。

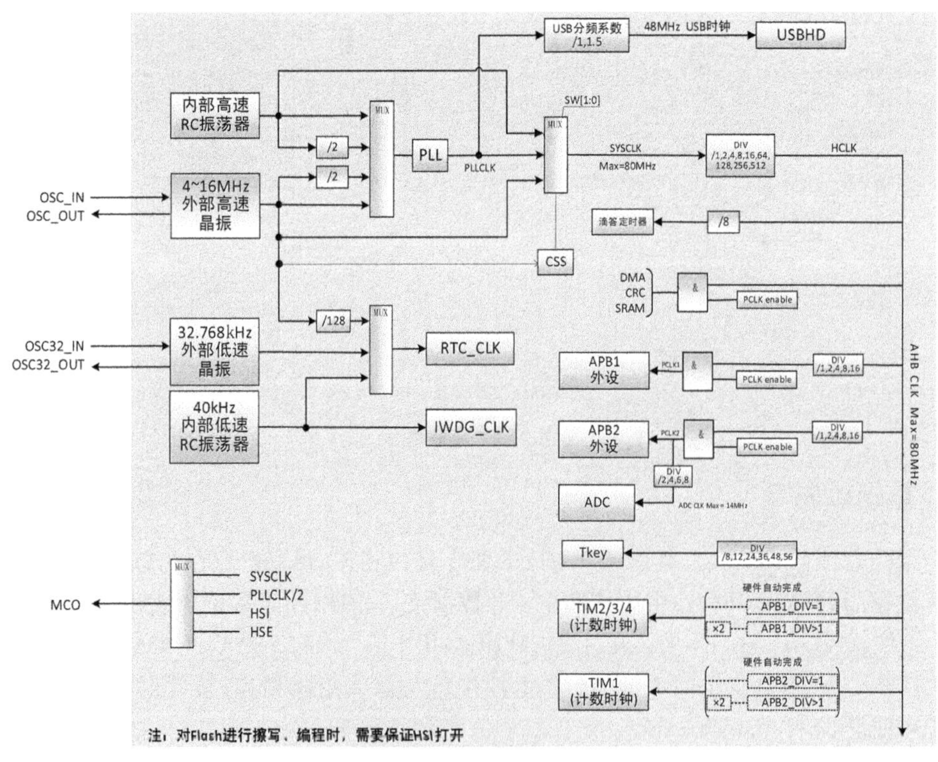

图 4.4 时钟树

1. HSI:高速内部时钟信号 8 MHz

HSI 通过 8 MHz 的内部 RC 振荡器产生,并且可以直接用作系统时钟,或者作为 PLL 的输入。HSI RC 振荡器能够在不需要任何外部器件的条件下提供系统时钟。它的启动时间很短,但时钟频率精度较差。

2. HSE:高速外部时钟信号 4～16 MHz

HSE 可以通过外部直接提供时钟,从 OSC_IN 输入,使用外部陶瓷/晶体振荡器产生。外接 4～16 MHz 外部振荡器为系统提供更为精确的时钟源。

3. LSE:低速外部时钟信号 32.768 kHz

LSE 振荡器是一个 32.768 kHz 的低速外部晶体/陶瓷振荡器,为 RTC 时钟或者其他定时功能提供一个低功耗且精确的时钟源。

4. LSI:低速内部时钟信号 40 kHz

LSI 是系统内部约 40 kHz 的 RC 振荡器产生的低速时钟信号。它可以在停机和待机模式下保持运行,为 RTC 时钟、独立看门狗和唤醒单元提供时钟基准。

5. PLL:锁相环倍频输出

PLL 用来倍频 HSI 或 HSE,其时钟输入源可选择 HSI、HSI/2、HSE、HSE/2,倍频可以选择 2～16 倍,但是 PLL 的输出频率不能超过 80 MHz。

除此之外,CH32V103 还有系统时钟 SYSCLK。SYSCLK 是供 CH32V103 中绝大部分部件工作的时钟源,可以选择 HSI、HSE 或者 PLL。单片机复位后,默认 HSI 时钟被选为系统时钟源。时钟源之间的切换必须在目标时钟源准备就绪后才会发生。PLL 可以选择直接充当 SYSCLK。PLLCLK 经过 1.5 分频或 1 分频后为 USB 串行接口引擎提供一个 48 MHz 的振荡频率,即当需要使用 USB 时,PLL 必须使能,并且 PLL 时钟频率配置为 48 MHz 或 72 MHz。系统时钟最大频率为 80 MHz,通过 AHB 分频器分频后送给各模块使用,AHB 分频器可选择 1、2、4、8、16、32、64、128、256、512 分频。AHB 分频器输出的时钟送给 4 大模块使用:

1) 送给 AHB 总线、内核、SRAM 和 DMA 使用的 HCLK 时钟。

2) 8 分频后送给内核的系统定时器(SysTick)时钟。

3) 送给 APB1 分频器,APB1 分频器可选 1、2、4、8、16 分频,其输出供 APB1 外设使用(PCLK1,最大频率为 80 MHz)。

4) 送给 APB2 分频器。APB2 分频器可选 1、2、4、8、16 分频,其输出供 APB2 外设使用(PCLK2,最大频率为 80 MHz)。

另外,CH32V103 系列单片机具有时钟安全模式。打开时钟安全模式后,如果 HSE 用作系统时钟(直接或间接),此时检测到外部时钟失效,系统时钟将自动切换到内部 RC 振荡器,同时 HSE 和 PLL 自动关闭;对于关闭时钟的低功耗模式,唤醒后系统也将自动切换到内部的 RC 振荡器。如果使能时钟中断,软件可以接收到相应的中断。

4.2.3 CH32V103单片机内部复位系统

在实际的应用中，需要对CH32V103单片机进行初始化，在复位完成后内部各功能寄存器以及IO口处于默认状态。CH32V103支持3种复位形式：电源复位、系统复位和后备区域复位。

1. 电源复位

电源复位发生时，将复位除了后备区域外的所有寄存器（后备区域由VBAT供电），应用程序中的PC指针固定在地址0x00000004（Reset向量表）处。

其产生条件包括：

1）上电/掉电复位（POR/PDR复位）。

2）从待机模式下唤醒。

2. 系统复位

系统复位发生时，将复位除了控制/状态寄存器RCC_RSTSCKR中的复位标志和后备区域外的所有寄存器。通过查看RCC_RSTSCKR寄存器中的复位状态标志位识别复位事件来源。其产生条件包括：

1）NRST引脚上的低电平信号（外部复位）。

2）窗口看门狗计数终止（WWDG复位）。由窗口看门狗外设定时器计数周期溢出触发产生，详细描述可参阅其相应章节。

3）独立看门狗计数终止（IWDG复位）。由独立看门狗外设定时器计数周期溢出触发产生，详细描述可参阅其相应章节。

4）软件复位（SW复位）。CH32V103产品通过可编程中断控制器PFIC中的中断配置寄存器PFIC_CFGR的SYSRESET位置1复位系统。

5）低功耗管理复位。通过将用户选择字节中的STANDY_RST位置1，将启用待机模式复位。这时执行了进入待机模式的过程后，将执行系统复位而不是进入待机模式。通过将用户选择字节中的STOP_RST位置1，将启用停机模式复位。这时执行了进入停机模式的过程后，将执行系统复位而不是进入停机模式。

系统复位结构如图4.5所示。

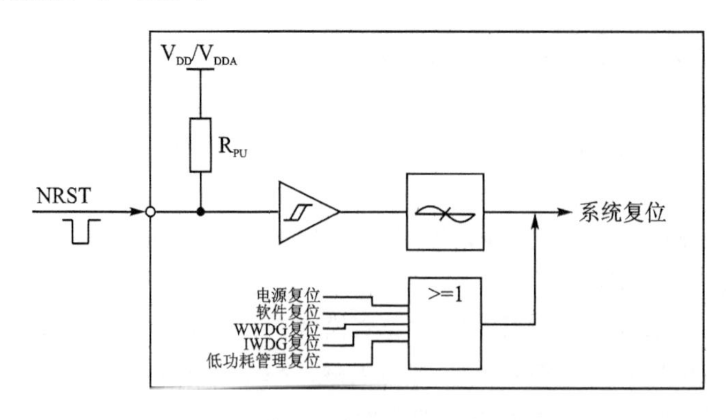

图4.5 系统复位结构

3. 后备区域复位

后备区域复位发生时，只会复位后备区域寄存器，包括后备寄存器、RCC_BDCTLR 寄存器(RTC 使能和 LSE 振荡器)。其产生条件包括：

1) 在 VDD 和 VBAT 都掉电的前提下，由 VDD 或 VBAT 上电引起。

2) RCC_BDCTLR 寄存器的 BDRST 位置 1。

3) RCC_APB1PRSTR 寄存器的 BKPRST 位置 1。

4.2.4　CH32V103 单片机内部存储器结构

1. CH32V103 处理器内部存储器结构及映射

CH32V103 系列产品包含了程序存储器、数据存储器、内核寄存器、外设寄存器等，它们都在一个 4GB 的线性空间寻址。系统存储以小端格式存放数据，即低字节存放在低地址，高字节存放在高地址。CH32V103 存储映像如图 4.6 所示，阴影部分为保留的地址空间。

代码区(0x00000000～0x1FFFFFFF)主要包括启动空间(0x00000000～0x07FFFFFF)、程序闪存存储区(0x08000000～0x0800FFFF)、系统配置存储区(0x1FFFF000～0x1FFFF8FF)三部分。程序闪存存储区用于存放用户编写的程序，系统配置存储区包含 128 B 用于厂商配置字存储，出厂前固化，用户不可修改。系统上电后根据启动设置，将 Flash 或系统存储区映射到启动空间，执行程序闪存存储器或系统存储器，启动配置方法见下文。

内部 SRAM(0x20000000～0x20004FFF)是用来保存程序运行时产生的临时数据的随机存储器，支持字节、半字(2 B)、全字(4 B)访问。

外设区(0x40000000～0x40023FFF)是外设寄存器地址空间，包含 CH32V103 系列的所有外设模块。

2. 启动配置

CH32V103 系列单片机通过检测 BOOT 引脚的状态，选择不同的启动模式。不仅可以从程序闪存存储器启动，还可以从系统存储器启动或内部 SRAM 启动。启动模式见表 4-2。

表 4-2　启动模式

BOOT0	BOOT1	启动模式
0	X	从程序闪存存储器启动
1	0	从系统存储器启动
1	1	从内部 SRAM 启动

1) 从程序闪存存储器启动时，程序闪存存储器地址被映射到 0x00000000 地址区域，同时也能够在原地址区域 0x08000000 访问。

2) 从系统存储器启动时，系统存储器地址被映射到 0x00000000 地址区域，同时也能够在原地址区域 0x1FFFF000 访问。

3) 从内部 SRAM 启动，只能够从 0x20000000 地址区域访问。

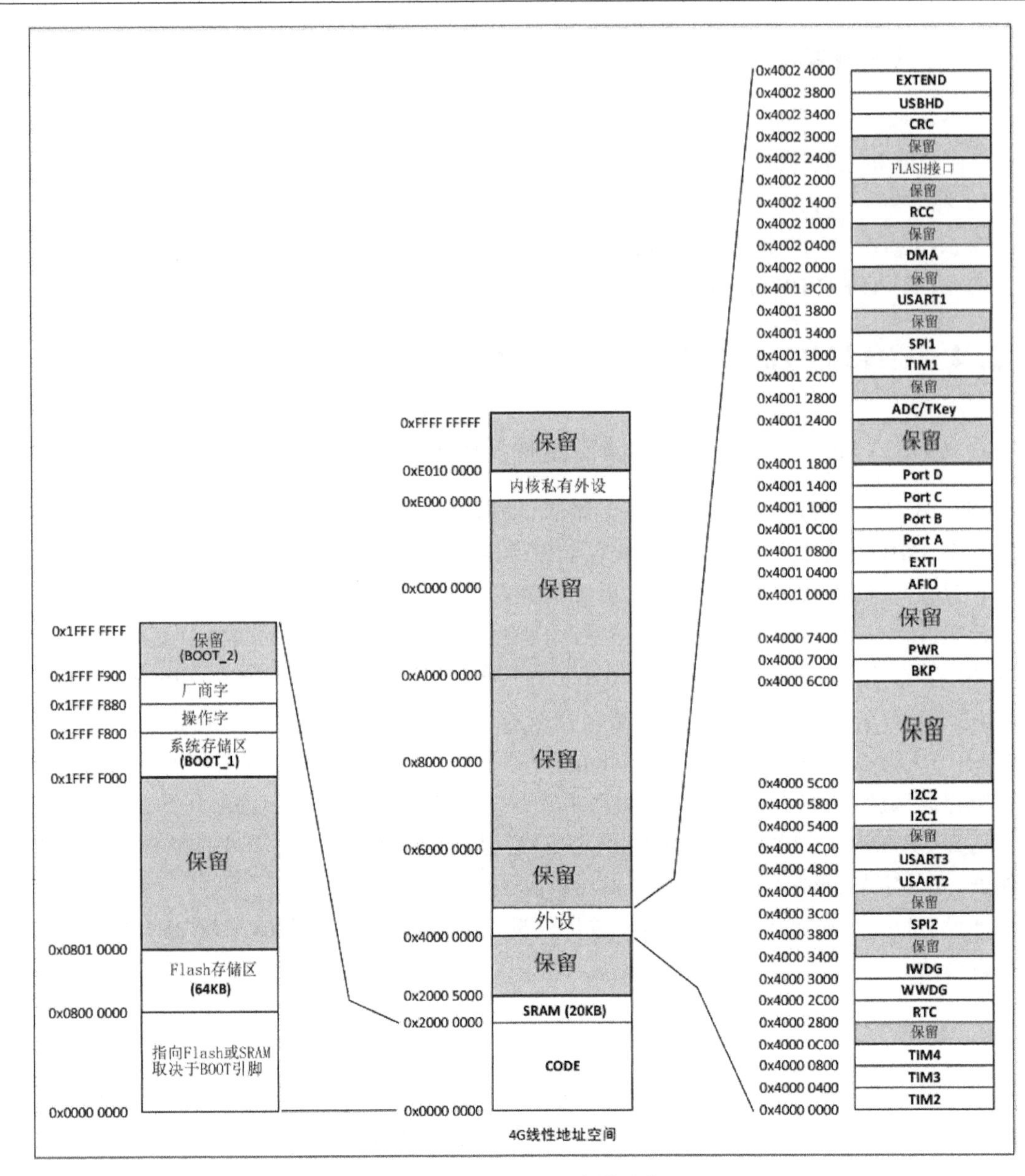

图 4.6　CH32V103 存储映像

4.3　CH32V103 最小系统设计

最小系统是指仅包含必需的元器件，仅可运行最基本软件的简化系统。无论多么复杂的嵌入式系统都可以认为是由最小系统和扩展功能组成的。最小系统是嵌入式系统硬件设计中复用率最高，也是最基本的功能单元。典型的最小系统由单片机芯片、供电电路、时钟电路、复位电路、启动配置电路和程序下载电路构成，如图 4.7 所示。

1) 时钟：时钟通常由晶体振荡器(简称晶振)产生。X1 是 32.768 kHz 晶振，为 RTC 提供

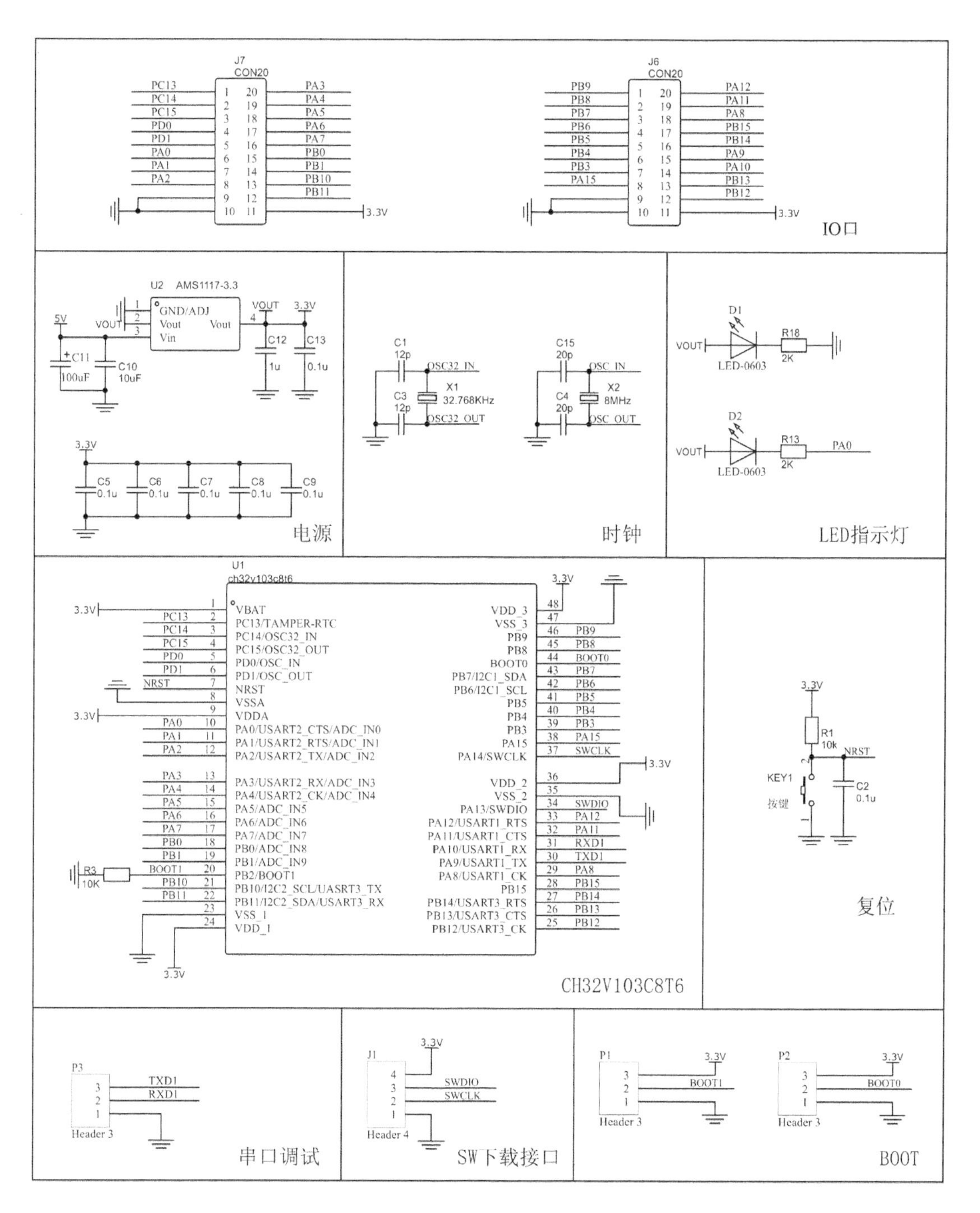

图 4.7　典型的最小系统

时钟。X2 为 8 MHz 晶振，为整个系统提供时钟。

2）复位：采用按键和上拉电阻、滤波电容组成复位电路，按下按键将触发系统复位，具体电路如图 4.7 复位区域所示。

3）启动模式：启动模式由 BOOT0 和 BOOT1 选择。BOOT0 与 BOOT1 可以通过跳线帽与不同的电平信号相连。

4）下载：采用 2 线串行调试接口（RVSWD），硬件包括 SWDIO 和 SWCLK 引脚，支持在线代码升级与调试。

5）输入/输出口：最小系统的所有输入/输出口均通过插针引出，以方便扩展。通常对输入/输出口加上几个辅助电路以进行简单验证，如 LED、串口。图 4.7 中 LED 指示灯区域有 2 个 LED，1 个接在电源与地之间，1 个接在 PA0 与电源之间。图 4.7 中串口部分采用插针引出发送（TXD）和接收（RXD）引脚。

6）电源：CH32V103 系列单片机的工作电压在+2.7～+5.5 V 之间，常用电压为 3.3 V。电源转换芯片 AMS1117-3.3 是一款正电压输出的低压降三端线性稳压电路，输入 5 V 电压，输出固定的 3.3 V 电压。单片机的电源引脚必须接电容以增强稳定性，即图 4.7 中电源部分的 C5、C6、C7、C8、C9。

本章小结

本章对 CH32V103 系列单片机硬件进行了简明的剖析，涉及单片机外部结构、内部结构和最小系统设计。通过本章学习，读者应了解 CH32V103 系列单片机的系统架构框架和时钟树框图，能理解最小系统的组成和各个部分的功能。

第 5 章　CH32V103 软件开发环境

5.1　开发软件 MRS 简介与安装

MounRiver Studio(MRS)是一款面向嵌入式 MCU 的免费集成开发环境，提供了包括 C 编译器、宏汇编、链接器、库管理、仿真调试器和下载器等在内的完整开发方案，同时支持 RISC - V 和 ARM 内核。MRS 兼顾工程师的使用习惯并进行优化，在工具链方面持续优化，支持部分 MCU 厂家的扩展指令和自研指令。在兼容通用 RISC - V 项目开发功能的基础上，MRS 还集成了跨内核单片机工程转换接口，实现 ARM 内核项目到 RISC - V 开发环境的一键迁移。除此之外，该集成开发环境还有如下特点：

● 支持 RISC - V/ARM 两种内核芯片项目开发(编译、烧录、调试)；
● 支持根据工程对应的芯片内核自动切换 RISC - V 或 ARM 工具链；
● 支持引用外部自定义工具链；
● 支持轻量化的 C 库函数 printf；
● 支持 32 和 64 位 RISC - V 指令集架构，I、M、A、C、F 等指令集扩展；
● 内置 WCH、GD 等多个厂家系列芯片工程模板；
● 支持双击项目文件打开、导入工程；
● 支持自由创建、导入、导出单片机工程模板；
● 多线程构建，最大程度减少编译时间；
● 支持软件中英文、深浅色主题界面快速切换；
● 支持链接脚本文件可视化修改；
● 支持文件版本管理，一键追溯历史版本；
● 支持单片机在线编程 ISP(In - System Programming)；
● 支持汇编、C 和 C＋＋语言(均无代码大小限制)；
● 支持在线自动检测升级，本地补丁包离线升级。

下面以 MRS V1.40 版本为例，介绍该集成开发环境的安装和使用操作。

1)打开 MounRiver 官网(www.mounriver.com)，在下载页面单击软件安装包链接。下载完毕后双击安装包程序进入向导页面，并单击“下一步”按钮，如图 5.1 所示。

2) 打开安装对话框，单击“我接受”按钮，如图 5.2 所示。

3) 设置安装路径，然后单击“下一步”按钮，如图 5.3 所示。

4) 单击“安装”按钮，开始进行程序安装操作，如图 5.4 所示。

5) 安装完成，单击“完成”按钮，如图 5.5 所示，开始运行编译器。

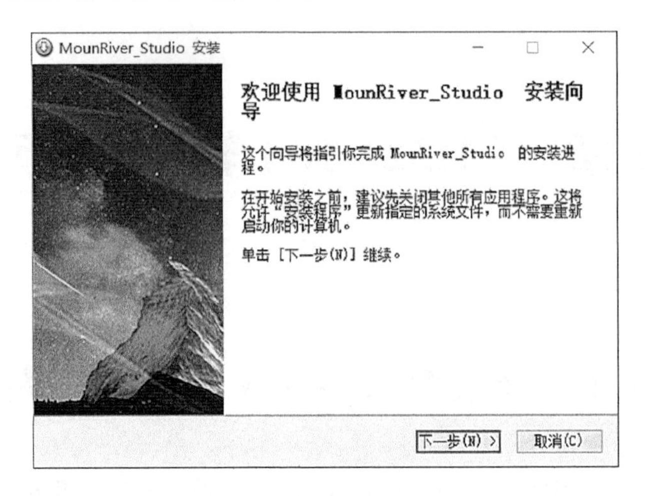

图 5.1　安装界面向导

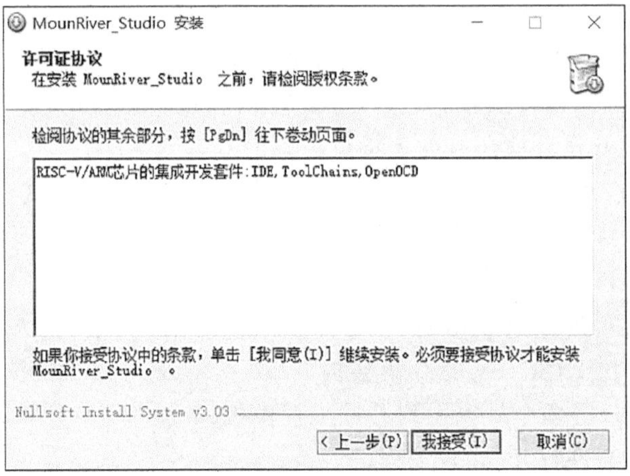

图 5.2　启动对话框

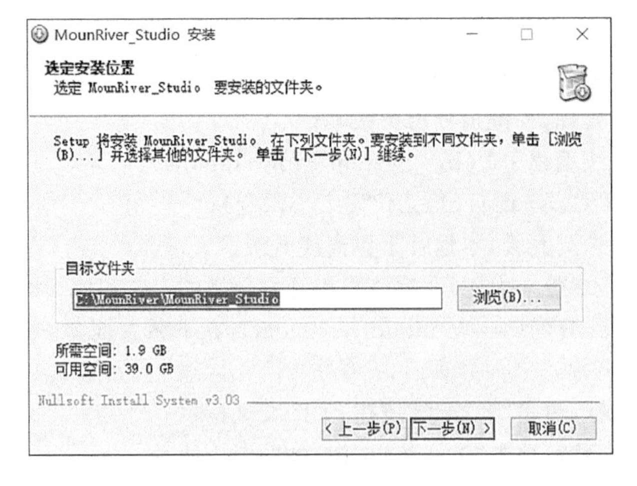

图 5.3　设置安装路径

图 5.4　安装程序

图 5.5　安装完成

6）完成开发环境的安装工作，软件界面如图 5.6 所示。

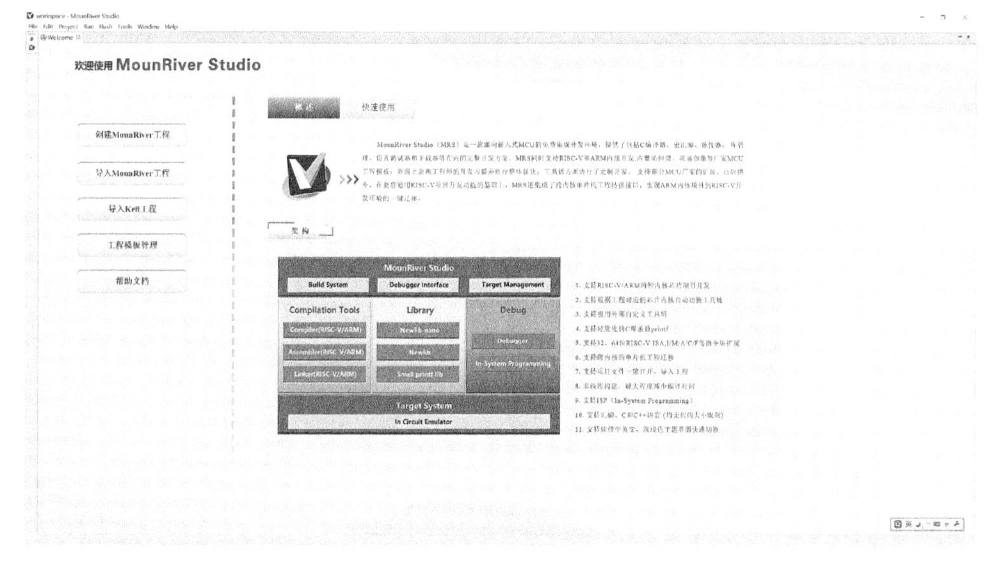

图 5.6　软件开发界面

5.2 软件环境

该软件的起始界面如图 5.7 所示。

workspace - MounRiver Studio
File Edit Project Run Flash Tools Window Help

图 5.7 菜单栏

菜单各项简介如下。

1）File：新建文件、导入 keil 工程、加载已有工程、保存文件等功能。

2）Edit：文本编辑、查找等功能。

3）Project：进行工程文件编译等操作。

4）Run：进行运行、调试等操作。

5）Flash：程序下载、下载配置等功能。

6）Tools：提供 ISP 下载、计算器、任务管理器的快捷启动项。

7）Window：显示视图、软件全局配置等操作。

8）Help：提供软件帮助文件、软件更新检查、中英文切换等操作。

典型的快捷工具栏如图 5.8 所示。

图 5.8 快捷工具栏

1）：新建工程文件、文件、文件夹等。

2）：保存当前文件。

3）：保存全部文件。

4）：导入 Keil 工程。

5）：链接脚本配置。

6）：工具栏介绍。

7）：全局工具配置。

8）：编译链接配置。

9）：打开 MRS 工具台。

10）：配置串口助手。

11）：构建当前工程。

12）：重新编译。

13）：全部编译。

14）：RISC－V 内核程序下载。

15）：ARM 内核程序下载，支持 CH32F103 芯片烧录。

16）：调试，支持 RISC－V、ARM 内核芯片调试功能。

17）：搜索。

18）：文字缩进。

19）：文字取消缩进。

20）：生成\取消注释。

21）：下一个注解。

22）：上一个注解。

23）：上一个编辑位置。

24）：返回上个文件。

25）：前进至文件。

26）：撤销正在键入。

27）：重做正在键入。

5.3　创建项目

作为面向嵌入式 MCU 的通用型 IDE，MRS 内嵌了 WCH，GD 等厂商及通用 RV32/RV64 的单片机工程模板。支持 WCH 厂商的 ARM 内核单片机（CH32F103 等）、RISC－V 内核单片机（CH32V103、CH57x 等），兼容 GD 厂商的 GD32VF103 单片机等。这里以 CH32V103C8T6 模板工程为例，介绍创建项目的具体过程。

1）单击菜单栏 File→New，单击 MounRiver Project，如图 5.9 所示。

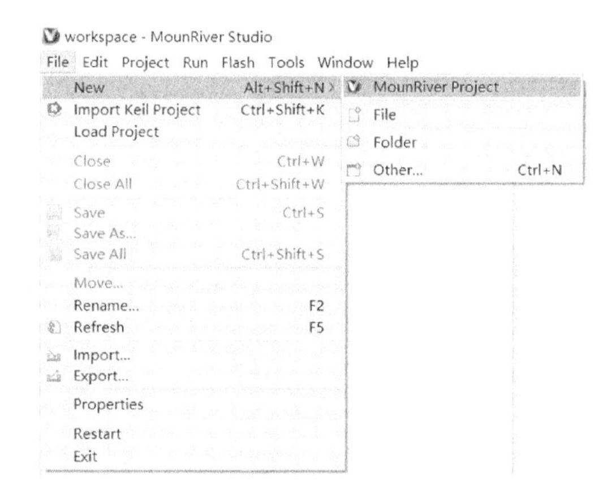

图 5.9　新建工程

2）出现如图 5.10 所示界面，在 Project Name 处空白框中填入工程名称，本次创建第一个 CH32V103 工程，命名为 CH32V103C8T6。如果勾选“Use default location”，则工程文件默认存放在软件安装目录下；取消勾选，则可以通过单击“Browse”按钮选择自定义存放目录。单击“Finish”按钮，完成创建新的模板工程。

3）工程文件创建完成后，工程目录窗口如图 5.11 所示。

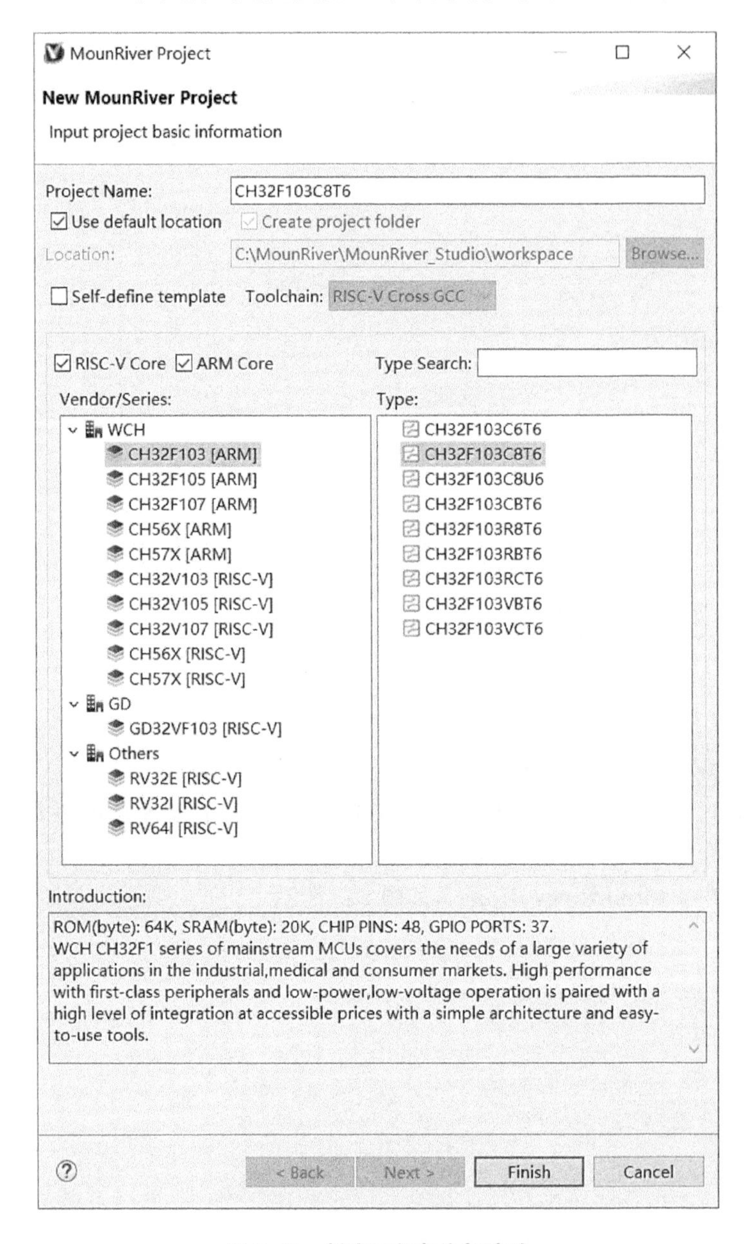

图 5.10　创建工程名称与地址

图 5.11　工程目录窗口

接下来介绍工程目录下的各分组以及相关文件。

1）Core 文件夹：存放 RISC－V 内核的核心文件。

2）Debug 文件夹：其中的 debug.c 文件提供了一个串口调试代码，可以将调试信息通过 printf 函数打印，在串口助手中查看数据。

3）Peripheral 文件夹：存放 CH32V103 官方提供的外设驱动固件库文件，这些文件可以根据实际需求来添加或者删除。其中 inc 文件夹下存放的为固件库头文件，src 文件夹下存放的为固件库源文件。

4）Startup 文件夹：存放 RISC－V 内核的启动文件。这里的文件不需要修改。

5）User 文件夹：主要存放用户代码。其中，Ch32v10x_conf. h 文件包含所有外设驱动的头文件；ch32v10x_it. c 存放部分中断服务函数；system_ch32v10x. c 里面包含芯片初始化函数 SystemInit，配置芯片时钟为 72 MHz。CH32V103 芯片上电后，执行启动文件命令后调用该函数，设置芯片工作时钟。

5.4　编译代码

选中工程目录窗口中的工程，右击，然后单击 build project 进行编译：或者单击快捷工具栏中的编译按钮进行编译，如图 5.12 所示。console 窗口会显示 build 过程中产生的信息，如图 5.13 所示。可通过主菜单项 Project→Concise Build Output Mode 切换编译信息简洁/完整输出模式。

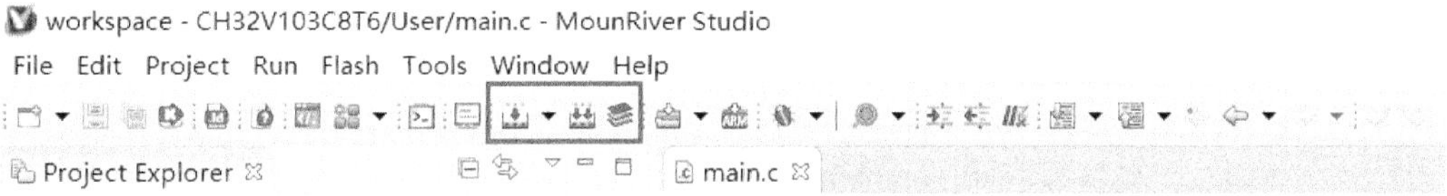

workspace - CH32V103C8T6/User/main.c - MounRiver Studio

File　Edit　Project　Run　Flash　Tools　Window　Help

Project Explorer　　main.c

图 5.12　快捷工具栏中的编译按钮

Problems　Console　Properties　Search　Breakpoints

CDT Build Console [CH32V103C8T6]

```
12:21:46 **** Build of configuration obj for project CH32V103C8T6 ****
make -j12 all
   text    data     bss     dec     hex filename
   6664     128    2072    8864    22a0 CH32V103C8T6.elf

12:21:48 Build Finished. 0 errors, 0 warnings. (took 1s.352ms)
```

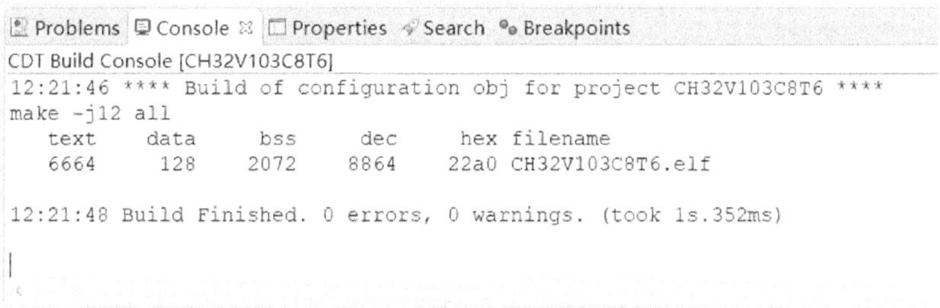

图 5.13　简洁编译信息

若编译成功，则编译过程中产生的文件存放在源码目录下的 obj 文件夹中，如图 5.14 所示。

如果需要对编译过程做进一步的配置，可单击快捷工具栏中“工程属性设置”按钮，如图 5.15 所示。

选中左侧选项卡 C/C＋＋ Build，再选中右侧选项卡 Behavior，如图 5.16 所示。各选项含义如下。

1）Stop on first build error：编译遇到第一个错误就停止编译。

2）Enable parallel build：可选择的编译线程个数。

3）Build on resource save（Auto build ）：保存文件后自动编译。

4）Build(Incremental build)：增量编译。

5）Clean：清除 Build 产生的文件。

单击左侧选项卡 C/C++ Build 的下拉选项，选择 Settings，在右侧弹窗中选择 Tool Settings 下的 Warnings，如图 5.17 所示。各选项含义如下。

1) Check syntax only：只检查语法错误。

2) Pedantic：严格执行 ISO C 和 ISO C++要求的所有警告。

3) Pedantic warnings as errors ISO：C 和 ISO C++要求的所有警告显示为错误。

4) Inhibit all warnings：禁止全部警告。

5) Warn on various unused elements：各种未使用参数的警告。

6) Warn on uninitialized variables：未初始化自动变量的警告。

7) Enable all common warning：显示所有警告。

8) Enable extra warnings：显示使能额外的警告。

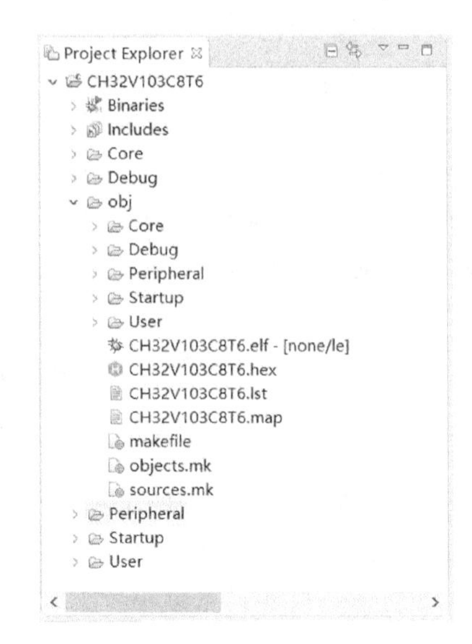

图 5.14 编译文件输出

图 5.15 快捷工具栏中的工程属性设置按钮

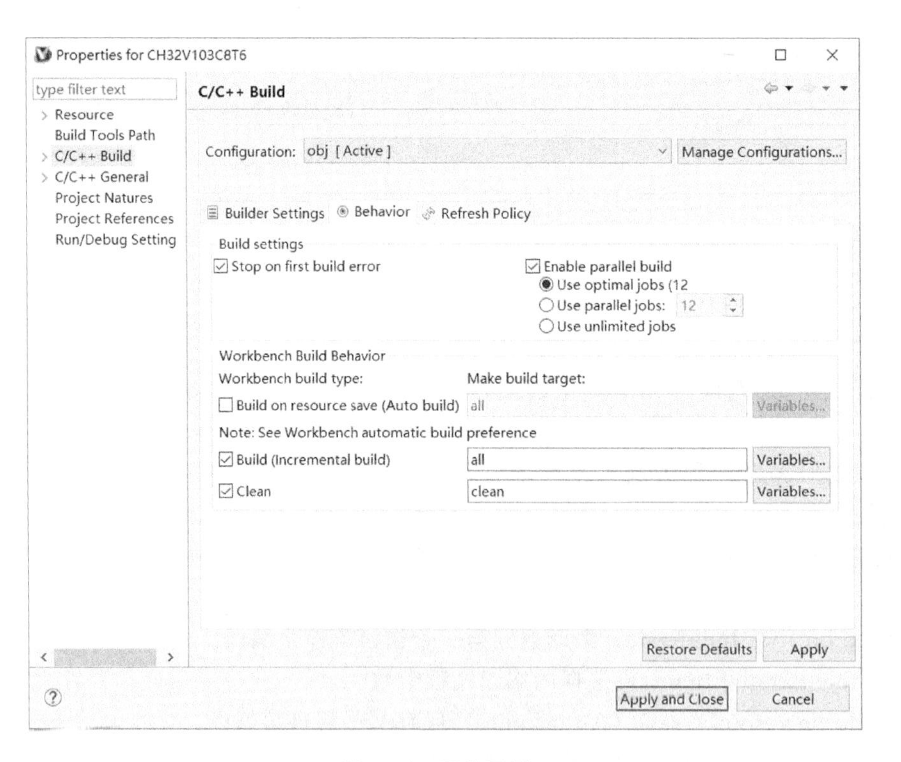

图 5.16 环境配置 1

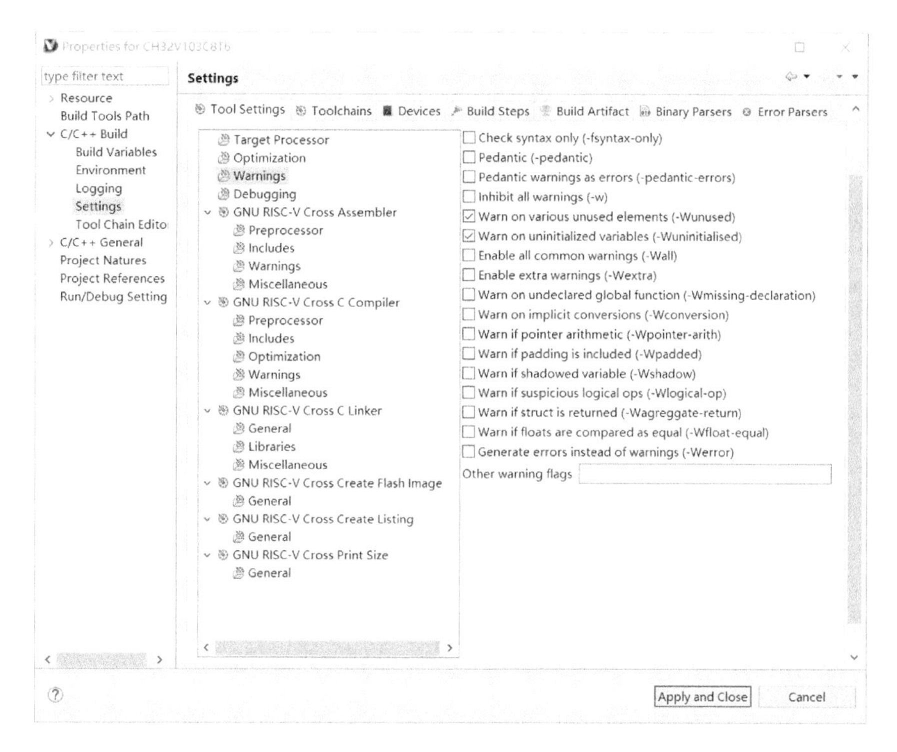

图 5.17　环境配置 2

9）Warn on undeclared global function：全局函数在头文件中没有声明。

10）Warn on implicit conversion：隐式转换可能改变值的警告。

11）Warn if pointer arithmetic：对指针进行算术操作时警告。

12）Warn if padding is included：结构体填充警告。

13）Warn if shadow variable：变量或类型声明遮盖影响了另一个变量。

14）Warn if suspicious logical ops：可疑的逻辑操作符警告。

15）Warn if struct is returned：返回结构、联合或数组时给出警告。

16）Warn if floats are compared as equal：浮点值比较相关的警告。

17）Genera errors instead of warnings：生成错误代替警告。

单击选项卡 GNU RISC－V Cross C Compiler 的下拉选项，单击 Includes，在右侧窗口中显示当前工程文件所包含的头文件路径，如图 5.18 所示。在右侧单击图标，可以添加文件路径，如图 5.19 所示。当遇到编译文件未找到时，需要检查是否正确添加了文件所在路径。

单击选项卡 GNU RISC－V Cross C Linker 的下拉选项，单击 Miscellaneous，在右侧窗口显示了当前工程文件使用的库文件，如图 5.20 所示。

在右侧 Other objects 中，可添加工程中要用到的库，单击绿色的加号，如图 5.21 所示。

单击 File system 或 Workspace，选中要添加的库文件，单击 OK 按钮，添加成功，则库文件路径会显示在下方窗口，如图 5.22 所示。

单击选项卡 GNU RISC－V Cross C Create Flash Image 的下拉选项，单击 General，在右侧窗口 Output file format(－O)中，单击下拉工具可选择生成 Intel HEX 或者 Raw binary 文件，如图 5.23 所示。

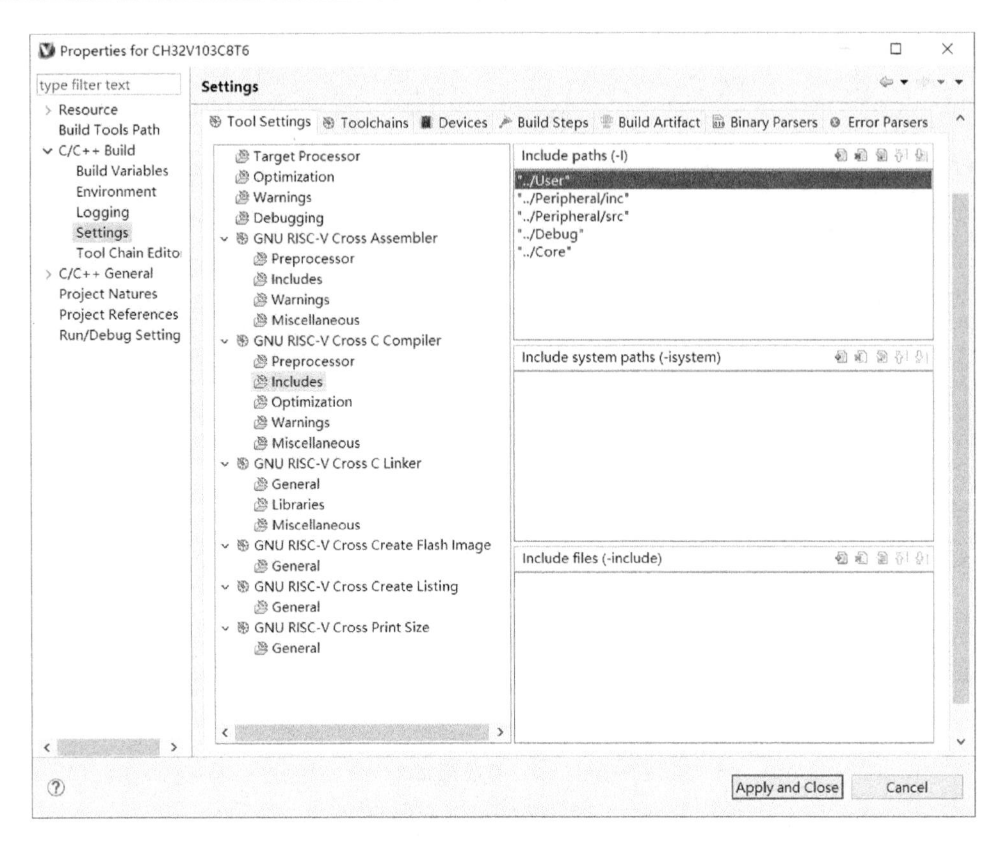

图 5.18　环境配置 3

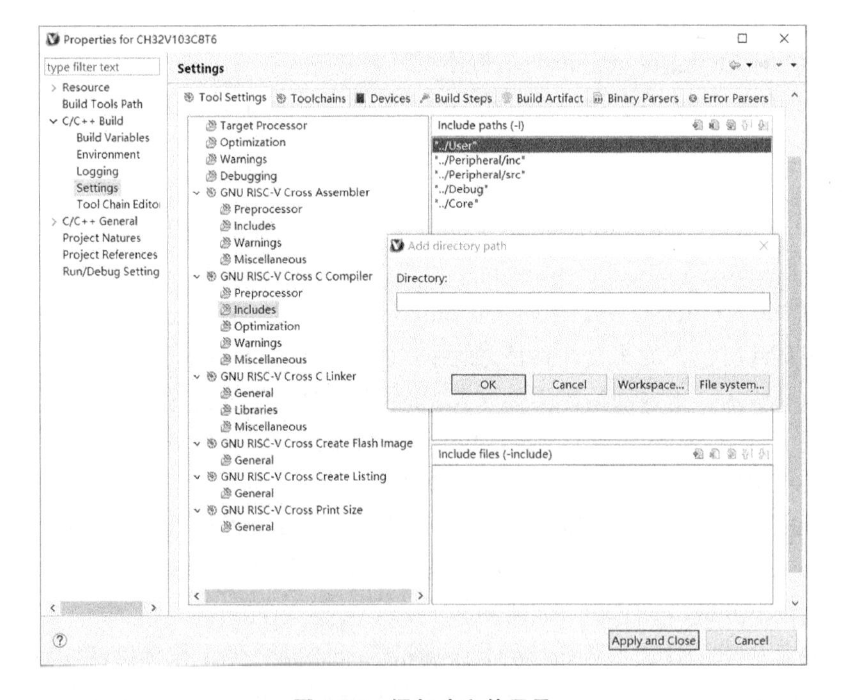

图 5.19　添加头文件目录

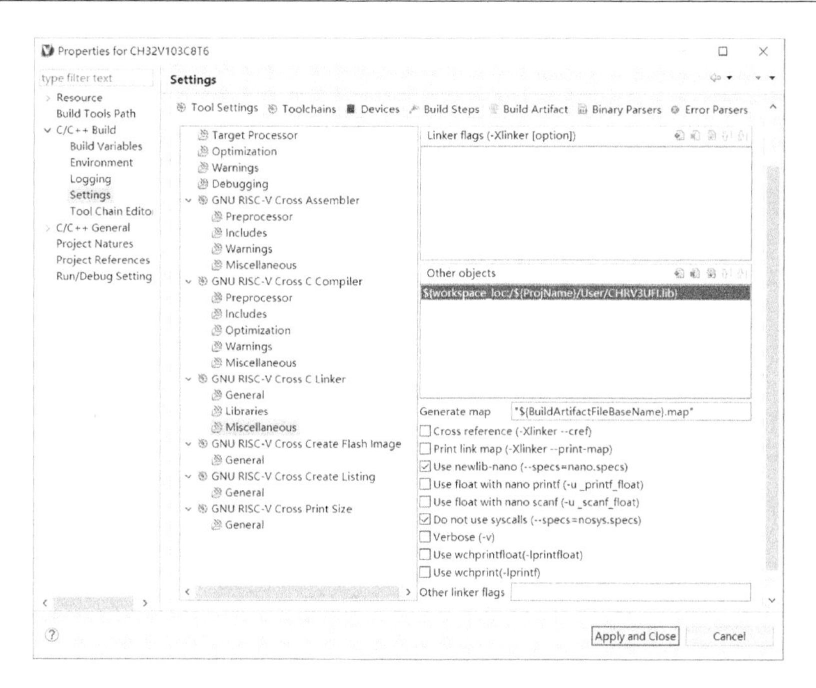

图 5.20　环境配置 4

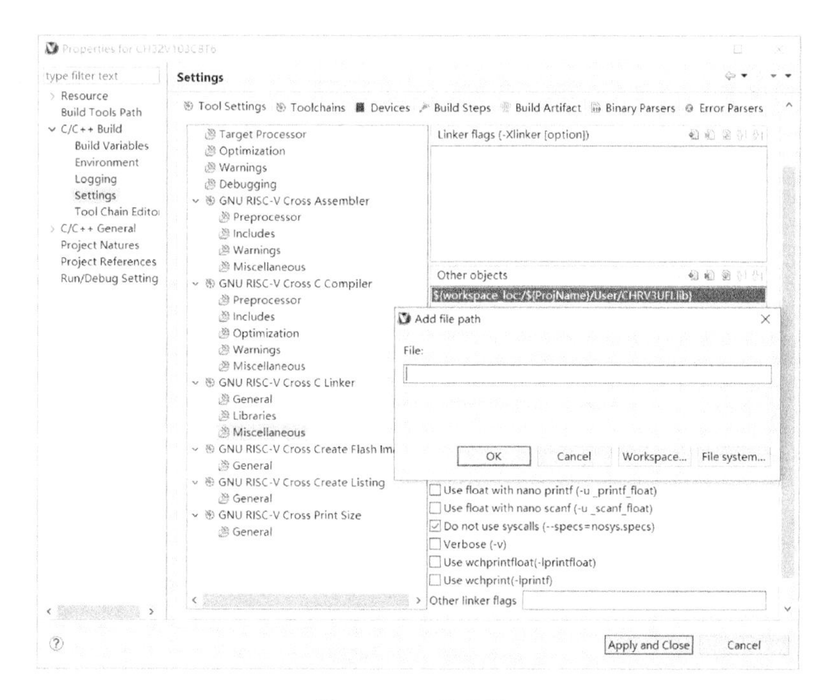

图 5.21　环境配置 5

图 5.22　环境配置 6

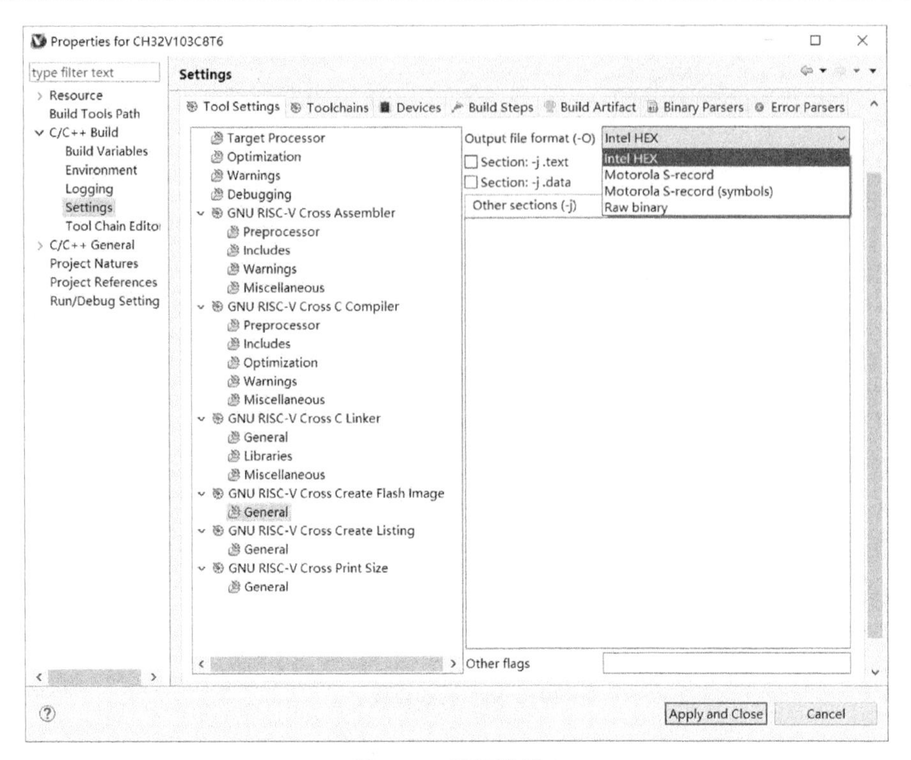

图 5.23　环境配置 7

单击左侧选项卡 C/C++ Build 的下拉选项，选择 Settings→Build Artifact，如图 5.24 所示。

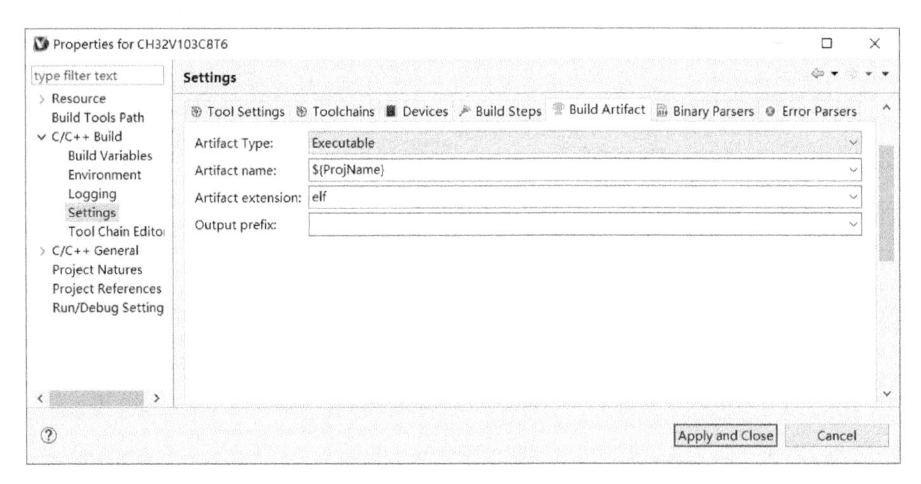

图 5.24　工程配置 8

Artifact Type 选项后有三个下拉菜单，分别是：

① Executable：可执行文件。

② Shared Library：共享库。

③ Static library：静态库如果要缩减大小，可选择 Tool Settings 下的 Debugging 设置 Debug level 为 NONE。

Artifact name 可用于更改默认生成的可执行文件等文件的名字，删除原来默认的名称，填写自定义的名字。

需要注意的是，以上所有配置如有更改，必须单击相应配置页面的 Apply and Close 按钮，否则更改的配置不生效。

5.5　下载代码

下载器为 WCH－Link 模块。将下载器与计算机相连，下载接口与芯片相连（SWDIO、SWCLK、GND、VCC），单击快捷工具栏中的箭头，弹出工程烧录配置窗口，如图 5.25 所示。

图 5.25　烧录界面

界面中各项的含义如下：

1）MCU Type：选择芯片型号。

2）Program Address：编程地址。

3）Eraser－All：全擦。

4）Program：编程。

5）Verify：校验。

6）Reset and run：复位。

7）：针对 CH32V103 型号，查询设备读保护状态。

8）：针对 CH32V103 型号，使能设备读保护状态。

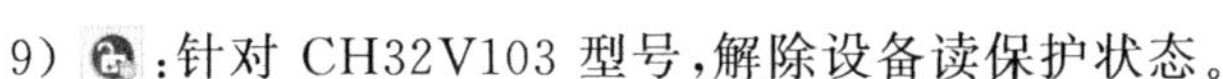

9）：针对 CH32V103 型号，解除设备读保护状态。

单击 Browse...，可以添加工程文件生成的 hex 文件。单击 Add，可以添加其他目录下的 hex 文件。单击 Delete，可以删除选中的 hex 文件。配置完参数后，单击 Apply and Close 保存烧录配置。设置完毕后需要进行烧录时，直接单击工具栏图标或在资源管理器菜单右击 Download for-RISC－V 选项，即可进行代码烧录，结果显示在 Console 中，如图 5.26 所示。

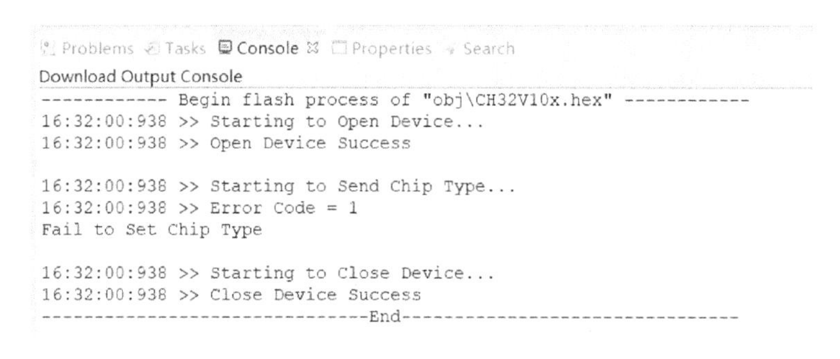

图 5.26　烧录成功

5.6 调试代码

1. 调　试

1）选中工程目录窗口中的工程，然后单击快捷工具栏 的下拉菜单，选取 Debug Configurations，如图5.27所示。

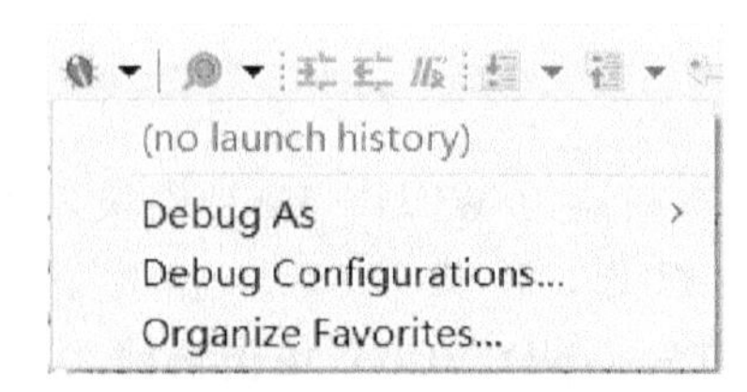

图 5.27　调试配置

2）双击 GDB OpenOCD Debugging，自动在其目录下生成工程名.obj，如图5.28所示。

3）单击图5.28中的 Startup 选项卡，勾选 Pre-run/Restart reset，如图5.29所示。

4）单击右下方的 Debug 按钮，进入调试模式。

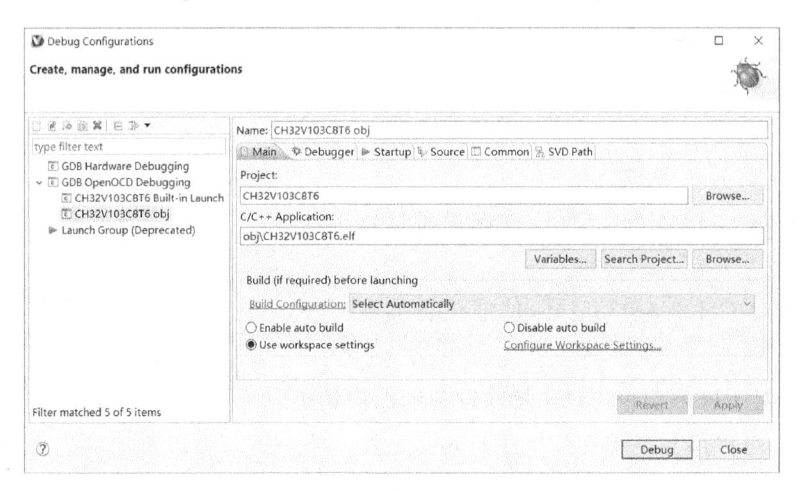

图 5.28　调试配置界面1

2. 快捷工具介绍

快捷工具简介如下。

1） ：跳过所有断点。

2） ：继续。

3） ：暂挂。

4） ：终止。

5） ：单步跳入。

6） ：单步跳过。

7） ：指令集单步模式。

8） ：程序重新执行，但不会跳出调试模式。

9） ：单步返回。

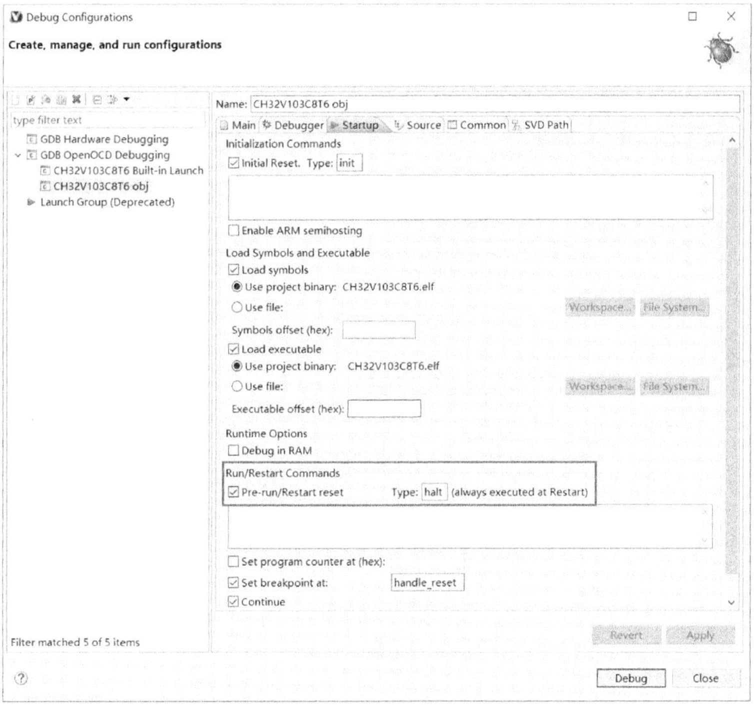

图 5.29　调试配置界面 2

3. 断　点

双击代码行左侧，设置断点，再次双击取消断点，如图 5.30 所示。

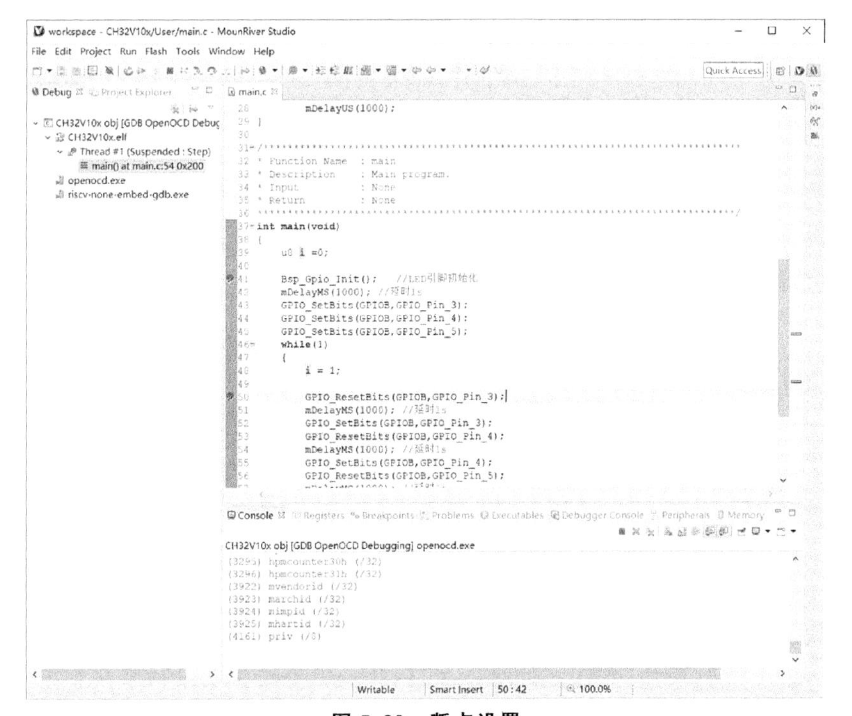

图 5.30　断点设置

4. 变　量

鼠标悬停在源码中变量之上会显示详细信息，或者选中变量，然后右击 Add Watch Expression，弹出如图 5.31 所示界面。

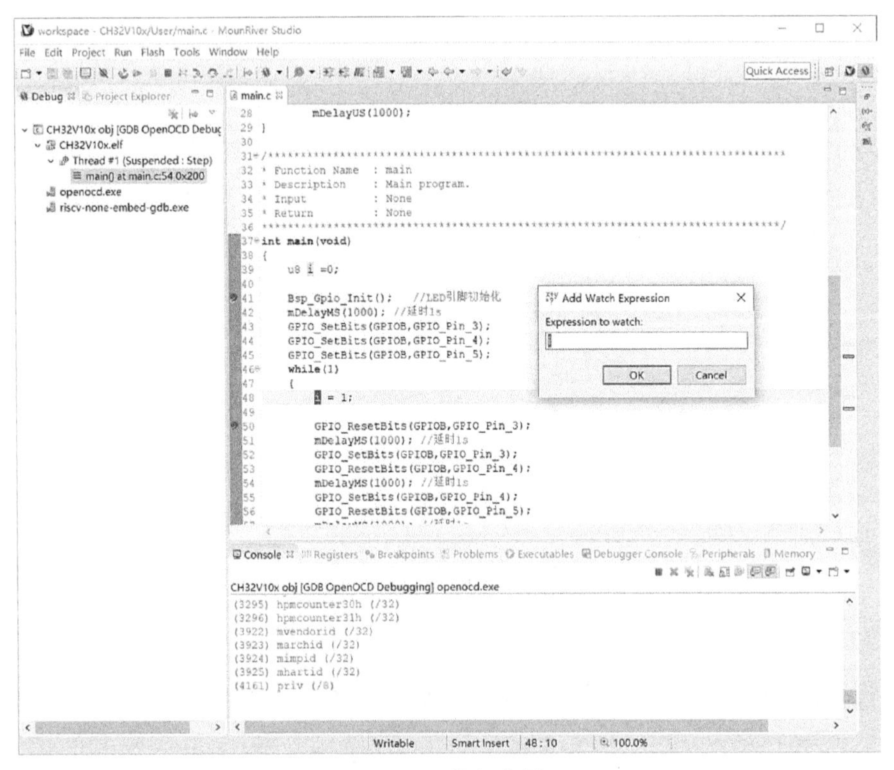

图 5.31　添加变量

填写变量名，或者直接单击 OK 按钮，将刚才选中的变量加入弹出的显示界面，如图 5.32 所示。

5. 外设寄存器

观察外设寄存器，首先要添加相应的 SVD 文件。选中工程目录窗口中的工程，然后单击快捷工具栏下拉菜单中的 Debug Configurations 选项，如图 5.27 所示。

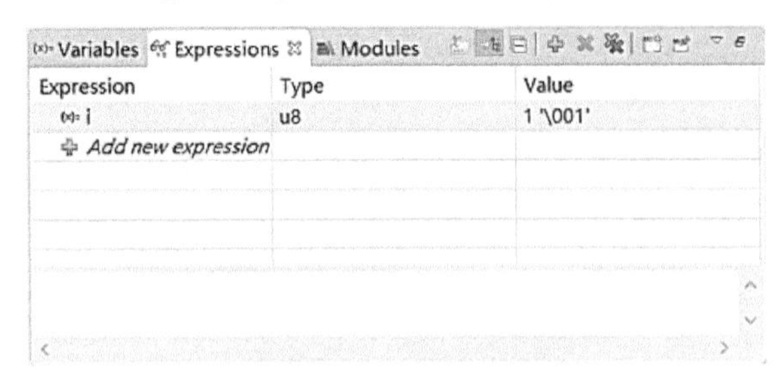

图 5.32　变量显示框

选中弹窗左侧的.obj 文件，再选中弹窗右侧的 SVD PATH，如图 5.33 所示。

单击 Browse 按钮，添加 SVD 文件路径，CH32V103 系列 SVD 文件默认放在 MounRiver 安装目录下的 template\wizard\WCH\CH32V103 下。单击 Apply 按钮，完成设置。然后在 Debug 模

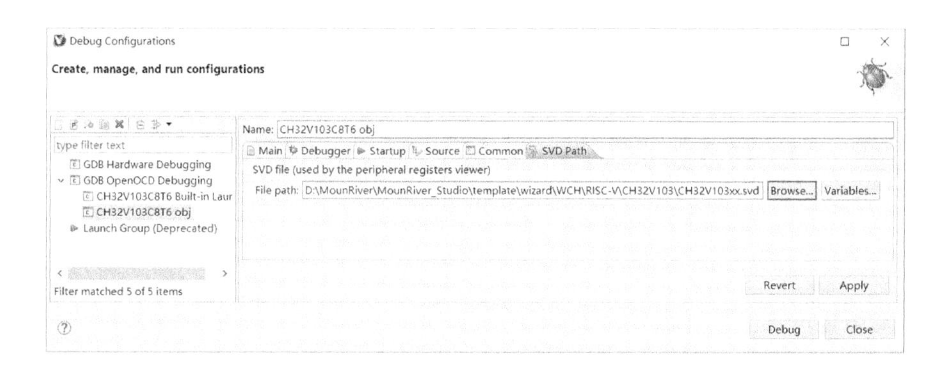

图 5.33　配置 SVD 路径

式选中 Peripherals 窗口，勾选相应外设寄存器，会在 Memory 窗口显示对应值，如图 5.34 所示。

图 5.34　显示外设寄存器

本章小结

本章介绍了使用 MounRiver Studio 开发工具进行 CH32V103 开发应用所必需的基本操作。本书后续所有的实践设计内容，所使用的开发环境版本、固件库文件的版本、工程的搭建方法及步骤、工程选项的配置点等都与本章所描述的内容一致，将不再做详细说明。

第 6 章　CH32 单片机的输入/输出接口 GPIO

输入/输出接口是单片机最基本的外设功能之一。CH32V103 系列单片机按可用 GPIO 引脚数量分为三种类型，分别是 48 引脚的 CH32V10xCx 系列有 37 个 GPIO 引脚、64 引脚的 CH32V10xRx 系列有 51 个 GPIO 引脚、100 引脚的 CH32V10xVx 系列有 80 个 GPIO 引脚。GPIO 口可以配置成多种输入或输出模式，内置可关闭的上下拉电阻，可以配置成推挽或开漏功能，也可以复用成其他功能。本章将介绍 CH32V103 单片机的输入/输出接口及其应用，并给出相应的设计例程。

6.1　GPIO 主要特征

GPIO 每一个端口都可以配置成以下多种模式之一：浮空输入、上拉输入、下拉输入、模拟输入、开漏输出、推挽输出、7 复用功能的输入和输出。

CH32V103 单片机的大部分引脚都支持复用功能，可以将其他外设的输入/输出通道映射到这些引脚上。这些复用引脚的具体用法需要参照各个外设的说明。

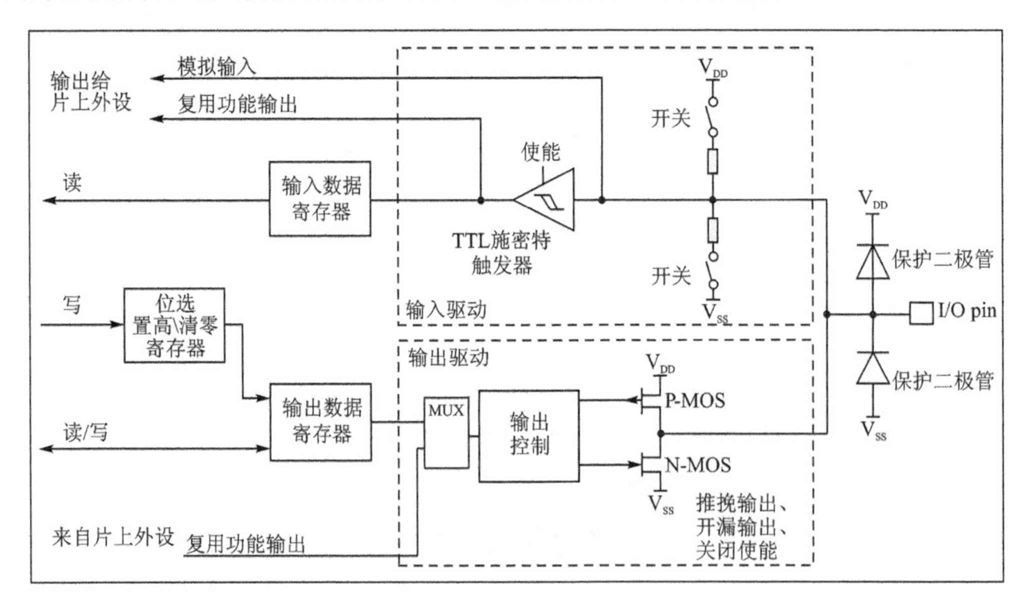

图 6.1　GPIO 模块基本结构框图

图 6.1 所示为一个 GPIO 引脚内部典型结构图。从图中可以看出，主要有以下部分。

(1) 保护二极管

每个引脚在芯片内部都有两只保护二极管，可以防止单片机外部引脚过高或者过低电压输入，导致芯片损坏。引脚电压高于 VDD 时，上方二极管导通；引脚电压低于 VSS 时，下方二极管导通。

(2) 上下拉电阻

通过配置是否使能弱上拉、弱下拉电阻，可以将引脚配置为上拉输入、下拉输入以及浮空输入三种状态。

(3) P-MOS 管和 N-MOS 管

输出驱动有一对 MOS 管，可通过配置 P-MOS 管和 N-MOS 管的状态将 IO 口配置成开漏输出、推挽输出或关闭。推挽输出模式时，双 MOS 管轮流工作；开漏输出模式时，只有 N-MOS 管工作；关闭时，N-MOS 管和 P-MOS 管均关闭。

(4) 输出数据寄存器

通过配置端口输出寄存器(GPIOx_OUTDR)的值，可以设置端口输出的数据。通过配置端口复位/置位寄存器(GPIOx_BSHR)的值，可以修改 GPIO 引脚输出高电平或低电平。

(5) 复用功能输出

“复用”是指 CH32V103 的外设模块对 GPIO 引脚进行控制，此时 GPIO 引脚用作该外设功能的一部分。

例如，使用通用定时器 TIM2 进行 PWM 输出时，需要使用一个 GPIO 引脚作为 PWM 信号输出引脚。这时候通过将该引脚配置成定时器复用功能，可以由通用定时器 TIM2 控制该引脚，从而进行 PWM 波形输出。

(6) 输入数据寄存器

GPIO 引脚作为输入时，GPIO 引脚经过内部的上拉、下拉电阻，可以配置成上拉、下拉输入，经过施密特触发器，将输入信号转化为 0、1 的数字信号存储在端口输入寄存器(GPIOx_INDR)中，单片机通过读取该寄存器中的数据可以获取 GPIO 引脚的电平状态。

(7) 复用功能输入

与复用功能输出模式类似，在复用功能输入时，GPIO 引脚的信号传输到 CH32V103 的外设模块中，由该外设读取引脚状态。

例如，使用 USART 配置串口通信时，需要使用某个 GPIO 引脚作为通信数据接收引脚，将该 GPIO 引脚配置成 USART 串口复用功能，可使 USART 外设模块通过该通信引脚接收数据。

(8) 模拟输入

使用 ADC 外设模块进行模拟电压采集时，须将 GPIO 引脚配置为模拟输入功能。从图 6.1 可以看出，信号不经过施密特触发器，直接进行原始信号采集。

6.2 GPIO功能说明

6.2.1 工作模式

GPIO有多种工作模式,见表6-1。

表6-1 GPIO工作模式

GPIO工作模式	功能说明
模拟输入	适用于ADC外设的模拟电压采集功能
浮空输入	呈高阻态,由外部输入决定电平的状态
下拉输入	默认的电平状态为低电平
上拉输入	默认的电平状态为高电平
开漏输出	没有驱动能力,输出高电平需要外接上拉电阻
推挽输出	可直接输出高电平或低电平,高电平时电压为电源电压,低电平时为地。该模式下无须外接上拉电阻
复用开漏	信号来源于外部输入
复用推挽	信号来源于其他外设模块,输出数据寄存器此时无效

6.2.2 外部中断

所有GPIO口都可被配置成外部中断输入通道,此时GPIO口需要配置为输入模式。一个外部中断输入通道最多只能映射到一个GPIO引脚上,且外部中断通道的序号必须和GPIO端口的位号一致,比如PA1(或者PB1、PC1、PD1等)只能映射到EXTI1上,且EXTI1只能接受PA1或PB1或PC1或PD1等其中之一的映射,两方都是一对一的关系。

外部中断功能将在第7章详细叙述。

6.2.3 复用功能

同一个IO口可能有多个外设复用到此引脚。为了使各个外设都有最大的发挥空间,外设的复用引脚除了默认复用引脚,还可以重新映射到其他的引脚,避开被占用的引脚。

CH32V103系列单片机的GPIO功能均通过读写寄存器实现,每一个GPIO端口都由1个GPIO配置寄存器低位(GPIOx_CFGLR)、1个GPIO配置寄存器高位(GPIOx_CFGHR)、1个端口输入寄存器(GPIOx_INDR)、1个端口输出寄存器(GPIOx_OUTDR)、1个端口复位/置位寄存器(GPIOx_BSHR)、1个端口复位寄存器(GPIOx_BCR)、1个配置锁定寄存器(GPIOx_LCKR)组成。有关GPIO寄存器的详细功能请参考CH32V103系列寄存器手册。GPIO的功能也可以使用标准库函数实现,标准库函数提供了绝大部分寄存器操作函数,基于库函数开发代码更加简单便捷。

6.2.4　锁定机制

锁定机制可以锁定 IO 口的配置。经过特定的一个写序列后，选定的 IO 引脚配置将被锁定，在下一个复位前无法更改。通过操作 Px 端口锁定配置寄存器(R32_GPIOx_LCKR)可以对需要锁定的 IO 口进行配置。

6.3　GPIO 库函数

CH32V103 标准库函数提供 GPIO 相关的函数，见表 6-2。本节将对其中常用的库函数进行详细介绍。

表 6-2　GPIO 库函数

序　号	函数名称	函数说明
1	GPIO_DeInit	GPIO 相关的寄存器配置成上电复位后的默认状态
2	GPIO_AFIODeInit	复用功能寄存器值配置成上电复位后的默认状态
3	GPIO_Init	根据 GPIO_InitStruct 中指定的参数初始化 GPIOx
4	GPIO_StructInit	将每一个 GPIO_InitStruct 成员填入默认值
5	GPIO_ReadInputDataBit	读取指定 GPIO 输入数据端口位
6	GPIO_ReadInputData	读取指定 GPIO 输入数据端口
7	GPIO_ReadOutputDataBit	读取指定 GPIO 输出数据端口位
8	GPIO_ReadOutputData	读取指定 GPIO 输出数据端口
9	GPIO_SetBits	置位指定数据端口位
10	GPIO_ResetBits	清零指定数据端口位
11	GPIO_WriteBit	置位或清零指定数据端口位
12	GPIO_Write	向指定 GPIO 数据端口写入数据
13	GPIO_PinLockConfig	锁定 GPIO 引脚配置寄存器
14	GPIO_EventOutputConfig	选择 GPIO 引脚作为事件输出
15	GPIO_EventOutputCmd	使能或失能时间输出
16	GPIO_PinRemapConfig	改变指定引脚的映射
17	GPIO_EXTILineConfig	选择 GPIO 引脚作为外部中断线

(1) 函数 GPIO_ Init

GPIO_Init 的说明见表 6-3。

表 6-3　GPIO_Init 说明

项目名	描　述
函数原型	void GPIO_Init(GPIO_TypeDef * GPIOx, GPIO_InitTypeDef * GPIO_InitStruct)
功能描述	根据 GPIO_InitStruct 中指定的参数初始化 GPIOx

续表 6-3

项目名	描　述
输入参数 1	GPIOx：x 可以是 A、B、C、D、E，用来选择 GPIO 端口号
输入参数 2	GPIO_InitStruct：指向结构体 GPIO_InitTypeDef 的指针，包含了指定 GPIO 的配置信息
输出参数	无

GPIO_InitTypeDef 定义在 ch32v10x_gpio.h 文件中，其结构体定义如下：

```
typedef struct
{
  uint16_t GPIO_Pin;
GPIOSpeed_TypeDef GPIO_Speed;
GPIOMode_TypeDef GPIO_Mode;
}GPIO_InitTypeDef;
```

① GPIO_Pin，指定要配置的 GPIO 引脚，该参数可为 GPIO_Pin_x(x 为 0～15)的任意组合，见表 6-4。

表 6-4　GPIO_Pin 参数定义

GPIO_Pin 参数	描　述	GPIO_Pin 参数	描　述	GPIO_Pin 参数	描　述
GPIO_Pin_0	选择引脚 0	GPIO_Pin_6	选择引脚 6	GPIO_Pin_12	选择引脚 12
GPIO_Pin_1	选择引脚 1	GPIO_Pin_7	选择引脚 7	GPIO_Pin_13	选择引脚 13
GPIO_Pin_2	选择引脚 2	GPIO_Pin_8	选择引脚 8	GPIO_Pin_14	选择引脚 14
GPIO_Pin_3	选择引脚 3	GPIO_Pin_9	选择引脚 9	GPIO_Pin_15	选择引脚 15
GPIO_Pin_4	选择引脚 4	GPIO_Pin_10	选择引脚 10	GPIO_Pin_All	选择所有引脚
GPIO_Pin_5	选择引脚 5	GPIO_Pin_11	选择引脚 11		

② GPIO_Speed，指定被选中引脚的最高输出速率，见表 6-5。

表 6-5　GPIO_Speed 参数定义

GPIO_Speed 参数	描　述
GPIO_Speed_10MHz	最高输出频率为 10MHz
GPIO_Speed_2MHz	最高输出频率为 2MHz
GPIO_Speed_50MHz	最高输出频率为 50MHz

③ GPIO_Mode，指定被选中引脚的工作模式，见表 6-6。

表 6-6　GPIO_Mode 参数定义

GPIO_Mode 参数	描　述	GPIO_Mode 参数	描　述
GPIO_Mode_AIN	模拟输入	GPIO_Mode_Out_OD	开漏输出
GPIO_Mode_IN_FLOATING	浮空输入	GPIO_Mode_Out_PP	推挽输出
GPIO_Mode_IPD	下拉输入	GPIO_Mode_AF_OD	复用开漏输出
GPIO_Mode_IPU	上拉输入	GPIO_Mode_AF_PP	复用推挽输出

该函数的使用方法如下：

```
/* 设置 GPIOB 的 PIN3 和 PIN12 脚为推挽输出模式 */
GPIO_InitTypeDef    GPIO_InitStructure;
GPIO_InitStructure.GPIO_Pin = GPIO_Pin_3 | GPIO_Pin_12;
GPIO_InitStructure.GPIO_Mode = GPIO_Mode_Out_PP;
GPIO_InitStructure.GPIO_Speed = GPIO_Speed_50MHz;
GPIO_Init(GPIOB, &GPIO_InitStructure);
```

(2) 函数 GPIO_ReadInputDataBit

GPIO_ReadInputDataBit 的说明见表 6-7。

表 6-7　GPIO_ReadInputDataBit 说明

项目名	描　述
函数原型	uint8_t GPIO_ReadInputDataBit(GPIO_TypeDef * GPIOx, uint16_t GPIO_Pin)
功能描述	读取指定 GPIO 输入数据端口位
输入参数 1	GPIOx:x 可以是 A、B、C、D、E,用来选择 GPIO 端口号
输入参数 2	GPIO_Pin:指定要配置的 GPIO 引脚
输出参数	指定引脚的高低电平值

该函数的使用方法如下：

```
uint8_t value;//读取 PA1 引脚的输入值
value = GPIO_ReadInputDataBit(GPIOA, GPIO_Pin_1);
```

(3) 函数 GPIO_SetBits

GPIO_SetBits 的说明见表 6-8。

表 6-8　GPIO_SetBits 说明

项目名	描　述
函数原型	void GPIO_SetBits(GPIO_TypeDef * GPIOx, uint16_t GPIO_Pin)
功能描述	置位指定数据端口位
输入参数 1	GPIOx:x 可以是 A、B、C、D、E,用来选择 GPIO 端口号
输入参数 2	GPIO_Pin:指定要配置的 GPIO 引脚
输出参数	无

该函数的使用方法如下：

```
//设置 PA1 引脚输出高电平
GPIO_SetBits(GPIOA, GPIO_Pin_1);
```

(4) 函数 GPIO_ResetBits

GPIO_ResetBits 的说明见表 6-9。

表6-9 GPIO_ResetBits说明

项目名	描 述
函数原型	void GPIO_ResetBits(GPIO_TypeDef * GPIOx, uint16_t GPIO_Pin)
功能描述	清零指定数据端口位
输入参数1	GPIOx:x可以是A、B、C、D、E,用来选择GPIO端口号
输入参数2	GPIO_Pin:指定要配置的GPIO引脚
输出参数	无

该函数的使用方法如下:

```
//设置PA1引脚输出低电平
GPIO_ ResetBits (GPIOA, GPIO_Pin_1);
```

(5) 函数GPIO_PinRemapConfig

GPIO_PinRemapConfig的说明见表6-10。

表6-10 GPIO_PinRemapConfig说明

项目名	描 述
函数原型	void GPIO_PinRemapConfig(uint32_t GPIO_Remap, FunctionalStateNewState)
功能描述	改变指定引脚的映射
输入参数1	GPIO_Remap:选择需要重映射的引脚
输入参数2	NewState:指重映射配置状态,参数可以取ENABLE或DISABLE
输出参数	无

该函数的使用方法如下:

```
//重映射USART1_TX为PB6,USART1_RX为PB7
GPIO_PinRemapConfig(GPIO_Remap_USART1,ENABLE);
```

该函数的参数说明见表6-11。

表6-11 GPIO_Remap参数说明

GPIO_Remap参数	描 述	GPIO_Remap参数	描 述
GPIO_Remap_SPI1	重映射SPI1	GPIO_FullRemap_TIM2	完全重映射TIM2
GPIO_Remap_I2C1	重映射 I^2C1	GPIO_PartialRemap_TIM3	部分重映射TIM3
GPIO_Remap_USART1	重映射USART1	GPIO_FullRemap_TIM3	完全重映射TIM3
GPIO_Remap_USART2	重映射USART2	GPIO_Remap_TIM4	重映射TIM4
GPIO_PartialRemap_TIM1	部分重映射TIM1	GPIO_Remap_PD01	重映射PD01
GPIO_FullRemap_TIM1	完全重映射TIM1	GPIO_Remap_SWJ_NoJTRST	重映射
GPIO_PartialRemap1_TIM2	部分重映射TIM2	GPIO_Remap_SWJ_JTAGDisable	重映射
GPIO_PartialRemap2_TIM2	部分重映射TIM2	GPIO_Remap_SWJ_Disable	重映射

(6) 函数 GPIO_EXTILineConfig

GPIO_EXTILineConfig 的说明见表 6-12。

表 6-12　GPIO_EXTILineConfig 说明

项目名	描　述
函数原型	void GPIO_EXTILineConfig(uint8_t GPIO_PortSource, uint8_t GPIO_PinSource)
功能描述	选择 GPIO 引脚作为外部中断线
输入参数 1	GPIO_PortSource：选择作为外部中断源的 GPIO 端口
输入参数 2	GPIO_PinSource：待设置的外部中断引脚
输出参数	无

该函数的使用方法如下：

```
//设置 PA3 为外部中断线
GPIO_EXTILineConfig(GPIO_PortSourceGPIOA,GPIO_PinSource3);
```

6.4　GPIO 使用流程

GPIO 口可以配置成多种输入或输出模式，芯片上电工作后，需要先对使用到的引脚功能进行配置。

1）如果没有使能引脚复用功能，则配置为普通 GPIO。

2）如果有使能引脚复用功能，则对需要复用的引脚进行配置。

3）锁定机制可以锁定 IO 口的配置。经过特定的一个写序列后，选定的 IO 引脚配置将被锁定，在下一个复位前无法更改。

6.4.1　普通 GPIO 配置

CH32V103 的 GPIO 引脚配置过程如下。

1）定义 GPIO 的初始化类型结构体：GPIO_InitType DefGPIO_InitStructure。

2）开启 APB2 外设时钟使能，根据使用的 GPIO 端口使能对应 GPIO 时钟。

3）配置 GPIO 引脚、传输速率、工作模式。

4）完成 GPIO_Init 函数的配置。

6.4.2　引脚复用功能配置

CH32V103 的 IO 复用功能 AFIO 配置过程如下。

1）开启 APB2 的 AFIO 时钟和 GPIO 时钟。

2）配置引脚为复用功能。

3）根据使用的复用功能进行配置。如果复用功能 AFIO 对应到外设模块，则需要配置对应外设的功能。

使用复用功能必须要注意以下三点：

1）使用输入方向的复用功能，端口必须配置成复用输入模式，上下拉设置可根据实际需要来设置；

2）使用输出方向的复用功能，端口必须配置成复用输出模式，推挽还是开漏可根据实际情况设置；

3）对于双向的复用功能，端口必须配置成复用输出模式，这时驱动器被配置成浮空输入模式。

表 6-13～表 6-20 推荐了 CH32V103 各个外设的引脚相应的 GPIO 口配置。

表 6-13　高级定时器(TIM1)

TIM1	配　置	GPIO 配置
TIM1_CHx	输入捕获通道 x	浮空输入
	输出比较通道 x	推挽复用输出
TIM1_CHxN	互补输出通道 x	推挽复用输出
TIM1_BKIN	刹车输入	浮空输入
TIM1_ETR	外部触发时钟输入	浮空输入

表 6-14　通用定时器(TIM2/3/4)

TIM2/3/4 引脚	配　置	GPIO 配置
TIM2/3/4_CHx	输入捕获通道 x	浮空输入
	输出比较通道 x	推挽复用输出
TIM2/3/4_ETR	外部触发时钟输入	浮空输入

表 6-15　通用同步异步串行收发器(USART)

USART 引脚	配　置	GPIO 配置
USARTx_TX	全双工模式	推挽复用输出
	半双工同步模式	推挽复用输出
USARTx_RX	全双工模式	浮空输入或者带上拉输入
	半双工同步模式	未使用
USARTx_CK	同步模式	推挽复用输出
USARTx_RTS	硬件流量控制	推挽复用输出
USARTx_CTS	硬件流量控制	浮空输入或带上拉输入

表 6－16　串行外设接口(SPI)模块

SPI 引脚	配　置	GPIO 配置
SPIx_SCK	主模式	推挽复用输出
	从模式	浮空输入
SPIx_MOSI	全双工主模式	推挽复用输出
	全双工从模式	浮空输入或者带上拉输入
	简单的双向数据线/主模式	推挽复用输出
	简单的双向数据线/从模式	未使用
SPIx_MISO	全双工主模式	浮空输入或带上拉输入
	全双工从模式	推挽复用输出
	简单的双向数据线/主模式	未使用
	简单的双向数据线/从模式	推挽复用输出
SPIx_NSS	硬件主或从模式	浮空或带上拉或下拉的输入
	硬件主模式	推挽复用输出
	软件模式	未使用

表 6－17　内部集成总线(I^{2}C)模块

I^{2}C 引脚	配　置	GPIO 配置
IIC_SDA	时钟线	开漏复用输出
IIC_SCL	数据线	开漏复用输出

表 6－18　通用串行总线(USB)控制器

USB 引脚	GPIO 配置
USB_DM/USB_DP	使能 USB 模块后，复用的 IO 口会自动连接到内部 USB 收发器

表 6－19　模拟转数字转换器(ADC)

ADC	GPIO 配置
ADC	模拟输入

表 6－20　其他的 IO 功能设置

引　脚	配置功能	GPIO 配置
TAMPER_RTC	RTC 输出	硬件自动设置
	侵入事件输入	
MCO	时钟输出	推挽复用输出
EXTI	外部中断输入	浮空输入或带上拉或下拉输入

6.5 项目实战:流水灯

6.5.1 硬件设计

MHP5050RGBDT 是一款三色 LED 灯,通过单片机的控制可以实现红灯、绿灯、蓝灯的亮灭。图 6.2 所示为 CH32V103 单片机与 RGB 灯的连接图,PB3、PB4、PB5 引脚与三色灯相连,通过三个 470 Ω 的限流电阻,实现三色 LED 灯的控制。通过该硬件资源设计简单的实验:将三色 LED 灯同时点亮,然后依次点亮一段时间后熄灭,实现流水灯的效果。

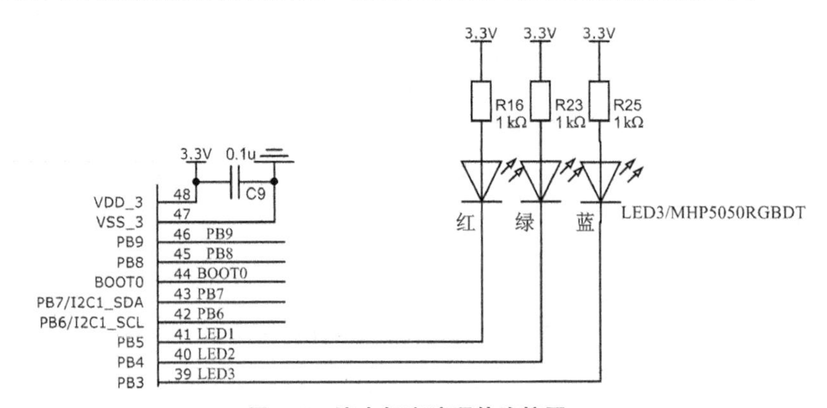

图 6.2 流水灯实验硬件连接图

6.5.2 软件设计

1) 使能 GPIOB 端口时钟。

2) 配置 LED 引脚为推挽输出,最高输出频率为 50 MHz。

3) 设置 GPIO 引脚电平,低电平点亮 LED 灯,高电平熄灭 LED 灯。

流水灯程序流程图如图 6.3 所示。

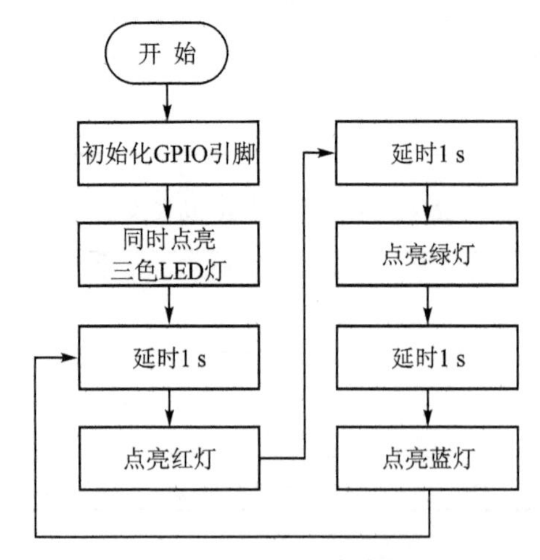

图 6.3 流水灯程序流程图

在 MounRiver Studio 上新建工程文件，新建 bsp_gpio.c 源文件和 bsp_gpio.h 头文件，将文件添加到工程目录中。其中，bsp_gpio.c 进行 gpio 引脚初始化工作，bsp_gpio.h 进行相应函数定义，在 main.c 中调用对应的函数。添加完成后的工程文件如图 6.4 所示。

图 6.4　工程文件结构

bsp_gpio.c 程序如下：

```
#include "bsp.h"
//LED IO 初始化
void Bsp_Gpio_Init(void)
{
GPIO_InitTypeDef   GPIO_InitStructure;

RCC_APB2PeriphClockCmd(RCC_APB2Periph_GPIOB, ENABLE);//使能 PB 端口时钟
GPIO_InitStructure.GPIO_Pin = GPIO_Pin_3 | GPIO_Pin_4 | GPIO_Pin_5;//端口配置
GPIO_InitStructure.GPIO_Mode = GPIO_Mode_Out_PP; //推挽输出
GPIO_InitStructure.GPIO_Speed = GPIO_Speed_50MHz; //IO 口速度
GPIO_Init(GPIOB, &GPIO_InitStructure);//根据设定参数初始化 GPIO

GPIO_ResetBits(GPIOB,GPIO_Pin_3);  //点亮 LED
GPIO_ResetBits(GPIOB,GPIO_Pin_4);  //点亮 LED
GPIO_ResetBits(GPIOB,GPIO_Pin_5);  //点亮 LED
}
```

main.c 主函数程序如下：

```
#include "bsp.h"
uint8_t i = 0;
void mDelayUS ( uint32_t  t ) //软件 μs 级延时
{
    u16 i,j;
    for(i=0;i<t;i++)
        for(j=0;j<9;j++)
            asm("nop");
}

void mDelayMS ( uint32_t  t ) //软件 ms 级延时
{
    int i;
    for (i=0; i<t; i++)
        mDelayUS(1000);
}

int main(void)
{
    Bsp_Gpio_Init();    //LED 引脚初始化
mDelayMS(1000); //延时 1s
    while(1)
    {
        GPIO_ResetBits(GPIOB,GPIO_Pin_3);
        mDelayMS(1000); //延时 1s
        GPIO_SetBits(GPIOB,GPIO_Pin_3);
        GPIO_ResetBits(GPIOB,GPIO_Pin_4);
        mDelayMS(1000); //延时 1s
        GPIO_SetBits(GPIOB,GPIO_Pin_4);
        GPIO_ResetBits(GPIOB,GPIO_Pin_5);
        mDelayMS(1000); //延时 1s
        GPIO_SetBits(GPIOB,GPIO_Pin_5);
    }
}
```

main.c 函数中，调用 Bsp_Gpio_Init 函数进行 LED 引脚初始化，调用 mDelayMS 函数进行延时初始化，最后在 while(1)循环中进行 LED 灯的控制。

6.5.3 系统调试

工程建立好后，编写程序文件，最后进行“Build Project”编译，修改至无错误和警告后，通过“Download”界面将生成好的 HEX 文件加载，单击“Execute”。下载完成后，可以看到三色 LED 灯同时点亮 1 s，随后红灯、绿灯、蓝灯依次点亮，符合程序逻辑设计。

本章小结

GPIO 是嵌入式单片机的基本功能。本章简要介绍了 CH32V103 系列单片机的 GPIO 外设操作方法，给出了硬件设计、软件设计方案、程序流程图、源代码以及常用的库函数说明。通过两个实战项目，读者可很好地理解 GPIO 输入输出的功能，掌握 GPIO 的配置流程，GPIO 的复用功能 AFIO 将在后续章节介绍。

第7章　CH32单片机外部中断EXTI

中断是嵌入式系统中一个非常重要的概念,同时也在嵌入式系统中发挥着巨大的作用。EXTI(External Interrupt/Event controller)为外部中断/事件控制器,用于管理单片机的中断与事件。CH32F103和CH32V103在中断控制器方面有明显区别。

CH32F103系列产品采用Cortex-M3内核,内置嵌套向量中断控制器(Nested Vectored Interrupt Controller,NVIC),管理44个可屏蔽外部中断通道和10个内核中断通道,其他中断源保留。

CH32V103系列采用RISC-V内核,内置快速可编程中断控制器(Programmable Fast Interrupt Controller,PFIC),最多支持255个中断向量。当前系统管理44个外设中断通道和5个内核中断通道,其他保留。

中断(Interrupt)的主要概念及相关知识要点已在3.1.1中介绍过了。这里仅简要介绍中断的响应过程和中断嵌套。中断的响应过程为:CPU首先响应高优先级的中断请求。如果优先级相同,CPU按查询次序响应排在前面的中断。正在进行的中断过程不能被新的同级或低优先级的中断请求所中断。正在进行的低优先级中断过程能被高优先级中断请求所中断。

中断嵌套是指优先级高的中断级可以打断优先级低的中断服务程序,以中断嵌套方式进行工作。当CPU正在响应某一中断源的请求,即正在执行某个中断服务程序时,若有优先级更高的中断源申请中断,CPU就应暂停当前正在服务的级别较低的服务程序而转入新的中断源服务,等新的级别较高的中断服务程序执行完后,再返回到被暂停的中断服务程序继续执行,直至处理结束返回主程序。

7.1　CH32V103中断系统组成结构

CH32V103系列内置的快速可编程中断控制器(PFIC)管理44个外设中断通道和5个内核中断通道。

7.1.1　中断源及中断向量

CH32V103系列内置快速可编程中断控制器,47个可单独屏蔽中断,每个中断请求都有独立的触发和屏蔽位、状态位。可屏蔽中断包括定时器中断、外部中断、DMA中断、I^2C中断、USART中断等。提供一个不可屏蔽中断NMI。快速可编程中断控制器具有2级嵌套中断进入和退出、硬件自动压栈和恢复的特点,无须指令开销。同时具有4路可编程快速中断通道,用户可自定义中断向量地址。CH32V103的中断和异常向量见表7-1。

表 7-1　CH32V103 的中断和异常向量表

编　号	优先级	优先级类型	名　称	描　述	入口地址
0		—	—		0x00000000
1	-3	固定	Reset	复位	0x00000004
2	-2	固定	NMI	不可屏蔽中断	0x00000008
3	-1	固定	EXC	异常中断	0x0000000C
4～11	—	—	—	保留	
12	0	可编程	SysTick	系统定时器中断	0x00000030
13	—	—	—	保留	
14	1	可编程	SWI	软件中断	0x00000038
15	—	—	—	保留	
16	2	可编程	WWDG	窗口定时器中断	0x00000040
17	3	可编程	PVD	电源电压检测中断(EXTI)	0x00000044
18	4	可编程	TAMPER	侵入检测中断	0x00000048
19	5	可编程	RTC	实时时钟中断	0x0000004C
20	6	可编程	FLASH	闪存全局中断	0x00000050
21	7	可编程	RCC	复位和时钟控制中断	0x00000054
22	8	可编程	EXTI0	EXTI 线 0 中断	0x00000058
23	9	可编程	EXTI1	EXTI 线 1 中断	0x0000005C
24	10	可编程	EXTI2	EXTI 线 2 中断	0x00000060
25	11	可编程	EXTI3	EXTI 线 3 中断	0x00000064
26	12	可编程	EXTI4	EXTI 线 4 中断	0x00000068
27	13	可编程	DMA1_CH1	DMA1 通道 1 全局中断	0x0000006C
28	14	可编程	DMA1_CH2	DMA1 通道 2 全局中断	0x00000070
29	15	可编程	DMA1_CH3	DMA1 通道 3 全局中断	0x00000074
30	16	可编程	DMA1_CH4	DMA1 通道 4 全局中断	0x00000078
31	17	可编程	DMA1_CH5	DMA1 通道 5 全局中断	0x0000007C
32	18	可编程	DMA1_CH6	DMA1 通道 6 全局中断	0x00000080
33	19	可编程	DMA1_CH7	DMA1 通道 7 全局中断	0x00000084
34	20	可编程	ADC	ADC 全局中断	0x00000088
35～38		—	—	保留	
39	21	可编程	EXTI9_5	EXTI 线[9:5]中断	0x0000009C
40	22	可编程	TIM1_BRK	TIM1 刹车中断	0x000000A0
41	23	可编程	TIM1_UP	TIM1 更新中断	0x000000A4
42	24	可编程	TIM1_TRG_COM	TIM1 触发和通信中断	0x000000A8
43	25	可编程	TIM1_CC	TIM1 捕获比较中断	0x000000AC
44	26	可编程	TIM2	TIM2 全局中断	0x000000B0

续表 7-1

编　号	优先级	优先级类型	名　称	描　述	入口地址
45	27	可编程	TIM3	TIM3 全局中断	0x000000B4
46	28	可编程	TIM4	TIM4 全局中断	0x000000B8
47	29	可编程	I2C1_EV	I2C1 事件中断	0x000000BC
48	30	可编程	I2C1_ER	I2C1 错误中断	0x000000C0
49	31	可编程	I2C2_EV	I2C2 事件中断	0x000000C4
50	32	可编程	I2C2_ER	I2C2 错误中断	0x000000C8
51	33	可编程	SPI1	SPI1 全局中断	0x000000CC
52	34	可编程	SPI2	SPI2 全局中断	0x000000D0
53	35	可编程	USART1	USART1 全局中断	0x000000D4
54	36	可编程	USART2	USART2 全局中断	0x000000D8
55	37	可编程	USART3	USART3 全局中断	0x000000DC
56	38	可编程	EXTI15_10	EXTI 线[15:10]中断	0x000000E0
57	39	可编程	RTCAlarm	RTC 闹钟中断(EXTI)	0x000000E4
58	40	可编程	USBWakeUp	USB 唤醒中断(EXTI)	0x000000E8
59	41	可编程	USBHD	USBHD 传输中断	0x000000EC

CH32V103 处理器支持 3 个固定的最高优先级，编号为 1～3，分别是复位(Reset)、不可屏蔽中断(NMI)、异常中断(EXC)。这三个属于系统异常向量，不能设置优先级。从编号 12 开始为系统可编程中断向量，可以自定义中断优先级。两个相同优先级的异常同时发生，则异常编号较小的异常将被首先执行。

中断向量表非常重要。当处理器响应某个中断源后，硬件将通过查询中断向量表中存储的 PC 地址跳转到对应的中断服务程序函数中去，如图 7.1 所示。

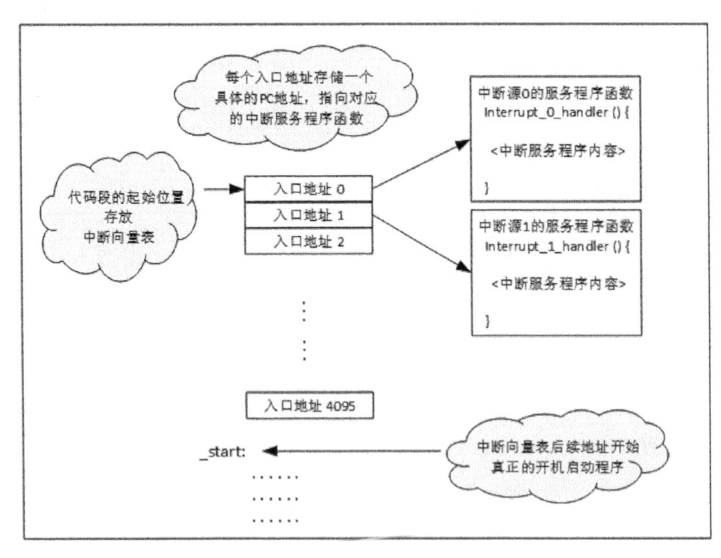

图 7.1　中断向量表示意图

7.1.2　外部中断系统结构

由图 7.2 可以看出，外部中断的触发源既可以是软件中断(SWIEVR)，也可以是实际的外部中断通道，外部中断通道的信号(Input Line)会先经过边沿检测电路(edge detect circuit)的筛选。只要产生软中断或者外部中断信号，就会通过图 7.2 中的或门电路输出给事件使能和中断使能 2 个与门电路，只要有中断被使能或者事件被使能，就会产生中断或者事件。EXTI 的 6 个寄存器由处理器通过 APB2 接口访问。

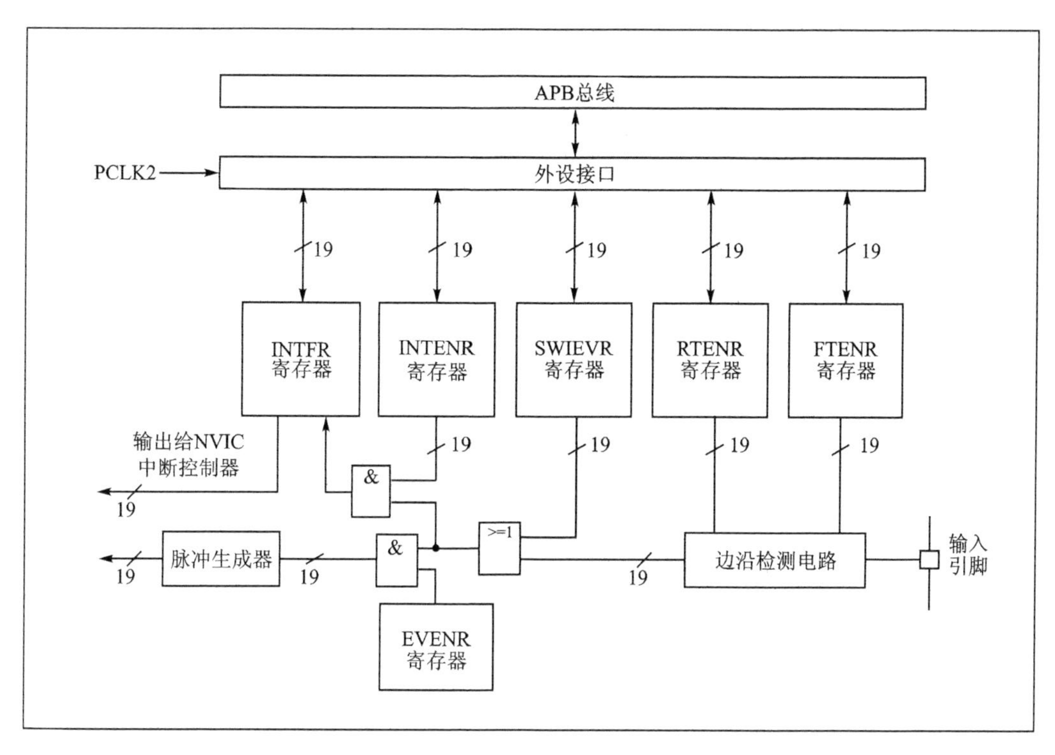

图 7.2　外部中断(EXTI)接口框图

使用外部中断需要配置好外部中断通道，即选择好触发沿，使能好中断。当外部中断通道上出现设定的触发沿时，将产生一个中断请求，对应的中断标志位也会被置位。对标志位写 1 可以清除该标志位。

1) 使用外部硬件中断步骤如下：

① 配置 GPIO 操作；

② 配置对应的外部中断通道的中断使能位(EXTI_INTENR)；

③ 配置触发沿(EXTI_RTENR 或者 EXTI_FTENR)，选择上升沿触发，或者下降沿触发，或者双边沿触发；

④ 在内核的 NVIC 中配置 EXTI 中断，以保证其可以正确响应。

2) 使用外部硬件事件步骤：

① 配置 GPIO 操作；

② 配置对应的外部中断通道的事件使能位(EXTI_EVENR)；

③ 配置触发沿(EXTI_RTENR 或者 EXTI_FTENR),选择上升沿触发,或者下降沿触发,或者双边沿触发。

3) 使用软件中断/事件步骤如下:

① 使能外部中断(EXTI_INTENR)或者外部事件(EXTI_EVENR);

② 如果使用中断服务函数,需要设置内核的 NVIC 里 EXTI 中断;

③ 设置软件中断触发(EXTI_SWIEVR),即会产生中断。

4) 外部事件映射:通用 IO 端口可以映射到 16 根外部中断/事件上。EXTI 中断映射见表 7-2。

表 7-2 EXTI 中断映射

外部中断/事件线路	映射事件描述
EXTI0～EXTI15	Px0～Px15(x=A/B/C/D),任何一个 IO 口都可以启用外部中断/事件功能,由 AFIO_EXTICRx 寄存器配置
EXTI16	PVD 事件:超出电压监控阈值
EXTI17	RTC 闹钟事件
EXTI18	USB 唤醒事件

7.2 中断控制

7.2.1 中断屏蔽控制

中断屏蔽控制包括快速可编程中断控制器、外部中断和事件控制器、各外设中断控制器。其中,PFIC 包含有以下寄存器:PFIC 中断配置寄存器(R32_PFIC_CFGR)、PFIC 中断使能设置寄存器(R32_PFIC_IENR1、R32_PFIC_IENR2)、PFIC 中断使能清除寄存器(R32_PFIC_IRER1、R32_PFIC_IRER2)、PFIC 中断挂起设置寄存器(R32_PFIC_IPSR1、R32_PFIC_IPSR2)、PFIC 中断挂起清除寄存器(R32_PFIC_IPRR1、R32_PFIC_IPRR2)。这些寄存器读/写可以通过编程设置寄存器自由实现,也可以通过标准库读/写。外部中断/事件控制器(EXTI)由 19 个产生事件/中断要求的边沿检测器组成,控制 GPIO 的中断。外设中断控制器包括串口、定时器、RTC、ADC 等相关功能寄存器。

1. 快速可编程中断控制器 PFIC

CH32V103 系列内置快速可编程中断控制器,最多支持 255 个中断向量。当前系统管理 47 个可单独屏蔽中断,每个中断请求都有独立的触发和屏蔽位、状态位;提供一个不可屏蔽中断 NMI;具有 2 级嵌套中断进入和退出硬件自动压栈和恢复,无须指令开销;具有 4 路可编程快速中断通道,可自定义中断向量地址。

2. 外部中断/事件控制器EXTI

EXTI由19个产生事件/中断要求的边沿检测器组成，但其中只有16个是由用户自由支配的，分别是EXTI0～EXTI15通道，这16个输入线可以独立地配置输入类型(脉冲或挂起)和对应的事件触发方式(上升沿、下降沿或双边沿触发)；每根输入线都可以被独立地屏蔽，由挂机寄存器保持状态线的中断请求。而EXTI16～EXTI18通道分配给PVD、RTC和USB使用。

3. 外设中断控制器

除了GPIO的EXTI外，其他外设均有自己的中断屏蔽控制器，比如定时器TIMx中断由DMA/中断使能寄存器(R16_TIMx_DMAINTENR)控制，串口中断由USART状态寄存器(R32_USARTx_STATR)控制等。有关的外设中断控制器将在后续几章详述。

7.2.2　中断优先级控制

CH32V103系列的中断向量具有两个属性，即抢占属性和响应属性，属性编号越小，优先级越高。其中断优先级由PFIC中断优先级配置寄存器(PFIC_IPRIORx)控制，这个寄存器组包含64个32位寄存器，每个中断使用8位来设置控制优先级，因此一个寄存器可以控制4个中断，一共支持256个中断。在这占用的8位中，只使用了高4位，低4位固定为0，可以分为5组，即0、1、2、3、4组，5组分配决定了CH32V103系列单片机中断优先级的分配。5个组与中断优先级的对应关系见表7-3。

表7-3　中断优先级的分配

组　别	分配结果	组　别	分配结果
0	0位抢占优先级，4位响应优先级	3	3位抢占优先级，1位响应优先级
1	1位抢占优先级，3位响应优先级	4	4位抢占优先级，0位响应优先级
2	2位抢占优先级，2位响应优先级		

0组对应的是0位抢占优先级，4位响应优先级，那么没有抢占优先级，响应优先级可设置0～15级中的任意一种。1组对应的是1位抢占优先级，3位响应优先级，抢占优先级只可设置为0级或1级(2的1次方)中的任意一种，响应优先级可设置为0～7级(2的3次方)中的任意一种，以此类推。

上电复位时，中断配置为4组，并且所有中断都是抢占优先级为0级，无响应优先级。

抢占是指打断其他中断的属性，即中断嵌套。判断两个中断的优先级时先看抢占优先级的高低，如果相同再看响应优先级的高低；如果全部相同则看中断通道向量地址，地址较低的中断向量优先响应。一般来说，在使用过程中，一个系统使用一个组别就完全可以满足需要，在设定好一个组别后不要在系统中再改动组别。

CH32V103系列单片机具有2级中断嵌套功能，即中断系统正在执行一个中断服务时，有另一个抢占优先级更高的中断请求，这时会暂时中止当前执行的中断服务去处理抢占优先级更高的中断，处理完毕后再返回被中断的中断服务中继续执行。

7.3 中断控制常用库函数介绍

7.3.1 快速可编程中断控制器库函数

CH32V103系列单片机通过快速可编程中断控制器(PFIC)管理44个外设中断通道和5个内核中断通道。在使用外部中断(EXTI)前需要对PFIC进行配置。CH32V103标准库函数提供了PFIC相关函数,见表7-4。

表7-4 PFIC库函数

序　号	函数名称	函数说明
1	NVIC_PriorityGroupConfig	优先级分组配置
2	NVIC_Init	根据NVIC_InitStruct中指定参数配置寄存器

(1) 函数NVIC_PriorityGroupConfig

函数NVIC_PriorityGroupConfig的说明见表7-5。

表7-5 函数NVIC_PriorityGroupConfig说明

项目名	描　述
函数原型	void NVIC_PriorityGroupConfig(uint32_t NVIC_PriorityGroup)
功能描述	配置优先级分组,抢占优先级和响应优先级
输入参数	NVIC_PriorityGroup:指定优先级分组
输出参数	无
注意事项	优先级分组配置习惯上在初始化时设置一次

参数NVIC_PriorityGroup的说明见表7-6。

表7-6 参数NVIC_PriorityGroup说明

参　数	描　述
NVIC_PriorityGroup_0	抢占优先级为0级,响应优先级为4级
NVIC_PriorityGroup_1	抢占优先级为1级,响应优先级为3级
NVIC_PriorityGroup_2	抢占优先级为2级,响应优先级为2级
NVIC_PriorityGroup_3	抢占优先级为3级,响应优先级为1级
NVIC_PriorityGroup_4	抢占优先级为4级,响应优先级为0级

该函数使用方法如下:

```
//设置优先级为第2组
NVIC_PriorityGroupConfig(NVIC_PriorityGroup_2);
```

(2) 函数 NVIC_Init

函数 NVIC_Init 的说明见表 7-7。

表 7-7　函数 NVIC_Init 说明

项目名	描　述
函数原型	void NVIC_Init(NVIC_InitTypeDef * NVIC_InitStruct)
功能描述	根据 NVIC_InitStruct 中指定参数配置寄存器
输入参数	NVIC_InitStruct：指向 NVIC_InitTypeDef 结构体的指针，包含寄存器配置信息
输出参数	无

NVIC_InitTypeDef 定义在 ch32v10x_misc.h 文件中，其结构体定义如下：

```
typedef struct
{
  uint8_t NVIC_IRQChannel;
  uint8_t NVIC_IRQChannelPreemptionPriority;
  uint8_t NVIC_IRQChannelSubPriority;
FunctionalState NVIC_IRQChannelCmd;
} NVIC_InitTypeDef;
```

1) NVIC_IRQChannel：指定要配置的 IRQ 通道，具体值见表 7-8。

表 7-8　NVIC_IRQChannel 参数定义

NVIC_IRQChannel	描　述	NVIC_IRQChannel	描　述
WWDG_IRQn	窗口看门狗中断	TIM1_BRK_IRQn	TIM1 暂停中断
PVD_IRQn	PVD 通过 EXTI 探测中断	TIM1_UP_IRQn	TIM1 更新中断
TAMPER_IRQn	篡改中断	TIM1_TRG_COM_IRQn	TIM1 触发和交换中断
RTC_IRQn	RTC 全局中断	TIM1_CC_IRQn	TIM1 捕获比较中断
FLASH_IRQn	Flash 全局中断	TIM2_IRQn	TIM2 全局中断
RCC_IRQn	RCC 全局中断	TIM3_IRQn	TIM3 全局中断
EXTI0_IRQn	外部中断线 0 中断	TIM4_IRQn	TIM4 全局中断
EXTI1_IRQn	外部中断线 1 中断	I2C1_EV_IRQn	I^2C1 事件中断
EXTI2_IRQn	外部中断线 2 中断	I2C1_ER_IRQn	I^2C1 错误中断
EXTI3_IRQn	外部中断线 3 中断	I2C2_EV_IRQn	I^2C2 事件中断
EXTI4_IRQn	外部中断线 4 中断	I2C2_ER_IRQn	I^2C2 错误中断
DMA1_Channel1_IRQn	DMA 通道 1 中断	SPI1_IRQn	SPI1 全局中断
DMA1_Channel2_IRQn	DMA 通道 2 中断	SPI2_IRQn	SPI2 全局中断
DMA1_Channel3_IRQn	DMA 通道 3 中断	USART1_IRQn	USART1 全局中断
DMA1_Channel4_IRQn	DMA 通道 4 中断	USART2_IRQn	USART2 全局中断
DMA1_Channel5_IRQn	DMA 通道 5 中断	USART3_IRQn	USART3 全局中断
DMA1_Channel6_IRQn	DMA 通道 6 中断	EXTI15_10_IRQn	外部中断线 15～10 中断

续表 7-8

NVIC_IRQChannel	描　述	NVIC_IRQChannel	描　述
DMA1_Channel7_IRQn	DMA 通道 7 中断	RTCAlarm_IRQn	经 EXTI 线的 RTC 闹钟中断
ADC_IRQn	ADC 全局中断	USBWakeUp_IRQn	经 EXTI 线的 USB 唤醒中断
EXTI9_5_IRQn	外部中断线 9～5 中断	USBHD_IRQn	USBHD 全局中断

2）NVIC_IRQChannelPreemptionPriority：设置成员 NVIC_IRQChannel 中的抢占优先级，其设置范围取决于 NVIC_PriorityGroup，见表 7-9。

3）NVIC_IRQChannelSubPriority：设置成员 NVIC_IRQChannel 中的响应优先级，其设置范围取决于 NVIC_PriorityGroup，见表 7-9。

4）NVIC_IRQChannelCmd：指定在成员 NVIC_IRQChannel 中定义的 IRQ 通道被使能还是失能。这个参数取值为 ENABLE 或 DISABLE。

表 7-9　两种优先级设置范围

NVIC_PriorityGroup	NVIC_IRQChannel 的抢占优先级	NVIC_IRQChannel 的响应优先级	描　述
NVIC_PriorityGroup_0	0	0～15	抢占优先级 0 位，响应优先级 4 位
NVIC_PriorityGroup_1	0～1	0～7	抢占优先级 1 位，响应优先级 3 位
NVIC_PriorityGroup_2	0～3	0～3	抢占优先级 2 位，响应优先级 2 位
NVIC_PriorityGroup_3	0～7	0～1	抢占优先级 3 位，响应优先级 1 位
NVIC_PriorityGroup_4	0～15	0	抢占优先级 4 位，响应优先级 0 位

该函数使用方法如下：

```
//开启外部中断线 10～15 中断，赋予其抢占优先级 2，响应优先级 2，使能 EXTI15_10_IRQn 通道
NVIC_InitTypeDef     NVIC_InitStructure;
NVIC_InitStructure.NVIC_IRQChannel = EXTI15_10_IRQn;
NVIC_InitStructure.NVIC_IRQChannelPreemptionPriority = 2;
NVIC_InitStructure.NVIC_IRQChannelSubPriority = 2;
NVIC_InitStructure.NVIC_IRQChannelCmd = ENABLE;
NVIC_Init(&NVIC_InitStructure);
```

7.3.2　CH32V103 外部中断 EXTI 库函数

CH32V103 标准库中提供大部分 EXTI 操作函数，见表 7-10。

表 7-10　EXTI 函数库

序　号	函数名称	函数说明
1	EXTI_DeInit	将 EXTI 寄存器设置为初始值
2	EXTI_Init	将 EXTI_InitTypeDef 中指定参数初始化 EXTI 寄存器
3	EXTI_StructInit	将 EXTI_InitTypeDef 中每个参数按照初始值填入

续表 7-10

序 号	函数名称	函数说明
4	EXTI_GenerateSWInterrupt	产生一个软件中断
5	EXTI_GetFlagStatus	检查指定的 EXTI 线路状态标志位
6	EXTI_ClearFlag	清除 EXTI 线路挂起标志位
7	EXTI_GetITStatus	检查指定的 EXTI 线路是否触发请求
8	EXTI_ClearITPendingBit	清除 EXTI 线路挂起位

(1) 函数 EXTI_Init

函数 EXTI_Init 的说明见表 7-11。

表 7-11 函数 EXTI_Init 说明

项目名	描 述
函数原型	void EXTI_Init(EXTI_InitTypeDef * EXTI_InitStruct)
功能描述	将 EXTI_InitTypeDef 中指定参数初始化 EXTI 寄存器
输入参数	EXTI_InitStruct:指向 EXTI_InitTypeDef 结构体的指针
输出参数	无

EXTI_InitTypeDef 定义在 ch32v10x_exti.h 文件中,其结构体定义如下:

```
typedef struct
{
  uint32_t  EXTI_Line;
  EXTIMode_TypeDef  EXTI_Mode;
  EXTITrigger_TypeDef  EXTI_Trigger;
  FunctionalState  EXTI_LineCmd;
}EXTI_InitTypeDef;
```

1) EXTI_Line:指定要配置的外部中断线路,具体值见表 7-12。

表 7-12 EXTI_Line 参数

EXTI_Line 参数	描 述	EXTI_Line 参数	描 述
EXTI_Line0	外部中断线 0	EXTI_Line10	外部中断线 10
EXTI_Line1	外部中断线 1	EXTI_Line11	外部中断线 11
EXTI_Line2	外部中断线 2	EXTI_Line12	外部中断线 12
EXTI_Line3	外部中断线 3	EXTI_Line13	外部中断线 13
EXTI_Line4	外部中断线 4	EXTI_Line14	外部中断线 14
EXTI_Line5	外部中断线 5	EXTI_Line15	外部中断线 15
EXTI_Line6	外部中断线 6	EXTI_Line16	外部中断线 16,连接到 PVD 事件:超电压监控阈值
EXTI_Line7	外部中断线 7		
EXTI_Line8	外部中断线 8	EXTI_Line17	外部中断线 17,连接到 RTC 闹钟事件
EXTI_Line9	外部中断线 9	EXTI_Line18	外部中断线 18,连接到 USB 唤醒事件

2）EXTI_Mode：设置中断线工作模式，见表 7-13。

表 7-13　EXTI_Mode 参数

EXTI_Mode 参数	描　述
EXTI_Mode_Interrupt	设置线路为中断请求
EXTI_Mode_Event	设置线路为事件请求

3）EXTI_Trigger：设置被使能线路的触发边沿，见表 7-14。

表 7-14　EXTI_Trigger 参数

EXTI_Trigger 参数	描　述
EXTI_Trigger_Rising	设置线路上升沿为中断请求
EXTI_Trigger_Falling	设置线路下降沿为中断请求
EXTI_Trigger_Rising_Falling	设置线路上升沿和下降沿均为中断请求

4）EXTI_LineCmd：设置被使能线路的状态。可以被设置为 ENABLE 或 DISABLE。

该函数的使用方法如下：

```
/* 设置 GPIOB 的 PIN0 引脚为下降沿触发中断 */
GPIO_EXTILineConfig(GPIO_PortSourceGPIOB,GPIO_PinSource0);
EXTI_InitStructure.EXTI_Line = EXTI_Line0;//设置中断线
EXTI_InitStructure.EXTI_Mode = EXTI_Mode_Interrupt;//设置中断请求
EXTI_InitStructure.EXTI_Trigger = EXTI_Trigger_Falling;//设置下降沿
EXTI_InitStructure.EXTI_LineCmd = ENABLE;//使能状态
EXTI_Init(&EXTI_InitStructure);//EXTI 初始化
```

(2) 函数 EXTI_GetFlagStatus

函数 EXTI_GetFlagStatus 的说明见表 7-15。

表 7-15　函数 EXTI_GetFlagStatus 说明

项目名	描　述
函数原型	FlagStatusEXTI_GetFlagStatus(uint32_t EXTI_Line)
功能描述	检查指定的 EXTI 线路状态标志位
输入参数	EXTI_Line：指定外部中断线使能或失能
输出参数	FlagStatus：返回外部中断线最新状态参数，为 SET 或 RESET

该函数的使用方法如下：

```
//获取外部中断线 0 的状态标志位
FlagStatus bitstatus;
bitstatus = EXTI_GetFlagStatus(EXTI_Line0);
```

(3) 函数 EXTI_ClearFlag

函数 EXTI_ClearFlag 的说明见表 7－16。

表 7－16　函数 EXTI_ClearFlag 说明

项目名	描　述
函数原型	void EXTI_ClearFlag(uint32_t EXTI_Line)
功能描述	清除 EXTI 线路挂起标志位
输入参数	EXTI_Line：指定外部中断线使能或失能
输出参数	无

该函数的使用方法如下：

```
//清除外部中断线 0 的状态标志位
EXTI_ClearFlag(EXTI_Line0);
```

(4) 函数 EXTI_GetITStatus

函数 EXTI_GetITStatus 的说明见表 7－17。

表 7－17　函数 EXTI_GetITStatus 说明

项目名	描　述
函数原型	ITStatus EXTI_GetITStatus(uint32_t EXTI_Line)
功能描述	检查指定的 EXTI 线路的中断状态标志位
输入参数	EXTI_Line：指定外部中断线使能或失能
输出参数	ITStatus：返回外部中断线最新状态参数，为 SET 或 RESET

该函数的使用方法如下：

```
//获取外部中断线 0 的中断状态标志位
FlagStatus bitstatus;
bitstatus = ITStatus EXTI_GetITStatus (EXTI_Line0);
```

(5) 函数 EXTI_ClearITPendingBit

函数 EXTI_ClearITPendingBit 的说明见表 7－18。

表 7－18　函数 EXTI_ClearITPendingBit 说明

项目名	描　述
函数原型	void EXTI_ClearITPendingBit(uint32_t EXTI_Line)
功能描述	清除 EXTI 线路挂起位
输入参数	EXTI_Line：指定外部中断线使能或失能
输出参数	无

该函数的使用方法如下：

```
//清除外部中断线 0 的中断状态标志位
EXTI_ClearITPendingBit(EXTI_Line0);
```

7.4 外部中断使用流程

CH32V103 系列单片机中断设计包括三部分，即 PFIC 设置、中断端口配置、中断处理。

7.4.1 PFIC 配置

使用中断时，首先需要对 PFIC 进行配置。PFIC 设置流程如图 7.3 所示，主要包括以下内容：

1）根据需要对中断优先级进行分组，确定抢占优先级和响应优先级的个数。

2）选择中断通道，不同的引脚对应不同的中断通道。在 ch32v10x.h 中定义中断通道结构体 IRQn_Type，包含芯片的所有中断通道。外部中断 EXTI0～EXTI4 有独立的中断通道 EXTI0_IRQn～EXTI4_IRQn，而 EXTI5～EXTI9 共用一个中断通道 EXTI9_5_IRQn，EXTI10～EXTI15 共用一个中断通道 EXTI15_10_IRQn。

3）根据系统要求设置中断优先级，包括抢占优先级和响应优先级。

4）使能相应的中断，完成 PFIC 的设置。

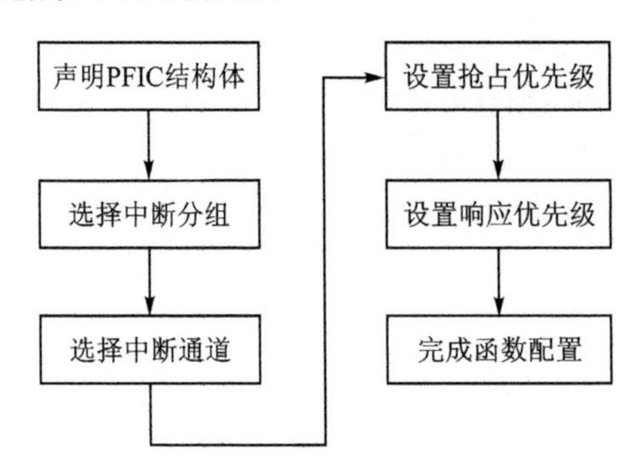

图 7.3 PFIC 设置流程

7.4.2 中断端口设置

PFIC 设置完成后需要对中断 IO 口进行配置，即配置哪个引脚发生了什么中断。GPIO 外部中断端口配置流程如图 7.4 所示。

中断端口配置主要包括以下内容：

1）首先进行 GPIO 配置，对引脚进行配置，使能引脚。

2）对外部中断方式进行配置，包括中断线路设置、中断或事件选择、触发方式设置、使能中断线完成设置。

其中，中断线路 EXTI_Line0～EXTI_Line15 分别对应 EXTI0～EXTI15，即每个端口的 16 个引脚。EXTI_Line16、EXTI_Line17、EXTI_Line18 分别对应 PVD 输出事件、RTC 闹钟

事件、USB 唤醒事件。

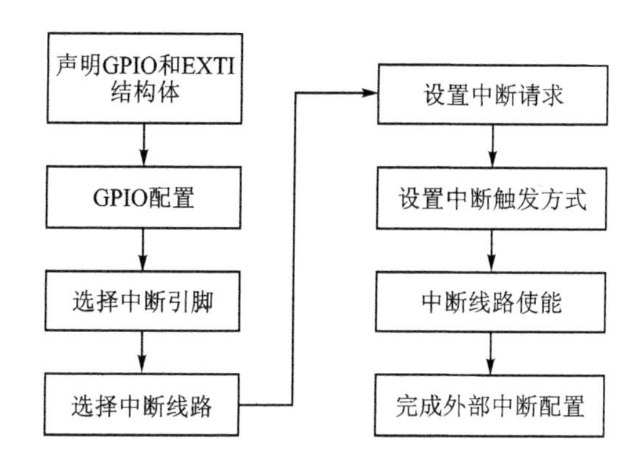

图 7.4　GPIO 外部中断设置流程

7.4.3　中断处理

中断处理的整个过程包括中断请求、中断响应、中断服务程序及中断返回四个步骤。其中，中断服务程序主要完成中断线路状态检测、中断服务内容和中断清除。

(1) 中断请求

如果系统存在多个中断源，处理器要先对当前中断的优先级进行判断，先响应优先级高的中断。当多个中断请求同时到达且抢占优先级相同时，则先处理响应优先级高的中断。

(2) 中断响应

在中断事件产生后，当前系统没有同级别或者更高级别中断正在服务时，系统将调用新的入口地址，进入中断服务程序中。

(3) 中断服务程序

以外部中断为例，中断服务程序处理流程如图 7.5 所示。

(4) 中断返回

中断返回是指中断服务完成后，处理器返回到原来程序断点处继续执行原来的程序。例如，外部中断 0 的中断服务程序如下：

```
void EXTI0_IRQHandler(void)
{
    if(EXTI_GetITStatus(EXTI_Line0)! = RESET)
        {
        //中断服务内容
        ……
        EXTI_ClearITPendingBit(EXTI_Line0);     //清除外部中断线 0 中断标志
        }
}
```

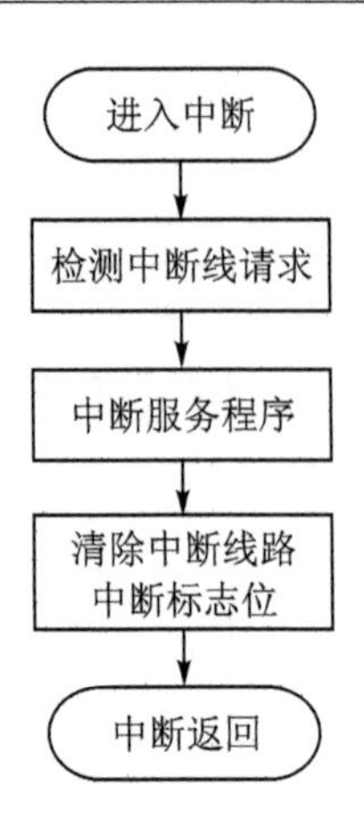

图7.5　中断服务程序处理流程图

7.5　项目实战:按键中断控制LED灯

本实例利用独立按键中断实现三色LED灯状态控制。具体要求是:第一次按下独立按键后,红灯点亮;第二次按下独立按键后,绿灯点亮;第三次按下独立按键后,蓝灯点亮;第四次按下按键后,三色灯同时点亮,显示白色。按照此顺序进行循环处理。

7.5.1　硬件设计

本实例电路较简单,只需要一个独立按键和一个三色LED灯,原理如图7.6所示。

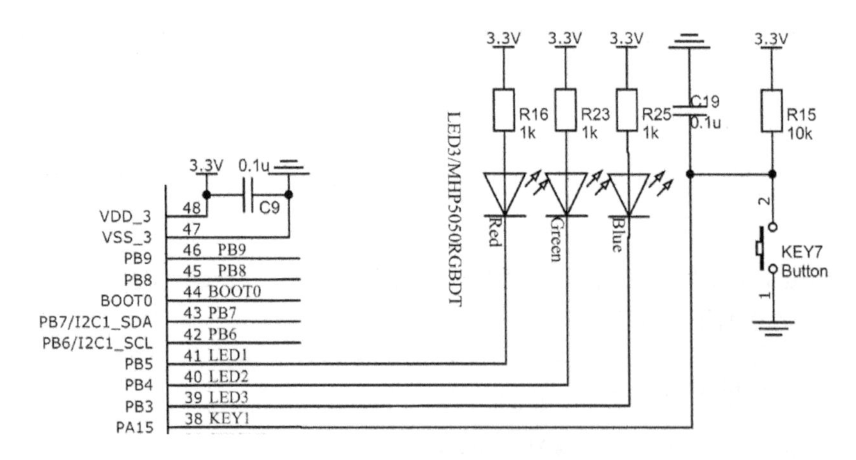

图7.6　外部中断实验硬件原理图

7.5.2　软件设计

根据设计要求,主程序流程和中断服务程序流程如图7.7所示。

1) 配置中断优先级分组。

2）配置 GPIO 端口。

3）配置外部中断引脚。

4）中断服务程序应用设计。

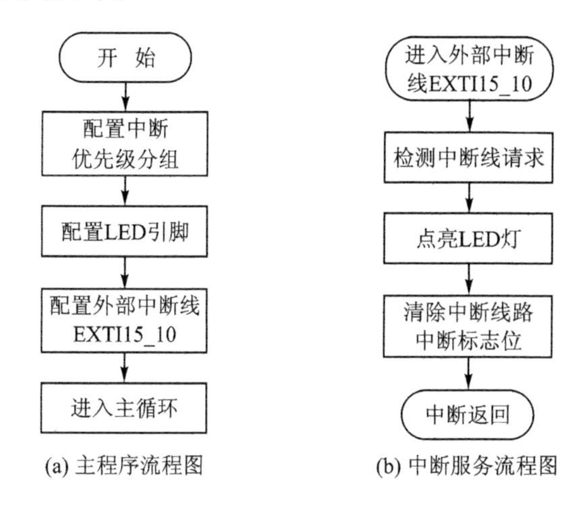

(a) 主程序流程图　(b) 中断服务流程图

图 7.7　程序流程图

在 MounRiver Studio 上新建工程文件，新建 bsp_gpio. c 源文件和 bsp_gpio. h 头文件，将文件添加到工程目录中。其中，bsp_gpio. c 进行 GPIO 初始化和外部中断配置，bsp_gpio. h 进行相应函数定义，在 main. c 中调用对应的函数。添加完成后的工程文件如图 7.8 所示。

图 7.8　工程文件结构

bsp_gpio. c 程序如下：

```
#include "bsp.h"
//使用特殊的__attribute__((interrupt))来修饰中断服务程序函数
void EXTI0_IRQHandler(void) __attribute__((interrupt("WCH-Interrupt-fast")));
void EXTI1_IRQHandler(void) __attribute__((interrupt("WCH-Interrupt-fast")));
void EXTI2_IRQHandler(void) __attribute__((interrupt("WCH-Interrupt-fast")));
void EXTI3_IRQHandler(void) __attribute__((interrupt("WCH-Interrupt-fast")));
void EXTI4_IRQHandler(void) __attribute__((interrupt("WCH-Interrupt-fast")));
void EXTI9_5_IRQHandler(void) __attribute__((interrupt("WCH-Interrupt-fast")));
void EXTI15_10_IRQHandler(void) __attribute__((interrupt("WCH-Interrupt-fast")));
void EXTI0_IRQHandler(void)//外部中断线 0 的中断服务程序
{
    if(EXTI_GetITStatus(EXTI_Line0)! = RESET)           //检测中断标志位
        {
            EXTI_ClearITPendingBit(EXTI_Line0);         //清除中断标志位
        }
}
void EXTI1_IRQHandler(void) //外部中断线 1 的中断服务程序
{
    if(EXTI_GetITStatus(EXTI_Line1)! = RESET)           //检测中断标志位
    {
        EXTI_ClearITPendingBit(EXTI_Line1);             //清除中断标志位
    }
}
void EXTI2_IRQHandler(void)                             //外部中断线 2 的中断服务程序
{
    if(EXTI_GetITStatus(EXTI_Line2)! = RESET)           //检测中断标志位
    {
        EXTI_ClearITPendingBit(EXTI_Line2);             //清除中断标志位
    }
}
void EXTI3_IRQHandler(void)                             //外部中断线 3 的中断服务程序
{
    if(EXTI_GetITStatus(EXTI_Line3)! = RESET)           //检测中断标志位
    {
        EXTI_ClearITPendingBit(EXTI_Line3);             //清除中断标志位
    }
}
void EXTI4_IRQHandler(void)                             //外部中断线 4 的中断服务程序
{
    if(EXTI_GetITStatus(EXTI_Line4)! = RESET)           //检测中断标志位
    {
        EXTI_ClearITPendingBit(EXTI_Line4);             //清除中断标志位
    }
}
```

```
void EXTI9_5_IRQHandler(void) //外部中断线 5～9 的中断服务程序
{
    if(EXTI_GetITStatus(EXTI_Line5)! = RESET)        //检测中断标志位
    {
        EXTI_ClearITPendingBit(EXTI_Line5);           //清除中断标志位
    }
    if(EXTI_GetITStatus(EXTI_Line6)! = RESET)
    {
        EXTI_ClearITPendingBit(EXTI_Line6);
    }
    if(EXTI_GetITStatus(EXTI_Line7)! = RESET)
    {
        EXTI_ClearITPendingBit(EXTI_Line7);
    }
    if(EXTI_GetITStatus(EXTI_Line8)! = RESET)
    {
        EXTI_ClearITPendingBit(EXTI_Line8);
    }
if(EXTI_GetITStatus(EXTI_Line9)! = RESET)
{
        EXTI_ClearITPendingBit(EXTI_Line9);
    }
}
void EXTI15_10_IRQHandler(void)                        //外部中断线 15～10 的中断服务程序
{
    static unsigned char i = 0;
    if(EXTI_GetITStatus(EXTI_Line15)! = RESET)       //检测中断标志位
    {
        if(i == 0)
            {GPIO_SetBits(GPIOB,GPIO_Pin_5);
            GPIO_SetBits(GPIOB,GPIO_Pin_4);
            GPIO_ResetBits(GPIOB,GPIO_Pin_3);}
        else if(i == 1)
            {GPIO_SetBits(GPIOB,GPIO_Pin_3);
            GPIO_ResetBits(GPIOB,GPIO_Pin_4);}
        else if(i == 2)
            {GPIO_SetBits(GPIOB,GPIO_Pin_4);
            GPIO_ResetBits(GPIOB,GPIO_Pin_5);}
        else if(i == 3)
            {GPIO_ResetBits(GPIOB,GPIO_Pin_3);
            GPIO_ResetBits(GPIOB,GPIO_Pin_4);
            GPIO_ResetBits(GPIOB,GPIO_Pin_5);}
```

```
        printf("Run at EXTI15\r\n");              //打印信息
        i++;
        if(i>3) i = 0;
        EXTI_ClearITPendingBit(EXTI_Line15);      //清除中断标志位
    }
}
//LED IO 初始化
void Bsp_Gpio_Init(void)
{
    GPIO_InitTypeDef   GPIO_InitStructure;
    //使能 PB 端口时钟
    RCC_APB2PeriphClockCmd(RCC_APB2Periph_GPIOB, ENABLE);
    GPIO_InitStructure.GPIO_Pin = GPIO_Pin_3 | GPIO_Pin_4 | GPIO_Pin_5;//端口配置
    GPIO_InitStructure.GPIO_Mode = GPIO_Mode_Out_PP; //推挽输出
    GPIO_InitStructure.GPIO_Speed = GPIO_Speed_50MHz; //IO 口速度
    GPIO_Init(GPIOB, &GPIO_InitStructure);//根据设定参数初始化 GPIO
    GPIO_SetBits(GPIOB,GPIO_Pin_3);
    GPIO_SetBits(GPIOB,GPIO_Pin_4);
    GPIO_SetBits(GPIOB,GPIO_Pin_5);
}
void EXTI15_10_INT_INIT(void)
{
    GPIO_InitTypeDef   GPIO_InitStructure;
    EXTI_InitTypeDef   EXTI_InitStructure;
    NVIC_InitTypeDef   NVIC_InitStructure;
    //使能时钟
    RCC_APB2PeriphClockCmd(RCC_APB2Periph_AFIO|RCC_APB2Periph_GPIOA,ENABLE);
    GPIO_InitStructure.GPIO_Pin = GPIO_Pin_15;
    GPIO_InitStructure.GPIO_Mode = GPIO_Mode_IN_FLOATING;//配置输入浮空模式
    GPIO_InitStructure.GPIO_Speed = GPIO_Speed_50MHz;
    GPIO_Init(GPIOA, &GPIO_InitStructure);

    /* GPIOA ---> EXTI_Line15 */
    GPIO_EXTILineConfig(GPIO_PortSourceGPIOA,GPIO_PinSource15);//使能 PA15 作为外部中断
    EXTI_InitStructure.EXTI_Line=EXTI_Line15;//配置外部中断线 15
    EXTI_InitStructure.EXTI_Mode = EXTI_Mode_Interrupt;//外部中断模式
    EXTI_InitStructure.EXTI_Trigger = EXTI_Trigger_Falling;//下降沿触发模式
    EXTI_InitStructure.EXTI_LineCmd = ENABLE;//使能外部中断
    EXTI_Init(&EXTI_InitStructure);

    NVIC_InitStructure.NVIC_IRQChannel = EXTI15_10_IRQn; //使能中断通道
    NVIC_InitStructure.NVIC_IRQChannelPreemptionPriority = 2;//设置抢占优先级 2
    NVIC_InitStructure.NVIC_IRQChannelSubPriority = 2;//设计响应优先级 2
    NVIC_InitStructure.NVIC_IRQChannelCmd = ENABLE;
    NVIC_Init(&NVIC_InitStructure);
}
```

main.c 程序如下：

```
#include "bsp.h"
int main(void)
{
    NVIC_PriorityGroupConfig(NVIC_PriorityGroup_2);//配置优先级
    Bsp_Gpio_Init();                              //LED 引脚初始化
    USART_Printf_Init(115200);                    //配置串口调试
    EXTI15_10_INT_INIT();                         //初始化外部中断
    printf("Run \r\n");
    while(1)
    {
    }
}
```

7.5.3　系统调试

工程建立好后，编写程序文件，最后进行 Build Project 编译，修改至无错误和警告后，通过 Download 界面加载生成好的 HEX 文件，单击 Execute 按钮。下载完成后，按下开发板上的独立按键，可以看到 LED 灯按照设定的颜色点亮，符合程序设计。

本章小结

本章分别阐述了 RISC－V 内核的 PFIC 控制器和 CH32V103 系列单片机的外部中断功能，随后设计了实验程序，并成功验证了中断的功能。

第8章　通用同步异步收发器 USART

USART(Universal Synchronous Asynchronous Receiver And Transmitter)即通用同步/异步收发器，是一种通用的串行总线，支持同步、异步通信，可以实现全双工/发送和接收，在嵌入式系统中常用于主机与辅助设备之间的通信。利用 USART 也可以轻松实现计算机与嵌入式系统之间的通信。

CH32V103 系列的 USART 具有以下特征：

1) 支持全双工或半双工通信；

2) 具有分数波特率发生器，最高通信速率达到 4.5Mb/s。

3) 具有可编程的数据长度和停止位。

4) 支持 LIN(Local Interconnection Network)、IrDA(Infrared Data Association)、智能卡(ISO7816-3)协议。

5) 支持 DMA 功能，实现快速收发数据。

6) 具有多种中断源，灵活进行数据通信。

8.1　串行通信简介

8.1.1　串行通信与并行通信

按通信总线每次发送数据位数，通信可分为串行通信与并行通信。串行通信指数据在传输线上一位一位地按顺序传送的通信方式。并行通信中一个字节(8位)数据是在8条并行传输线上同时由源端传到目的地，也可以说有多个数据线(几根就是几位)，在每个时钟脉冲下可以发送多个数据位(几位的并行口就发送几位)。图 8.1 和图 8.2 分别是串行通信、并行通信示意图，表 8-1 是串行通信和并行通信的区别。

表 8-1　串行通信和并通信的区别

特　性	串行通信	并行通信
传输原理	数据按位顺序传输	数据各个位同时传输
传输速度	较慢	较快
资源占用	占用引脚资源少	占用引脚资源多
抗干扰	较强	较弱

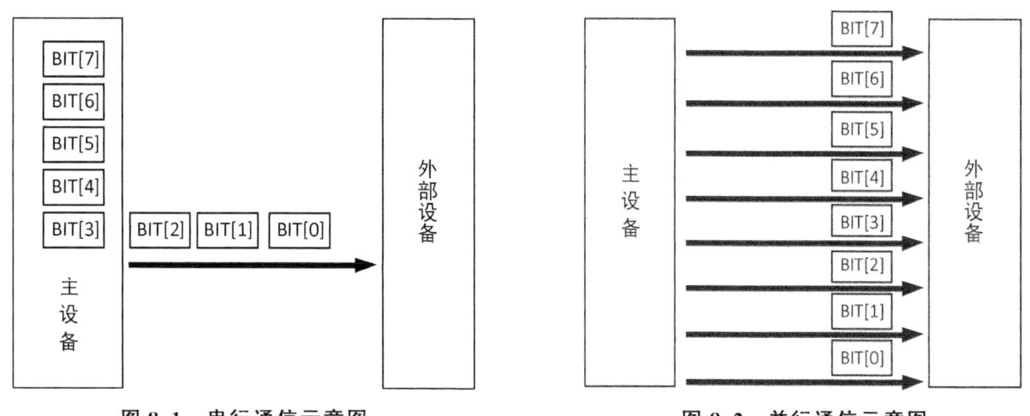

图 8.1　串行通信示意图

图 8.2　并行通信示意图

8.1.2　单工通信、半双工通信与双工通信

1）单工通信：数据信息在通信线上始终向一个方向传输；数据信息永远从发送端传输到接收端。

2）半双工通信：数据信息可以双向传输，但必须交替进行，同一时刻一个信道只允许单向传送。半双工通信要求通信双方都有发送装置和接收装置，若想改变信息的传输方向，需要进行传输方向切换。

3）全双工通信：全双工通信可同时进行两个方向的通信，即两个信道可同时进行双向的数据传输。它相当于把两个相反方向的单工通信方式组合在一起。

8.1.3　同步通信与异步通信

1）同步通信：在同步通信中，收发设备双方使用一根信号线表示时钟信号，在时钟信号的驱动下双方协调进行数据同步。通信中，双方通常会统一规定在时钟信号的上升沿或下降沿对数据线进行采样。

2）异步通信：在异步通信中不使用时钟信号进行数据同步，通信双方都有自己的通信频率（波特率），且双方的波特率要相同，但波特率的相位可能不同。它们直接在数据信号中穿插一些同步用的信号位，或者把主体数据打包，以数据帧的格式传输数据。

表 8-2　同步通信和异步通信的区别

特　性	同步通信	异步通信
时钟频率	发送端和接收端时钟频率一致	无须时钟频率同步
传输效率	效率较高	效率较低
复杂度	通信较复杂	通信简单
应用场景	可用于点对多点	多用于点对点

8.1.4　串行异步通信的数据传输格式

串行异步通信的协议帧由起始位、数据位、校验位、停止位、空闲位组成，如图 8.3 所示。

由于异步通信没有时钟信号，所以两个设备之间需要约定统一的波特率。在串行异步通信中，波特率等于比特率。常见的波特率有9 600、38 400、115 200 b/s等。USART可利用波特率产生器产生用户所需的波特率。

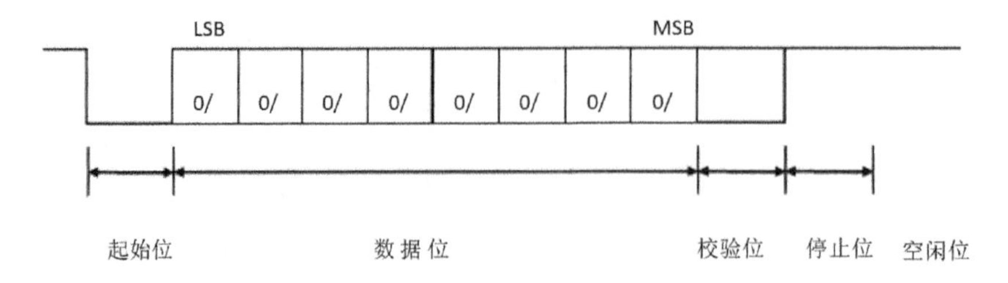

图8.3　串行异步通信协议帧

1）起始位：先发送一个低电平，表示传输数据的开始。

2）数据位：起始位之后传输的数据就是有效数据，可配置为8位或9位数据位。

3）校验位：在有效数据位后就是一个可选的数据校验位。校验位可以配置成奇校验、偶校验、无校验。

4）停止位：一帧数据的结束标志，可以设置为0.5、1、1.5、2个停止位。

5）空闲位：没有数据传输时，线路上的电平状态为高电平。

8.2　USART的结构及工作方式

8.2.1　结构框图

图8.4为USART内部结构框图，该框图包含USART核心的内容。掌握此框图就对USART有了整体的把握，编程时思路就会更加清晰。

CH32V103有多个全双工的串行异步通信接口USART，可以实现设备之间串行数据的传输。CH32V103的USART主要组成部分包括接收数据输入(RX)、发送数据输出(TX)、清除发送(nCTS)、发送请求(nRTS)和发送器时钟输出(CK)等相应的引脚(与外围设备进行连接)。其内部包括发送数据寄存器(Transmit Data Register)、接收数据寄存器(Receive Data Register)、发送移位寄存器(Transmit Shift Register)、接收移位寄存器(Receive Data Register)、IrDA SIR编解码模块、硬件数据流控制器、CK控制器、发送器控制、唤醒单元、接收器控制、USART中断控制和波特率控制等。

任何USART双向通信都至少需要2个引脚：RX和TX。发送器被禁止时，TX引脚会恢复到其IO端口配置。发送器被使能且不发送数据时，TX引脚处于高电平。在IrDA模式下，TX作为IrDA_OUT，RX作为IrDA_IN。在单线和智能卡模式中，TX被同时用于数据的接收和发送。

nCTS和nRTS用于调制解调。nCTS为清除发送，若是高电平，则在当前数据传输结束时不进行下一次数据发送。nRTS为发送请求，若是低电平，则表明USART准备好接收数据。

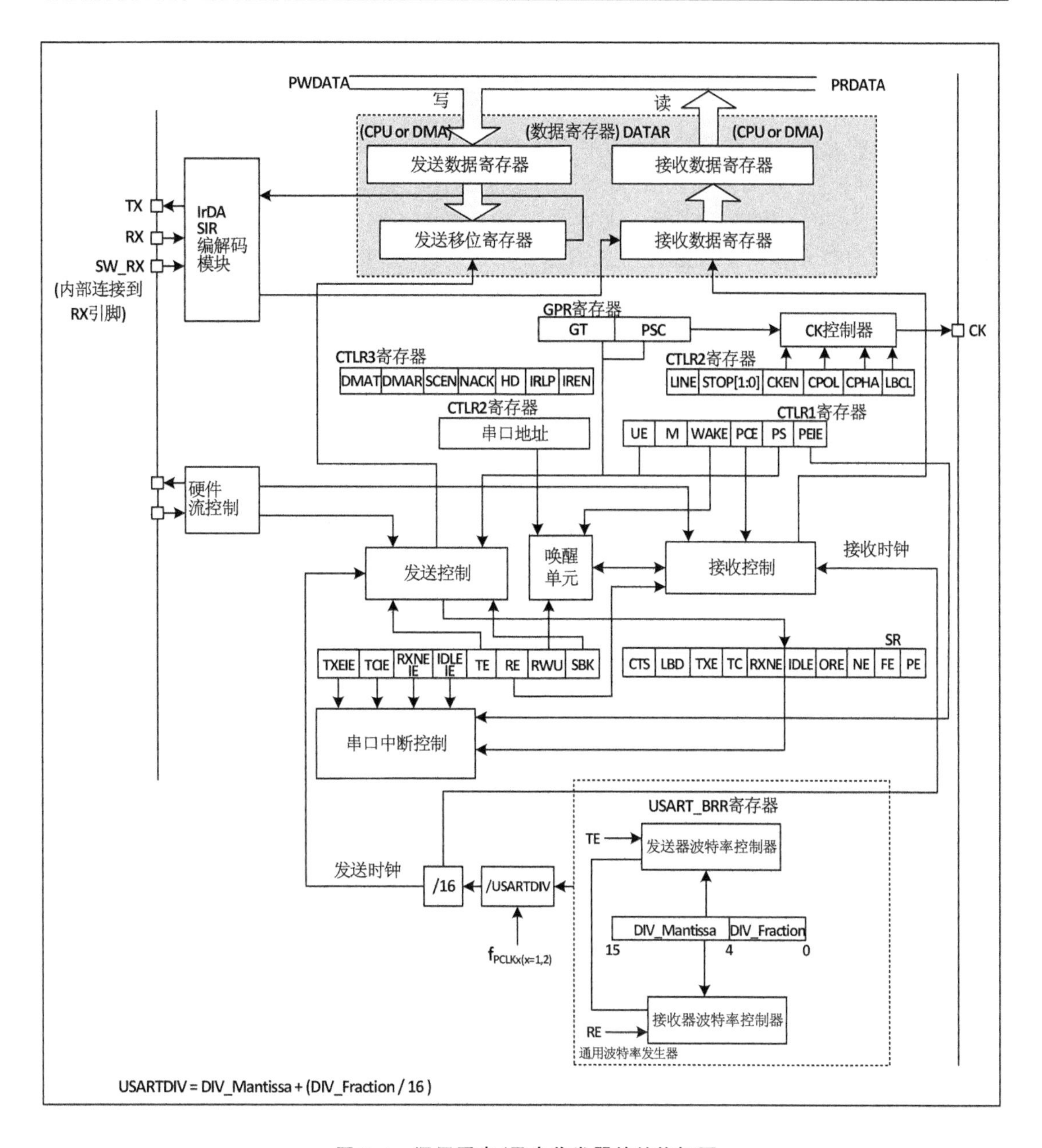

图 8.4　通用同步/异步收发器的结构框图

CK 引脚为发送器时钟输出，此引脚输出用于同步传输的时钟，数据可以在 RX 上同步被接收，可以用来控制带有移位寄存器的外部设备。时钟的相位和极性都可以通过软件进行编程。在智能卡模式中，CK 可以为智能卡提供时钟。

CH32V103C8T6 有 3 个 USART，即 USART1、USART2、USART3，各引脚的对应关系为：USART1_TX(PA9)、USART1_RX(PA10)、USART1_CTS(PA11)、USART1_RTS(PA12)、USART1_CK(PA8)；USART2_TX(PA2)、USART2_RX(PA3)、USART2_CTS(PA0)、USART2_RTS(PA1)、USART2_CK(PA4)；USART3_TX(PB10)、USART3_RX(PB11)、USART3_CTS(PB13)、USART3_RTS(PB14)、USART3_CK(PB12)。IrDA_OUT

和 IrDA_IN 本身没有对应的引脚，当 USART 配置为红外模式时，IrDA_OUT 和 IrDA_IN 分别对应 TX 和 RX。SW_RX 也没有单独的引脚对应，当 USART 配置为单线或智能卡模式时，SW_RX 对应 TX 引脚。

USART 的功能是通过操作相应寄存器实现的，包括 UASRT 状态寄存器(R32_USART_STATR)、UASRT 数据寄存器(R32_USART_DATAR)、UASRT 波特率寄存器(R32_USART_BRR)、UASRT 控制寄存器 1(R32_USART_CTLR1)、UASRT 控制寄存器 2(R32_USART_CTLR2)、UASRT 控制寄存器 3(R32_USART_CTLR3)、UASRT 保护时间和预分频寄存器(R32_USART_GPR)。

USART 的相关寄存器功能可参考芯片寄存器手册。寄存器的读写可通过编程设置寄存器实现，也可借助标准库函数进行开发。标准库函数提供了大部分寄存器操作函数，基于标准库开发更加简单、便捷。

8.2.2 工作模式

1. 同步模式

配置为同步模式后，系统在使用 USART 模块时可以输出时钟信号。在开启同步模式对外发送数据时，CK 引脚会同时对外输出时钟。开启同步模式时需要关闭 LIN 模式、智能卡模式、红外模式和半双工模式。

2. 单线半双工模式

半双工模式支持使用单个引脚(只使用 TX 引脚)来接收和发送，TX 引脚和 RX 引脚在芯片内部连接。开启半双工模式时需要关闭 LIN 模式、智能卡模式、红外模式和同步模式。设置成半双工模式之后，需要把 TX 的 IO 口设置成悬空输入或者开漏输出高模式。在 USART 发送使能的情况下，只要将数据写到数据寄存器上就会发送出去。特别要注意的是，半双工模式可能会出现多设备使用单总线收发时的总线冲突，这需要用软件自行避免。

3. 智能卡模式

智能卡模式支持 ISO 7816—3 协议访问智能卡控制器。开启智能卡模式时需要关闭 LIN 模式、半双工模式和红外模式，但是可以开启 CLKEN 来输出时钟。

为了支持智能卡模式，USART 应当被置为 8 位数据位外加 1 位校验位，它的停止位建议配置成发送和接收都为 1.5 位。智能卡模式是一种单线半双工的协议，使用 TX 线作为数据通信，应当被配置为开漏输出加上拉。当接收方接收一帧数据并检测到奇偶校验错误时，会在停止位时发出一个 NACK 信号，即在停止位期间主动把 TX 拉低一个周期，发送方检测到 NACK 信号后，会产生帧错误，应用程序据此可以重发。

在智能卡模式下，CK 引脚使能后输出的波形和通信无关，仅仅是给智能卡提供时钟的，它的值是 APB 时钟再经过五位可设置的时钟分频(分频值为 PSC 的两倍，最高 62 分频)。

4. IrDA 模式

USART 模块支持控制 IrDA 红外收发器进行物理层通信。USART 模块和 SIR 物理层

(红外收发器)之间使用 NRZ(不归零)编码,最高支持到 115 200 单位。

IrDA 是一个半双工的协议,如果 USART 正在给 SIR 物理层发数据,IrDA 解码器将会忽视新发来的红外信号;如果 USART 正在接受从 SIR 发来的数据,SIR 不会接受来自 USART 的信号。USART 发给 SIR 和 SIR 发给 USART 的电平逻辑是不一样的,SIR 接收逻辑中,高电平为 1,低电平位 0,但是在 SIR 发送逻辑中,高电平为 0,低电平为 1。

5. DMA 模式

USART 模块支持 DMA 功能,可以利用 DMA 实现快速连续收发。当启用 DMA 时,发送缓冲区空中断使能(TXE)时,DMA 就会从设定的内存空间向发送缓冲区写数据。当使用 DMA 接收时,每次接收缓冲区非空中断使能(RXNE)置位后,DMA 就会将接收缓冲区里的数据转移到特定的内存空间。

6. 中断模式

USART 模块支持多种中断源,包括发送数据寄存器空(TXE)、运行发送(CTS)、发送完成(TC)、接收数据就绪(TXNE)、数据溢出(ORE)、线路空闲(IDLE)、奇偶校验出错(PE)、断开标志(LBD)、噪声(NE)、多缓冲通信的溢出(ORT)和帧错误(FE)等。

8.2.3 CH32V103 串行异步通信的工作方式

1. 数据发送

当 TE(发送使能位)置位时,发送移位寄存器里的数据在 TX 引脚上输出,时钟在 CK 引脚上输出。发送时,最先移出的是最低有效位,每个数据帧都由一个低电平的起始位开始,然后发送器根据 M(字长)位上的设置发送 8 位或者 9 位的数据字,最后是数目可配置的停止位。如果配有奇偶检验位,数据字的最后一位为校验位。

在 TE 置位后会发送一个空闲帧,空闲帧是 10 位或者 11 位高电平,包含停止位。

断开帧是 10 位或 11 位低电平,后跟着停止位。

2. 数据接收

USART 接收期间,数据的最低有效位首先从 RX 引脚移进。当一个字符被接收时,RXNE 位被置位,表明移位寄存器的内容被转移到接收数据寄存器中,也就是接收的数据可以从接收数据寄存器中读出。如果 RXNEIE 位被设置,则可以产生接收中断。在接收过程中如果检测到帧错误、噪声或溢出错误,错误标志将被置位。

3. 分数波特率的产生

收发器的波特率的计算公式为

$$\text{波特率}=F_{\text{CLK}}/(16\times \text{USARTDIV})$$

其中,F_{CLK} 是 APBx 的时钟,即 PCLK1 或者 PCLK2,USART1 模块使用 PCLK1,其余的使用 PCLK2;USARTDIV 的值是根据 USART_BRR 中的 DIV_M 和 DIV_F 两个域决定的,具体计算的公式为

USARTDIV=DIV_M+(DIV_F/16)

需要注意的是,波特率产生器产生的波特率不一定能刚好生成用户所需要的波特率,可能会存在偏差。除了尽量取接近的值,减小偏差的方法还可以是增大APBx的时钟。比如设定波特率为115 200 b/s时,USARTDIV的值设为39.062 5,在最高频率时可以得到刚好115 200 b/s的波特率;但是如果需要921 600 b/s的波特率时,计算的USARTDIV是4.88,但是实际上在USART_BRR里填入的值最接近的只能是4.875,实际产生的波特率是923 076 b/s,误差达到0.16%。

发送方发出的串口波形传到接收端时,接收方和发送方的波特率是有一定误差的。误差主要来自三个方面:接收方和发送方实际的波特率不一致;接收方和发送方的时钟有误差;波形在线路中产生的变化。外设模块的接收器是有一定接收容差能力的,当以上三个方面产生的总偏差之和小于模块的容差能力极限时,这个总偏差不影响收发。模块的容差能力极限受是否采用分数波特率和M位(数据域字长)影响,采用分数波特率和使用9位数据域长度会使容差能力极限降低,但不低于3%。

上述配置均可以通过USART库函数实现,这样更加简单、快捷。

8.3 常用库函数介绍

CH32V103标准库提供了大部分USART函数,见表8-3。接下来将对常用的几个函数进行介绍。

表8-3 USART函数库

序号	函数名称	功能描述
1	USART_DeInit	将外设USARTx寄存器配置为默认值
2	USART_Init	根据USART_InitStruct中指定的参数初始化外设USARTx
3	USART_StructInit	把USART_InitStruct中每一个参数配置为默认值
4	USART_ClockInit	根据USART_ClockInitStruct中指定参数配置USARTx外设时钟
5	USART_ClockStructInit	把USART_ClockInitStruct中每一个参数配置为默认值
6	USART_Cmd	使能或失能USART外设
7	USART_ITConfig	使能或失能指定的USART中断
8	USART_DMACmd	使能或失能指定USART的DMA请求
9	USART_SetAddress	设置USART节点地址
10	USART_WakeUpConfig	设置USART的唤醒方式
11	USART_ReceiverWakeUpCmd	检查USART是否处于静默模式
12	USART_LINBreakDetectLengthConfig	设置USARTLIN中断检测长度
13	USART_LINCmd	使能或失能USARTx的LIN功能
14	USART_SendData	USARTx发送数据
15	USART_ReceiveData	USARTx接收数据
16	USART_SendBreak	发送中断字

续表 8-3

序　号	函数名称	功能描述
17	USART_SetGuardTime	设置指定的 USART 保护时间
18	USART_SetPrescaler	设置 USART 时钟预分频值
19	USART_SmartCardCmd	使能或失能指定 USART 的智能卡模式
20	USART_SmartCardNACKCmd	使能或失能智能卡 NACK 传输
21	USART_HalfDuplexCmd	使能或失能 USART 半双工模式
22	USART_IrDAConfig	配置 USART 的 IrDA 功能
23	USART_IrDACmd	使能或失能 USART 的 IrDA 功能
24	USART_GetFlagStatus	检查指定的 USART 标志位设置与否
25	USART_ClearFlag	清除 USARTx 指定的标志位
26	USART_GetITStatus	检查指定的 USART 中断标志位设置与否
27	USART_ClearITPendingBit	清除 USARTx 指定的中断标志位

(1) USART_Init 函数

USART_Init 函数的说明见表 8-4。

表 8-4　USART_Init 函数说明

项目名	描　述
函数原型	void USART_Init(USART_TypeDef * USARTx, USART_InitTypeDef * USART_InitStruct)
功能描述	根据 USART_InitStruct 中指定的参数初始化外设 USARTx
输入参数 1	USARTx:x 可以是 1、2、3 来选择 USART
输入参数 2	USART_InitStruct:指向 USART_InitTypeDef 结构体的指针,包含 USART 的配置信息
输出参数	无

参数描述:USART_InitTypeDef 定义在“ch32v10x_usart.h”文件中。

```
typedef struct
{
  uint32_t  USART_BaudRate;
  uint16_t  USART_WordLength;
  uint16_t  USART_StopBits;
  uint16_t  USART_Parity;
  uint16_t  USART_Mode;
  uint16_t  USART_HardwareFlowControl;
} USART_InitTypeDef;
```

① USART_BaudRate:设置 USART 的波特率,常用值为 115 200,38 400,9 600 等。

② USART_WordLength:设置一帧数据接收或发送的数据位数,见表 8-5。

表 8-5　USART_WordLength 参数说明

USART_WordLength 参数	描　述
USART_WordLength_8b	8 位数据
USART_WordLength_9b	9 位数据

③ USART_StopBits：设置发送的停止位数目，见表 8-6。

表 8-6　USART_StopBits 参数说明

USART_StopBits 参数	描　述
USART_StopBits_1	在帧结尾传输 1 个停止位
USART_StopBits_0_5	在帧结尾传输 0.5 个停止位
USART_StopBits_2	在帧结尾传输 2 个停止位
USART_StopBits_1_5	在帧结尾传输 1.5 个停止位

④ USART_Parity：设置校验方式，见表 8-7。

表 8-7　USART_Parity 参数说明

USART_Parity 参数	描　述
USART_Parity_No	无校验
USART_Parity_Even	偶校验
USART_Parity_Odd	奇校验

⑤ USART_Mode：设置串口收发模式，见表 8-8。

表 8-8　USART_Mode 参数说明

USART_Mode 参数	描　述
USART_Mode_Rx	接收使能
USART_Mode_Tx	发送使能

⑥ USART_HardwareFlowControl：设置硬件流控模式，见表 8-9。

表 8-9　USART_HardwareFlowControl 参数说明

USART_HardwareFlowControl 参数	描　述
USART_HardwareFlowControl_None	关闭硬件流控
USART_HardwareFlowControl_RTS	使能 RTS 流控
USART_HardwareFlowControl_CTS	使能 CTS 流控
USART_HardwareFlowControl_RTS_CTS	使能 RTS、CTS 流控

该函数的使用方法如下：

```
USART_InitTypeDef    USART_InitStructure;

USART_InitStructure.USART_BaudRate = 115200;                                    //波特率 115200
USART_InitStructure.USART_WordLength = USART_WordLength_8b;                     //8 位数据位
USART_InitStructure.USART_StopBits = USART_StopBits_1;                          //1 位停止位
USART_InitStructure.USART_Parity = USART_Parity_No;                             //无校验
USART_InitStructure.USART_HardwareFlowControl = USART_HardwareFlowControl_None; //无硬件流控
USART_InitStructure.USART_Mode = USART_Mode_Tx|USART_Mode_Rx;                  //配置发送和接收模式
USART_Init(USART1, &USART_InitStructure);                                       //初始化 USART 设置
```

(2) USART_Cmd 函数

USART_Cmd 函数的说明见表 8-10。

表 8-10　USART_Cmd 函数说明

项目名	描　述
函数原型	void USART_Cmd(USART_TypeDef * USARTx, FunctionalStateNewState)
功能描述	使能或失能 USART 外设
输入参数 1	USARTx:x 可以是 1、2、3 来选择 USART
输入参数 2	NewState:设置 USART 外设状态,可配置 ENABLE 或 DISABLE
输出参数	无

该函数的使用方法如下:

```
USART_Cmd(USART1, ENABLE);//使能 USART1
```

(3) USART_ITConfig 函数

USART_ITConfig 函数的说明见表 8-11。

表 8-11　USART_ITConfig 函数说明

项目名	描　述
函数原型	void USART_ITConfig(USART_TypeDef * USARTx, uint16_t USART_IT, FunctionalStateNewState)
功能描述	使能或失能指定的 USART 中断
输入参数 1	USARTx:x 可以是 1、2、3 来选择 USART
输入参数 2	USART_IT:使能或失能指定的 USART 中断,中断源见表 8-12
输入参数 3	NewState:设置 USART 外设状态,可配置 ENABLE 或 DISABLE
输出参数	无

USART_IT 中断源有 8 种,见表 8-12。

表 8-12　USART_IT 中断源说明

USART_IT 中断源	描　述
USART_IT_CTS	CTS 中断
USART_IT_LBD	LIN 中断检测中断
USART_IT_TXE	发送数据寄存器空中断
USART_IT_TC	传输完成中断
USART_IT_RXNE	接收完成中断
USART_IT_IDLE	总线空闲中断
USART_IT_PE	奇偶错误中断
USART_IT_ERR	错误中断

该函数的使用方法如下：

```
USART_ITConfig(USART1, USART_IT_RXNE, ENABLE);//使能 USART1 接收数据寄存器非空中断
```

(4) USART_SendData 函数

USART_SendData 函数的说明见表 8-13。

表 8-13　USART_SendData 函数说明

项目名	描　述
函数原型	void USART_SendData(USART_TypeDef * USARTx, uint16_t Data)
功能描述	USARTx 发送数据
输入参数 1	USARTx:x 可以是 1、2、3 来选择 USART
输入参数 2	Data:待发送数据
输出参数	无

该函数的使用方法如下：

```
USART_SendData(USART1,0x86);//USART1 发送一个字节数据 0x86
```

(5) USART_ReceiveData 函数

USART_ReceiveData 函数的说明见表 8-14。

表 8-14　USART_ReceiveData 函数说明

项目名	描　述
函数原型	uint16_t USART_ReceiveData(USART_TypeDef * USARTx)
功能描述	USARTx 接收数据
输入参数 1	USARTx:x 可以是 1、2、3 来选择 USART
输出参数	接收到的字节数据

该函数的使用方法如下：

```
uint8_t rx_data = 0;
rx_data = USART_ReceiveData(USART1);//接收 USART1 的一个字节数据
```

(6) USART_GetFlagStatus 函数

USART_GetFlagStatus 函数的说明见表 8-15。

表 8-15　USART_GetFlagStatus 函数说明

项目名	描　述
函数原型	FlagStatus USART_GetFlagStatus(USART_TypeDef * USARTx, uint16_t USART_FLAG)
功能描述	检查指定的 USART 标志位设置与否

续表 8-15

项目名	描　述
输入参数 1	USARTx:x 可以是 1、2、3 来选择 USART
输入参数 2	USART_FLAG:检查指定的 USART 标志位置位与否
输出参数	USART_FLAG 的最新状态,参数为 SET 或 RESET

参数 USART_FLAG 的定义见表 8-16。

表 8-16　USART_FLAG 参数定义

USART_FLAG 参数	描　述
USART_FLAG_CTS	CTS 标志位
USART_FLAG_LBD	LIN 检测标志位
USART_FLAG_TXE	发送数据寄存器空标志位
USART_FLAG_TC	发送完成标志位
USART_FLAG_RXNE	接收数据寄存器非空标志位
USART_FLAG_IDLE	总线空闲标志位
USART_FLAG_ORE	溢出错误标志位
USART_FLAG_NE	噪声错误标志位
USART_FLAG_FE	帧错误标志位
USART_FLAG_PE	奇偶校验错误标志位

该函数的使用方法如下:

```
FlagStatus   bitstatus;
//检测 USART1 接收数据寄存器非空标志
bitstatus = USART_GetFlagStatus(USART1, USART_FLAG_RXNE);
```

(7) USART_ClearFlag 函数

USART_ClearFlag 函数的说明见表 8-17。

表 8-17　USART_ClearFlag 函数说明

项目名	描　述
函数原型	void USART_ClearFlag(USART_TypeDef * USARTx, uint16_t USART_FLAG)
功能描述	清除 USARTx 挂起的标志位
输入参数 1	USARTx:x 可以是 1、2、3 来选择 USART
输入参数 2	USART_FLAG:清除指定的 USART 标志位
输出参数	无

该函数用于清除 USARTx 挂起的标志位,可以清除 USART_FLAG_CTS、USART_FLAG_LBD、USART_FLAG_TC、USART_FLAG_RXNE 这四个状态标志位。函数的使用方法如下:

```
USART_ClearFlag(USART1,USART_FLAG_TC);//清除 USART1 的发送完成标志位
```

(8) USART_GetITStatus 函数

USART_GetITStatus 函数的说明见表 8-18。

表 8-18　USART_GetITStatus 函数说明

项目名	描　述
函数原型	ITStatus USART_GetITStatus(USART_TypeDef * USARTx, uint16_t USART_IT)
功能描述	检查指定的 USART 中断标志位设置与否
输入参数 1	USARTx:x 可以是 1、2 或 3 来选择 USART
输入参数 2	USART_IT:获取指定的 USART 中断标志位
输出参数	USART_IT 的最新状态,参数为 SET 或 RESET

参数 USART_IT 的定义见表 8-19。

表 8-19　USART_IT 参数定义

USART_IT 参数	描　述
USART_IT_CTS	CTS 中断标志位
USART_IT_LBD	LIN 检测中断标志位
USART_IT_TXE	发送数据寄存器空中断标志位
USART_IT_TC	发送完成中断标志位
USART_IT_RXNE	接收数据寄存器非空中断标志位
USART_IT_IDLE	总线空闲中断标志位
USART_IT_ORE_RX	RXNEIE 置位时溢出错误标志位
USART_IT_ORE_ER	EIE 置位时溢出错误标志位
USART_IT_NE	噪声错误中断标志位
USART_IT_FE	帧错误中断标志位
USART_IT_PE	奇偶校验错误标志位

该函数使用方法如下:

```
FlagStatus   bitstatus;
//检测 USART1 接收数据寄存器非空中断标志
bitstatus = USART_GetITStatus(USART1, USART_IT_RXNE);
```

(9) USART_ClearITPendingBit 函数

USART_ClearITPendingBit 函数的说明见表 8-20。

表 8-20　USART_ClearITPendingBit 函数说明

项目名	描　述
函数原型	void USART_ClearITPendingBit(USART_TypeDef * USARTx, uint16_t USART_IT)
功能描述	清除 USARTx 指定的中断标志位
输入参数 1	USARTx:x 可以是 1、2、3 来选择 USART
输入参数 2	USART_IT:清除指定的 USART 中断标志位
输出参数	无

该函数用于清除 USARTx 挂起的中断标志位，可以清除 USART_IT_CTS、USART_IT_LBD、USART_IT_TC、USART_IT_RXNE 这四个状态标志位。函数的使用方法如下：

```
USART_ClearITPendingBit(USART1,USART_IT_TC);//清除 USART1 的发送完成中断标志位
```

8.4　使用流程

CH32V103 的 USART 具有多种功能，8.2.2 小节详细介绍了 USART 的工作模式，其中最基本的功能是串口数据的发送和接收。USART 的基本配置流程如图 8.5 所示。

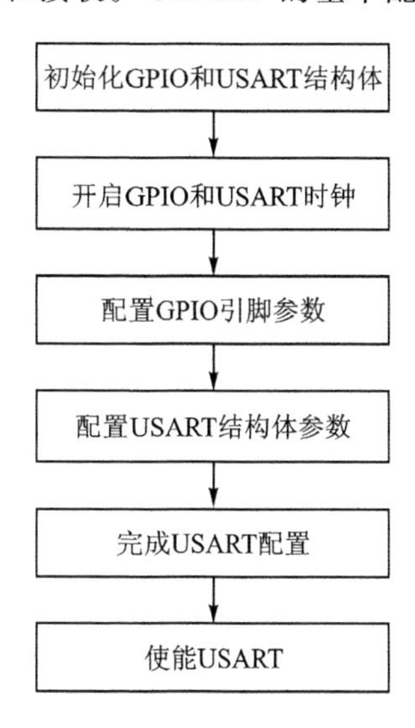

图 8.5　USART 基本配置流程图

注意：USART 和 GPIO 是两种不同的外设，但串口是 IO 口的复用功能，所以不仅需要打开 USART 时钟，也需要打开 GPIO 时钟。例如，在配置 USART2 时，USART2 的发送引脚 PA2 配置为复用推挽输出，接收引脚 PA3 配置为浮空输入；然后配置串口参数，配置完成后使能串口功能。

发送数据和接收数据可以采用查询方式，也可以采用中断方式，这里以最简单的查询方式为例说明。发送 1 B 数据时，调用函数 USART_SendData()，通过检测 USART_FLAG_TC

标志位判断发送状态,等待串口发送完成。

```
USART_SendData(USART1, buf);   //发送当前字符
while (USART_GetFlagStatus(USART1, USART_FLAG_TC) == RESET);  //等待发送完成
```

接收数据时,首先通过检测 USART_FLAG_RXNE 标志位判断是否有数据,再调用函数 USART_ReceiveData 进行串口数据的接收。

```
if(USART_GetFlagStatus(USART1, USART_FLAG_RXNE) == SET)//接收寄存器非空
    {
        usart1_data = USART_ReceiveData(USART1);//接收数据
    }
```

8.5 项目实战:串口数据查询方式收发

利用串口调试助手,在特定的位置输出打印信息可以直观地观察程序的运行状态,判断程序的运行结果是否符合预期。因此,一般在硬件设计时会预留串口进行调试。

8.5.1 硬件设计

由于上位机的串口和 CH32V103 的串口通信电平不一样,通常需要 USB 转串口芯片。CH340N 是南京沁恒微电子股份有限公司设计的一个 USB 总线转接芯片,可实现 USB 转串口功能。CH340N 内置时钟发生器,无须外部晶体和振荡电容,最高波特率支持 2 Mb/s,可以用于上位机串口与单片机之间的通信。图 8.6 所示为串口通信原理图,使用 CH32V103 的 USART1,PA9 为单片机的串口 1 接收脚,PA10 为单片机的串口 1 发送脚。LED 引脚连接见图 8.6。

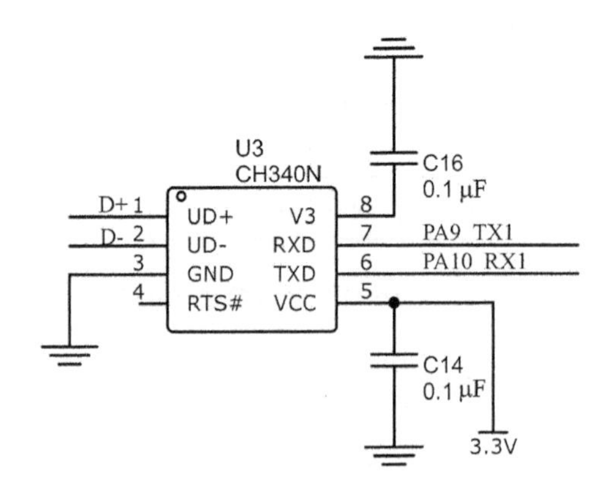

图 8.6 串口通信原理图

8.5.2　软件设计

利用上位机的串口与 CH32V103 的 USART1 进行通信。上位机发送数据给 CH32V103 的串口，CH32V103 检测到数据后，短暂点亮红灯，随后将接收到的数据再发送给上位机。采用查询的方式进行数据的收发，接收寄存器中有数据时立即取出，再通过串口发送到上位机。上位机与 CH32V103 通信流程如图 8.7 所示。

将主程序放在 main. c 中，并新建 bsp_usart. c、bsp_gpio. c、bsp_delay. c，工程文件结构如图 8.8 所示。

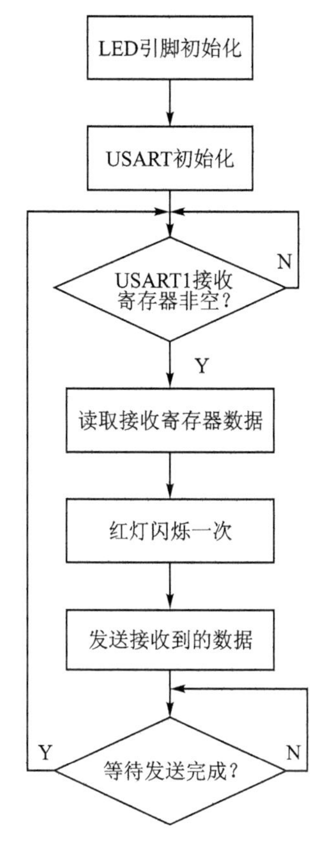

图 8.7　串口通信流程图

图 8.8　工程文件结构

main. c 程序如下：

```
#include "bsp.h"
uint8_t usart1_data;                    //定义串口接收缓存全局变量
int main(void)
{
    Bsp_Gpio_Init();                    //LED 引脚初始化
    bsp_usart1_init();                  //串口初始化
```

```
while(1)
    {
        if(USART_GetFlagStatus(USART1, USART_FLAG_RXNE) == SET)
        {
            usart1_data = USART_ReceiveData(USART1);
            GPIO_ResetBits(GPIOB,GPIO_Pin_3);
            mDelayMS(50);
            GPIO_SetBits(GPIOB,GPIO_Pin_3);
            usart1_SendOneData(usart1_data);
        }
    }
}
```

usart.c 程序如下：

```
#include "bsp.h"
void bsp_usart1_init(void)
{
  GPIO_InitTypeDef   GPIO_InitStructure;
  USART_InitTypeDef   USART_InitStructure;

  RCC_APB2PeriphClockCmd(RCC_APB2Periph_USART1, ENABLE);
  RCC_APB2PeriphClockCmd(RCC_APB2Periph_GPIOA, ENABLE);

  GPIO_InitStructure.GPIO_Pin = GPIO_Pin_9;//TX
  GPIO_InitStructure.GPIO_Speed = GPIO_Speed_50MHz;
  GPIO_InitStructure.GPIO_Mode = GPIO_Mode_AF_PP;
  GPIO_Init(GPIOA, &GPIO_InitStructure);

  GPIO_InitStructure.GPIO_Pin = GPIO_Pin_10;//RX
  GPIO_InitStructure.GPIO_Speed = GPIO_Speed_50MHz;
  GPIO_InitStructure.GPIO_Mode = GPIO_Mode_IN_FLOATING;
  GPIO_Init(GPIOA, &GPIO_InitStructure);

  USART_InitStructure.USART_BaudRate = 115200;//配置波特率 115200
  USART_InitStructure.USART_WordLength = USART_WordLength_8b;//配置数据位 8 位
  USART_InitStructure.USART_StopBits = USART_StopBits_1;//配置 1 位停止位
  USART_InitStructure.USART_Parity = USART_Parity_No;//无校验
  USART_InitStructure.USART_HardwareFlowControl = USART_HardwareFlowControl_None;//无硬件流
  USART_InitStructure.USART_Mode = USART_Mode_Tx | USART_Mode_Rx;//使能发送接收模式

  USART_Init(USART1, &USART_InitStructure);//初始化 USART
  USART_Cmd(USART1, ENABLE);//使能 USART
}
```

```
void usart1_SendOneData(uint8_t buf)//发送一个字节
{
    uint8_t i;
    USART_SendData(USART1, buf);   //发送当前字符
    while (USART_GetFlagStatus(USART1, USART_FLAG_TC) == RESET);//等待发送完成
}
void usart1_SendData(uint8_t * buf,uint8_t len)//发送一串数据
{
    uint8_t i;
        for(i = 0;i<len;i++)
        {
            USART_SendData(USART1, buf[i]);   //发送当前字符
            while (USART_GetFlagStatus(USART1, USART_FLAG_TC) == RESET);
    }
}
void usart1_SendString(uint8_t * buf)//发送一串字符
{
    while( * buf)                    //检测字符串结束符
    {
        USART_SendData(USART1, * buf++);   //发送当前字符
        while (USART_GetFlagStatus(USART1, USART_FLAG_TC) == RESET);
    }
}
```

8.5.3　系统调试

工程建立好后，编写程序文件，最后进行 Build Project 编译，修改至无错误和警告后，通过 Download 界面加载生成好的 HEX 文件，单击 Execute 按钮。下载完成后，打开串口助手，设置串口号、波特率、数据位、校验位后，打开串口。在串口助手中发送数据 0x18 后，开发板上红灯闪烁一次，随后串口助手中显示 0x18，表示收到单片机发来的数据，如图 8.9 所示。

图 8.9　串口助手数据收发

在 MounRiver Studio 中新建工程文件时，工程目录下有一个文件夹为 Debug，里面包含了两个文件，分别是 debug.c 和 debug.h。这两个文件包含了串口配置初始化函数，以及绑定 printf 函数的功能，通过 DEBUG 宏定义进

行调试串口的选择。支持 printf 函数功能的代码如下：

```
int _write(int fd, char *buf, int size)
{
  int i;
  for(i = 0; i<size; i++)
  {
    #if (DEBUG == DEBUG_UART1)//如果使用 UART1
    while (USART_GetFlagStatus(USART1, USART_FLAG_TC) == RESET);
    USART_SendData(USART1, *buf++);
    #elif (DEBUG == DEBUG_UART2) //如果使用 UART2
    while (USART_GetFlagStatus(USART2, USART_FLAG_TC) == RESET);
    USART_SendData(USART2, *buf++);
    #elif (DEBUG == DEBUG_UART3) //如果使用 UART3
    while (USART_GetFlagStatus(USART3, USART_FLAG_TC) == RESET);
    USART_SendData(USART3, *buf++);
    #endif
  }
  return size;
}
```

添加后就可以使用 printf 函数进行 USART 发送数据，比如下面这条语句就是用 USART 发送字符串“This is USART Demo”后换行。

```
printf("This is USART Demo\r\n");
```

本章小结

本章介绍了 CH32V103 的 USART 外设，通过一个简单的例子介绍串口与计算机上位机的通信方法。使用 USART 不仅可以收发数据，与外部设备进行通信，也可以作为设备的调试口，将有效数据通过串口发送，在上位机中直观查阅数据。读者需要灵活运用串口，这在程序调试中有重要作用。

第 9 章　定时器 TIM

9.1　CH32V103 定时器概述

CH32V103 系列单片机具有丰富的定时器资源，有通用定时器（TIM2/3/4）、高级定时器（TIM1）、专用定时器（RTC、独立看门狗、窗口看门狗、系统滴答定时器）。

9.1.1　定时器类型

1. 通用定时器

通用定时器模块包含一个 16 位可自动重装的定时器，用于测量脉冲宽度或者产生特定频率的脉冲、PWM 波等，可用于自动化控制、电源等领域。通用定时器的主要特征包括：

1）16 位自动重装计数器，支持增计数模式和减计数模式。

2）16 位预分频器，分频系数在 1～65 536 之间动态可调。

3）支持 4 路独立的比较捕获通道。

4）每路比较捕获通道支持多种工作模式，比如输入捕获、输出比较、PWM 生成和单脉冲输出。

5）支持外部信号控制定时器。

6）支持在多种模式下使用 DMA。

7）支持增量式编码。

8）支持定时器之间的级联和同步。

2. 高级定时器

高级定时器模块包含一个功能强大的 16 位自动重装定时器（TIM1），可用于测量脉冲宽度或者产生脉冲、PWM 波等，用于电机控制、电源等领域。高级定时器（TIM1）的主要特征包括：

1）16 位自动重装计数器，支持增计数模式和减计数模式。

2）16 位预分频器，分频系数在 1～65 536 之间动态可调。

3）支持 4 路独立的比较捕获通道。

4）每路比较捕获通道支持多种工作模式，比如输入捕获、输出比较、PWM 生成和单脉冲输出。

5）支持可编程死区时间的互补输出。

6）支持外部信号控制定时器。

7）支持使用重复计数器在确定周期后更新定时器。

8）支持使用刹车信号将定时器复位或置其于确定状态。

9）支持在多种模式下使用 DMA。

10）支持增量式编码器。

11）支持定时器之间的级联和同步。

3. 系统定时器

CH32V103 系列产品的 RISC-V3A 内核自带了一个 64 位自增型计数器(SysTick)，支持 HCLK/8 作为时基，具有较高优先级，校准后可用于时间基准。

4. 通用定时器和高级定时器的区别

与高级定时器相比，通用定时器缺少以下功能：

1）缺少对核心计数器的计数周期进行计数的重复计数寄存器。

2）通用定时器的比较捕获功能缺少死区产生模块，没有互补输出的功能。

3）没有刹车信号机制。

4）通用定时器的默认时钟 CK_INT 都来自 APB2，而高级定时器(TIM1)的 CK_INT 来自 APB1。

9.1.2 计数模式

1）增计数模式。在增计数模式中，计数器从 0 计数到 TIMx 自动重装值寄存器(R16_TIMx_ATRLR)，然后重新从 0 开始计数并且产生一个计数器溢出事件，每次计数器溢出时都可以产生更新事件。

2）减计数模式。在减计数模式中，计数器从 TIMx 自动重装值寄存器(R16_TIMx_ATRLR)开始向下计数，然后重新从 0 开始计数并且产生一个计数器溢出事件，每次计数器溢出时都可以产生更新事件。

9.1.3 主要功能介绍

1）定时功能：通过对内部系统时钟计数实现定时的功能。

2）输入捕获模式：计算脉冲频率和宽度。

3）比较输出模式：在核心计数器(CNT)的值与比较捕获寄存器的值一致时，输出特定的变化或波形。

4）强制输出模式：比较捕获通道的输出模式可以由软件强制输出确定的电平，而不依赖比较捕获寄存器的影子寄存器和核心计数器的比较。

5）PWM 输入模式：PWM 输入模式是用来测量 PWM 的占空比和频率的，是输入捕获模式的一种特殊情况。

6）PWM 输出模式：PWM 输出模式最常见的是使用重装值确定 PWM 频率，使用捕获比较寄存器确定占空比的方法。

7）单脉冲模式：单脉冲模式可以响应一个特定的事件，在一个延迟之后产生一个脉冲，延迟和脉冲的宽度可编程。

8）编码器模式：用来接入编码器的双相输出，核心计数器的计数方向和编码器的转轴方向同步，编码器每输出一个脉冲就会使核心计数器加 1 或减 1。

9）定时器同步模式：定时器能够输出时钟脉冲，也能接收其他定时器的输入。

10）互补输出和死区控制：高级定时器 TIM1 能够输出两个互补的信号，并且能够管理输出的瞬时关断和接通，这段事件被称为死区。用户应该根据连接的输出器件和它们的特性（电平转换的延时、电源开关的延时等）来调整死区时间。

11）刹车信号输入功能：用来完成紧急停止。

本章介绍通用定时器实现基本定时功能的方法。

9.2　CH32V103 通用定时器的结构

CH32V103 通用定时器主要包括 1 个外部触发引脚 TIMx_ETR、4 个输入/输出通道（TIMx_CH1、TIMx_CH2、TIMx_CH3、TIMx_CH4）、1 个内部时钟、一个触发控制器、1 个时钟单元（由预分频器 PSC、自动重载寄存器 ARR 和计数器 CNT 组成）。通用定时器的基本结构如图 9.1 所示。

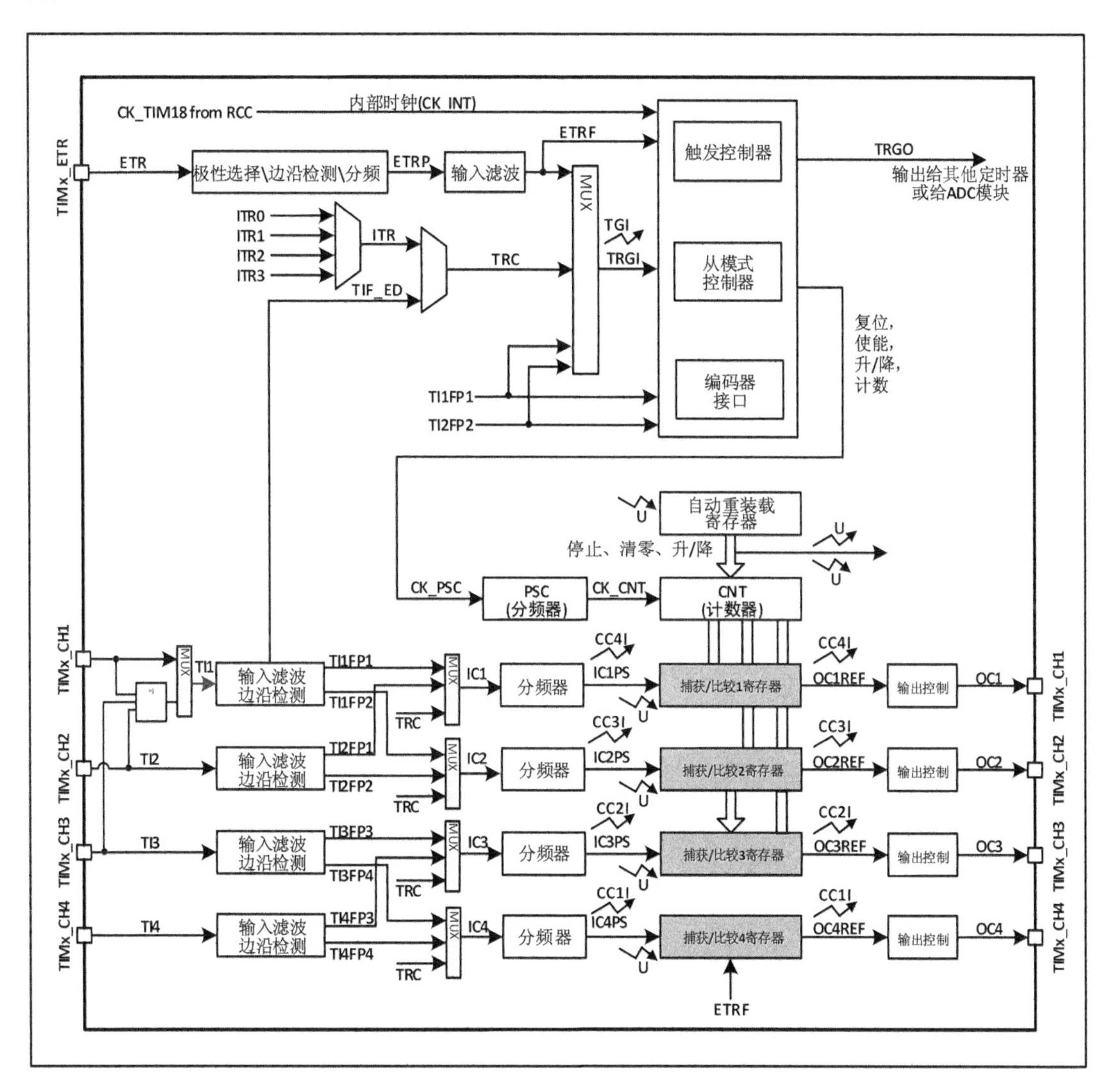

图 9.1　CH32V103 通用定时器的基本结构

9.2.1 输入时钟

通用定时器的时钟可以来自AHB总线时钟(CK_INT)、外部时钟输入引脚(TIMx_ETR)、其他具有时钟输出功能的定时器(ITRx)以及比较捕获通道的输入端(TIMx_CHx)。这些输入的时钟信号经过各种设定的滤波分频等操作后成为CK_PSC时钟,输出给核心计数器部分。另外,这些复杂的时钟来源还可以作为TRGO输出给其他定时器、ADC等外设。

时钟源选择内部APB时钟时,计数器对内部时钟脉冲计数,属于定时功能,可以完成精密定时;时钟源选择外部信号时,可以完成外部信号计数。具体包括:时钟源为外部输入引脚TIx时,计时器对选定输入端(TIMx_CH1、TIMx_CH2、TIMx_CH3、TIMx_CH4)的每个上升沿或下降沿计数,属于计数功能;时钟源为外部时钟引脚(ETR)时,计数器对外部触发引脚(TIMx_ETR)计数,属于计数功能。通用定时器输入时钟源如图9.2所示。

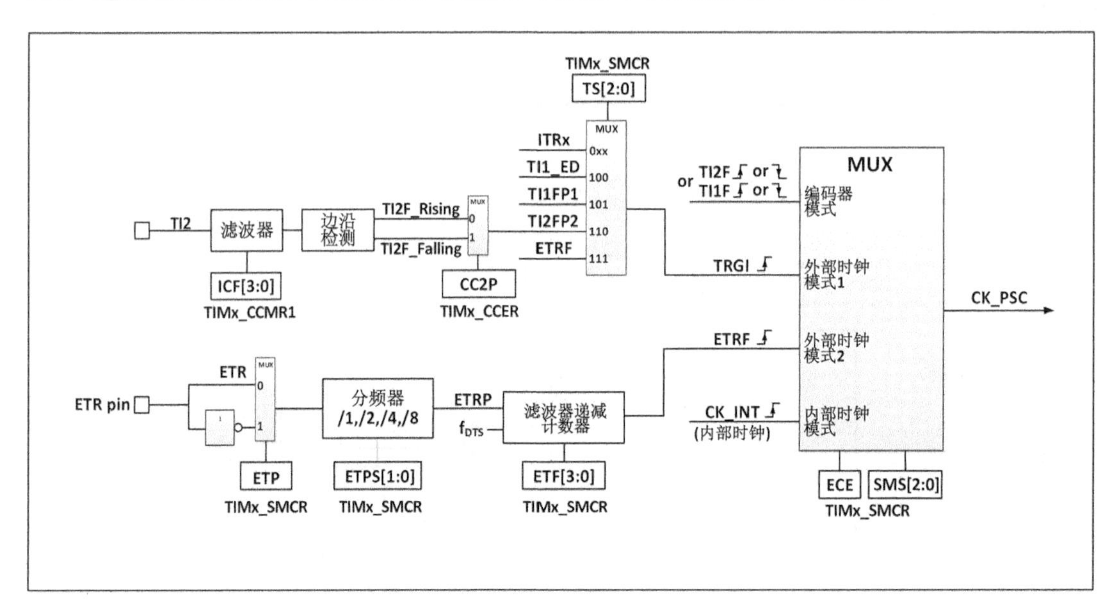

图9.2 通用定时器输入时钟源框图

9.2.2 核心计数器

通用定时器的核心是一个16位计数器(CNT)。CK_PSC经过预分频器(PSC)分频后成为CK_CNT,再最终输给CNT,CNT支持增计数模式、减计数模式和增减计数模式,并有一个自动重装值寄存器(ATRLR),该寄存器在每个计数周期结束后为CNT重装载初始化值。

9.2.3 比较捕获通道

通用定时器拥有四组比较捕获通道,每组比较捕获通道都可以从专属的引脚上输入脉冲,也可以向引脚输出波形,即比较捕获通道支持输入和输出模式。比较捕获寄存器每个通道的输入都支持滤波、分频、边沿检测等操作,并支持通道间的互触发,还能为核心计数器CNT提供时钟。每个比较捕获通道都拥有一组比较捕获寄存器(CHxCVR),支持与主计数器(CNT)

进行比较而输出脉冲。

9.2.4　通用定时器的功能寄存器

计数寄存器(16 位)包括 TIMx 计数器(R16_TIMx_CNT)、TIMx 计数时钟预分频器(R16_TIMx_PSC)、TIMx 自动重装值寄存器(R16_TIMx_ATRLR)。该计数器可以进行增计数、减计数或增减计数。

控制寄存器(16 位)包括 TIMx 控制寄存器 1(R16_TIMx_CTLR1)、TIMx 控制寄存器 2(R16_TIMx_CTLR2)、TIMx 从模式控制寄存器(R16_TIMx_SMCFGR)、TIMxDMA/中断使能寄存器(R16_TIMx_DMAINTENR)、TIMx 中断状态寄存器(R16_TIMx_INTFR)、TIMx 事件产生寄存器(R16_TIMx_SWEVGR)、TIMx 比较/捕获控制寄存器 1(R16_TIMx_CHCTLR1)、TIMx 比较/捕获控制寄存器 2(R16_TIMx_CHCTLR2)、TIMx 比较/捕获使能寄存器(R16_TIMx_CCER)、TIMx 比较/捕获寄存器 1(R16_TIMx_CH1CVR)、TIMx 比较/捕获寄存器 2(R16_TIMx_CH2CVR)、TIMx 比较/捕获寄存器 3(R16_TIMx_CH3CVR)、TIMx 比较/捕获寄存器 4(R16_TIMx_CH4CVR)、TIMxDMA 控制寄存器(R16_TIMx_DMACFGR)、TIMx 连续模式的 DMA 地址寄存器(R16_TIMx_DMAADR)。

通用定时器的相关寄存器功能请参考芯片手册。定时器各种功能的设置可以通过控制寄存器实现。寄存器的读写可通过编程设置寄存器自由实现,也可以利用通用定时器标准库函数实现。标准库提供了几乎所有寄存器操作函数,使基于标准库的开发更加简单、快捷。

9.2.5　通用定时器的外部触发及输入/输出通道

CH32V103C8T6 的通用定时器有 1 个外部触发引脚 TIM2_ETR(PA0)。外部触发引脚经过各种设定的滤波分频等操作后成为 CK_PSC 时钟,输出给核心计数器部分。另外,该时钟还可作为 TRGO 输出给其他定时器、ADC 等外设。

CH32V103C8T6 有 3 个通用定时器共 12 个输入/输出通道:TIM2_CH1(PA0)、TIM2_CH2(PA1)、TIM2_CH3(PA2)、TIM2_CH4(PA3)、TIM3_CH1(PA6)、TIM3_CH2(PA7)、TIM3_CH3(PB0)、TIM3_CH4(PB1)、TIM4_CH1(PB6)、TIM4_CH2(PB7)、TIM4_CH3(PB8)、TIM4_CH4(PB9)。

9.3　CH32V103 通用定时器的功能

CH32V103 通用定时器的基本功能是定时和计数。可编程定时/计数器的时钟源来自内部 APB 时钟时,可以完成精密定时;时钟源来自外部信号时,可完成外部信号计数;使用过程中,需要设置时钟源、时基单元和计数模式。

时基单元是设置定时器/计数器计数时钟的基本单元,包含计数器寄存器(R16_TIMx_CNT)、预分频器(R16_TIMx_PSC)和自动重装值寄存器(R16_TIMx_ATRLR)。

1) 计数器寄存器(R16_TIMx_CNT)由预分频器的时钟输出 CK_INT 驱动。设置控制寄存器 1(TIMx_CTLR1)中的使能计数器位(CEN)时,CK_INT 有效。

2）预分频器(R16_TIMx_PSC)可以将计数器的时钟频率按照1～65 536之间的任意值分频。计数器的时钟频率等于分频器的输入频率/(PSC+1)。

3）自动重装值寄存器(R16_TIMx_ATRLR)是预先装载的，写或读自动重装载寄存器将访问预装载寄存器。

时基单元可根据实际需要，由软件设置预分频器，得到定时器/计数器的计数时钟。可通过设置相应的寄存器或由库函数设置。

9.3.1 输入捕获模式

输入捕获模式是定时器的基本功能之一，其原理是：当检测到ICxPS信号上确定的边沿后，产生捕获事件，计数器当前的值会被锁存到比较捕获寄存器(R16_TIMx_CHCTLRx)中。发生捕获事件时，CCxIF(在R16_TIMx_INTFR中)被置位，如果使能了中断或者DMA，还会产生相应中断或者DMA。如果发生捕获事件时，CCxIF已经被置位了，那么CCxOF位会被置位。CCxIF可由软件清除，也可以通过读取比较捕获寄存器由硬件清除。CCxOF由软件清除。

下面举个通道1的例子来说明使用输入捕获模式的步骤。具体如下：

1）配置CCxS域，选择ICx信号的来源。比如设为10 b，选择TI1FP1作为IC1的来源，不可以使用默认设置，CCxS域默认是使比较捕获模块作为输出通道。

2）配置ICxF域，设定TI信号的数字滤波器。数字滤波器会以确定的频率，采样确定的次数，再输出一个跳变。这个采样频率和次数是通过ICxF来确定的。

3）配置CCxP位，设定TIxFPx的极性。比如保持CC1P位为低，选择上升沿跳变。

4）配置ICxPS域，设定ICx信号成为ICxPS之间的分频系数。比如保持ICxPS为00b，不分频。

5）配置CCxE位，允许捕获核心计数器(CNT)的值到比较捕获寄存器中。置CC1E位。

6）根据需要配置CCxIE和CCxDE位，决定是否允许使能中断或者DMA。

至此已经将比较捕获通道配置完成。

当TI1输入了一个被捕获的脉冲时，核心计数器(CNT)的值会被记录到比较捕获寄存器中，CC1IF被置位，如果CC1IF在之前就已经被置位，CCIOF位也会被置位；如果CC1IE被置位，那么会产生一个中断；如果CC1DE被置位，会产生一个DMA请求。可以通过写事件产生寄存器(R16_TIMx_SWEVGR)的方式由软件产生一个输入捕获事件。

9.3.2 比较输出模式

比较输出模式是定时器的基本功能之一。比较输出模式的原理是在核心计数器(CNT)的值与比较捕获寄存器的值一致时，输出特定的变化或波形。OCxM域(在R16_TIMx_CHCTLRx中)和CCxP位(在R16_TIMx_CCER中)决定输出的是确定的高低电平还是电平翻转。产生比较一致事件时还会置CCxIF位，如果预先置了CCxIE位，则会产生一个中断；如果预先设置了CCxDE位，则会产生一个DMA请求。

配置为比较输出模式的步骤如下：

1）配置核心计数器(CNT)的时钟源和自动重装值。

2）设置好需要对比的计数值到比较捕获寄存器（R16_TIMx_CHxCVR）中。

3）如果需要产生中断，置 CCxIE 位。

4）保持 OCxPE 为 0，禁用比较捕获寄存器的预装载寄存器。

5）设定输出模式，设置 OCxM 域和 CCxP 位。

6）使能输出，置 CCxE 位。

7）置 CEN 位启动定时器。

9.3.3　强制输出模式

强制输出模式指定时器的比较捕获通道的输出模式可以由软件强制输出确定的电平，而不依赖比较捕获寄存器的影子寄存器和核心计数器的比较。

具体的做法是将 OCxM 置为 100 b，即强制将 OCxREF 置为低；或者将 OCxM 置为 101 b，即强制将 OCxREF 置为高。

需要注意的是，将 OCxM 强制置为 100 b 或者 101 b，内部主计数器和比较捕获寄存器的比较过程还在进行，相应的标志位还在置位，中断和 DMA 请求还在产生。

9.3.4　PWM 输入模式

PWM 输入模式用于测量 PWM 的占空比和频率，是输入捕获模式的一种特殊情况。除下列区别外，操作和输入捕获模式相同：PWM 占用两个比较捕获通道，且两个通道的输入极性设为相反，其中一个信号被设为触发输入，SMS 设为复位模式。

例如，测量从 TI1 输入的 PWM 波的周期和频率，需要进行以下操作：

1）将 TI1（TI1FP1）设为 IC1 信号的输入，将 CC1S 置为 01 b。

2）将 TI1FP1 置为上升沿有效，将 CC1P 保持为 0。

3）将 TI1（TI1FP2）置为 IC2 信号的输入，将 CC2S 置为 10 b。

4）选 TI1FP2 置为下降沿有效，将 CC2P 置为 1。

5）时钟源的来源选择 TI1FP1，将 TS 设为 101 b。

6）将 SMS 设为复位模式，即 100 b。

7）使能输入捕获，CC1E 和 CC2E 置位。

9.3.5　PWM 输出模式

PWM 输出模式是定时器的基本功能之一。PWM 输出模式最常见的是使用重装值确定 PWM 频率，使用捕获比较寄存器确定占空比的方法。将 OCxM 域中置 110 b 或者 111 b 使用 PWM 模式 1 或者模式 2，置 OCxPE 位使能预装载寄存器，最后置 ARPE 位使能预装载寄存器的自动重装载。在发生一个更新事件时，预装载寄存器的值才能被送到影子寄存器，所以在核心计数器开始计数之前，需要置 UG 位来初始化所有寄存器。在 PWM 模式下，核心计数器和比较捕获寄存器一直在进行比较，根据 CMS 位，定时器能够输出边沿对齐或者中央对齐的 PWM 信号。

1. 边沿对齐

使用边沿对齐时，核心计数器增计数或者减计数，在 PWM 模式 1 的情景下，在核心计数器的值大于比较捕获寄存器时，OCxREF上升为高；当核心计数器的值小于比较捕获寄存器时（比如核心计数器增长到R16_TIMx_ATRLR的值而恢复成全0时），OCxREF下降为低。

2. 中央对齐

使用中央对齐模式时，核心计数器运行在增计数和减计数交替进行的模式下，OCxREF在核心计数器和比较捕获寄存器的值一致时进行上升和下降的跳变。但比较标志在三种中央对齐模式下，置位的时机有所不同。在使用中央对齐模式时，最好在启动核心计数器之前产生一个软件更新标志（置UG位）。

9.3.6 单脉冲模式

单脉冲模式可以响应一个特定的事件，在一个延迟之后产生一个脉冲，延迟和脉冲的宽度可编程。置OPM位可以使核心计数器在产生下一个更新事件UEV时（计数器翻转到0）停止。

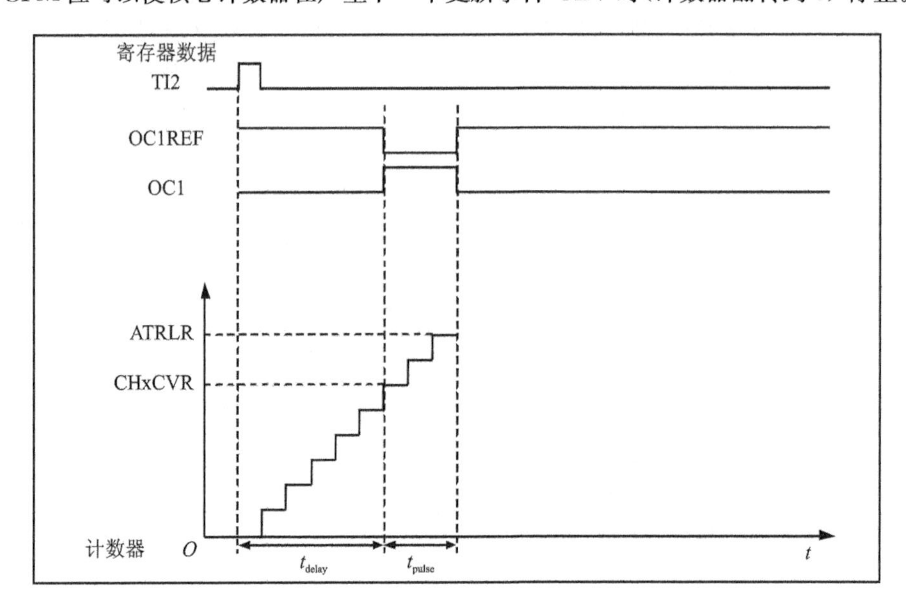

图9.3 事件产生和脉冲响应

如图9.3所示，需要在TI2输入引脚上检测到一个上升沿开始，延迟 t_{delay} 之后，在OC1上产生一个长度为 t_{pulse} 的正脉冲：

1) 设定TI2触发。置CC2S域为01 b，把TI2FP2映射到TI2；置CC2P位为0 b，TI2FP2设为上升沿检测；置TS域为110b，TI2FP2设为触发源；置SMS域为110 b，TI2FP2被用来启动计数器。

2) t_{delay} 由比较捕获寄存器定义，t_{pulse} 由自动重装值寄存器的值和比较捕获寄存器的值确定。

9.3.7 编码器模式

编码器模式是定时器的一个典型应用，可以用来接入编码器的双相输出，核心计数器的计数方向和编码器的转轴方向同步，编码器每输出一个脉冲就会使核心计数器加1或减1。使用编码器的步骤为：将 SMS 域置为 001 b（只在 TI2 边沿计数）、010 b（只在 TI1 边沿计数）或者 011 b（在 TI1 和 TI2 双边沿计数），将编码器接到比较捕获通道 1、2 的输入端，设一个重装值计数器的值，这个值可以设得大一点。在编码器模式时，定时器内部的比较捕获寄存器、预分频器、重复计数寄存器等都正常工作。表 9－1 表明了计数方向和编码器信号的关系。

表 9－1　定时器编码器模式的计数方向和编码器信号之间的关系

<table>
<tr><th rowspan="2">计数有效边沿</th><th rowspan="2">相对信号的电平</th><th colspan="2">TI1FP1 信号边沿</th><th colspan="2">TI2FP2 信号</th></tr>
<tr><th>上升沿</th><th>下降沿</th><th>上升沿</th><th>下降沿</th></tr>
<tr><td rowspan="2">仅在 TI1 边沿计数</td><td>高</td><td>向下计数</td><td>向上计数</td><td colspan="2" rowspan="2">不计数</td></tr>
<tr><td>低</td><td>向上计数</td><td>向下计数</td></tr>
<tr><td rowspan="2">仅在 TI2 边沿计数</td><td>高</td><td colspan="2" rowspan="2">不计数</td><td>向上计数</td><td>向下计数</td></tr>
<tr><td>低</td><td>向下计数</td><td>向上计数</td></tr>
<tr><td rowspan="2">在 TI1 和 TI2 双边沿计数</td><td>高</td><td>向下计数</td><td>向上计数</td><td>向上计数</td><td>向下计数</td></tr>
<tr><td>低</td><td>向上计数</td><td>向下计数</td><td>向下计数</td><td>向上计数</td></tr>
</table>

9.3.8　定时器同步模式

定时器能够输出时钟脉冲（TRGO），也能接收其他定时器的输入（ITRx）。不同定时器的 ITRx 的来源（别的定时器的 TRGO）是不一样的。

9.3.9　调试模式

系统进入调试模式时，根据 DBG 模块的设置可以控制定时器继续运转或者停止。

9.4　通用定时器常用库函数

TIM 固件库提供了 92 个库函数，详见表 9－2。为了理解这些函数的使用方法，本节将对其中的部分函数做详细介绍。

表 9－2　定时器函数库

序　号	函数名称	功能描述
1	TIM_DeInit	将外设 TIMx 寄存器重设为缺省值
2	TIM_TimeBaseInit	根据 TIM_TimeBaseInitStruct 中指定的参数，初始化 TIMx 的时间基数单位
3	TIM_OC1Init	根据 TIM_OCInitStruct 中指定的参数，初始化外设 TIMx 通道 1
4	TIM_OC2Init	根据 TIM_OCInitStruct 中指定的参数，初始化外设 TIMx 通道 2
5	TIM_OC3Init	根据 TIM_OCInitStruct 中指定的参数，初始化外设 TIMx 通道 3

续表 9-2

序　号	函数名称	功能描述
6	TIM_OC4Init	根据 TIM_OCInitStruct 中指定的参数，初始化外设 TIMx 通道 4
7	TIM_ICInit	根据 TIM_ICInitStruct 中指定的参数，初始化外设 TIMx
8	TIM_PWMIConfig	根据 TIM_ICInitStruct 中指定的参数配置外设 TIM，以测量外部 PWM 信号
9	TIM_BDTRConfig	配置中断特性、死区时间、锁定级别、OSSI/OSSR 状态和 AOE
10	TIM_TimeBaseStructInit	把 TIM_TimeBaseStructInit 中的每一个参数按缺省值填入
11	TIM_OCStructInit	把 TIM_OCInitStruct 中的每一个参数按缺省值填入
12	TIM_ICStructInit	把 TIM_ICInitStruct 中的每一个参数按缺省值填入
13	TIM_BDTRStructInit	把 TIM_BDTRInitStruct 中的每一个参数按缺省值填入
14	TIM_Cmd	使能或者失能 TIMx 外设
15	TIM_CtrlPWMOutputs	使能或者失能外设 TIM 的主要输出
16	TIM_ITConfig	使能或者失能指定的 TIM 中断
17	TIM_GenerateEvent	设置 TIMx 事件由软件产生
18	TIM_DMAConfig	设置 TIMx 的 DMA 接口
19	TIM_DMACmd	使能或者失能指定的 TIMx 的 DMA 请求
20	TIM_InternalClockConfig	设置 TIMx 的内部时钟
21	TIM_ITRxExternalClockConfig	设置 TIMx 的内部触发为外部时钟模式
22	TIM_TIxExternalClockConfig	设置 TIMx 触发为外部时钟
23	TIM_ETRClockMode1Config	设置 TIMx 外部时钟模式 1
24	TIM_ETRClockMode2Config	设置 TIMx 外部时钟模式 2
25	TIM_ETRConfig	配置 TIMx 外部触发
26	TIM_PrescalerConfig	设置 TIMx 预分频
27	TIM_CounterModeConfig	设置 TIMx 计数器模式
28	TIM_SelectInputTrigger	选择 TIMx 输入触发源
29	TIM_EncoderInterfaceConfig	设置 TIMx 编码界面
30	TIM_ForcedOC1Config	置 TIMx 输出 1 为活动或者非活动电平
31	TIM_ForcedOC2Config	置 TIMx 输出 2 为活动或者非活动电平
32	TIM_ForcedOC3Config	置 TIMx 输出 3 为活动或者非活动电平
33	TIM_ForcedOC4Config	置 TIMx 输出 4 为活动或者非活动电平
34	TIM_ARRPreloadConfig	使能或者失能 TIMx 在 ARR 上的预装载寄存器
35	TIM_SelectCOM	选择外设 TIM 交换事件
36	TIM_SelectCCDMA	选择 TIMx 外设的捕获比较 DMA 源
37	TIM_CCPreloadControl	设置或重置 TIM 外设捕获比较预加载控制位
38	TIM_OC1PreloadConfig	使能或者失能 TIMx 在 CCR1 上的预装载寄存器
39	TIM_OC2PreloadConfig	使能或者失能 TIMx 在 CCR2 上的预装载寄存器
40	TIM_OC3PreloadConfig	使能或者失能 TIMx 在 CCR3 上的预装载寄存器

续表 9－2

序　号	函数名称	功能描述
41	TIM_OC4PreloadConfig	使能或者失能 TIMx 在 CCR4 上的预装载寄存器
42	TIM_OC1FastConfig	设置 TIMx 捕获/比较 1 快速特征
43	TIM_OC2FastConfig	设置 TIMx 捕获/比较 2 快速特征
44	TIM_OC3FastConfig	设置 TIMx 捕获/比较 3 快速特征
45	TIM_OC4FastConfig	设置 TIMx 捕获/比较 4 快速特征
46	TIM_ClearOC1Ref	在一个外部事件时清除或者保持 OCREF1 信号
47	TIM_ClearOC2Ref	在一个外部事件时清除或者保持 OCREF2 信号
48	TIM_ClearOC3Ref	在一个外部事件时清除或者保持 OCREF3 信号
49	TIM_ClearOC4Ref	在一个外部事件时清除或者保持 OCREF4 信号
50	TIM_OC1PolarityConfig	设置 TIMx 通道 1 极性
51	TIM_OC1NPolarityConfig	设置 TIMx 通道 1 极性
52	TIM_OC2PolarityConfig	设置 TIMx 通道 2 极性
53	TIM_OC2NPolarityConfig	设置 TIMx 通道 2 极性
54	TIM_OC3PolarityConfig	设置 TIMx 通道 3 极性
55	TIM_OC3NPolarityConfig	设置 TIMx 通道 3 极性
56	TIM_OC4PolarityConfig	设置 TIMx 通道 4 极性
57	TIM_OC4NPolarityConfig	设置 TIMx 通道 4 极性
58	TIM_CCxCmd	使能或者失能 TIM 捕获比较通道 x
59	TIM_CCxNCmd	使能或者失能 TIM 捕获比较通道 xN
60	TIM_SelectOCxM	选择 TIM 输出比较模式
61	TIM_UpdateDisableConfig	使能或者失能 TIMx 更新事件
62	TIM_UpdateRequestConfig	设置 TIMx 更新请求源
63	TIM_SelectHallSensor	使能或者失能 TIMx 霍尔传感器接口
64	TIM_SelectOnePulseMode	设置 TIMx 单脉冲模式
65	TIM_SelectOutputTrigger	设置 TIMx 触发输出模式
66	TIM_SelectSlaveMode	选择 TIMx 从模式
67	TIM_SelectMasterSlaveMode	设置或重置 TIMx 主/从模式
68	TIM_SetCounter	设置 TIMx 计数器寄存器值
69	TIM_SetAutoreload	设置 TIMx 自动重装载寄存器值
70	TIM_SetCompare1	设置 TIMx 捕获/比较 1 寄存器值
71	TIM_SetCompare2	设置 TIMx 捕获/比较 2 寄存器值
72	TIM_SetCompare3	设置 TIMx 捕获/比较 3 寄存器值
73	TIM_SetCompare4	设置 TIMx 捕获/比较 4 寄存器值
74	TIM_SetIC1Prescaler	设置 TIMx 输入捕获 1 预分频
75	TIM_SetIC2Prescaler	设置 TIMx 输入捕获 2 预分频
76	TIM_SetIC3Prescaler	设置 TIMx 输入捕获 3 预分频

续表 9－2

序　号	函数名称	功能描述
77	TIM_SetIC4Prescaler	设置 TIMx 输入捕获 4 预分频
78	TIM_SetClockDivision	设置 TIMx 的时钟分割值
79	TIM_GetCapture1	获得 TIMx 输入捕获 1 的值
80	TIM_GetCapture2	获得 TIMx 输入捕获 2 的值
81	TIM_GetCapture3	获得 TIMx 输入捕获 3 的值
82	TIM_GetCapture4	获得 TIMx 输入捕获 4 的值
83	TIM_GetCounter	获得 TIMx 计数器的值
84	TIM_GetPrescaler	获得 TIMx 预分频值
85	TIM_GetFlagStatus	检查指定的 TIM 标志位设置与否
86	TIM_ClearFlag	清除 TIMx 的待处理标志位
87	TIM_GetITStatus	检查指定的 TIM 中断发生与否
88	TIM_ClearITPendingBit	清除 TIMx 的中断待处理位
89	TI1_Config	配置 TI1 作为输出
90	TI2_Config	配置 TI2 作为输出
91	TI3_Config	配置 TI3 作为输出
92	TI4_Config	配置 TI4 作为输出

(1) TIM_TimeBaseInit 函数

TIM_TimeBaseInit 的说明见表 9－3。

表 9－3　TIM_TimeBaseInit 说明

项目名	描　述
函数原型	Void TIM_TimeBaseInit(TIM_TypeDef * TIMx, TIM_TimeBaseInitTypeDef * TIM_TimeBaseInit-Struct)
功能描述	根据 TIM_TimeBaseInitStruct 中指定的参数,初始化 TIMx 的时间基数单位
输入参数 1	TIMx:x 可以从 1～4 中选择 TIM 外设
输入参数 2	TIM_TimeBaseInitStruct:指向 TIM_TimeBaseInitTypeDefStruct
输出参数	无

参数描述:TIM_TimeBaseInit TypeDefTIM_TimeBaseStructure,该结构体定义在文件 ch32v10x_tim.h 中。

```
/ * TIM Time Base Init structure definition * /
typedef struct
{
  uint16_t TIM_Prescaler;
```

```
    uint16_t TIM_CounterMode;
    uint16_t TIM_Period;
    uint16_t TIM_ClockDivision;
    uint8_t TIM_RepetitionCounter;
} TIM_TimeBaseInitTypeDef;
```

① TIM_Prescaler：设置了用作 TIMx 时钟频率除数的预分频值。它的取值在 0x0000～0xFFFF 之间。

② TIM_CounterMode：选择计数器模式，见表 9－4。

表 9－4　参数 TIM_CounterMode 定义

TIM_CounterMode 参数	描　述
TIM_CounterMode_Up	向上计数模式
TIM_CounterMode_Down	向下计数模式
TIM_CounterMode_CenterAligned1	中央对齐模式 1 计数模式
TIM_CounterMode_CenterAligned2	中央对齐模式 2 计数模式
TIM_CounterMode_CenterAligned3	中央对齐模式 3 计数模式

③ TIM_Period：设置计数周期。它的取值在 0x0000～0xFFFF 之间。

④ TIM_ClockDivision：设置时钟分割，见表 9－5。

表 9－5　参数 TIM_ClockDivision 定义

TIM_ClockDivision 参数	描　述
TIM_CKD_DIV1	TDTS = Tck_tim
TIM_CKD_DIV2	TDTS = 2Tck_tim
TIM_CKD_DIV4	TDTS = 4Tck_tim

⑤ TIM_RepetitionCounter：重复计数器，属于高级控制寄存器专用寄存器位，利用它可以很容易地控制输出 PWM 个数，这里不用设置。

该函数的使用方法如下：

```
TIM_TimeBaseInitTypeDef   TIM_TimeBaseStructure;
//设置在下一个更新事件装入活动的自动重装载寄存器周期的值，计数到 5000 为 500ms
TIM_TimeBaseStructure.TIM_Period = 4999;
//设置用作 TIMx 时钟频率除数的预分频值，10 kHz 的计数频率
TIM_TimeBaseStructure.TIM_Prescaler = 7199;
TIM_TimeBaseStructure.TIM_ClockDivision = 0; //设置时钟分割：TDTS = Tck_tim
TIM_TimeBaseStructure.TIM_CounterMode = TIM_CounterMode_Up; //TIM 向上计数模式
//根据 TIM_TimeBaseInitStruct 中指定的参数初始化 TIMx 的时间基数单位
TIM_TimeBaseInit(TIM3, &TIM_TimeBaseStructure);
```

(2) TIM_Cmd 函数

TIM_Cmd 的说明见表 9-6。

表 9-6　TIM_Cmd 说明

项目名	描　述
函数原型	void TIM_Cmd(TIM_TypeDef * TIMx, FunctionalStateNewState)
功能描述	使能或者失能 TIMx 外设
输入参数 1	TIMx:x 可以从 1～4 中选择 TIM 外设
输入参数 2	NewState:使能或者失能
输出参数	无

该函数的使用方法如下：

```
//使能 TIM2 外设
TIM_Cmd(TIM2,ENABLE);
```

(3) TIM_ITConfig 函数

TIM_ITConfig 的说明见表 9-7。

表 9-7　TIM_ITConfig 说明

项目名	描　述
函数原型	void TIM_ITConfig(TIM_TypeDef * TIMx, uint16_t TIM_IT, FunctionalStateNewState)
功能描述	使能或者失能指定的 TIM 中断
输入参数 1	TIMx:x 可以从 1～4 中选择 TIM 外设
输入参数 2	TIM_IT:使能或者失能指定的 TIM 中断源,见表 9-8
输入参数 3	NewState:使能或者失能
输出参数	无

表 9-8　TIM_IT 中断源说明

TIM_IT 中断源	描　述
TIM_IT_Update	TIM 更新中断源
TIM_IT_CC1	TIM 捕获比较 1 中断源
TIM_IT_CC2	TIM 捕获比较 2 中断源
TIM_IT_CC3	TIM 捕获比较 3 中断源
TIM_IT_CC4	TIM 捕获比较 4 中断源
TIM_IT_COM	TIM 交换中断源
TIM_IT_Trigger	TIM 触发中断源
TIM_IT_Break	TIM break 中断源

该函数的使用方法如下：

```
//配置 TIM3 更新中断使能
TIM_ITConfig( TIM3, TIM_IT_Update ,ENABLE);
```

(4) TIM_DMAConfig 函数

TIM_DMAConfig 的说明见表 9 - 9。TIM_DMABase 的说明见表 9 - 10。TIM_DMABurstLength 的说明表 9 - 11。

表 9 - 9　TIM_DMAConfig 说明

项目名	描　述
函数原型	void TIM_DMAConfig(TIM_TypeDef * TIMx, uint16_t TIM_DMABase, uint16_t TIM_DMABurstLength)
功能描述	设置 TIMx 的 DMA 接口
输入参数 1	TIMx:x 可以从 1～4 中选择 TIM 外设
输入参数 2	TIM_DMABase:DMA 基地址
输入参数 3	TIM_DMABurstLength:DMA 连续传送长度
输出参数	无

表 9 - 10　TIM_DMABase 说明

序　号	TIM_DMABase 基地址	序　号	TIM_DMABase 基地址
1	TIM_DMABase_CR	9	TIM_DMABase_CCER
2	TIM_DMABase_CR2	10	TIM_DMABase_CNT
3	TIM_DMABase_SMCR	11	TIM_DMABase_PSC
4	TIM_DMABase_DIER	12	TIM_DMABase_CCR1
5	TIM1_DMABase_SR	13	TIM_DMABase_CCR2
6	TIM_DMABase_EGR	14	TIM_DMABase_CCR3
7	TIM_DMABase_CCMR1	15	TIM_DMABase_CCR4
8	TIM_DMABase_CCMR2	16	TIM_DMABase_BDTR

表 9 - 11　TIM_DMABurstLength 说明

TIM_DMABurstLength 种类	描　述
TIM_DMABurstLength_1Transfer	连续传输长度为 1 字节
TIM_DMABurstLength_18Transfers	连续传输长度为 18 字节

该函数的使用方法如下：

```
//配置 TIM3DMA 连续传送起始地址为 CCR1,连续传送长度为 1b
TIM_DMAConfig(TIM3,TIM_DMABase_CC1, TIM_DMABurstLength_1Transfer);
```

(5) TIM_DMACmd 函数

TIM_DMACmd 的说明见表 9 - 12。TIM_DMASource 的说明见表 9 - 13。

表 9-12　TIM_DMACmd 说明

项目名	描　述
函数原型	void TIM_DMACmd(TIM_TypeDef * TIMx, uint16_t TIM_DMASource, FunctionalStateNewState)
功能描述	使能或者失能指定的 TIMx 的 DMA 请求
输入参数 1	TIMx：x 可以从 1～4 中选择 TIM 外设
输入参数 2	TIM_DMASource：指定 DMA 请求源
输入参数 3	NewState：使能或者失能
输出参数	无

表 9-13　TIM_DMASource 说明

TIM_DMASource 源	描　述	TIM_DMASource 源	描　述
TIM_DMA_Update	TIM 更新中断源	TIM_DMA_CC4	TIM 捕获比较 4 中断源
TIM_DMA_CC1	TIM 捕获比较 1 中断源	TIM_DMA_COM	TIM 交换中断源
TIM_DMA_CC2	TIM 捕获比较 2 中断源	TIM_DMA_Trigger	TIM 触发中断源
TIM_DMA_CC3	TIM 捕获比较 3 中断源		

该函数的使用方法如下：

```
//使能 TIM3 捕获/比较 1 的 DMA 源
TIM_DMACmd(TIM3, TIM_DMA_CC1,ENABLE);
```

(6) TIM_PrescalerConfig 函数

TIM_PrescalerConfig 的说明见表 9-14。TIM_PSCReloadMode 的说明见表 9-15。

表 9-14　TIM_PrescalerConfig 说明

项目名	描　述
函数原型	void TIM_PrescalerConfig(TIM_TypeDef * TIMx, uint16_t Prescaler, uint16_t TIM_PSCReloadMode)
功能描述	设置 TIMx 预分频
输入参数 1	TIMx：x 可以从 1～4 中选择 TIM 外设
输入参数 2	Prescaler：指定预分频器寄存器值
输入参数 3	TIM_PSCReloadMode：指定 TIM 预分频加载模式
输出参数	无

表 9-15　TIM_PSCReloadMode 说明

TIM_PSCReloadMode 模式	描　述
TIM_PSCReloadMode_Update	预分频器在更新事件时加载
TIM_PSCReloadMode_Immediate	立刻加载预分频器

该函数的使用方法如下：

```
//设置 TIM3 预分频系数为 100,立刻加载预分频器
TIM_PrescalerConfig(TIM3,99,TIM_PSCReloadMode_Immediate);
```

(7) TIM_GenerateEvent 函数

TIM_GenerateEvent 的说明见表 9－16。TIM_EventSource 的说明见表 9－17。

表 9－16　TIM_GenerateEvent 说明

项目名	描　述
函数原型	void TIM_GenerateEvent(TIM_TypeDef * TIMx, uint16_t TIM_EventSource)
功能描述	设置 TIMx 事件由软件产生
输入参数 1	TIMx:x 可以从 1～4 中选择 TIM 外设
输入参数 2	TIM_EventSource:指定事件源
输出参数	无

表 9－17　TIM_EventSource 说明

TIM_EventSource 事件源	描　述
TIM_EventSource_Update	计时器更新事件源
TIM_EventSource_CC1	计时器捕获比较 1 事件源
TIM_EventSource_CC2	计时器捕获比较 2 事件源
TIM_EventSource_CC3	计时器捕获比较 3 事件源
TIM_EventSource_CC4	计时器捕获比较 4 事件源
TIM_EventSource_COM	计时器 COM 事件源
TIM_EventSource_Trigger	计时器触发事件源
TIM_EventSource_Break	计时器 break 事件源

该函数的使用方法如下：

```
//选择 TIM3 触发事件源
TIM_GenerateEvent(TIM3,TIM_EventSource_Trigger);
```

(8) TIM_SetCounter 函数

TIM_SetCounter 的说明见表 9－18。

表 9－18　TIM_SetCounter 说明

项目名	描　述
函数原型	void TIM_SetCounter(TIM_TypeDef * TIMx, uint16_t Counter)
功能描述	设置 TIMx 计数器寄存器值
输入参数 1	TIMx:x 可以从 1～4 中选择 TIM 外设
输入参数 2	Counter:指定计数器寄存器的新值
输出参数	无

该函数的使用方法如下：

```
//设置 TIM3 新的计数值为 0xFFF
TIM_SetCounter(TIM3, 0xFFF);
```

(9) TIM_SetAutoreload 函数

TIM_SetAutoreload 的说明见表 9-19。

表 9-19 TIM_SetAutoreload 说明

项目名	描 述
函数原型	void TIM_SetAutoreload(TIM_TypeDef * TIMx, uint16_t Autoreload)
功能描述	设置 TIMx 自动重装载寄存器值
输入参数 1	TIMx:x 可以从 1～4 中选择 TIM 外设
输入参数 2	Autoreload:指定自动重新加载寄存器的新值
输出参数	无

该函数的使用方法如下：

```
//设置 TIM3 新的计数值为 0xFFF
TIM_SetAutoreload(TIM3, 0xFFF);
```

(10) TIM_GetFlagStatus 函数

TIM_GetFlagStatus 的说明见表 9-20。TIM_FLAG 说明见表 9-21。

表 9-20 TIM_GetFlagStatus 说明

项目名	描 述
函数原型	FlagStatus TIM_GetFlagStatus(TIM_TypeDef * TIMx, uint16_t TIM_FLAG)
功能描述	检查指定的 TIM 标志位设置与否
输入参数 1	TIMx:x 可以从 1～4 中选择 TIM 外设
输入参数 2	TIM_FLAG:指定要检查的标志
输出参数	bitstatus:设置或重置

表 9-21 TIM_FLAG 说明

TIM_FLAG 参数	描 述	TIM_FLAG 参数	描 述
TIM_FLAG_Update	TIM 更新标志	TIM_FLAG_Trigger	TIM 触发标志
TIM_FLAG_CC1	TIM 捕获比较标志 1	TIM_FLAG_Break	TIM break 标志
TIM_FLAG_CC2	TIM 捕获比较标志 2	TIM_FLAG_CC1OF	TIM 捕获比较过剩标志 1
TIM_FLAG_CC3	TIM 捕获比较标志 3	TIM_FLAG_CC2OF	TIM 捕获比较过剩标志 2
TIM_FLAG_CC4	TIM 捕获比较标志 4	TIM_FLAG_CC3OF	TIM 捕获比较过剩标志 3
TIM_FLAG_COM	TIM COM 标志	TIM_FLAG_CC4OF	TIM 捕获比较过剩标志 4

该函数的使用方法如下：

```
//检查 TIM3 更新标志位是否为 1
if(TIM_GetFlagStatus(TIM3, TIM_FLAG_Update) == SET)  {}
```

(11) TIM_ClearFlag 函数

TIM_ClearFlag 的说明见表 9-22。

表 9-22　TIM_ClearFlag 说明

项目名	描　述
函数原型	void TIM_ClearFlag(TIM_TypeDef * TIMx, uint16_t TIM_FLAG)
功能描述	清除 TIMx 的待处理标志位
输入参数 1	TIMx：x 可以从 1～4 中选择 TIM 外设
输入参数 2	TIM_FLAG：指定要清除的标志位
输出参数	无

该函数的使用方法如下：

```
//清除 TIM3 更新标志位
TIM_ClearFlag(TIM3,TIM_FLAG_Update);
```

(12) TIM_GetITStatus 函数

TIM_GetITStatus 的说明见表 9-23。

表 9-23　TIM_GetITStatus 说明

项目名	描　述
函数原型	ITStatusTIM_GetITStatus(TIM_TypeDef * TIMx, uint16_t TIM_IT)
功能描述	检查指定的 TIM 中断发生与否
输入参数 1	TIMx：x 可以从 1～4 中选择 TIM 外设
输入参数 2	TIM_IT：待检查的指定 TIM 中断源
输出参数	bitstatus：设置或重置

该函数的使用方法如下：

```
//检查 TIM3 更新中断标志位是否为 1
if(TIM_GetITStatus(TIM3, TIM_FLAG_Update) == SET)
{
}
```

(13) TIM_ClearITPendingBit 函数

TIM_ClearITPendingBit 的说明见表 9-24。

表 9-24 TIM_ClearITPendingBit 说明

项目名	描　述
函数原型	void TIM_ClearITPendingBit(TIM_TypeDef * TIMx, uint16_t TIM_IT)
功能描述	清除 TIMx 的中断待处理位
输入参数 1	TIMx：x 可以从 1～4 中选择 TIM 外设
输入参数 2	TIM_IT：待清除的指定待处理位
输出参数	无

该函数的使用方法如下：

```
//清除 TIM3 更新中断挂起位
TIM_ClearITPendingBit(TIM3,TIM_FLAG_Update);
```

9.5 通用定时器使用流程

通用定时器具有多种功能，其原理大致相同，仅流程有所区别。下面以使用中断方式为例来介绍，主要包括 PFIC 设置、TIM 中断配置、定时器中断服务程序。

9.5.1 PFIC 设置

PFIC 设置用来完成中断分组、中断通道选择、中断优先级分组以及中断使能，其流程如图 7.3 所示(见 7.4.1 节)。其中，需要注意通道的选择，对于不同的定时器，不同事件发生时产生不同的中断请求，针对不同的功能要选择相应的中断通道，中断通道的选择已在第 7 章做了详细介绍。

9.5.2 定时器中断配置

定时器中断配置用来配置定时器时基及开启中断，定时器中断配置流程如图 9.4 所示。

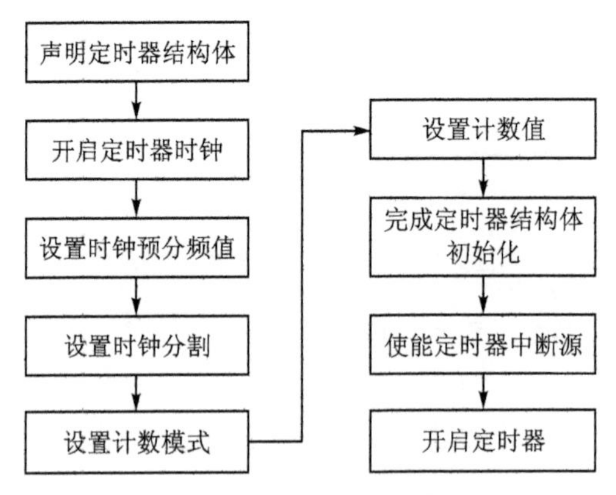

图 9.4 定时器中断配置流程

高级定时器 TIM1 使用的是 APB2 总线，通用定时器 TIM2/3/4 使用的是 APB1 总线(见图 4.3)，使用相应的函数开启时钟。

预分频将输入的时钟按照 1～65 535 之间的任一值进行分频，分频值决定了计数频率。计数值为计数的个数，当计数寄存器的值达到计数值时，产生溢出，发生中断。比如，TIM2 系统时钟为 72 MHz，若设定的分频值 TIM_TimeBaseStructure. TIM_Prescaler =7200－1，计数值 TIM_TimeBaseStructure. TIM_Period = 10000，则计数时钟周期为 7200/72 MHz=0.1 ms，定时器产生 10 000×0.1 ms= 1s 的定时，每 1 s 产生一次中断。

计数模式可以设置为向上计数、向下计数。设置好定时器结构体后，调用函数 TIM_TimeBaseInit 完成设置。

中断在使用时必须使能，如向上溢出中断，则需要调用函数 TIM_ITConfig。不同的模式其参数不同，如配置为更新中断时为 TIM_ITConfig(TIM3, TIM_IT_Update ,ENABLE)。

在需要的时候使用函数 TIM_Cmd 开启定时器。

9.5.3 定时器中断处理

进入定时器中断后需要根据设计完成相应操作，定时器中断处理流程如图 9.5 所示。

图 9.5　定时器中断处理流程

9.6 项目实战 1:精确定时实验

9.6.1 硬件设计

采用定时器进行精确延时，功能和硬件原理图同 GPIO。

9.6.2 软件设计

主程序和定时器中断服务程序流程图如图 9.6 所示。工程文件结构如图 9.7 所示。

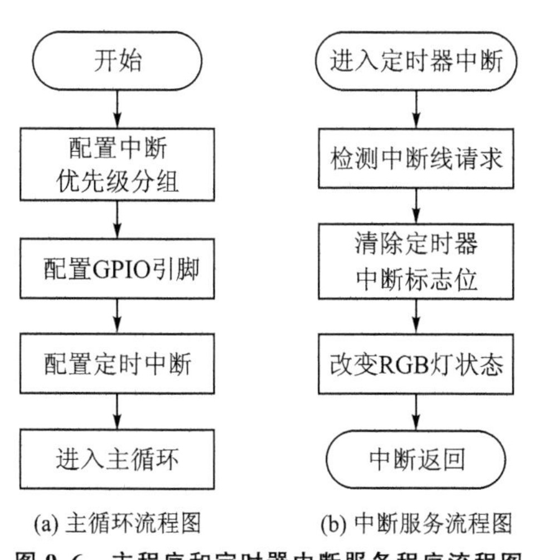

图 9.6　主程序和定时器中断服务程序流程图

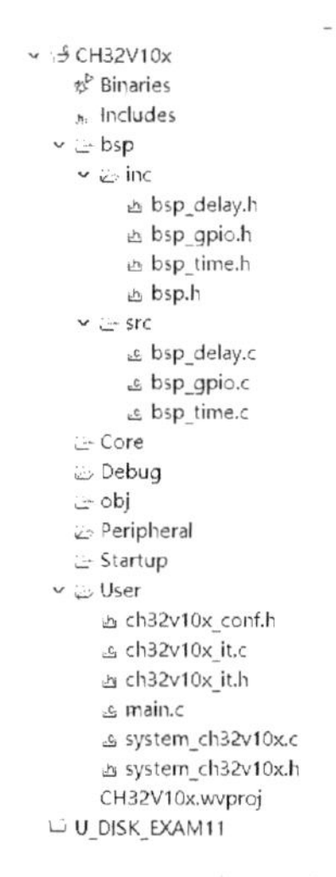

图 9.7　工程文件结构

main.c程序如下：

```
#include "bsp.h"
int main(void)
{
    NVIC_PriorityGroupConfig(NVIC_PriorityGroup_2);
    Bsp_Gpio_Init();    //LED引脚初始化
    USART_Printf_Init(115200);
    TIM3_Int_Init(9999,7199);//10 kHz的计数频率,计数到10000为1 s
    printf("delay \r\n");
    while(1)
    {
    }
}
```

bsp_tim.c程序如下：

```
#include "bsp.h"
void TIM3_IRQHandler(void) __attribute__((interrupt("WCH-Interrupt-fast")));
void TIM3_Int_Init(u16 arr,u16 psc)
{
    TIM_TimeBaseInitTypeDef  TIM_TimeBaseStructure;
    NVIC_InitTypeDef  NVIC_InitStructure;
    RCC_APB1PeriphClockCmd(RCC_APB1Periph_TIM3, ENABLE); //时钟使能
    //设置在下一个更新事件装入自动重装载寄存器的值为arr
        TIM_TimeBaseStructure.TIM_Period = arr;
    //设置TIMx时钟预分频值为psc
    TIM_TimeBaseStructure.TIM_Prescaler = psc;
    TIM_TimeBaseStructure.TIM_ClockDivision = 0; //设置时钟分割:TDTS = Tck_tim
    TIM_TimeBaseStructure.TIM_CounterMode = TIM_CounterMode_Up;  //TIM向上计数模式
    //根据TIM_TimeBaseInitStruct中指定的参数初始化TIMx的时间基数单位
    TIM_TimeBaseInit(TIM3, &TIM_TimeBaseStructure);

    TIM_ITConfig( TIM3, TIM_IT_Update ,ENABLE  );

    NVIC_InitStructure.NVIC_IRQChannel = TIM3_IRQn;  //TIM3中断
    NVIC_InitStructure.NVIC_IRQChannelPreemptionPriority = 0;  //先占优先级0级
    NVIC_InitStructure.NVIC_IRQChannelSubPriority = 3;  //从优先级3级
    NVIC_InitStructure.NVIC_IRQChannelCmd = ENABLE; //IRQ通道被使能
    NVIC_Init(&NVIC_InitStructure);  //根据NVIC_InitStruct中指定的参数初始化外设NVIC寄存器
    TIM_Cmd(TIM3, ENABLE);  //使能TIMx外设
}
void TIM3_IRQHandler(void)   //TIM3中断
{
```

```
    static BitAction status;
    if (TIM_GetITStatus(TIM3, TIM_IT_Update) ! = RESET) //检查指定的 TIM 中断发生与否
        {
            TIM_ClearITPendingBit(TIM3, TIM_IT_Update  );  //清除 TIM3 的更新中断标志
            printf("time3\r\n");//打印消息
            GPIO_WriteBit(GPIOB,GPIO_Pin_3,status);status ^= SET;//改变 LED 灯状态
        }}
```

9.6.3　系统调试

工程建立好后，编写程序文件，最后进行 Build Project 编译，修改至无错误和警告后，通过 Download 界面加载生成好的 HEX 文件，单击 Execute 按钮。下载完成后，打开串口助手，设置串口号、波特率、数据位、校验位后，打开串口。可以看到串口助手收到 time3 字样，随后每隔 1 s 接收到相同的字符，如图 9.8 所示。LED 灯也每秒钟闪烁 1 次。

显然，以上信息表明程序符合设计期望。

图 9.8　串口助手信息

9.7　项目实战 2:脉宽调制

脉冲宽度调试(PWM)输出模式可以产生一个频率确定、占空比确定的信号，并且在定时器通道引脚上输出。

9.7.1　硬件设计

本实验所需硬件电路很简单，只需要一个 CH32V103 最小系统、一个串口调试接口和一个 IO 口来输出波形。使用高级定时器 TIM1 的通道作为本实验的波形输出通道，对应选择 PA8 引脚。将示波器的输入通道与 PA8 引脚连接，用于观察波形，还要注意共地。

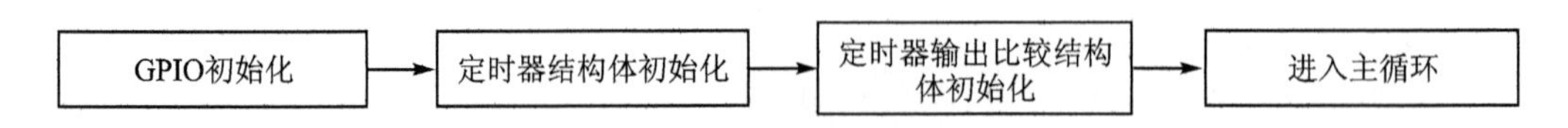

图 9.9 程序流程图

9.7.2 软件设计

设置定时器重装值为 100，预分频值为 7 199，占空比为 50%。使能定时器 1 通道 1 为 PWM2 输出模式，使能重装载寄存器，开启各通道的重装载功能。

定时器工作在 PWM 模式 1 的工作机制为：向上计数时，当核心计数器大于比较捕获寄存器的值时，通道 1 为有效电平，否则为无效电平；向下计数时，当核心计数器大于比较捕获寄存器的值时，通道 1 为无效电平，否则为有效电平(OC1REF=1)。

定时器工作在 PWM 模式 2 的工作机制为：向上计数时，当核心计数器大于比较捕获寄存器的值时，通道 1 为无效电平，否则为有效电平；向下计数时，当核心计数器大于比较捕获寄存器的值时，通道 1 为有效电平，否则为无效电平。

bsp_time.c 程序如下：

```
#include "bsp.h"

//PWM 工作模式宏定义
#define PWM_MODE1    0
#define PWM_MODE2    1
//设置 PWM 模式为模式 2
#define PWM_MODE PWM_MODE2
//初始化 PWM 输出模式
void TIM1_PWMOut_Init( u16 arr, u16 psc, u16 ccp )
{
    GPIO_InitTypeDef    GPIO_InitStructure;
    TIM_OCInitTypeDef    TIM_OCInitStructure;
    TIM_TimeBaseInitTypeDef    TIM_TimeBaseInitStructure;
    //打开时钟
    RCC_APB2PeriphClockCmd( RCC_APB2Periph_GPIOA | RCC_APB2Periph_TIM1, ENABLE );
    //输出比较通道 GPIO 初始化
    GPIO_InitStructure.GPIO_Pin = GPIO_Pin_8;
    GPIO_InitStructure.GPIO_Mode = GPIO_Mode_AF_PP;
    GPIO_InitStructure.GPIO_Speed = GPIO_Speed_50MHz;
    GPIO_Init( GPIOA, &GPIO_InitStructure );

    //自动重装载寄存器的值,累计 arr +1 个频率后产生一个更新或者中断
    TIM_TimeBaseInitStructure.TIM_Period = arr;
    //驱动 CNT 计数器的时钟 = Fck_int/(psc+1)
    TIM_TimeBaseInitStructure.TIM_Prescaler = psc;
```

```
    //时钟分频因子
    TIM_TimeBaseInitStructure.TIM_ClockDivision = TIM_CKD_DIV1;
    //计数器计数模式,设置为向上计数
    TIM_TimeBaseInitStructure.TIM_CounterMode = TIM_CounterMode_Up;
    //初始化定时器
    TIM_TimeBaseInit( TIM1, &TIM_TimeBaseInitStructure);

    #if (PWM_MODE == PWM_MODE1)
    TIM_OCInitStructure.TIM_OCMode = TIM_OCMode_PWM1;

    #elif (PWM_MODE == PWM_MODE2)
    TIM_OCInitStructure.TIM_OCMode = TIM_OCMode_PWM2;//配置为 PWM 模式 2
    #endif
    TIM_OCInitStructure.TIM_OutputState = TIM_OutputState_Enable;//输出使能
    TIM_OCInitStructure.TIM_Pulse = ccp;//设置占空比大小
    TIM_OCInitStructure.TIM_OCPolarity = TIM_OCPolarity_High;//输出通道电平极性配置
    TIM_OC1Init( TIM1, &TIM_OCInitStructure );

    TIM_CtrlPWMOutputs(TIM1, ENABLE );//主输出使能
    TIM_OC1PreloadConfig( TIM1, TIM_OCPreload_Disable );//关闭 CCR1 的预装载寄存器
    TIM_ARRPreloadConfig( TIM1, ENABLE );  //打开 ARR 预装载寄存器
    TIM_Cmd( TIM1, ENABLE );//使能计数器
}
```

main.c 程序如下：

```
#include "bsp.h"
int main(void)
{
    USART_Printf_Init(115200);
    TIM1_PWMOut_Init( 100, 7200 - 1, 50 );
    printf("TIM1 PWM Test\r\n");
    while(1)
    {
    }
}
```

9.7.3 系统调试

工程建立好后，编写程序文件，最后进行 Build Project 编译，修改至无错误和警告后，通过 Download 界面加载生成好的 HEX 文件，单击 Execute 按钮。下载完成后，打开串口助手，设置串口号、波特率、数据位、校验位后，打开串口。可以看到串口助手收到 TIM1 PWM Test 字

样。随后用示波器抓取PA8引脚波形，也就是TIM1的通道1，从示波器中可看到频率为99 Hz，占空比为50%的方波信号，如图9.10所示。

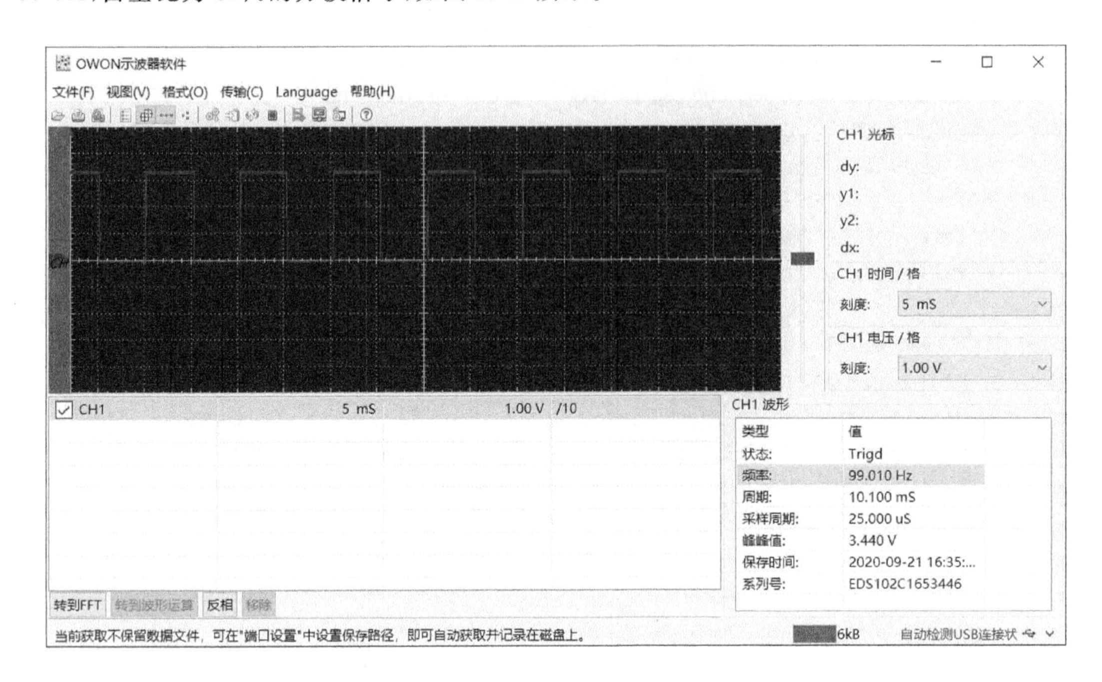

图9.10 示波器波形图

显然，以上信息表明程序符合设计期望。

本章小结

本章介绍了CH32V103单片机的定时器设备。使用通用定时器2进行精确定时实验，使用高级定时器1进行PWM波形输出功能，并且都得到了预期的实验结果。CH32V103的定时器功能非常全面且强大，读者应灵活运用定时器的功能。

第10章　看门狗定时器

CH32V103系列单片机内置独立看门狗(IWDG)、窗口看门狗(WWDG)。

10.1　CH32V103看门狗概述

由单片机构成的微型计算机系统中,单片机的工作常常会受到来自外界电磁场的干扰,造成程序的跑飞而陷入死循环;或者因为用户配置代码出现错误,导致芯片无法正常工作。出于对单片机运行状态进行实时监测的考虑,便产生了一种专门用于监测单片机程序运行状态的模块或者芯片,俗称“看门狗”(watchdog)。简单说:看门狗的本质就是定时计数器,计数器使能之后一直在累加;而“喂狗”就是重新写入计数器的值,使得计数器重新累加;如果在一定时间内没有接收到“喂狗”信号(表示MCU已经停止工作),便进行处理器的自动复位重启(发送复位信号)。

CH32V103系列内置两个看门狗,提供了更高的安全性和时间的精确性以及使用的灵活性。两个看门狗设备(独立看门狗、窗口看门狗)可以用来检测和解决由外界电磁干扰、软件错误引起的故障。当计数器达到给定的超时值时,触发一个中断(仅适用于窗口看门狗)或者产生系统复位。

独立看门狗用来检测逻辑错误和外部环境干扰引起的软件故障。独立看门狗时钟源来自LSI,可独立于主程序运行,适用于对精度要求较低的场合。

窗口看门狗一般用来监测系统运行的软件故障,例如外部干扰、不可预见的逻辑错误等。它需要在一个特定的窗口时间(有上下限)内进行计数器刷新(喂狗),早于或者晚于这个窗口时间,看门狗电路都会产生系统复位信号。

10.2　独立看门狗

10.2.1　独立看门狗主要特征

独立看门狗的主要特征有:

1) 12位自减型计数器。

2) 时钟来源LSI分频,可以在低功耗模式下运行。

3) 计数器值减到0后系统复位。

10.2.2 独立看门狗结构框图

独立看门狗的时钟来源于LSI时钟分频，LSI时钟频率大约为40 kHz，在停机和待机模式时仍能正常工作。当看门狗计数器自减到0时，将会产生系统复位，所以超时时间为(重装载值+1)个时钟，最大可达26.2 s，最小可达100 μs。图10.1为独立看门狗的结构框图。

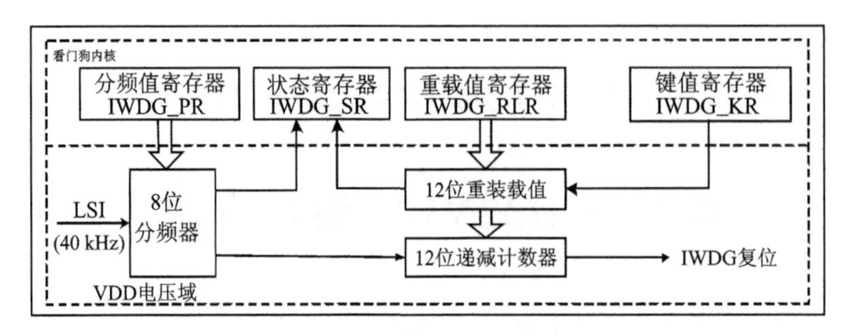

图10.1　独立看门狗结构框图

独立看门狗的功能是通过操作相应寄存器实现的，包括控制寄存器(R16_IWDG_CTLR)、分频因子寄存器(R16_IWDG_PSCR)、重装载值寄存器(R16_IWDG_RLDR)、状态寄存器(R16_IWDG_STATR)。

独立看门狗的相关寄存器功能可参考芯片寄存器手册。寄存器的读写可通过编程设置寄存器来实现，也可借助标准库函数进行开发。标准库函数提供了大部分寄存器操作函数，基于标准库开发更加简单、便捷。

10.3 窗口看门狗

10.3.1 窗口看门狗主要特征

窗口看门狗的主要特征有：

1) 可编程的7位自减型计数器。

2) 双条件复位：当前计数器值小于0x40，或者计数器值在窗口时间外被重装载。

3) 唤醒提前通知功能(EWI)，用于及时“喂狗”动作，防止系统复位。

10.3.2 窗口看门狗结构框图

窗口看门狗基于一个7位的递减计数器运行，挂载在APB1总线下，计数时基WWDG_CLK来源于(PCLK1/4096)时钟的分频，分频系数在配置寄存器WWDG_CFGR中的WDGTB[1:0]域设置。递减计数器处于自由运行状态，无论看门狗功能是否开启，计数器都一直循环递减计数。窗口看门狗内部结构框图如图10.2所示。

窗口看门狗的功能是通过操作相应寄存器实现的，包括控制寄存器(R16_WWDG_CTLR)、配置寄存器(R16_WWDG_CFGR)、状态寄存器(R16_WWDG_STATR)。

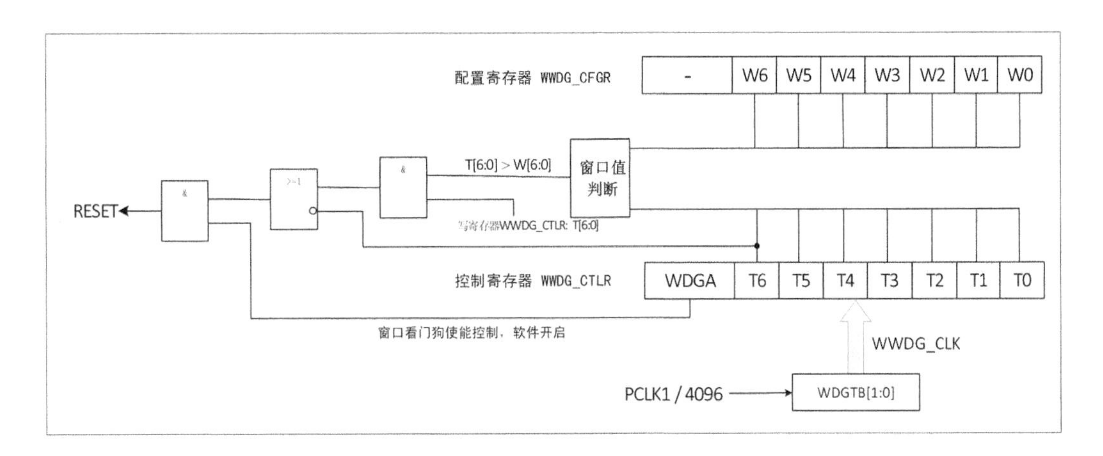

图 10.2　窗口看门狗结构框图

窗口看门狗的相关寄存器功能可参考芯片寄存器手册。寄存器的读写可通过编程设置寄存器实现，也可借助标准库函数进行开发。标准库函数提供了大部分寄存器操作函数，基于标准库开发更加简单、便捷。

10.3.3　窗口看门狗功能说明

1. “喂狗”窗口时间

如图 10.3 所示，灰色区域为窗口看门狗的监测窗口区域，上限时间 t2 对应当前计数器值达到窗口值 W[6:0]的时间点；下限时间 t3 对应当前计数器值达到 0x3F 的时间点。此区域时间内 t2<t<t3 可以进行“喂狗”操作(写 T[6:0])，刷新当前计数器的数值。

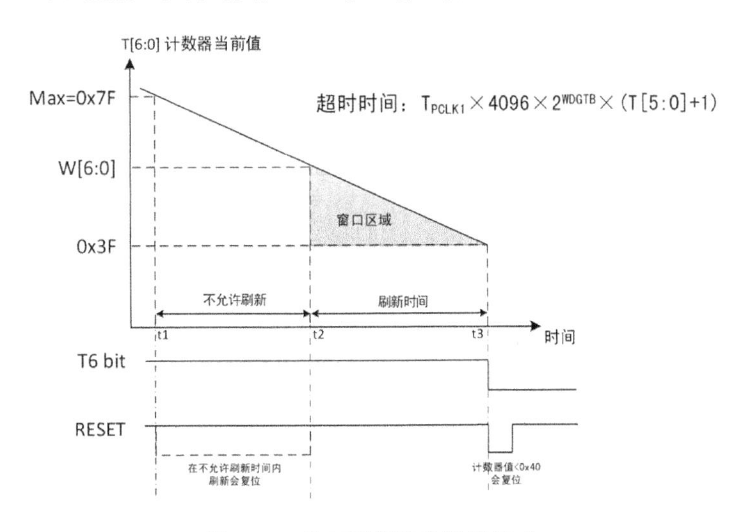

图 10.3　窗口看门狗的计数模式

2. 看门狗复位

1) 没有及时喂狗操作，导致 T[6:0]计数器的值由 0x40 变成 0x3 时，将出现“窗口看门狗复位”，产生系统复位，即 T6-bit 被硬件检测为 0，出现系统复位。

注意：应用程序可以通过软件写 T6-bit 为 0，实现系统复位，等效软件复位功能。

2）在不允许“喂狗”时间内执行计数器刷新动作，即在 t1≤t≤t2 时间内操作写 T[6:0]位域，将出现“窗口看门狗复位”，产生系统复位。

3. 提前唤醒

为了防止没有及时刷新计数器导致系统复位，看门狗模块提供了早期唤醒中断（EWI）通知。当计数器自减到 0x40 时，产生提前唤醒信号，WEIF 标志置 1，如果置位了 EWI 位，则会同时触发窗口看门狗中断。此时距离硬件复位还有 1 个计数器时钟周期（自减为 0x3F），应用程序可在此时间内进行“喂狗”操作。

10.4 常用库函数介绍

CH32V103 标准库提供了看门狗定时器操作函数，见表 10-1。接下来将对常用的几个函数进行介绍。

表 10-1 WDG 函数

序 号	函数名称	功能描述
1	IWDG_WriteAccessCmd	使能或者失能操作键值锁
2	IWDG_SetPrescaler	设置 IWDG 预分频值
3	IWDG_SetReload	设置 IWDG 重装载值
4	IWDG_ReloadCounter	将 IWDG 重载寄存器的值重新装载到 IWDG 计数值
5	IWDG_Enable	使能 IWDG
6	IWDG_GetFlagStatus	检查指定的 IWDG 标志位
7	WWDG_DeInit	将 WWDG 外设寄存器配置为默认值
8	WWDG_SetPrescaler	设置 WWDG 预分频值
9	WWDG_SetWindowValue	设置 WWDG 窗口值
10	WWDG_EnableIT	使能 WWDG 早期唤醒中断
11	WWDG_SetCounter	设置 WWDG 计数器值
12	WWDG_Enable	使能 WWDG 并装入计数值
13	WWDG_GetFlagStatus	检查早期唤醒中断标志位是否置位
14	WWDG_ClearFlag	清除 WWDG 早期唤醒中断标志位

(1) IWDG_WriteAccessCmd 函数

IWDG_WriteAccessCmd 函数的说明见表 10-2。

表 10－2　IWDG_WriteAccessCmd 函数说明

项目名	描　述
函数原型	void IWDG_WriteAccessCmd(uint16_t IWDG_WriteAccess)
功能描述	使能或者失能操作键值锁
输入参数 1	IWDG_WriteAccess：操作键值锁寄存器新状态
输出参数	无

IWDG_WriteAccess：操作键值锁，可配置“喂狗”，允许修改 R16_IWDG_PSCR 和 R16_IWDG_RLDR 寄存器，启动独立看门狗，具体参数见表 10－3。

表 10－3　IWDG_WriteAccess 参数说明

IWDG_WriteAccess 参数	描　述
IWDG_WriteAccess_Enable	允许修改 R16_IWDG_PSCR 和 R16_IWDG_RLDR 寄存器
IWDG_WriteAccess_Disable	禁止修改
CTLR_KEY_Enable	启动独立看门狗
CTLR_KEY_Reload	“喂狗”，加载 IWDG_RLDR 寄存器值到独立看门狗计数器中

该函数使用方法如下：

```
IWDG_WriteAccessCmd(IWDG_WriteAccess_Enable);//允许修改 IWDG 寄存器
```

(2) IWDG_SetPrescaler 函数

IWDG_SetPrescaler 函数的说明见表 10－4。

表 10－4　IWDG_SetPrescaler 函数说明

项目名	描　述
函数原型	void IWDG_SetPrescaler(uint8_t IWDG_Prescaler)
功能描述	设置 IWDG 预分频值
输入参数 1	IWDG_Prescaler：IWDG 预分频值
输出参数	无

IWDG_Prescaler 是对 LSI 时钟的分频值，分频后的时钟即为看门狗的工作时钟，参数见表 10－5。

表 10－5　IWDG_Prescaler 定义

IWDG_Prescaler 参数	描　述	IWDG_Prescaler 参数	描　述
IWDG_Prescaler_4	设置 IWDG 预分频值为 4	IWDG_Prescaler_64	设置 IWDG 预分频值为 64
IWDG_Prescaler_8	设置 IWDG 预分频值为 8	IWDG_Prescaler_128	设置 IWDG 预分频值为 128
IWDG_Prescaler_16	设置 IWDG 预分频值为 16	IWDG_Prescaler_256	设置 IWDG 预分频值为 256
IWDG_Prescaler_32	设置 IWDG 预分频值为 32		

该函数使用方法如下：

```
IWDG_SetPrescaler(IWDG_Prescaler_4);//设置看门狗时钟为 LSI 时钟的四分频
```

(3) IWDG_SetReload 函数

IWDG_SetReload 函数的说明见表 10－6。

表 10－6　IWDG_SetReload 函数说明

项目名	描　述
函数原型	void IWDG_SetReload(uint16_t Reload)
功能描述	设置 IWDG 重装载值
输入参数 1	Reload:IWDG 重装载值
输出参数	无

该函数使用方法如下：

```
IWDG_SetReload (0xFFF);//设置 IWDG 重装载值为 0xFFF
```

(4) IWDG_ReloadCounter 函数

IWDG_ReloadCounter 函数的说明见表 10－7。

表 10－7　IWDG_ReloadCounter 函数说明

项目名	描　述
函数原型	void IWDG_ReloadCounter(void)
功能描述	重新装载 IWDG 的计数值
输入参数 1	无
输出参数	无

该函数使用方法如下：

```
IWDG_ReloadCounter();//重新装载 IWDG 的计数值
```

(5) IWDG_Enable 函数

IWDG_Enable 函数的说明见表 10－8。

表 10－8　IWDG_Enable 函数说明

项目名	描　述
函数原型	void IWDG_Enable(void)
功能描述	使能 IWDG
输入参数 1	无
输出参数	无

该函数使用方法如下：

```
IWDG_Enable();//开启 IWDG
```

(6) IWDG_GetFlagStatus 函数

IWDG_Enable 函数的说明见表 10－9。

表 10－9　IWDG_Enable 函数说明

项目名	描　述
函数原型	FlagStatusIWDG_GetFlagStatus(uint16_t IWDG_FLAG)
功能描述	检查指定的 IWDG 标志位
输入参数 1	IWDG_FLAG：待检查的 IWDG 标志位
输出参数	IWDG_FLAG 的最新状态，值为 SET 或 RESET

参数描述：IWDG_FLAG，IWDG 状态标志位，见表 10－10。

表 10－10　参数 IWDG_FLAG 定义

IWDG_FLAG 参数	描　述
IWDG_FLAG_PVU	预分频值更新进行中标志
IWDG_FLAG_RVU	重装载值更新进行中标志

该函数使用方法如下：

```
FlagStatus  Status;
Status = IWDG_GetFlagStatus(IWDG_FLAG_PVU);//检查预分频值是否正在更新
```

(7) WWDG_SetPrescaler 函数

WWDG_SetPrescaler 函数的说明见表 10－11。

表 10－11　WWDG_SetPrescaler 函数说明

项目名	描　述
函数原型	void WWDG_SetPrescaler(uint32_t WWDG_Prescaler)
功能描述	设置 WWDG 预分频值
输入参数 1	WWDG_Prescaler：指定 WWDG 预分频值
输出参数	无

该函数的使用方法如下：

```
//设置看门狗预分频系数 8
WWDG_SetPrescaler(WWDG_Prescaler_8);
```

表 10－12 WWDG_Prescaler 说明

WWDG_Prescaler	描 述
WWDG_Prescaler_1	WWDG计时时钟＝(PCLK1/4096)/1
WWDG_Prescaler_2	WWDG计时时钟＝(PCLK1/4096)/2
WWDG_Prescaler_4	WWDG计时时钟＝(PCLK1/4096)/4
WWDG_Prescaler_8	WWDG计时时钟＝(PCLK1/4096)/8

(8) WWDG_SetWindowValue 函数

WWDG_SetWindowValue 函数的说明见表 10－13。

表 10－13 WWDG_SetWindowValue 函数说明

项目名	描 述
函数原型	void WWDG_SetWindowValue(uint8_t WindowValue)
功能描述	设置 WWDG 窗口值
输入参数 1	WindowValue:要与逐减计数器比较的指定窗口值,逐减计数器的值小于 0x80
输出参数	无

该函数的使用方法如下:

```
WWDG_SetWindowValue(0x5F);//设置窗口值为 0x5F
```

(9) WWDG_EnableIT 函数

WWDG_EnableIT 函数的说明见表 10－14。

表 10－14 WWDG_EnableIT 函数说明

项目名	描 述
函数原型	void WWDG_EnableIT(void)
功能描述	启用 WWDG 早期唤醒中断(EWI)
输入参数 1	无
输出参数	无

该函数的使用方法如下:

```
WWDG_EnableIT();//使能 WWDG 早期唤醒中断
```

(10) WWDG_SetCounter 函数

WWDG_SetCounter 函数的说明见表 10－15。

表10-15　WWDG_SetCounter函数说明

项目名	描　述
函数原型	void WWDG_SetCounter(uint8_t Counter)
功能描述	设置WWDG计数器值
输入参数1	Counter:指定的看门狗计数器值,数值位于0x40～0x7f之间
输出参数	无

该函数的使用方法如下：

```
WWDG_SetCounter(0x7F);//设置看门狗计数器值为0x7F
```

(11) WWDG_Enable函数

WWDG_Enable函数的说明见表10-16。

表10-16　WWDG_Enable函数说明

项目名	描　述
函数原型	void WWDG_Enable(uint8_t Counter)
功能描述	使能WWDG并装入计数值
输入参数1	Counter:设置看门狗计数值,参数在0x40～0x7F之间
输出参数	无

该函数的使用方法如下：

```
WWDG_Enable(0x7F);//使能WWDG并装入计数值0x7F
```

(12) WWDG_GetFlagStatus函数

WWDG_GetFlagStatus函数的说明见表10-17。

表10-17　WWDG_GetFlagStatus函数说明

项目名	描　述
函数原型	FlagStatusWWDG_GetFlagStatus(void)
功能描述	检查了早期唤醒中断标志设置与否
输入参数1	无
输出参数	FlagStatus:早期唤醒中断标志的新状态(SET或RESET)

该函数的使用方法如下：

```
FlagStatus  status;//检查早期唤醒中断标志情况
status = WWDG_GetFlagStatus();
```

(13) WWDG_ClearFlag函数

WWDG_ClearFlag函数的说明见表10-18。

表10-18 WWDG_ClearFlag函数说明

项目名	描 述
函数原型	void WWDG_ClearFlag(void)
功能描述	清除早期唤醒中断标志
输入参数1	无
输出参数	无

该函数的使用方法如下：

```
WWDG_ClearFlag();//清除早期唤醒中断标志
```

10.5 看门狗使用流程

10.5.1 独立看门狗使用流程

独立看门狗内部是一个递减运行的12位计数器，计数器的值减为0时，将发生系统复位。开启IWDG功能，需要执行以下操作：

1) 计数时基：IWDG时钟来源于LSI，通过IWDG_PSCR寄存器设置LSI分频值时钟作为IWDG的计数时基。操作方法是先向IWDG_CTLR寄存器写0x5555，再修改IWDG_PSCR寄存器中的分频值。IWDG_STATR寄存器中的PVU位指示了分频值更新状态，在更新完成的情况下才可以进行分频值的修改和读出。

2)重装载值：用于更新独立看门狗中计数器当前值，且计数器由此值进行递减。操作方法是先向IWDG_CTLR寄存器写0x5555，再修改IWDG_RLDR寄存器设置目标重装载值。IWDG_STATR寄存器中的RUV位指示了重装载值更新状态，在更新完成的情况下才可以进行IWDG_RLDR寄存器的修改和读出。

3) 看门狗使能：向IWDG_CTLR寄存器写0xCCCC，即可开启看门狗功能。

4) “喂狗”：在看门狗计数器递减到0前刷新当前计数器值，防止发生系统复位。向IWDG_CTLR寄存器写0xAAAA，让硬件将IWDG_RLDR寄存值更新到看门狗计数器中。此动作需要在看门狗功能开启后定时执行，否则会出现看门狗复位动作。

10.5.2 窗口看门狗使用流程

窗口看门狗内部是一个不断循环递减运行的7位计数器，支持读写访问。使用看门狗复位功能，需要执行以下操作：

1) 计数时基：来自WWDG_CFGR寄存器的WDGTB[1:0]位域，注意要开启RCC单元的WWDG模块时钟。

2) 窗口计数器：设置WWDG_CFGR寄存器的W[6:0]位域，该数值由用户软件配置，配置完成后不会改变，作为窗口时间的上限值。该寄存器的值主要用来与当前计数器进行比较。

3) 看门狗使能：WWDG_CTLR寄存器WDGA位软件置1，开启看门狗功能，可以系统复位。

4) "喂狗"：即刷新当前计数器值，配置WWDG_CTLR寄存器的T[6:0]位域。此动作需要在看门狗功能开启后，在周期性的窗口时间内执行，否则会出现看门狗复位动作。

10.6　项目实战1：独立看门狗应用

设计一个实验，用来验证CH32V103独立看门狗的复位功能，包括初始化独立看门狗和外部中断。当独立按键按下后触发外部中断，随后在外部中断服务程序中进行"喂狗"操作；如果没有对独立看门狗进行周期性"喂狗"操作，则触发复位。以上信息通过串口向上位机打印数据。

10.6.1　硬件设计

本实验硬件电路和外部中断部分硬件电路完全一致。

10.6.2　软件设计

本程序设计涉及的要点集中在对IWDG的设置上，具体如下：

1) 设置GPIO、EXTI、USART寄存器组。

2) 配置IWDG，设置预分频值为32分频，重载值为4 000。

3) IWDG没有类似窗口看门狗的"早期唤醒中断"的中断源，所以需要进行定期"喂狗"，否则将产生溢出。本实验在外部中断函数中进行"喂狗"操作。独立看门狗实验流程图如图10.4所示。

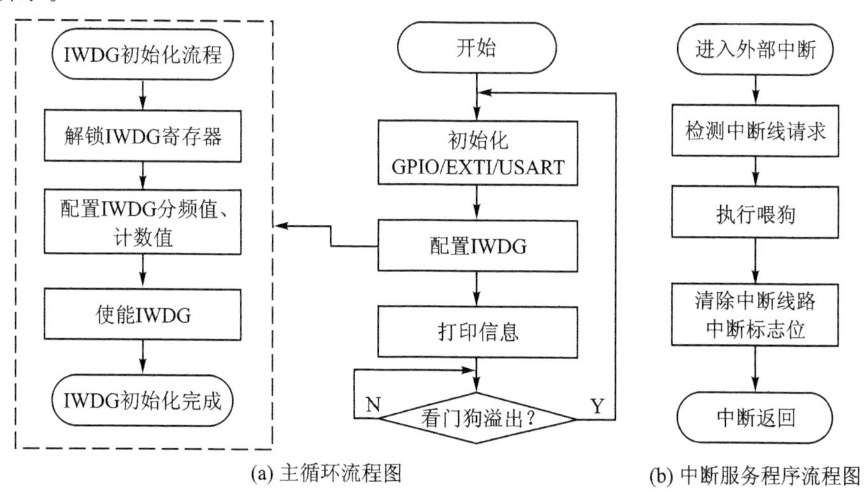

图10.4　独立看门狗实验流程图

将主程序放在 main.c 中，并新建 bsp_iwdg.c、bsp_iwdg.h，将文件添加到工程目录中。工程文件结构如图 10.5 所示。

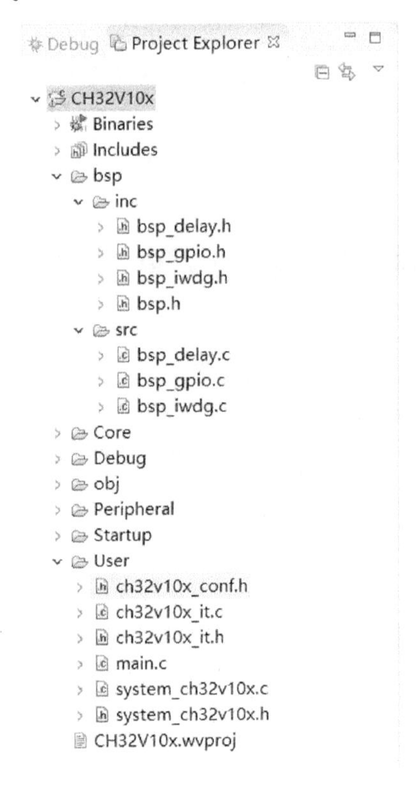

图 10.5　工程文件结构

主要部分程序如下：

```
#include "bsp.h"
int main(void)
{
    NVIC_PriorityGroupConfig(NVIC_PriorityGroup_2);//设置优先级分组
    Bsp_Gpio_Init();//LED 引脚初始化
    USART_Printf_Init(115200);//初始化调试串口波特率 115200
    EXTI15_10_INT_INIT();//使能 EXTI15 中断
    IWDG_Feed_Init( IWDG_Prescaler_32, 4000 );//设置看门狗溢出时间 3.2s
    printf("Start IWDG TEST\r\n");//打印信息
    while(1)//进入主循环
    {
    }
}

void IWDG_Feed_Init( u16 prer, u16 rlr )
{
```

```
    IWDG_WriteAccessCmd(IWDG_WriteAccess_Enable);//解锁 IWDG 寄存器
    IWDG_SetPrescaler(prer);//设置 IWDG 分频值
    IWDG_SetReload(rlr);//设置 IWDG 计数值
    IWDG_ReloadCounter();//重载 IWDG 计数值
    IWDG_Enable();//启动 IWDG
}
void EXTI15_10_INT_INIT(void)
{
    GPIO_InitTypeDef   GPIO_InitStructure;
    EXTI_InitTypeDef   EXTI_InitStructure;
    NVIC_InitTypeDef   NVIC_InitStructure;
    RCC_APB2PeriphClockCmd(RCC_APB2Periph_AFIO|RCC_APB2Periph_GPIOA,ENABLE);
    GPIO_InitStructure.GPIO_Pin = GPIO_Pin_15;
    GPIO_InitStructure.GPIO_Mode = GPIO_Mode_IPU;
    GPIO_Init(GPIOA, &GPIO_InitStructure);

    /* GPIOB ----> EXTI_Line1 */
    GPIO_EXTILineConfig(GPIO_PortSourceGPIOB,GPIO_PinSource1);
    EXTI_InitStructure.EXTI_Line = EXTI_Line15;
    EXTI_InitStructure.EXTI_Mode = EXTI_Mode_Interrupt;
    EXTI_InitStructure.EXTI_Trigger = EXTI_Trigger_Falling;
    EXTI_InitStructure.EXTI_LineCmd = ENABLE;
    EXTI_Init(&EXTI_InitStructure);

    NVIC_InitStructure.NVIC_IRQChannel = EXTI15_10_IRQn;
    NVIC_InitStructure.NVIC_IRQChannelPreemptionPriority = 1;
    NVIC_InitStructure.NVIC_IRQChannelSubPriority = 2;
    NVIC_InitStructure.NVIC_IRQChannelCmd = ENABLE;
    NVIC_Init(&NVIC_InitStructure);
}
void EXTI15_10_IRQHandler(void) __attribute__((interrupt("WCH-Interrupt-fast")));
void EXTI15_10_IRQHandler(void)
{
    if(EXTI_GetITStatus(EXTI_Line15)! = RESET)
        {
            printf("Feed dog\r\n");
            IWDG_ReloadCounter();//Feed dog
            EXTI_ClearITPendingBit(EXTI_Line15);     /* Clear Flag */
        }
}
```

10.6.3 系统调试

工程建立好后，编写程序文件，最后进行 Build Project 编译，修改至无错误和警告后，通过 Download 界面将生成好的 HEX 文件加载，单击 Execute 按钮。下载完成后，打开串口助手，设置串口号、波特率、数据位、校验位后，打开串口。可以看到串口助手收到“Start IWDG TEST”字样，随后每隔大约 3.2 s 接收到相同的字符，如图 10.6 所示。因为初始化看门狗溢出时间为 3.2 s，在这段时间内没有执行“喂狗”操作就会触发软件复位。

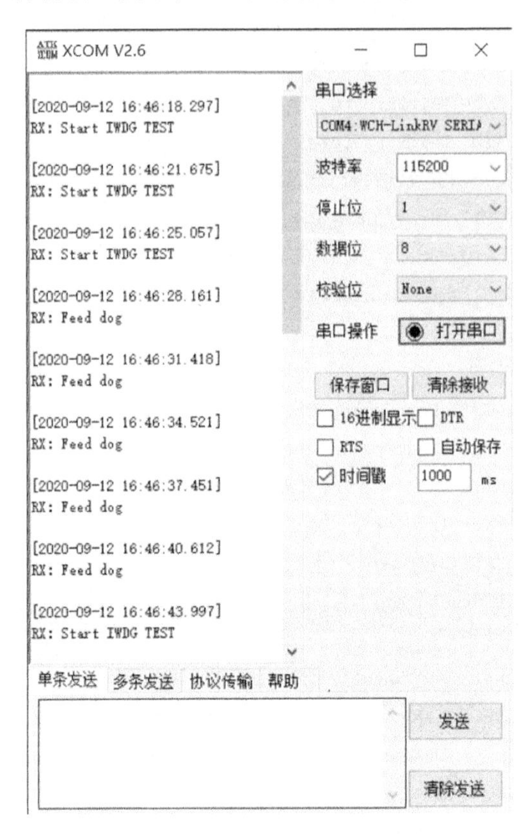

图 10.6　串口助手打印信息

此时按下按键，在串口助手上收到“Feed dog”的指示，这说明按下按键后，在外部中断中进行“喂狗”操作，看门狗不会触发复位。不再按下按键时，大约 3.2 s 后芯片发生复位现象，说明执行了看门狗复位。

显然，以上信息表明程序符合设计期望。

在设计独立看门狗程序时，需要注意以下几点：

1）IWDG 采用内部低速（LSI）RC 振荡器作为时钟。

2）CH32V103 内部的 RC 振荡器频率并不是固定的 40 kHz，而是随着温度的变化在 25～60 kHz 范围内波动。因此，在计算看门狗重装值的时候，应以 RC 振荡器运行在可达到的最低工作频率的情况来计算，并将重装值设置得比所需的计算值稍大一些。

3）系统进入调试模式时，可以由调试模块寄存器配置 IWDG 的计数器继续工作或停止。

10.7　项目实战 2:窗口看门狗应用

设计一个实验,用来验证 CH32V103 窗口看门狗的复位功能。初始化各个设备后,在看门狗早期唤醒中断服务中进行"喂狗"操作,同时配置一个外部中断 15,并赋予其比窗口看门狗更高的抢占优先级。EXTI15 触发即可停止"喂狗"操作,随后很快发生一次窗口看门狗复位事件。以上信息用串口向上位机打印。程序流程如图 10.7 所示。

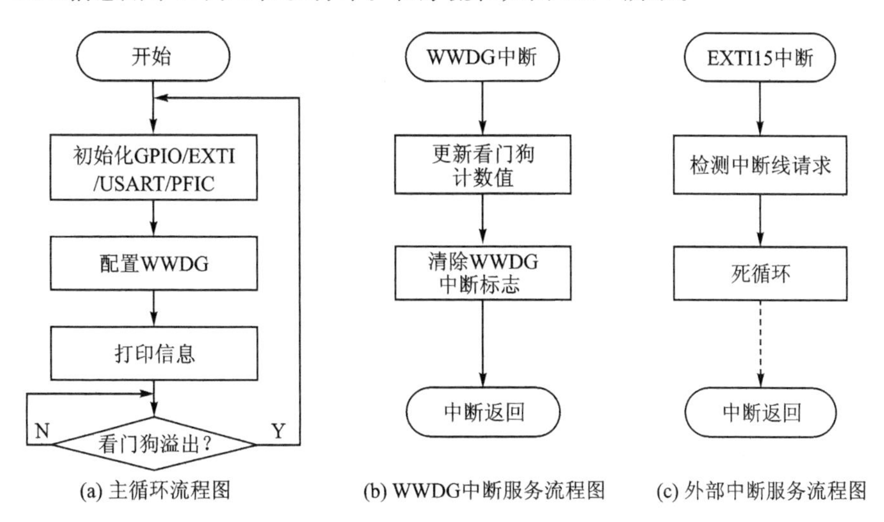

图 10.7　窗口看门狗实验流程图

10.7.1　硬件设计

本实验硬件电路和外部中断部分硬件电路完全一致。

10.7.2　软件设计

本程序涉及的要点主要集中在对 WWDG 的设置上。具体如下:

1) 配置 GPIO、EXTI、USART 等外设。

2) 打开 WWDG 时钟,WWDG 的时钟源为 PCLK1,属于 APB1 总线设备。

3) 配置 WWDG,预分频值为 8,并写入初始计数值(默认写入 0x7F)。

4) 给 WWDG 的早期唤醒中断赋予较低抢占优先级,同时给 EXTI 中断赋予较高抢占优先级。

对于 WWDG 的配置来说,最重要的是其溢出时间和初始计数值之间的关系。现基于以上所述的几点设计如下示例。

1) WWDG 属于 APB1 总线设备,其时钟来自 PCLK1,最大为 80 MHz。工程文件默认配置 PCLK1 为 36 MHz。

2) PCLK1 驱动看门狗计时之前,首先会经过固定的 4 096 分频,再经过程序设定的 8 分

频。由此可以计算出看门狗的计数频率为

$$F_{WWDGcnt} = PCLK1/4\ 096/8 = 36\ MHz/4\ 096/8 = 1\ 098\ Hz$$

可得进行一次计数的时间约为

$$T_{CNT} = 1/F_{WWDGcnt} = 0.9\ ms$$

3）由于初始计数值设为0x7F，则当看门狗计数值从0x40跳变至0x3F时发生看门狗复位，由此计算出看门狗从启动计数到发生溢出复位的时间为

$$T_{WWDG} = 0.9\ ms \times (0x7F - 0x3F) = 57.6\ ms$$

T_{WWDG}便是本次程序设计所设定的看门狗溢出复位时间，所以“喂狗”时间不能大于57.6 ms。

将主程序放在main.c中，并新建bsp_wwdg.c、bsp_wwdg.h，将文件添加到工程目录中。工程文件结构如图10.8所示。

图10.8　工程文件结构

main.c部分程序如下：

```
#include "bsp.h"
u8 wwdg_tr,wwdg_wr;
int main(void)
{
    USART_Printf_Init(115200);
    EXTI15_10_INT_INIT();
    printf("WWDG Test\r\n");
    WWDG_Config(0x7f,0x5f,WWDG_Prescaler_8);        /* 36M/8/4096 */
    NVIC_PriorityGroupConfig(NVIC_PriorityGroup_2);
```

```
wwdg_wr = WWDG->CFGR & 0x7F;
    while(1)
    {
    }
}
```

bsp_wwdg.c 部分程序如下：

```
#include "bsp.h"
void WWDG_IRQHandler(void) __attribute__((interrupt("WCH-Interrupt-fast")));
void WWDG_IRQHandler(void)
{
   WWDG_Feed();//窗口看门狗喂狗
   printf("WWDG_Feed\r\n");
   WWDG_ClearFlag();//清除 WWDG 标志位
}

void WWDG_NVIC_Config(void)
{
   NVIC_InitTypeDef   NVIC_InitStructure;
   NVIC_InitStructure.NVIC_IRQChannel = WWDG_IRQn;//配置 WWDG 中断向量
   NVIC_InitStructure.NVIC_IRQChannelPreemptionPriority = 1;//设置抢占优先级为 1
   NVIC_InitStructure.NVIC_IRQChannelSubPriority = 2;//设置响应优先级为 2
   NVIC_InitStructure.NVIC_IRQChannelCmd = ENABLE;//使能 WWDG 中断向量
   NVIC_Init(&NVIC_InitStructure);//初始化 WWDG 中断
}
void WWDG_Config(uint8_t tr, uint8_t wr, uint32_t prv)
{
   RCC_APB1PeriphClockCmd(RCC_APB1Periph_WWDG, ENABLE);//使能 WWDG 时钟
   WWDG_SetCounter( tr );//更新 WWDG 计数器
   WWDG_SetPrescaler( prv );//设置 WWDG 预分频值
   WWDG_SetWindowValue( wr );//设置窗口值
   WWDG_Enable(WWDG_CNT);//使能 WWDG 计数
   WWDG_ClearFlag();//清除标志
   WWDG_NVIC_Config();//配置 WWDG 中断
   WWDG_EnableIT();//使能 WWDG 中断
}
void WWDG_Feed(void)
{
   WWDG_SetCounter( WWDG_CNT );//更新 WWDG 计数器
}
```

bsp_gpio.c 部分程序如下：

```
#include "bsp.h"
void EXTI15_10_IRQHandler(void) __attribute__((interrupt("WCH-Interrupt-fast")));
void EXTI15_10_IRQHandler(void)
{
    if(EXTI_GetITStatus(EXTI_Line15)! = RESET)
        {
            printf("EXTI15\r\n");
            EXTI_ClearITPendingBit(EXTI_Line15);     /* Clear Flag */
            while(1);  //进入死循环
        }
}
void EXTI15_10_INT_INIT(void)
{
    GPIO_InitTypeDef   GPIO_InitStructure;
    EXTI_InitTypeDef   EXTI_InitStructure;
    NVIC_InitTypeDef   NVIC_InitStructure;
    RCC_APB2PeriphClockCmd(RCC_APB2Periph_AFIO|RCC_APB2Periph_GPIOA,ENABLE);

    GPIO_InitStructure.GPIO_Pin = GPIO_Pin_15;
    GPIO_InitStructure.GPIO_Mode = GPIO_Mode_IPU;
    GPIO_Init(GPIOA, &GPIO_InitStructure);

    /* GPIOB ----> EXTI_Line1 */
    GPIO_EXTILineConfig(GPIO_PortSourceGPIOB,GPIO_PinSource1);
    EXTI_InitStructure.EXTI_Line = EXTI_Line15;
    EXTI_InitStructure.EXTI_Mode = EXTI_Mode_Interrupt;
    EXTI_InitStructure.EXTI_Trigger = EXTI_Trigger_Falling;
    EXTI_InitStructure.EXTI_LineCmd = ENABLE;
    EXTI_Init(&EXTI_InitStructure);

    NVIC_InitStructure.NVIC_IRQChannel = EXTI15_10_IRQn;
    NVIC_InitStructure.NVIC_IRQChannelPreemptionPriority = 0;
    NVIC_InitStructure.NVIC_IRQChannelSubPriority = 0;
    NVIC_InitStructure.NVIC_IRQChannelCmd = ENABLE;
    NVIC_Init(&NVIC_InitStructure);
}
```

10.7.3　系统调试

工程建立好后，编写程序文件，最后进行 Build Project 编译，修改至无错误和警告后，通过 Download 界面加载生成好的 HEX 文件，单击 Execute 按钮。下载完成后，打开串口助手，设置串口号、波特率、数据位、校验位后，打开串口。可以看到串口助手收到"WWDG_Feed"字样，随后每隔大约 60 ms 接收到相同的字符，如图 10.9 所示，因为在窗口看门狗早期唤醒中断服务中进行了更新计数器、清除早期唤醒中断标志操作。

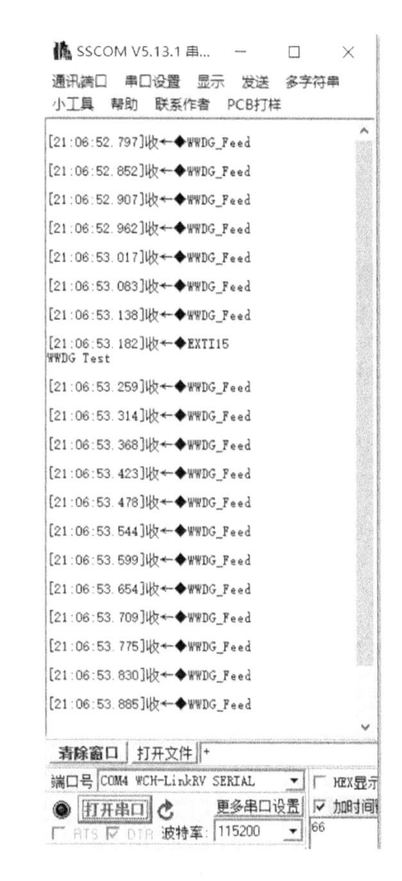

图 10.9　串口助手打印信息

此时按下按键，在串口助手上收到"EXTI15"的提示，这说明按下按键后，触发外部中断服务程序，进入死循环，不再进行"喂狗"操作。随后单片机触发软件复位，重新执行代码，在串口助手上显示"WWDG Test"信息。随后继续打印"WWDG_Feed"。

显然，以上信息表明程序符合设计期望。

在设计窗口看门狗程序时，需要注意以下几点：

1）窗口看门狗是否产生复位操作，取决于定时器计数值是否小于 0x40。写入小于 0x40 的初始计数会马上发生一次复位操作。

2）窗口看门狗的复位是软复位，复位前 WWDG 各个寄存器的状态都将得以保留。

3）如果程序有较多的中断服务，那么比较合理的方式是：设置较长的"喂狗"周期，赋予看门狗较高的中断优先级。

4）本次程序设计中，在 EXTI15 的中断服务中设置了死循环语句，目的是打断周期性的"喂狗"操作。在实际应用中应该禁止在中断服务程序里放入死循环语句。

本章小结

本章介绍了 CH32V103 的独立看门狗特性以及应用时需要关注的重点。读者应正确理解 IWDG 和 WWDG 的结构特点、功能定位以及操作流程上的异同，并应联系、区别、认识、理解、验证和使用 CH32V103 的看门狗功能，为应用程序的稳定运行保驾护航。

第 11 章　直接存储器访问控制 DMA

DMA(Direct Memory Access)直接存储器访问控制器是单片机的一个外设,提供在外设和存储器之间或者存储器和存储器之间的高速数据传输方式。数据可以通过 DMA 快速地移动,无须 CPU 干预,以节省 CPU 资源。

一个完整的 DMA 请求过程包括 DMA 请求、DMA 响应、DMA 传输、DMA 结束四个步骤。

1) DMA 请求:CPU 对于 DMA 控制器进行初始化。

2) DMA 响应:DMA 控制器对 DMA 请求判别优先级及屏蔽,向模块内部的仲裁器提出总线请求。当 CPU 执行完当前总线周期后即可释放总线控制权。此时,仲裁器输出总线应答,表明 DMA 已经响应,通过 DMA 控制器通知 I/O 接口开始 DMA 传输。

3) DMA 传输:DMA 控制器获得总线控制权后,CPU 即刻挂起或只执行内部操作,由 DMA 控制器输出读写命令,直接控制 RAM 与 I/O 接口进行 DMA 传输。

4) DMA 结束:完成规定的成批数据传送后,DMA 控制器即释放总线控制权,并向 I/O 接口发出结束信号。I/O 接口收到结束信号后,停止 I/O 设备的工作,同时向 CPU 提出中断请求,使 CPU 从不介入的状态解脱,并执行一段检查本次 DMA 传输操作正确性的代码。最后,带着本次操作结果及状态继续执行原来的程序。

11.1　CH32V103 的 DMA 控制器

CH32V103 系列芯片有一个 DMA 控制器,提供 7 个通道,每个通道对应多个外设请求,通过设置相应外设寄存器中对应 DMA 控制位,可以独立开启或关闭各个外设的 DMA 功能。每个通道专门用来管理来自一个或多个外设对存储器访问的请求,还有一个仲裁器来协调各个 DMA 请求的优先权。

CH32V103 系列单片机的 DMA 具有以下特征:

1) 7 个独立可配置通道。

2) 每个通道都直接连接专用的硬件 DMA 请求,并支持软件触发。

3) 支持循环的缓冲器管理。

4) 多个通道之间的请求优先权可以通过软件编程设置(最高、高、中和低),优先权设置相等时由通道号决定(通道号低优先级高)。

5) 支持外设到存储器、存储器到外设、存储器到存储器之间的传输。

6) 闪存、SRAM、外设的 SRAM、APB1、APB2 和 AHB 外设均可作为访问的源和目标。

7) 可编程的数据传输数目最大为 65 535。

11.2　DMA 功能描述

11.2.1　仲裁优先级

7 个独立的通道产生的 DMA 请求通过逻辑或结构输入到 DMA 控制器，只会有一个通道的请求得到响应。模块内部的仲裁器根据通道请求的优先级来选择要启动的外设/存储器的访问。

软件管理中，应用程序通过对 DMA_CFGRx 寄存器的 PL[1:0]位设置，可以为每个通道独立配置优先等级，包括最高、高、中、低 4 个等级。当通道间的软件设置等级一致时，模块会按固定的硬件优先级选择，通道编号偏低的要比偏高的有较高的优先权。

11.2.2　DMA 配置

DMA 控制器收到一个请求信号时，会访问发出请求的外设（或存储器），建立外设（或存储器）和存储器之间的数据传输。这主要包括下面 3 个操作步骤：

1）从外设数据寄存器或者当前外设/存储器地址寄存器指示的存储器地址中取数据，第一次传输的开始地址是 DMA_PADDRx 或 DMA_MADDRx 寄存器指定的外设基地址或存储器地址。

2）存数据到外设数据寄存器或者当前外设/存储器地址寄存器指示的存储器地址，第一次传输的开始地址是 DMA_PADDRx 或 DMA_MADDRx 寄存器指定的外设基地址或存储器地址。

3）执行一次 DMA_CNTRx 寄存器中数值的递减操作。该寄存器指示当前未完成转移的操作数目。每个通道包括 3 种 DMA 数据转移方式：

① 外设到存储器（MEM2MEM＝0，DIR＝0）；

② 存储器到外设（MEM2MEM＝0，DIR＝1）；

③ 存储器到存储器（MEM2MEM＝1）。

存储器到存储器方式无须外设请求信号，配置为此模式后（MEM2MEM＝1），通道开启（EN＝1）即可启动数据传输。此方式不支持循环模式。

DMA 配置过程如下：

1）在 DMA_PADDRx 寄存器中设置外设寄存器的首地址或者存储器到存储器方式（MEM2MEM＝1）下存储器数据地址。发生 DMA 请求时，这个地址将是数据传输的源或目标地址。

2）在 DMA_MADDRx 寄存器中设置存储器数据地址。发生 DMA 请求时，传输的数据将从这个地址读出或写入这个地址。

3）在 DMA_CNTRx 寄存器中设置要传输的数据数量。在每个数据传输后，这个数值递减。

4）在 DMA_CFGRx 寄存器的 PL[1:0]位中设置通道的优先级。

5）在 DMA_CFGRx 寄存器中设置数据传输的方向、循环模式、外设和存储器的增量模式、外设和存储器的数据宽度以及传输过半、传输完成、传输错误中断使能位。

6）设置 DMA_CCRx 寄存器的 ENABLE 位，启动通道 x(x=1/2/3/4/5/6/7)。

需要注意的是，DMA_PADDRx、DMA_MADDRx、DMA_CNTRx 寄存器以及 DMA_CFGRx 寄存器中的数据传输的方向(DIR)、循环模式(位置)、外设和存储器的增量模式(MINC/PINC)等控制位只有在 DMA 通道被关闭时才可以配置写入。

11.2.3 循环模式

DMA_CFGRx 寄存器的 CIRC 位置为 1，可以启用通道数据传输的循环模式功能。循环模式下，数据传输的数目变为 0 时，DMA_CNTRx 寄存器的内容会自动被重新加载为其初始数值，内部的外设和存储器地址寄存器也被重新加载为 DMA_PADDRx 和 DMA_MADDRx 寄存器设定的初始地址值，DMA 操作将继续进行，直到通道被关闭或者关闭 DMA 模式。

11.2.4 DMA 处理状态

1）传输过半：对应 DMA_INTFR 寄存器中的 HTIFx 位硬件置位。DMA 的传输数目减至初始设定值一半以下时，将会产生 DMA 传输过半标志；如果在 DMA_CCRx 寄存器中置位了 HTIE，则将产生中断。硬件通过此标志提醒应用程序，可以为新一轮数据传输做准备。

2）传输完成：对应 DMA_INTFR 寄存器中的 TCIFx 位硬件置位。DMA 的传输数目减至 0 时，将会产生 DMA 传输完成标志；如果在 DMA_CCRx 寄存器中置位了 TCIE，则将产生中断。

3）传输错误：对应 DMA_INTFR 寄存器中的 TEIFx 位硬件置位。读写一个保留的地址区域，将会产生 DMA 传输错误。同时模块硬件会自动清 0 发生错误的通道所对应的 DMA_CCRx 寄存器的 EN 位，该通道被关闭。如果在 DMA_CCRx 寄存器中置位了 TEIE，则将产生中断。

应用程序在查询 DMA 通道状态时，可以先访问 DMA_INTFR 寄存器的 GIFx 位，判断出当前哪个通道发生了 DMA 事件，进而处理该通道的 DMA 事件。

11.2.5 可编程的数据传输总量/数据位宽/对齐方式

DMA 每个通道一轮传输的数据总量，最大 65 535 次。DMA_CNTRx 寄存器中指示待传输数目。EN=0 时，写入设置值，EN=1 开启 DMA 传输通道后，此寄存器变为只读属性，每次传输后数值递减。

外设和存储器的传输数据取值支持地址指针自动递增功能，指针增量可编程。它们访问的第一个传输的数据地址存放在 DMA_PADDRx 和 DMA_MADDRx 寄存器中，通过设置 DMA_CFGRx 寄存器的 PINC 位(或者 MINC 位)置 1，可以分别开启外设地址自增模式(或者存储器地址自增模式)，PSIZE[1:0] 设置外设地址取数据大小及地址自增大小，MSIZE[1:0]设置存储器地址取数据大小及地址自增大小，包括 3 种选择：8 位、16 位、32 位。

11.2.6 DMA 请求映射

DMA 控制器提供 7 个通道，每个通道对应多个外设请求，通过设置相应外设寄存器中对应 DMA 控制位，可以独立开启或关闭各个外设的 DMA 功能。图 11.1 为 DMA 请求映像示意图，表 11-1 为 DMA 各通道外设映射表。

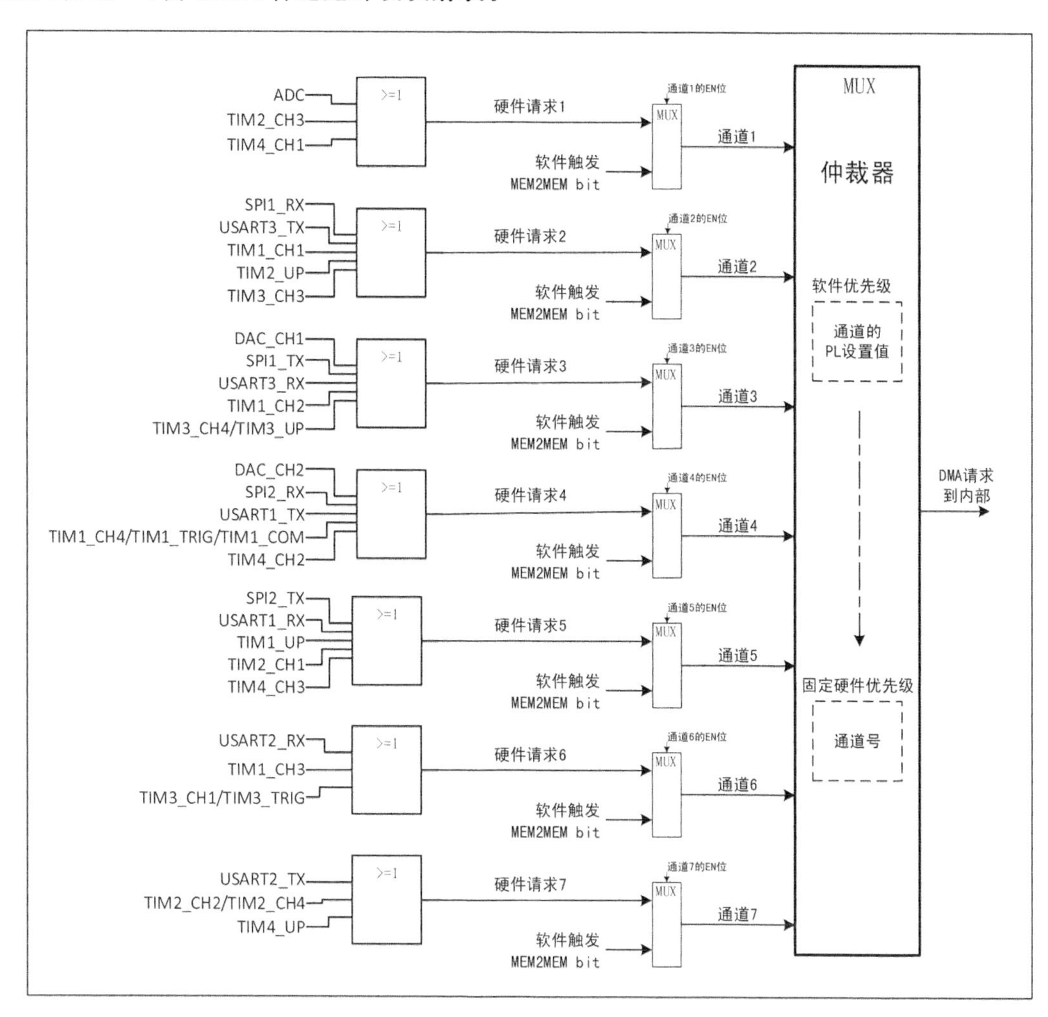

图 11.1　DMA 请求映像

表 11-1　DMA 各通道外设映射表

外　设	通道 1	通道 2	通道 3	通道 4	通道 5	通道 6	通道 7
ADC	ADC						
SPIx		SPI1_RX	SPI1_TX	SPI2_RX	SPI2_TX		
USARTx		USART3_TX	USART3_RX	USART1_TX	USART1_RX	USART2_TX	USART2_RX
TIM1		TIM1_CH1	TIM1_CH2	TIM1_CH4 TIM1_TRIG TIM1_COM	TIM1_UP	TIM1_CH3	
TIM2	TIM2_CH3	TIM2_UP			TIM2_CH1		TIM2_CH2 TIM2_CH4

续表 11-1

外 设	通道 1	通道 2	通道 3	通道 4	通道 5	通道 6	通道 7
TIM3		TIM3_CH3	TIM3_CH4 TIM3_UP			TIM3_CH1 TIM3_TRIG	
TIM4	TIM4_CH1			TIM4_CH2	TIM4_CH3		TIM4_UP

11.3 DMA 常用库函数

CH32V103 标准库提供了 DMA 相关函数，见表 11-2。接下来将对常用的几个函数进行介绍。

表 11-2 DMA 函数库

序 号	函数名称	功能描述
1	DMA_DeInit	设置 DMA 的通道 x 寄存器为初始值
2	DMA_Init	根据 DMA_InitStruct 指定参数初始化通道 x 寄存器
3	DMA_StructInit	把 DMA_InitStruct 中每个参数按默认值填入
4	DMA_Cmd	使能或失能指定的 DMA 通道 x
5	DMA_ITConfig	使能或失能指定的 DMA 通道 x 中断
6	DMA_SetCurrDataCounter	设置当前 DMA 通道 x 的数据量大小
7	DMA_GetCurrDataCounter	获取当前 DMA 通道 x 的数据量大小
8	DMA_GetFlagStatus	获取指定的 DMA 通道 x 标志位是否置位
9	DMA_ClearFlag	清除 DMA 通道 x 的挂起标志位
10	DMA_GetITStatus	检查指定的 DMA 通道 x 是否产生中断
11	DMA_ClearITPendingBit	清除 DMA 通道 x 的中断挂起标志位

(1) DMA_Init 函数

DMA_Init 函数的说明见表 11-3。

表 11-3 DMA_Init 函数说明

项目名	描 述
函数原型	voidDMA_Init(DMA_Channel_TypeDef * DMAy_Channelx, DMA_InitTypeDef * DMA_InitStruct)
功能描述	根据 DMA_InitStruct 指定参数初始化通道 x 寄存器
输入参数 1	DMAy_Channelx:选择 DMA 通道
输入参数 2	DMA_InitStruct:指向 DMA_InitTypeDef 结构体的指针，包含指定 DMA 通道配置信息
输出参数	无

参数描述:DMA_InitTypeDef 定义在"ch32v10x_dma.h"文件中。

```
typedef struct
{
  uint32_t DMA_PeripheralBaseAddr;
  uint32_t DMA_MemoryBaseAddr;
  uint32_t DMA_DIR;
  uint32_t DMA_BufferSize;
  uint32_t DMA_PeripheralInc;
  uint32_t DMA_MemoryInc;
  uint32_t DMA_PeripheralDataSize;
  uint32_t DMA_MemoryDataSize;
  uint32_t DMA_Mode;
  uint32_t DMA_Priority;
  uint32_t DMA_M2M;
}DMA_InitTypeDef;
```

1) DMA_PeripheralBaseAddr:定义 DMA 外设基地址。

2) DMA_MemoryBaseAddr:定义 DMA 内存基地址。

3) DMA_DIR:定义外设作为数据传输的来源还是目的地,见表 11-4。

表 11-4 参数 DMA_DIR 定义

DMA_DIR 参数	描 述
DMA_DIR_PeripheralDST	外设作为数据传输的目的地
DMA_DIR_PeripheralSRC	外设作为数据传输的来源

4) DMA_BufferSize:定义指定 DMA 通道的缓存大小,根据传输方向,数据单位可等于结构体参数 DMA_PeripheralDataSize 或者参数 DMA_MemoryDataSize 的值。

5) DMA_PeripheralInc:用来设定外设地址寄存器递增与否,见表 11-5。

表 11-5 参数 DMA_PeripheralInc 定义

DMA_PeripheralInc 参数	描 述
DMA_PeripheralInc_Enable	外设地址寄存器递增
DMA_PeripheralInc_Disable	外设地址寄存器不变

6) DMA_MemoryInc:用来设定内存地址寄存器递增与否,见表 11-6。

表 11-6 参数 DMA_MemoryInc 定义

DMA_MemoryInc 参数	描 述
DMA_MemoryInc_Enable	内存地址寄存器递增
DMA_MemoryInc_Disable	内存地址寄存器不变

7) DMA_PeripheralDataSize:设定外设数据宽度,见表 11-7。

表 11-7　参数 DMA_PeripheralDataSize 定义

DMA_PeripheralDataSize 参数	描　述
DMA_PeripheralDataSize_Byte	数据宽度为 8 位
DMA_PeripheralDataSize_HalfWord	数据宽度为 16 位
DMA_PeripheralDataSize_Word	数据宽度为 32 位

8）DMA_MemoryDataSize：设定内存数据宽度，见表 11-8。

表 11-8　参数 DMA_MemoryDataSize 定义

DMA_MemoryDataSize 参数	描　述
DMA_MemoryDataSize_Byte	数据宽度为 8 位
DMA_MemoryDataSize_HalfWord	数据宽度为 16 位
DMA_MemoryDataSize_Word	数据宽度为 32 位

9）DMA_Mode：设定 DMA 的工作模式，见表 11-9。

表 11-9　参数 DMA_Mode 定义

DMA_Mode 参数	描　述
DMA_Mode_Circular	工作在循环缓存模式
DMA_Mode_Normal	工作在正常缓存模式

10）DMA_Priority：设定 DMA 的通道 x 优先级，见表 11-10。

表 11-10　参数 DMA_Priority 定义

DMA_Priority 参数	描　述
DMA_Priority_VeryHigh	拥有最高优先级
DMA_Priority_High	拥有高优先级
DMA_Priority_Medium	拥有中优先级
DMA_Priority_Low	拥有低优先级

11）DMA_M2M：是否使能 DMA 通道的内存到内存传输，见表 11-11。

表 11-11　参数 DMA_M2M 定义

DMA_M2M 参数	描　述
DMA_M2M_Enable	设置为内存到内存传输
DMA_M2M_Disable	不设置内存到内存传输

该函数使用方法如下：

```
DMA_InitTypeDef   DMA_InitStructure;//定义 DMA 结构体变量

DMA_InitStructure.DMA_PeripheralBaseAddr = 0x20000200;
```

```
DMA_InitStructure.DMA_MemoryBaseAddr = 0x20000300;
DMA_InitStructure.DMA_DIR = DMA_DIR_PeripheralSRC;
DMA_InitStructure.DMA_BufferSize = 32 * 4;
DMA_InitStructure.DMA_PeripheralInc = DMA_PeripheralInc_Enable;
DMA_InitStructure.DMA_MemoryInc = DMA_MemoryInc_Enable;
DMA_InitStructure.DMA_PeripheralDataSize = DMA_PeripheralDataSize_Byte;
DMA_InitStructure.DMA_MemoryDataSize = DMA_PeripheralDataSize_Byte;
DMA_InitStructure.DMA_Mode = DMA_Mode_Normal;
DMA_InitStructure.DMA_Priority = DMA_Priority_VeryHigh;
DMA_InitStructure.DMA_M2M = DMA_M2M_Enable;
DMA_Init(DMA1_Channel3, &DMA_InitStructure);
```

(2) DMA_Cmd 函数

DMA_Cmd 函数的说明见表 11-12。

表 11-12　DMA_Cmd 函数说明

项目名	描　述
函数原型	void DMA_Cmd(DMA_Channel_TypeDef * DMAy_Channelx, FunctionalStateNewState)
功能描述	使能或失能指定的 DMA 通道 x
输入参数 1	DMAy_Channelx:选择 DMA 通道
输入参数 2	NewState:DMA 通道 x 的最新状态
输出参数	无

该函数使用方法如下:

```
DMA_Cmd(DMA1_Channel3, ENABLE);//使能 DMA1 的通道 3
```

(3) DMA_GetFlagStatus 函数

DMA_GetFlagStatus 函数的说明见表 11-13。

表 11-13　DMA_GetFlagStatus 函数说明

项目名	描　述
函数原型	FlagStatusDMA_GetFlagStatus(uint32_t DMAy_FLAG)
功能描述	获取指定的 DMA 通道 x 标志位是否置位
输入参数 1	DMAy_FLAG:待检查的 DMA 标志位发生与否,DMAy_FLAG 参数见表 11-14
输出参数	DMAy_FLAG 的新状态,SET 或 RESET

参数 DMAy_FLAG 定义说明见表 11-14。

表 11-14　参数 DMAy_FLAG 定义说明

DMAy_FLAG 参数(y 可取 1～7)	描　述
DMA1_FLAG_GLy	DMA1 的通道 y 全局标志
DMA1_FLAG_TCy	DMA1 的通道 y 发送完成标志
DMA1_FLAG_HTy	DMA1 的通道 y 传输过半标志
DMA1_FLAG_TEy	DMA1 的通道 y 发送错误标志

该函数使用方法如下：

```
FlagStatus   bitstatus = RESET;
bitstatus = DMA_GetFlagStatus(DMA1_FLAG_TC3);//获取 DMA 通道 3 发送完成标志位
```

(4) DMA_ClearFlag 函数

DMA_ClearFlag 函数的说明见表 11-15。

表 11-15　DMA_ClearFlag 函数说明

项目名	描　述
函数原型	void DMA_ClearFlag(uint32_t DMAy_FLAG)
功能描述	清除 DMA 通道 x 的标志位
输入参数 1	DMAy_FLAG:待清除的 DMA 标志位
输出参数	无

该函数使用方法如下：

```
DMA_ClearFlag(DMA1_FLAG_TC3);//清除 DMA 通道 3 发送完成标志位
```

(5) DMA_GetITStatus 函数

DMA_GetITStatus 函数的说明见表 11-16。

表 11-16　DMA_GetITStatus 函数说明

项目名	描　述
函数原型	ITStatusDMA_GetITStatus(uint32_t DMAy_IT)
功能描述	获取指定的 DMA 通道 x 中断位是否置位
输入参数 1	DMAy_IT:待检查的 DMA 中断位发生与否,DMAy_IT 参数见表 11-17
输出参数	DMAy_IT 的新状态,SET 或 RESET

参数 DMAy_IT 定义说明见表 11-17。

表 11-17　参数 DMAy_IT 定义说明

DMAy_IT 参数(y 可取 1～7)	描　述
DMA1_IT_GLy	DMA1 的通道 y 全局中断
DMA1_IT_TCy	DMA1 的通道 y 发送完成中断
DMA1_IT_HTy	DMA1 的通道 y 传输过半中断
DMA1_IT_TEy	DMA1 的通道 y 发送错误中断

该函数使用方法如下：

```
ITStatus   bitstatus = RESET;
bitstatus = DMA_GetITStatus(DMA1_IT_TC3);//获取 DMA 通道 3 发送完成中断标志位
```

(6) DMA_ClearITPendingBit 函数

DMA_ClearITPendingBit 函数的说明见表 11-18。

表 11-18　DMA_ClearITPendingBit 函数说明

项目名	描　述
函数原型	void DMA_ClearITPendingBit(uint32_t DMAy_IT)
功能描述	清除 DMA 通道 x 的中断挂起标志位
输入参数 1	DMAy_IT:待清除的 DMA 中断标志位
输出参数	无

该函数使用方法如下：

```
DMA_ClearITPendingBit(DMA1_FLAG_TC3);//清除 DMA1 的通道 3 发送完成标志位
```

11.4　DMA 使用流程

DMA 的应用十分广泛，可以完成外设和存储器之间、存储器和存储器之间的传输。下面以使用中断方式为例介绍其使用流程，基本流程有 PFIC 设置、DMA 模式及中断配置、DMA 中断服务程序。

11.4.1　PFIC 设置

PFIC 设置用来完成中断分组、中断通道选择、中断优先级设置及中断使能配置，流程如图 7.3 所示。其中，需要注意的是中断通道的选择，对于不同的 DMA 请求，应根据表 11-1 选择相应的中断通道，中断通道的选择参考第 7 章。

11.4.2　DMA 模式及中断配置

DMA 模式及中断配置用来配置 DMA 工作模式、DMA 中断开启，流程如图 11.2 所示。

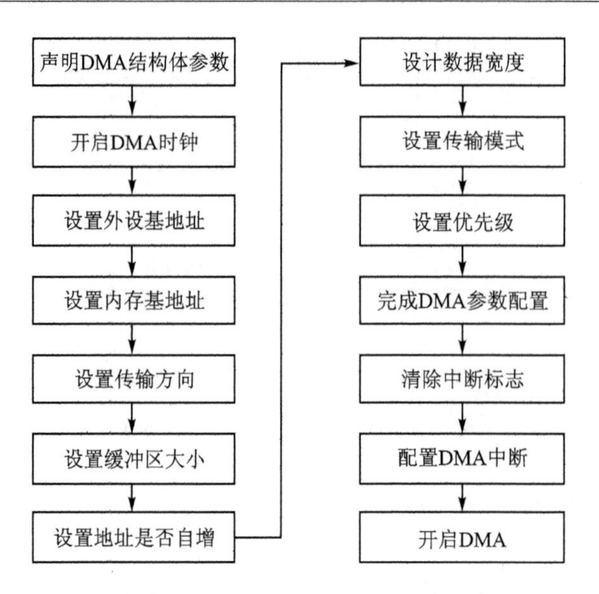

图 11.2 DMA模式及中断配置流程图

11.4.3 DMA中断服务程序

进入DMA中断后需要根据程序设计完成相应操作，DMA中断服务流程如图11.3所示。

程序工程文件中的启动文件startup_ch32v10x.s定义了DMA中断的入口，对于不同的中断请求，要采用相应的中断函数名。进入中断后首先要检测中断请求是否是所需中断，随后进行中断处理，处理完成后清除中断标志位。

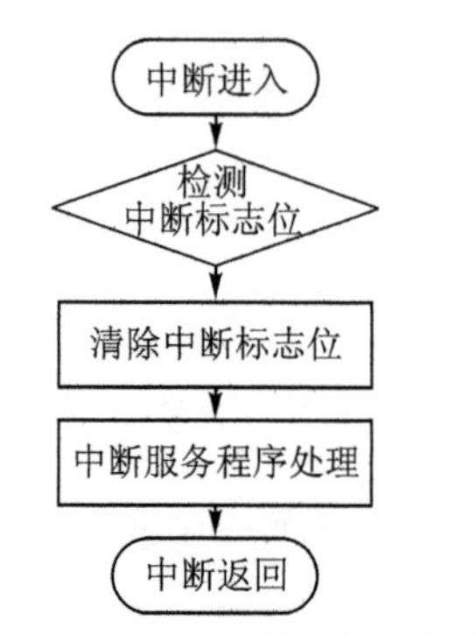

图 11.3 DMA中断服务流程图

11.5 项目实战：DMA存储器到存储器

使用CH32V103的DMA进行数据搬运，将处理器中定义的缓冲区内容搬运到RAM所定义的缓冲区中。传输完成后将产生发送完成中断，并将源缓冲区中数据（源数据）与目的地缓冲区中数据（目的数据）进行对比，验证数据正确性。

11.5.1 硬件设计

DMA和RAM均为CH32V103的内部设备，只需要一个USART将结果打印出来即可，硬件电路如图8.6所示。

11.5.2 软件设计

根据设计要求，程序应完成以下工作：

1）设置 DMA 通道 3，实现存储器到存储器的 DMA 传输。

2）启动 DMA，进行数据搬运。

3）通过串口将传输的状态和内容输出。

4）传输结束后比较源数据与目的数据，检测传输的结果正确与否。

主程序放在 main.c 函数中，DMA 处理部分放在 bsp_dma.c 文件中。工程文件结构如图 11.4 所示。DMA 数据传输流程如图 11.5 所示。

图 11.4　工程文件结构

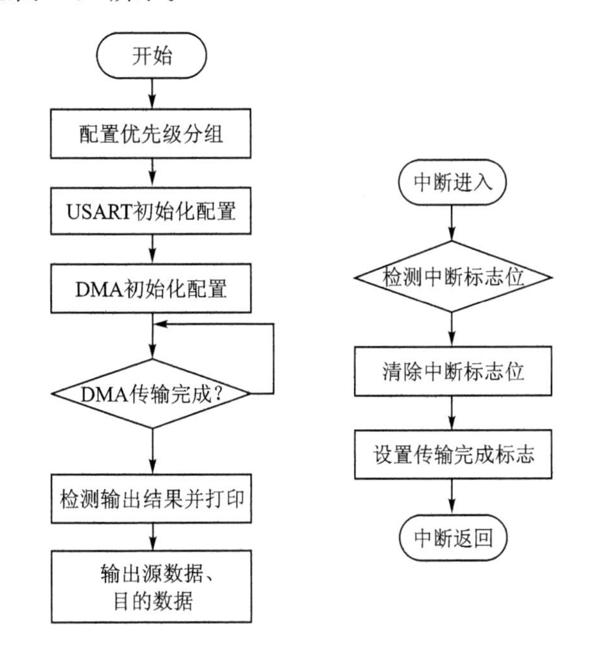

图 11.5　DMA 数据传输程序流程图

bsp_dma.c 部分代码如下：

```
#include "bsp.h"
void DMA1_Channel3_IRQHandler(void) __attribute__((interrupt("WCH-Interrupt-fast")));
extern u8 DMA_Finish_Flag;

/* Global Variable */
u32 DST_BUF[32] = {0};

u32 SRC_BUF[32] = {    0x01020304,0x05060708,0x090A0B0C,0x0D0E0F10,
                       0x11121314,0x15161718,0x191A1B1C,0x1D1E1F20,
                       0x21222324,0x25262728,0x292A2B2C,0x2D2E2F30,
                       0x31323334,0x35363738,0x393A3B3C,0x3D3E3F40,
                       0x41424344,0x45464748,0x494A4B4C,0x4D4E4F50,
                       0x51525354,0x55565758,0x595A5B5C,0x5D5E5F60,
                       0x61626364,0x65666768,0x696A6B6C,0x6D6E6F70,
                       0x71727374,0x75767778,0x797A7B7C,0x7D7E7F80};
```

```
void DMA1_Channel3_IRQHandler(void)
{
    if(DMA_GetITStatus(DMA1_IT_TC3) == SET)
    {
        DMA_ClearITPendingBit(DMA1_IT_TC3);
        DMA_Finish_Flag = 1;
    }
}

u8 BufCmp( u32 * buf1,u32 * buf2,u16 buflength)
{
    while(buflength--)
        {
            if( * buf1 ! = * buf2)
                {
                    return 0;
                }
                buf1 ++ ;
                buf2 ++ ;
        }
        return 1;
    }

void DMA1_CH3_Init(void)
{
    DMA_InitTypeDef   DMA_InitStructure;
    NVIC_InitTypeDef   NVIC_InitStructure;

    RCC_AHBPeriphClockCmd(RCC_AHBPeriph_DMA1, ENABLE);//打开时钟

    NVIC_InitStructure.NVIC_IRQChannel = DMA1_Channel3_IRQn;//配置中断向量
    NVIC_InitStructure.NVIC_IRQChannelPreemptionPriority = 2;//配置抢占优先级
    NVIC_InitStructure.NVIC_IRQChannelSubPriority = 2;//配置响应优先级
    NVIC_InitStructure.NVIC_IRQChannelCmd = ENABLE;//使能中断通道
    NVIC_Init(&NVIC_InitStructure);

    DMA_StructInit( &DMA_InitStructure);
    DMA_InitStructure.DMA_PeripheralBaseAddr = (u32)(SRC_BUF);
    DMA_InitStructure.DMA_MemoryBaseAddr = (u32)DST_BUF;
    DMA_InitStructure.DMA_DIR = DMA_DIR_PeripheralSRC;
    DMA_InitStructure.DMA_BufferSize = 32 * 4;
    DMA_InitStructure.DMA_PeripheralInc = DMA_PeripheralInc_Enable;
    DMA_InitStructure.DMA_MemoryInc = DMA_MemoryInc_Enable;
    DMA_InitStructure.DMA_PeripheralDataSize = DMA PeripheralDataSize_Byte;
```

```
    DMA_InitStructure.DMA_MemoryDataSize = DMA_PeripheralDataSize_Byte;
    DMA_InitStructure.DMA_Mode = DMA_Mode_Normal;
    DMA_InitStructure.DMA_Priority = DMA_Priority_VeryHigh;
    DMA_InitStructure.DMA_M2M = DMA_M2M_Enable;
    DMA_Init(DMA1_Channel3, &DMA_InitStructure);

    DMA_ClearITPendingBit(DMA1_IT_TC3);
    DMA_ITConfig(DMA1_Channel3,DMA_IT_TC,ENABLE);
    DMA_Cmd(DMA1_Channel3, ENABLE);
}
```

main.c 部分代码如下：

```
#include "bsp.h"
u8 DMA_Finish_Flag = 0;
int main(void)
{
    u8 i = 0;
    u8 Flag = 0;
    NVIC_PriorityGroupConfig(NVIC_PriorityGroup_2);//配置中断优先级分组
    USART_Printf_Init(115200);//初始化串口
    printf("DMA MEM2MEM TEST\r\n");//打印信息
    DMA1_CH3_Init();//DMA 初始化
    while(1)
        {
        if(DMA_Finish_Flag == 1) //等待 DMA 发送完成中断
        {
            DMA_Finish_Flag = 0;
            Flag = BufCmp(SRC_BUF,DST_BUF,32);//进行数据校验
            if(Flag == 0)
            {
                printf("DMA Transfer Fail\r\n");//打印调试信息
            }
            else
            {
                printf("DMA Transfer Success\r\n");//打印调试信息
            }
            printf("\r\nSRC_BUF:\r\n");
            for(i = 0;i<32;i++)
            {
                printf("0x%08x ",SRC_BUF[i]);
            }
```

```
            printf("\r\n\r\nDST_BUF:\r\n");
            for(i = 0;i<32;i++)
            {
                printf("0x%08x \n",DST_BUF[i]);
            }
        }
    }
}
```

11.5.3 系统调试

工程建立好后，编写程序文件，最后进行 Build Project 编译，修改至无错误和警告后，通过 Download 界面将生成好的 HEX 文件加载，单击 Execute 按钮。下载完成后，打开串口助手，设置串口号、波特率、数据位、校验位后，打开串口。

运行程序后，可以看到打印结果如图 11.6 所示。显然，经过 DMA 的搬运后，数据正确无误地传输完成，达到了预期的目的。

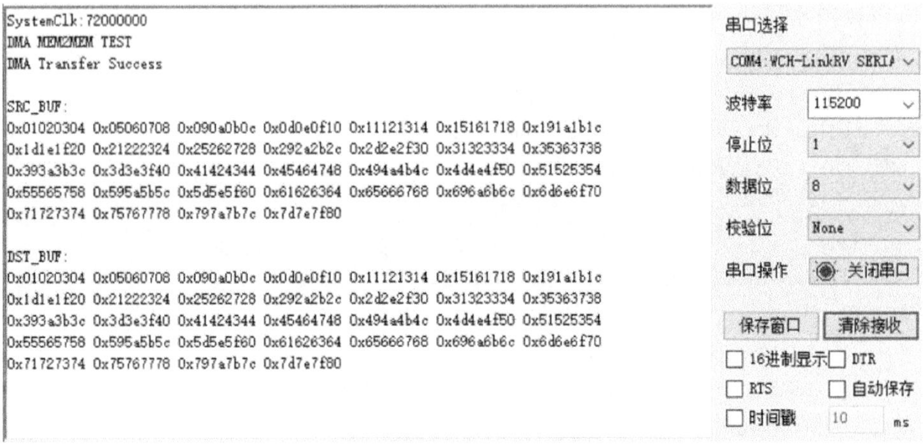

```
SystemClk:72000000
DMA MEM2MEM TEST
DMA Transfer Success

SRC_BUF:
0x01020304 0x05060708 0x090a0b0c 0x0d0e0f10 0x11121314 0x15161718 0x191a1b1c
0x1d1e1f20 0x21222324 0x25262728 0x292a2b2c 0x2d2e2f30 0x31323334 0x35363738
0x393a3b3c 0x3d3e3f40 0x41424344 0x45464748 0x494a4b4c 0x4d4e4f50 0x51525354
0x55565758 0x595a5b5c 0x5d5e5f60 0x61626364 0x65666768 0x696a6b6c 0x6d6e6f70
0x71727374 0x75767778 0x797a7b7c 0x7d7e7f80

DST_BUF:
0x01020304 0x05060708 0x090a0b0c 0x0d0e0f10 0x11121314 0x15161718 0x191a1b1c
0x1d1e1f20 0x21222324 0x25262728 0x292a2b2c 0x2d2e2f30 0x31323334 0x35363738
0x393a3b3c 0x3d3e3f40 0x41424344 0x45464748 0x494a4b4c 0x4d4e4f50 0x51525354
0x55565758 0x595a5b5c 0x5d5e5f60 0x61626364 0x65666768 0x696a6b6c 0x6d6e6f70
0x71727374 0x75767778 0x797a7b7c 0x7d7e7f80
```


图 11.6 串口打印信息

本章小结

本章介绍了 CH32V103 的 DMA 单元的特性和使用流程，并设计了一个从 CH32V103 的存储器到存储器的 DMA 数据传输实验，得到了预期的结果。读者在熟悉 DMA 单元后，应在有可能应用的地方将 DMA 利用起来，以提高整体性能与效率。

第12章　串行设备通信接口SPI

SPI(Serial Peripheral Interface)串行外设接口是一种高速、主从式、全双工、同步传输的通信总线,适合于通信速率较高的使用场合,并且在芯片的引脚上只占用四根线,节约了芯片的引脚,同时为PCB的布局节省了空间,提供了方便。正是这种简单易用的特性,使越来越多的芯片集成了这种通信协议。

12.1　SPI总线通信简介

12.1.1　SPI总线的组成

SPI由CS、SCLK、MOSI、MISO四根传输线组成,适合通信速率较高的场合使用。这四根传输线的作用如下。

1) CS:Chip Select,片选信号线,也称为NSS、SS,由主设备控制。常见的SPI通信系统由一个主设备和若干个从设备组成,所有设备的SCLK、MOSI、MISO传输线均并联在相同的SPI总线上。而每个从设备均有独立的CS信号线,即有多少个从设备就有多少个片选信号线。SPI利用片选信号线进行设备间寻址,当主设备选择某个从设备时,把该从设备的CS信号拉低,该从设备即被选中,主从设备之间便可以利用SPI通信。所以,SPI通信从CS信号线拉低开始,至CS信号线拉高结束。

2) SCLK:Serial Clock,串行时钟信号线,用于主从设备之间数据同步,由主设备产生。SCLK的频率决定主从设备间的通信速率,从设备的最大通信速率决定了SCLK的最大频率。

3) MOSI:Master Output Slaver Input,主设备数据输出,从设备数据输入,即主设备的数据由这条传输线输出,从设备由该传输线读入数据。

4) MISO:Master Input Slaver Output,主设备数据输入,从设备数据输出,即主设备由该传输线读入数据,从设备的数据由这条传输线输出。

SPI可分为主、从两种模式,并且支持全双工模式。主机和从机都有一个串行移位寄存器,主机通过向它的SPI串行寄存器写入一个字节来发起传输。串行移位寄存器通过MOSI信号线将字节传送给从机,同时从机也将自己的串行移位寄存器中的内容通过MISO信号线返回给主机。这样,两个移位寄存器中的内容就被交换。外设的写操作和读操作是同步完成的。如果只进行写操作,主机只需忽略接收到的字节;反之,若主机要读取从机的一个字节,就必须发送一个空字节来引发从机的传输。

主机和从机的发送数据是同时完成的,两者的接收数据也是同时完成的。也就是说,当上升沿主机发送数据的时候,从机也发送了数据。为了保证主从机正确通信,应使得它们的SPI

具有相同的时钟极性和时钟相位。

12.1.2 SPI 总线的功能

SPI 系统可以很容易地与多种标准外围器件直接连接。SPI 子系统可以在软件控制下构成复杂或简单的系统。多数应用场合下，使用一个单片机作为主机，主机向从机（一个或多个外围器件）发送数据或控制指令，从机接收数据或控制指令并做出相应的动作。SPI 单主机多从机通信系统连接如图 12.1 所示。

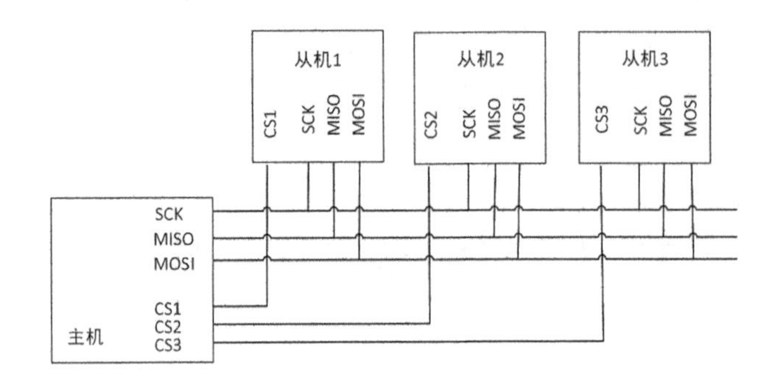

图 12.1 典型的 SPI 通信系统

12.2 SPI 结构框图

CH32V103 系列的 SPI 具有以下特征：

1）支持全双工同步串行模式。

2）支持单线半双工模式。

3）支持主模式、从模式和多从模式。

4）支持 8 位或者 16 位数据结构。

5）最高时钟频率支持到 F_{pclk} 的一半。

6）数据顺序支持 MSB 或者 LSB 在前。

7）支持硬件或者软件控制 NSS 引脚。

8）收发支持硬件 CRC 校验。

9）收发缓冲器支持 DMA 传输。

10）支持修改时钟相位和极性。

CH32V103 的 SPI 的基本结构框图如图 12.2 所示。CH32V103 的 SPI 主要包括 MOSI、MISO、SCK 和 NSS，它们都有相应的引脚与外部设备相连。其内部包括地址和数据总线、接收缓冲区、移位寄存器、发送缓冲区、波特率发生器、主控制电路、通信电路以及 3 个相关的寄存器。

CH32V103C8T6 有 2 个 SPI，即 SPI1 和 SPI2，其引脚对应如下：SPI1_NSS(PA4)、SPI1_SCK(PA5)、SPI1_MISO(PA6)、SPI1_MOSI(PA7)，SPI2_NSS(PB12)、SPI2_SCK(PB13)、SPI2_MISO(PB14)、SPI2_MOSI(PB15)。

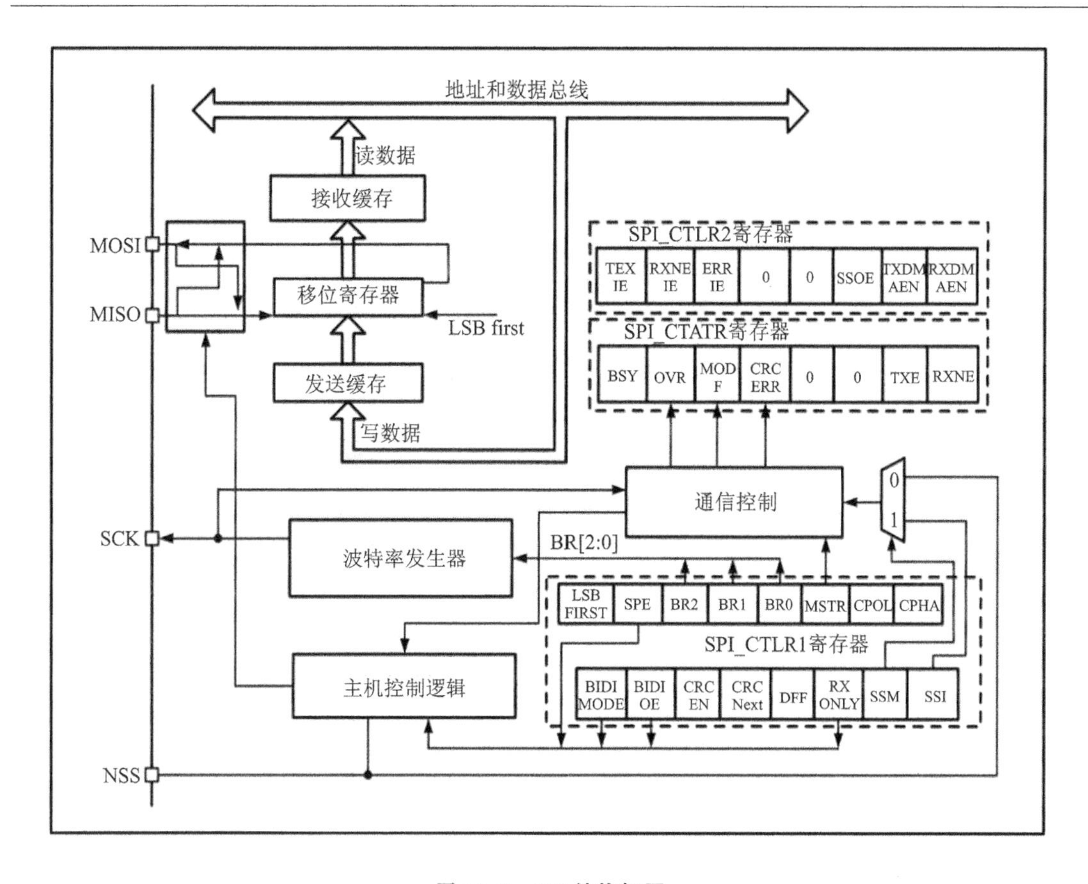

图 12.2　SPI 结构框图

CH32V103 的 SPI 的功能是通过操作相应寄存器实现的，包括 SPIx 控制寄存器 1(R16_SPIx_CTLR1)、SPIx 控制寄存器 2(R16_SPIx_CTLR2)、SPIx 状态寄存器(R16_SPIx_STATR)、SP1x 数据寄存器(R16_SPIx_DATAR)、SPIx 多项式寄存器(R16_SPIx_CRCR)、SPIx 接收 CRC 寄存器(R16_SPIx_RCRCR)、SPIx 发送 CRC 寄存器(R16_SPIx_TCRCR)。

12.3　SPI 功能描述

12.3.1　从选择管理

NSS 引脚是片选引脚，通过设置 SPIx_CTLR1 的 SSM 和 SSI 位可以配置 NSS 的工作模式。

1) NSS 由软件控制：此时 SSM 被置位，NSS 内部信号由 SSI 决定输出高电平还是低电平，这种情况一般用于 SPI 主模式。

2) NSS 由硬件控制：在 NSS 输出使能，即 SSOE 置位时，在 SPI 主机向外发送输出时会主动拉低 NSS 引脚，拉低 NSS 脚就会产生一个硬件错误；SSOE 不置位，则可以用于多主机模式，如果它被拉低则会强行进入从机模式，MSTR 位会被自动清除。

12.3.2 时钟相位与极性

SPI通信有4种不同的模式，不同的从设备可能在出厂时就配置为某种模式，这是不能改变的。但通信双方必须工作在同一模式下，所以可以对主设备的SPI模式进行配置，通过CPOL（时钟极性）和CPHA（时钟相位）来控制主设备的通信模式。数据时钟时序如图12.3所示。

时钟极性CPOL用来配置无数据时SCLK保持高电平还是低电平，时钟相位CPHA用来配置数据采样是在第几个边沿进行的：

1）CPOL＝0，表示当空闲态时，SCLK＝0；

2）CPOL＝1，表示当空闲态时，SCLK＝1；

3）CPHA＝0，表示数据采样在第1个边沿，数据发送在第2个边沿；

4）CPHA＝1，表示数据采样在第2个边沿，数据发送在第1个边沿。

在高电平有效状态时，第一边沿为上升沿，第二边沿为下降沿；在低电平有效状态时，第一边沿为下降沿，第二边沿为上升沿。

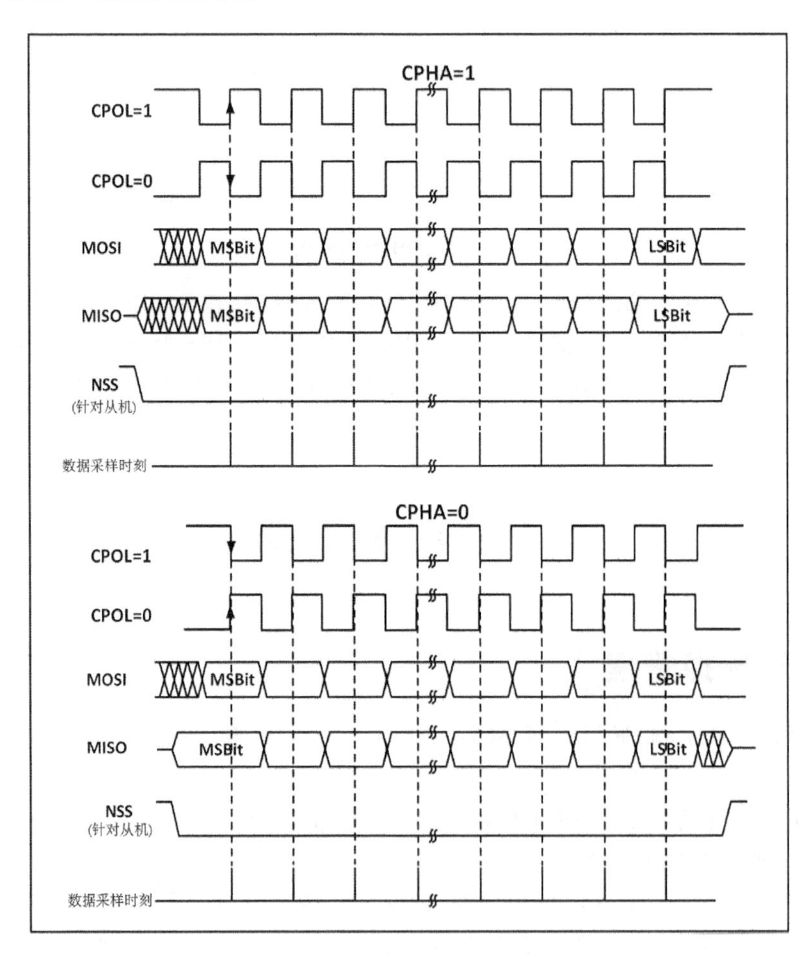

图12.3 数据时钟时序图

12.3.3　主模式

在 SPI 模块工作在主模式时，由 SCLK 产生串行时钟。配置成主模式的步骤如下：

1）配置控制寄存器的 BR[2:0]域来确定时钟。

2）配置 CPOL 和 CPHA 位来确定 SPI 模式。

3）配置 DEF 确定数据字长。

4）配置 LSBFIRST 确定帧格式。

5）配置 NSS 引脚，比如置 SSOE 位让硬件去置 NSS。也可以置 SSM 位并把 SSI 位置高电平。

6）置 MSTR 位和 SPE 位，需要保证 NSS 此时已经是高电平。

需要发送数据时，只需要向数据寄存器写要发送的数据就行了。SPI 会从发送缓冲区并行地把数据送到移位寄存器，然后按照 LSBFIRST 的设置将数据从移位寄存器发出去。数据到移位寄存器时，TXE 标志会被置位；如果已经置位了 TXEIE，则会产生中断。如果 TXE 标志位置位，则需要向数据寄存器里填数据，维持完整的数据流。

接收器接收数据时，当数据字的最后一个采样时钟沿到来时，数据从移位寄存器并行转移到接收缓冲区，RXNE 位被置位；如果之前置位了 RXNEIE 位，还会产生中断。此时，应该尽快读取数据寄存器，取走数据。

12.3.4　从模式

SPI 模块工作在从模式时，SCLK 用于接收主机发来的时钟，自身的波特率设置无效。配置成从模式的步骤如下。

1）配置 DEF 位设置数据位长度。

2）配置 CPOL 和 CPHA 位匹配主机模式。

3）配置 LSBFIRST 匹配主机数据帧格式。

4）硬件管理模式下，NSS 引脚需要保持为低电平；如果设置 NSS 为软件管理（SSM 置位），应确保 SSI 不被置位。

5）清除 MSTR 位，置 SPE 位，开启 SPI 模式。

发送时，当 SCLK 出现第一个从机接收采样沿时，从机开始发送。发送的过程就是将发送缓冲区的数据移到发送移位寄存器。发送缓冲区的数据移到了移位寄存器之后，会置位 TXE 标志；如果之前置位了 TXEIE 位，则会产生中断。

接收时，最后一个时钟采样沿之后，RXNE 位被置位，移位寄存器接收到的字节被转移到接收缓冲区，读数据寄存器的读操作可以获得接收缓冲区里的数据。如果在 RXNE 置位之前 RXNEIE 已经被置位，则会产生中断。

12.3.5　单工模式

SPI 接口可以工作在半双工模式，即主设备使用 MOSI 引脚，从设备使用 MISO 引脚进行通信。使用半双工通信时需要把 BIDIMODE 置位，使用 BIDIOE 控制传输方向。

在正常全双工模式下，把 RXONLY 位置位可以将 SPI 模块置为仅仅接收的单工模式，在

RXONLY 置位之后会释放一个数据引脚，主模式和从模式释放的引脚不同。也可以不理会接收的数据，将 SPI 置成只发送的模式。

12.3.6 CRC 校验

SPI 模块使用 CRC 校验来保证全双工通信的可靠性，数据收发分别使用单独的 CRC 计算器。CRC 计算的多项式由多项式寄存器决定，8 位数据宽度和 16 位数据宽度分别使用不同的计算方法。

设置 CRCEN 位会启用 CRC 校验，同时会使 CRC 计算器复位。在发送完最后一个数据字节后，置 CRCNEXT 位就会在当前字节发送结束后发送 TXCRCR 计算器的计算结果，最后接收到的接收移位寄存器的值如果与本地算出来的 RXCRCR 的计算值不相符，CRCERR 位就会被置位。使用 CRC 校验时，需要在配置 SPI 工作模式时设置多项式计算器，并置 CRCEN 位，在最后一个字或半字置 CRCNEXT 位发送 CRC 进行接收 CRC 的校验。

注意：收发双方的 CRC 计算多项式应该统一。

12.3.7 DMA 的 SPI 通信

SPI 模块支持使用 DMA 来加快数据通信速度，可以使用 DMA 向发送缓冲区填写数据，或者使用 DMA 从接受缓冲区及时取走数据。DMA 会以 RXNE 和 TXE 为信号及时取走或发来数据。DMA 也可以工作在单工模式或者加 CRC 校验的模式。

12.3.8 错误状态

1. 主模式失效错误

以下情形会发生主模式失效：SPI 工作在 NSS 引脚硬件管理模式下，发生了外部拉低 NSS 引脚的操作；或在 NSS 引脚软件管理模式下，SSI 位被清零；或 SPE 位被清零，导致 SPI 被关闭；或 MSTR 位被清零，SPI 进入从模式；如果 ERRIE 位已经被置位，还会产生中断。

2. 溢出错误

如果主机发送了数据，而从设备的接收缓冲区中还有未读取的数据，就会发生溢出错误，OVR 位被置位；如果 ERRIE 被置位还会产生中断。发送溢出错误后，应该重新开始当前传输。读取数据寄存器，再读取状态寄存器就会消除刚发生溢出的数据。

3. CRC 错误

当接收到的 CRC 校验字和 RXCRCR 的值不匹配时，会产生 CRC 校验错误，CRCERR 位会被置位。

12.3.9 中　断

SPI 模块的中断支持五个中断源，其中发送缓冲区空，接收缓冲区非空这两个事件分别会置位 TXE 和 RXNE，在分别置位了 TXEIE 和 RXNEIE 位的情况下会产生中断。除此之外上面提到的三种错误即 MODF、OVR 和 CRCERR，在使能了 ERRIE 位之后，也会产生中断。

上述功能可以通过设置寄存器方式实现，相关寄存器数据信息请参考 CH32V103 用户手册，也可以通过 CH32V103 标准库函数实现。标准库提供了大部分寄存器操作方式，使用库函数进行编程更加便捷高效。

12.4 SPI 常用库函数

CH32V103 标准库提供了大部分 SPI 函数，见表 12-1。接下来将对常用的几个函数进行介绍。

表 12-1 SPI 函数库

序 号	函数名称	功能描述
1	SPI_I2S_DeInit	将 SPIx 外设寄存器配置为默认值
2	SPI_Init	根据 SPI_InitStruct 中指定的参数初始化 SPIx 外设寄存器
3	SPI_StructInit	把 SPI_InitStruct 中每一个参数配置为默认值
4	SPI_Cmd	使能或失能指定的 SPI 外设
5	SPI_I2S_ITConfig	使能或失能指定的 SPI 中断
6	SPI_I2S_DMACmd	使能或失能指定 SPI 的 DMA 请求
7	SPI_I2S_SendData	通过 SPI 外设发送一个数据
8	SPI_I2S_ReceiveData	返回通过 SPI 外设的最近一次数据
9	SPI_NSSInternalSoftwareConfig	为指定的 SPI 软件配置内部 NSS 引脚
10	SPI_SSOutputCmd	使能或失能指定 SPI 的 SS 输出
11	SPI_DataSizeConfig	为指定的 SPI 配置数据位宽
12	SPI_TransmitCRC	发送指定 SPIx 的 CRC 校验值
13	SPI_CalculateCRC	使能或失能传输字节的 CRC 校验值计算
14	SPI_GetCRC	返回指定 SPI 发送或接受 CRC 寄存器值
15	SPI_GetCRCPolynomial	返回指定 SPI 的 CRC 多项式寄存器值
16	SPI_BiDirectionalLineConfig	选择指定 SPI 在双向传输模式下的数据传输方向
17	SPI_I2S_GetFlagStatus	检查指定 SPI 的标志位设置与否
18	SPI_I2S_ClearFlag	清除 SPIx 指定状态标志位
19	SPI_I2S_GetITStatus	检查指定 SPI 的中断发生与否
20	SPI_I2S_ClearITPendingBit	清除指定 SPI 的中断挂起标志

(1) SPI_Init 函数

SPI_Init 函数的说明见表 12-2。

表 12-2 SPI_Init 函数说明

项目名	描 述
函数原型	void SPI_Init(SPI_TypeDef * SPIx, SPI_InitTypeDef * SPI_InitStruct)
功能描述	根据 SPI_InitStruct 中指定的参数初始化 SPIx 外设寄存器
输入参数 1	SPIx:选择指定的 SPI 外设
输入参数 2	SPI_InitStruct:指向 SPI_InitTypeDef 的结构体指针,包含 SPI 的配置信息
输出参数	无

参数描述:SPI_InitTypeDef 定义在"ch32v10x_spi.h"文件中。

```
typedef struct
{
  uint16_t   SPI_Direction;
  uint16_t   SPI_Mode;
  uint16_t   SPI_DataSize;
  uint16_t   SPI_CPOL;
  uint16_t   SPI_CPHA;
  uint16_t   SPI_NSS;
  uint16_t   SPI_BaudRatePrescaler;
  uint16_t   SPI_FirstBit;
  uint16_t   SPI_CRCPolynomial;
}SPI_InitTypeDef;
```

1) SPI_Direction:设置 SPI 数据收发方向,见表 12-3。

表 12-3 SPI_Direction 参数说明

SPI_Direction 参数	描 述
SPI_Direction_2Lines_FullDuplex	双线双向全双工
SPI_Direction_2Lines_RxOnly	双线单向接收
SPI_Direction_1Line_Rx	单线接收
SPI_Direction_1Line_Tx	单线发送

2) SPI_Mode:设置 SPI 主从模式,见表 12-4。

表 12-4 SPI_Mode 参数说明

SPI_Mode 参数	描 述
SPI_Mode_Master	主模式
SPI_Mode_Slave	从模式

3) SPI_DataSize:设置 SPI 数据位宽,见表 12-5。

表 12-5　SPI_DataSize 参数说明

SPI_DataSize 参数	描　述
SPI_DataSize_16b	数据位宽为 16 位
SPI_DataSize_8b	数据位宽为 8 位

4) SPI_CPOL：配置无数据时 SCLK 保持高电平还是低电平，见表 12-6。

表 12-6　SPI_CPOL 参数说明

SPI_CPOL 参数	描　述
SPI_CPOL_Low	无数据时 SCLK 保持低电平
SPI_CPOL_High	无数据时 SCLK 保持高电平

5) SPI_CPHA：配置数据采样在第几个边沿，见表 12-7。

表 12-7　SPI_CPOL 参数说明

SPI_CPHA 参数	描　述
SPI_CPHA_1Edge	配置数据采样在第 1 个边沿
SPI_CPHA_2Edge	配置数据采样在第 2 个边沿

6) SPI_NSS：指定 NSS 信号由硬件还是软件管理，见表 12-8。

表 12-8　SPI_NSS 参数说明

SPI_NSS 参数	描　述
SPI_NSS_Soft	NSS 由 SPI 的 SSI 位控制
SPI_NSS_Hard	NSS 由外部引脚管理

7) SPI_BaudRatePrescaler：设置波特率预分频值，配置 SPI 的 SCLK 时钟，见表 12-9。

表 12-9　SPI_BaudRatePrescaler 参数说明

SPI_BaudRatePrescaler 参数	描　述	SPI_BaudRatePrescaler 参数	描　述
SPI_BaudRatePrescaler_2	波特率预分配值 2	SPI_BaudRatePrescaler_32	波特率预分配值为 32
SPI_BaudRatePrescaler_4	波特率预分配值 4	SPI_BaudRatePrescaler_64	波特率预分配值为 64
SPI_BaudRatePrescaler_8	波特率预分配值 8	SPI_BaudRatePrescaler_128	波特率预分配值 128
SPI_BaudRatePrescaler_16	波特率预分配值 16	SPI_BaudRatePrescaler_256	波特率预分配值 256

8) SPI_FirstBit：设置数据是从高位(MSB)还是低位(LSB)开始传输，见表 12-10。

表 12-10　SPI_FirstBit 参数说明

SPI_FirstBit 参数	描　述
SPI_FirstBit_MSB	数据从高位开始传输
SPI_FirstBit_LSB	数据从低位开始传输

9）SPI_CRCPolynomial:定义用于CRC值计算的多项式。

该函数使用方法如下：

```
SPI_InitTypeDef   SPI_InitStructure;
    SPI_InitStructure.SPI_Direction = SPI_Direction_2Lines_FullDuplex;//两线全双工
    SPI_InitStructure.SPI_Mode = SPI_Mode_Master;//主机模式
    SPI_InitStructure.SPI_DataSize = SPI_DataSize_8b;//8位数据
    SPI_InitStructure.SPI_CPOL = SPI_CPOL_High;//无数据时SCLK保持高电平
    SPI_InitStructure.SPI_CPHA = SPI_CPHA_2Edge;//配置数据采样是在第2个边沿
    SPI_InitStructure.SPI_NSS = SPI_NSS_Soft;//软件控制使能
    SPI_InitStructure.SPI_BaudRatePrescaler = SPI_BaudRatePrescaler_4;//主时钟四分频
    SPI_InitStructure.SPI_FirstBit = SPI_FirstBit_MSB;//数据从高位开始传输
    SPI_InitStructure.SPI_CRCPolynomial = 7;
    SPI_Init(SPI1, &SPI_InitStructure);
```

(2) SPI_Cmd函数

SPI_Cmd函数的说明见表12-11。

表12-11 SPI_Cmd函数说明

项目名	描 述
函数原型	void SPI_Cmd(SPI_TypeDef * SPIx, FunctionalStateNewState)
功能描述	使能或失能指定的SPI外设
输入参数1	SPIx:选择指定的SPI外设
输入参数2	NewState:设置SPI外设状态，可配置ENABLE或DISABLE
输出参数	无

该函数使用方法如下：

```
SPI_Cmd(SPI1,ENABLE);//使能SPI1
```

(3) SPI_I2S_ITConfig函数

SPI_I2S_ITConfig函数说明见表12-12。

表12-12 SPI_I2S_ITConfig函数说明

项目名	描 述
函数原型	void SPI_I2S_ITConfig(SPI_TypeDef * SPIx, uint8_t SPI_I2S_IT, FunctionalStateNewState)
功能描述	使能或失能指定的SPI中断
输入参数1	SPIx:选择指定的SPI外设
输入参数2	SPI_I2S_IT:使能或失能指定的SPI中断，中断源见表12-13
输入参数3	设置SPI外设状态，可配置ENABLE或DISABLE
输出参数	无

SPI_I2S_IT中断源的说明见表12-13。

表 12-13　SPI_I2S_IT 中断源说明

SPI_I2S_IT 中断源	描　述
SPI_I2S_IT_TXE	发送缓冲区空中断
SPI_I2S_IT_RXNE	接收缓冲区非空中断
SPI_I2S_IT_ERR	错误中断

该函数使用方法如下：

```
SPI_I2S_ITConfig (SPI1, SPI_I2S_IT_TXE ,ENABLE);//使能 SPI1 发送缓冲区空中断
```

(4) SPI_I2S_SendData 函数

SPI_I2S_SendData 函数的说明见表 12-14。

表 12-14　SPI_I2S_SendData 函数说明

项目名	描　述
函数原型	void SPI_I2S_SendData(SPI_TypeDef * SPIx, uint16_t Data)
功能描述	通过 SPI 外设发送一个数据
输入参数 1	SPIx:选择指定的 SPI 外设
输入参数 2	Data:待发送的数据
输出参数	无

该函数使用方法如下：

```
SPI_I2S_SendData (SPI1,0xFE);//SPI1 发送一个字节数据 0xFE
```

(5) SPI_I2S_ReceiveData 函数

SPI_I2S_ReceiveData 函数的说明见表 12-15。

表 12-15　SPI_I2S_ReceiveData 函数说明

项目名	描　述
函数原型	uint16_t SPI_I2S_ReceiveData(SPI_TypeDef * SPIx)
功能描述	返回通过 SPI 外设的最近一次数据
输入参数 1	SPIx:选择指定的 SPI 外设
输出参数	接收到的数据

该函数使用方法如下：

```
uint16_t  SPI1_RecData;
SPI1_RecData = SPI_I2S_ReceiveData (SPI1);//读取 SPI1 最近一次数据
```

(6) SPI_I2S_GetFlagStatus 函数

SPI_I2S_GetFlagStatus 函数的说明见表 12-16。

表 12-16　SPI_I2S_GetFlagStatus 函数说明

项目名	描　述
函数原型	FlagStatus SPI_I2S_GetFlagStatus(SPI_TypeDef * SPIx, uint16_t SPI_I2S_FLAG)
功能描述	检查指定 SPI 的标志位设置与否
输入参数 1	SPIx:选择指定的 SPI 外设
输入参数 2	SPI_I2S_FLAG:待检查的 SPI 标志位,见表 12-17
输出参数	SPI_I2S_FLAG 的最新状态,SET 或 RESET

SPI_I2S_FLAG 参数定义见表 12-17。

表 12-17　SPI_I2S_FLAG 参数定义

SPI_I2S_FLAG 参数	描　述	SPI_I2S_FLAG 参数	描　述
SPI_I2S_FLAG_RXNE	接收缓冲区非空标志位	SPI_FLAG_MODF	模式错误标志位
SPI_I2S_FLAG_TXE	发送缓冲区空标志位	SPI_I2S_FLAG_OVR	溢出标志位
SPI_FLAG_CRCERR	CRC 错误标志位	SPI_I2S_FLAG_BSY	忙标志位

该函数使用方法如下:

```
FlagStatus   bitstatus;
bitstatus = SPI_I2S_GetFlagStatus(SPI1, SPI_I2S_FLAG_BSY);//检测 SPI1 忙标志位
```

(7) SPI_I2S_ClearFlag 函数

SPI_I2S_ClearFlag 函数的说明见表 12-18。

表 12-18　SPI_I2S_ClearFlag 函数说明

项目名	描　述
函数原型	void SPI_I2S_ClearFlag(SPI_TypeDef * SPIx, uint16_t SPI_I2S_FLAG)
功能描述	清除 SPIx 指定状态标志位
输入参数 1	SPIx:选择指定的 SPI 外设
输入参数 2	SPI_I2S_FLAG:待检查的 SPI 标志位,见表 12-17
输出参数	无

该函数使用方法如下:

```
SPI_I2S_ClearFlag(SPI1, SPI_I2S_FLAG_BSY);//清除 SPI1 忙标志位
```

(8) SPI_I2S_GetITStatus 函数

SPI_I2S_GetITStatus 函数的说明见表 12-19。

表 12-19　SPI_I2S_GetITStatus 函数说明

项目名	描　述
函数原型	ITStatus SPI_I2S_GetITStatus(SPI_TypeDef * SPIx, uint8_t SPI_I2S_IT)
功能描述	检查指定 SPI 的中断发生与否
输入参数 1	SPIx:选择指定的 SPI 外设
输入参数 2	SPI_I2S_IT:获取指定的 SPI 中断标志位,见表 12-20
输出参数	SPI_I2S_IT 最新状态,SET 或 RESET

SPI_I2S_IT 参数定义说明见表 12-20。

表 12-20　SPI_I2S_IT 参数定义说明

SPI_I2S_IT 参数	描　述	SPI_I2S_IT 参数	描　述
SPI_I2S_IT_TXE	发送缓存空中断标志位	SPI_I2S_IT_OVR	溢出中断标志位
SPI_I2S_IT_RXNE	接收缓存非空中断标志位	SPI_IT_MODF	模式错位中断标志位
SPI_I2S_IT_ERR	错误中断标志位	SPI_IT_CRCERR	CRC 错误标志位

该函数使用方法如下:

```
FlagStatus   bitstatus;
bitstatus = SPI_I2S_GetITStatus(SPI1,SPI_I2S_IT_RXNE);//获取 SPI1 接收缓存非空中断标志位
```

(9) SPI_I2S_ClearITPendingBit 函数

SPI_I2S_ClearITPendingBit 函数的说明见表 12-21。

表 12-21　SPI_I2S_ClearITPendingBit 函数说明

项目名	描　述
函数原型	void SPI_I2S_ClearITPendingBit(SPI_TypeDef * SPIx, uint8_t SPI_I2S_IT)
功能描述	清除指定 SPI 的中断挂起标志
输入参数 1	SPIx:选择指定的 SPI 外设
输入参数 2	SPI_I2S_IT:清除指定的 SPI 中断标志位,见表 12-20
输出参数	无

该函数使用方法如下:

```
SPI_I2S_ClearITPendingBit (SPI1,SPI_I2S_IT_RXNE);//清除 SPI1 接收缓存非空中断标志位
```

12.5　SPI 使用流程

SPI 是一种串行同步通信协议,由一个主设备和一个或多个从设备组成,主设备启动一个与从设备的同步通信,完成数据的交换。CH32V103 的 SPI 配置流程如图 12.4 所示,主要包

括开启时钟、相关引脚配置和 SPI 工作模式设置。其中,GPIO 配置需要将 SPI 器件片选设置为相应电平,SCK、MOSI、MISO 设置为复用功能。配置完成后,可以根据器件功能和命令进行数据读写操作。

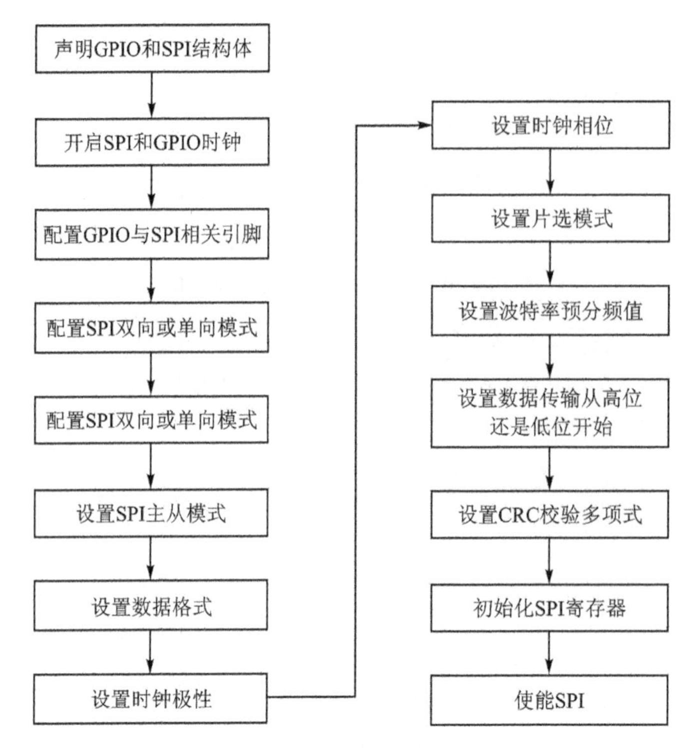

图 12.4　SPI 配置流程图

12.6　项目实战:W25Q16 读写实验

FLASH 又称为闪存,是一种掉电后数据不会丢失的存储器。生活中常用的 U 盘、SD 卡以及 CH32V103 内部存储程序的设备,都是 FLASH 型的存储器。

W25Q16 是一种支持 SPI 接口的 FLASH,由 8 192 个编程页组成,每个编程页 256 B。每页的 256 B 用一次页编程指令即可完成。每次可擦除 16 页(扇区擦除)、128 页(32KB 块擦除)、256 页(64KB 块擦除)和全片擦除。W25Q16 有 512 个可擦除扇区或 32 个可擦除块。W25Q16 的指令见表 12-22。

表 12-22　W25Q16 指令表

指令名称	字节 1(代码)	字节 2	字节 3	字节 4	字节 5	字节 6
写使能	06h					
写失能	04h					
读状态寄存器 1	05h	(S7～S0)				

续表 12-22

指令名称	字节 1(代码)	字节 2	字节 3	字节 4	字节 5	字节 6
读状态寄存器 2	35h	(S15～S8)				
写状态寄存器	01h	(S7～S0)	(S15～S8)			
页编程	02h	A23～A16	A15～A8	A7～A0	(D7～D0)	
四倍页编程	32h	A23～A16	A15～A8	A7～A0	(D7～D0，…)	
块擦除(64KB)	D8h	A23～A16	A15～A8	A7～A0		
块擦除(32KB)	52h	A23～A16	A15～A8	A7～A0		
扇区擦除(4KB)	20h	A23～A16	A15～A8	A7～A0		
芯片全擦	C7h/60h					
擦除挂起	75h					
擦除恢复	7Ah					
休眠	B9h					
高性能模式	A3h	任意数	任意数	任意数		
模式位复位	FFh	FFh				
退出休眠/设备 ID	ABh	任意数	任意数	任意数	(ID7～ID0)	
制造商/设备 ID	90h	任意数	任意数	00h	(M7～M0)	(ID7～ID0)
读唯一 ID	4Bh	任意数	任意数	任意数	任意数	(ID63～ID0)
JEDEC ID	9Fh	(M7～M0) 制造商	(ID15～ID8) 存储器类型	(ID7～ID0) 容量		

12.6.1　硬件设计

W25Q16 的硬件原理如图 12.5 所示。

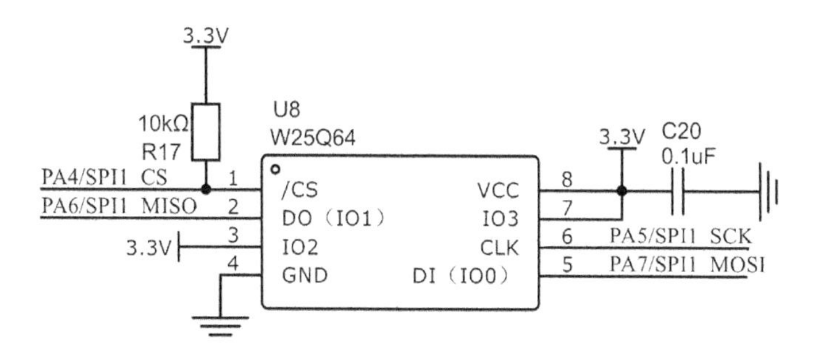

图 12.5　CH32V103 与 W25Q16 硬件原理图

12.6.2　软件设计

CH32V103 的 SPI 外设采用主模式，通过查询方式进行数据通信。本实验先写入数据到 W25Q16 中，再读出数据，发送到串口调试助手中，观察读写结果。

程序流程见图 12.6，采用模块化编程。模块化工程文件结构如图 12.7 所示。

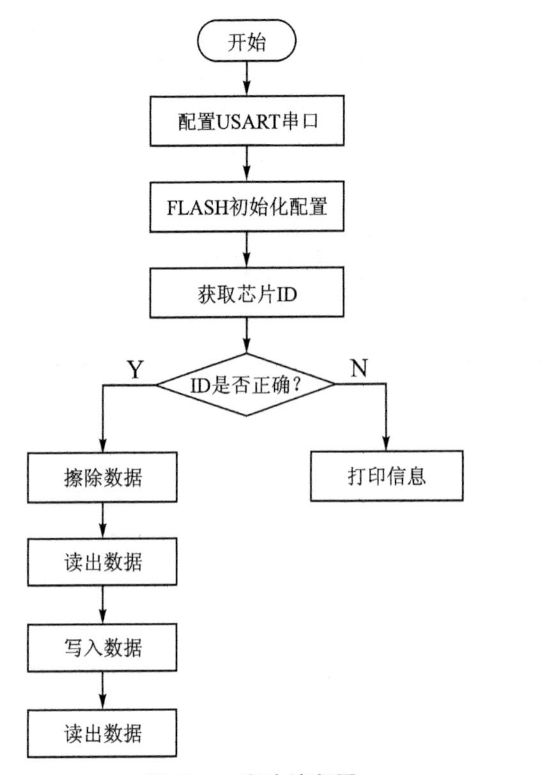

图 12.6　程序流程图

Project Explorer
CH32V10x
Binaries
Includes
bsp
inc
bsp_delay.h
bsp_spi.h
bsp_w25qxx.h
bsp.h
src
bsp_delay.c
bsp_spi.c
bsp_w25qxx.c
Core
Debug
obj
Peripheral
Startup
User
ch32v10x_conf.h
ch32v10x_it.c
ch32v10x_it.h
main.c
system_ch32v10x.c
system_ch32v10x.h
CH32V10x.wvproj

图 12.7　工程文件结构

main.c 程序如下：

```
#include "bsp.h"
const u8 TEXT_Buf[] = {"CH32V103 SPI FLASH W25Qxx"};
#define SIZE sizeof(TEXT_Buf)
int main(void)
{
    u8  datap[SIZE],i;
    u16 Flash_Model;
    USART_Printf_Init(115200);
    printf("SystemClk:%d\r\n",SystemCoreClock);
    SPI_Flash_Init();
    Flash_Model = SPI_Flash_ReadID();
    if(Flash_Model == 0XEF14)//读取芯片设备 ID
    {printf("W25Q16 OK! \r\n");}     //设备识别成功
    else{printf("W25Q16 error! \r\n");//设备识别错误
        while(1);}
    printf("Start Erase W25Qxx....\r\n");//开始擦除扇区数据
    SPI_Flash_Erase_Sector(0);//擦除扇区 0 数据
    printf("W25Qxx Erase Finished! \r\n");//扇区数据擦除完成

    mDelayMS(500);//延时 500ms
    printf("Start Read W25Qxx....\r\n");//开始读取数据
```

```
    SPI_Flash_Read(datap,0x0,SIZE);//从 0 地址读取 SIZE 个数据
    for(i = 0;i<SIZE;i ++ )
        printf(" %X ", datap[i] );//将数据打印出来
    printf("\r\n");
    mDelayMS(500);//延时 500ms
    printf("Start Write W25Qxx....\r\n");//开始写数据
    SPI_Flash_Write((u8 * )TEXT_Buf,0,SIZE);//从 0 地址写入 SIZE 个数据,数据为 TEXT_Buf 数组
    printf("W25Qxx Write Finished! \r\n");//数据写入完成
    mDelayMS(500);//延时 500ms
    printf("Start Read W25Qxx....\r\n");//开始读数据
    SPI_Flash_Read(datap,0x0,SIZE);//从 0 地址读取 SIZE 个数据,数据保存在 datap 数组中
    printf(" %s\r\n", datap );
    while(1);
}
```

bsp_spi.c 程序如下：

```
#include "bsp.h"
u8 SPI1_ReadWriteByte(u8 TxData)//SPI 字节数据写入
{
    u8 i = 0;
    while (SPI_I2S_GetFlagStatus(SPI1, SPI_I2S_FLAG_TXE) == RESET)
    {
        i ++ ;
        if(i>200)
        { printf("error1\r\n" );
            return 0;
        }
    }
    SPI_I2S_SendData(SPI1, TxData);//发送 SPI 数据
    i = 0;
    while (SPI_I2S_GetFlagStatus(SPI1, SPI_I2S_FLAG_RXNE) == RESET)
    {
        i ++ ;
        if(i>200)
        { printf("error2\r\n" );
            return 0;
        }
    }
    return SPI_I2S_ReceiveData(SPI1);
}
void SPI_Flash_Init(void)
```

```
{
    GPIO_InitTypeDef   GPIO_InitStructure;
    SPI_InitTypeDef    SPI_InitStructure;
    RCC_APB2PeriphClockCmd(RCC_APB2Periph_GPIOA|RCC_APB2Periph_SPI1, ENABLE );

    GPIO_InitStructure.GPIO_Pin = GPIO_Pin_4;//配置 PA4 引脚
    GPIO_InitStructure.GPIO_Mode = GPIO_Mode_Out_PP;
    GPIO_InitStructure.GPIO_Speed = GPIO_Speed_50MHz;
    GPIO_Init(GPIOA, &GPIO_InitStructure);
    GPIO_SetBits(GPIOA, GPIO_Pin_4);

    GPIO_InitStructure.GPIO_Pin = GPIO_Pin_5; //配置 PA5 引脚
    GPIO_InitStructure.GPIO_Mode = GPIO_Mode_AF_PP;
    GPIO_InitStructure.GPIO_Speed = GPIO_Speed_50MHz;
    GPIO_Init( GPIOA, &GPIO_InitStructure );

    GPIO_InitStructure.GPIO_Pin = GPIO_Pin_6; //配置 PA6 引脚
    GPIO_InitStructure.GPIO_Mode = GPIO_Mode_IPU;
    GPIO_Init( GPIOA, &GPIO_InitStructure );

    GPIO_InitStructure.GPIO_Pin = GPIO_Pin_7; //配置 PA7 引脚
    GPIO_InitStructure.GPIO_Mode = GPIO_Mode_AF_PP;
    GPIO_InitStructure.GPIO_Speed = GPIO_Speed_50MHz;
    GPIO_Init( GPIOA, &GPIO_InitStructure );

    SPI_InitStructure.SPI_Direction = SPI_Direction_2Lines_FullDuplex;
    SPI_InitStructure.SPI_Mode = SPI_Mode_Master;
    SPI_InitStructure.SPI_DataSize = SPI_DataSize_8b;
    SPI_InitStructure.SPI_CPOL = SPI_CPOL_High;
    SPI_InitStructure.SPI_CPHA = SPI_CPHA_2Edge;
    SPI_InitStructure.SPI_NSS = SPI_NSS_Soft;
    SPI_InitStructure.SPI_BaudRatePrescaler = SPI_BaudRatePrescaler_4;
    SPI_InitStructure.SPI_FirstBit = SPI_FirstBit_MSB;
    SPI_InitStructure.SPI_CRCPolynomial = 7;
    SPI_Init(SPI1, &SPI_InitStructure);

    SPI_Cmd(SPI1, ENABLE);//使能 SPI 外设
}
```

bsp_w25qxx.c 程序如下：

```
#include "bsp.h"
u8 SPI_FLASH_BUF[4096];
u8 SPI_Flash_ReadSR(void)//读取 W25Qxx 寄存器
{
```

```
    u8 byte = 0;
    GPIO_WriteBit(GPIOA, GPIO_Pin_4, 0);
    SPI1_ReadWriteByte(W25X_ReadStatusReg);
    byte = SPI1_ReadWriteByte(0Xff);
    GPIO_WriteBit(GPIOA, GPIO_Pin_4, 1);
    return byte;
}
void SPI_FLASH_Write_SR(u8 sr) //写入 W25Qxx 寄存器
{
    GPIO_WriteBit(GPIOA, GPIO_Pin_4, 0);
    SPI1_ReadWriteByte(W25X_WriteStatusReg);
    SPI1_ReadWriteByte(sr);
    GPIO_WriteBit(GPIOA, GPIO_Pin_4, 1);
}
void SPI_Flash_Wait_Busy(void)//等待 BUSY 标志位
{while((SPI_Flash_ReadSR()&0x01) == 0x01);}
u16 SPI_Flash_ReadID(void)//读取设备 ID
{
    u16 Temp = 0;

    GPIO_WriteBit(GPIOA, GPIO_Pin_4, 0);
    SPI1_ReadWriteByte(W25X_ManufactDeviceID);
    SPI1_ReadWriteByte(0x00);
    SPI1_ReadWriteByte(0x00);
    SPI1_ReadWriteByte(0x00);
    Temp| = SPI1_ReadWriteByte(0xFF)<<8;
    Temp| = SPI1_ReadWriteByte(0xFF);
    GPIO_WriteBit(GPIOA, GPIO_Pin_4, 1);
    return Temp;
}
void SPI_Flash_Erase_Sector(u32 Dst_Addr)//擦除扇区
{
    Dst_Addr * = 4096;
    SPI_FLASH_Write_Enable();
    SPI_Flash_Wait_Busy();
    GPIO_WriteBit(GPIOA, GPIO_Pin_4, 0);
    SPI1_ReadWriteByte(W25X_SectorErase);
    SPI1_ReadWriteByte((u8)((Dst_Addr)>>16));    SPI1_ReadWriteByte((u8)((Dst_Addr)>>8));
    SPI1_ReadWriteByte((u8)Dst_Addr);
    GPIO_WriteBit(GPIOA, GPIO_Pin_4, 1);
    SPI_Flash_Wait_Busy();
}
void SPI_Flash_Read(u8 * pBuffer,u32 ReadAddr,u16 size) //从指定地址读取 size 长度数据,存
                                                         //入 pBuffer
{
    u16 i;
```

```
    GPIO_WriteBit(GPIOA, GPIO_Pin_4, 0);
    SPI1_ReadWriteByte(W25X_ReadData);
    SPI1_ReadWriteByte((u8)((ReadAddr)>>16));
    SPI1_ReadWriteByte((u8)((ReadAddr)>>8));
    SPI1_ReadWriteByte((u8)ReadAddr);
    for(i=0;i<size;i++)
        {
            pBuffer[i]=SPI1_ReadWriteByte(0XFF);
        }
            GPIO_WriteBit(GPIOA, GPIO_Pin_4, 1);
    }
void SPI_Flash_Write(u8 * pBuffer,u32 WriteAddr,u16 size)//Flash写操作函数
{
    u32 secpos;
    u16 secoff;
    u16 secremain;
    u16 i;
    secpos=WriteAddr/4096;
    secoff=WriteAddr%4096;
    secremain=4096-secoff;
    if(size<=secremain)secremain=size;
    while(1)
    {
        SPI_Flash_Read(SPI_FLASH_BUF,secpos*4096,4096);
        for(i=0;i<secremain;i++)
        {if(SPI_FLASH_BUF[secoff+i]!=0XFF)break;}
        if(i<secremain)
        {
            SPI_Flash_Erase_Sector(secpos);
            for(i=0;i<secremain;i++)
            {
                SPI_FLASH_BUF[i+secoff]=pBuffer[i];          }
            SPI_Flash_Write_NoCheck(SPI_FLASH_BUF,secpos*4096,4096);
        }
        else{
            SPI_Flash_Write_NoCheck(pBuffer,WriteAddr,secremain);
        }
        if(size==secremain){
            break;
        }
        else
        {
            secpos++;
            secoff=0;
            pBuffer+=secremain;
            WriteAddr+=secremain;
            size-=secremain;
            if(size>4096)
            {
                secremain=4096;
            }
            else
            {
```

```
                secremain = size;
            }
        }
    }
}
```

12.6.3　系统调试

工程建立好后，编写程序文件，最后进行 Build Project 编译，修改至无错误和警告后，通过 Download 界面加载生成好的 HEX 文件，单击 Execute 按钮。下载完成后，打开串口助手，设置串口号、波特率、数据位、校验位后，打开串口。

运行程序后，可以看到打印结果如图 12.8 所示。显然，单片机对 W25Q16 进行了数据的读写，并且数据正确无误地传输完成，达到了预期的实验目的。

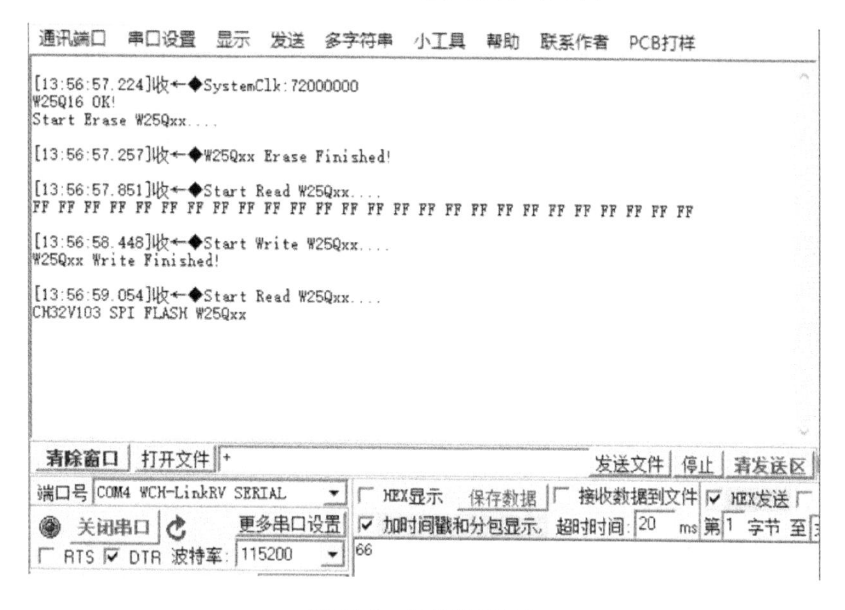

图 12.8　串口助手信息

本章小结

SPI 接口是一种常用的通信接口，具有广泛的应用。本章主要介绍了 CH32V103 的 SPI 串行外设接口的特点与功能，并用 W25Q16 芯片进行数据收发实验，并得到了预期结果。在实际应用中，SPI 设备通常以从机形式出现，因此需要掌握 CH32V103 的 SPI 接口设备的工作模式与过程。

第 13 章　内部集成电路总线 I^2C

内部集成电路总线(I^2C)广泛用于单片机和传感器及其他片外模块的通信上。它本身支持多主多从模式,仅仅使用两根线(SDA 和 SCL)就能以 100 kHz(标准)和 400 kHz(快速)两种速度通信。I^2C 总线还兼容 SMBus 协议,不仅支持 I^2C 的时序,还支持仲裁、定时和 DMA,拥有 CRC 校验功能。

13.1　I^2C 总线通信简介

13.1.1　I^2C 总线特点

I^2C 总线(Inter-Integrated Circuit)即集成电路总线,是 PHILIPS 公司设计出来的一种简单、双向、二线制、同步串行总线。I^2C 总线是一个多向控制总线,多个器件(从机)可以同时挂载到一个主机控制的一条总线上,从而大大简化了系统设计。每个连接在总线上的设备都是通过唯一的地址和其他器件通信,主机和从机的角色可互换。I^2C 总线是一种多主机总线系统,不同单元同时发送数据时,可以通过仲裁方式解决数据冲突,不会造成总线数据丢失。

I^2C 总线的特点如下:

1) 在硬件上,I^2C 总线只需要一根数据线和一根时钟线,总线接口已经集成在芯片内部,不需要特殊的接口电路,而且片上接口电路的滤波器可以滤去总线数据上的毛刺。因此,I^2C 总线简化了硬件电路 PCB 布线,降低了系统成本,提高了系统可靠性。因为 I^2C 芯片除了这两根线和少量中断线,与系统再没有连接的线,常用芯片可以很容易地形成标准化和模块化,便于重复利用。

2) I^2C 总线是一个真正的多主机总线。如果两个或多个主机同时初始化数据传输,可以通过冲突检测和仲裁防止数据破坏,每个连接到总线上的器件都有唯一的地址,任何器件都既可以作为主机也可以作为从机,但同一时刻只允许有一个主机。数据传输和地址设定由软件设置,非常灵活。总线上的器件增加和删除不影响其他器件正常工作。

3) I^2C 总线可以通过外部连线进行在线检测,便于系统故障诊断和调试,故障可以立即被寻址;也利于软件标准化和模块化,缩短开发时间。

4) I^2C 总线上扩展的器件数量主要由电容负载来决定,因为每个器件的总线接口都有一定的等效电容。而线路中电容会影响总线传输速度,当电容过大时,有可能造成传输错误,所以,其负载能力为 400 pF,由此可以估算出总线允许长度和所接器件数量。串行的 8 位双向数据传输位速率在标准模式下可达 100 Kb/s,快速模式下可达 400 Kb/s,高速模式下可达 3.4 Mb/s。

5）I^2C 总线具有极低的电流消耗，抗高噪声干扰，增加总线驱动器可以使总线电容扩大 10 倍，传输距离达到 15 m；兼容不同电压等级的器件，工作温度范围宽。

13.1.2　I^2C 总线术语

I^2C 总线常用术语见表 13-1。

表 13-1　I^2C 总线常用术语

术　语	含　义
SDA	I^2C 通信时用于数据传输的信号线
SCL	I^2C 通信时用于时钟传输的信号线
发送器	发送数据到总线的器件，即可以是主机，也可以是从机，由通信过程确定
接收器	从总线接收数据的器件，即可以是主机，也可以是从机，由通信过程确定
主机	初始化发送，产生时钟信号和终止发送的器件
从机	被主机寻址的器件
多主机	同时有多个主机尝试控制总线，但不破坏信息
仲裁	在有多个主机同时尝试控制总线，但只允许其中一个控制总线并使信息不被破坏的过程
同步	多个器件同步时钟信号的过程
地址	主机用于区分不同从机而分配的地址

13.1.3　I^2C 物理层

I^2C 总线由串行数据线 SDA 和串行时钟线 SCL 构成，总线上的每个器件都有一个唯一的地址。一个典型的 I^2C 总线连接如图 13.1 所示。

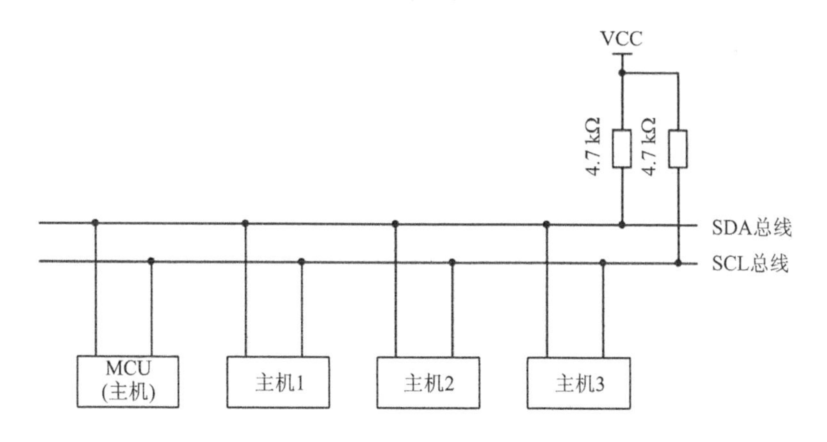

图 13.1　典型的 I^2C 总线拓扑结构

I^2C 总线规范要求 SDA 和 SCL 可以双向通信，即一个器件既可以接收数据和时钟，又可以发送数据和时钟，因此 I^2C 信号线 SDA 和 SCL 采用开集电极输出方式，或开漏极输出方式。I^2C 总线必须通过上拉电阻或者电流源才能正确收发数据。

13.1.4 I²C 协议层

I²C 协议定义了通信的起始（Start）和停止（Stop）信号、数据有效性、重复开始（Repeat-Start）信号、应答（ACK）信号和非应答（NACK）信号。

1. 数据有效性

I²C 总线以串行方式传输数据，数据传输是按照时钟节拍进行的。时钟线每产生一个时钟脉冲，数据线就传输一位数据。I²C 总线协议规定，在时钟的高电平周期内，SDA 线上的数据必须保持稳定，数据线仅可以在时钟 SCL 为低电平时改变。在标准模式下，高低电平宽度必须不小于 4.7μs，I²C 数据有效示意图如图 13.2 所示。

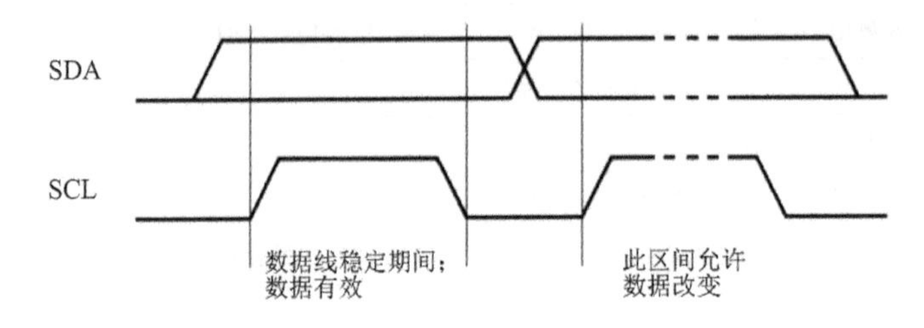

图 13.2　I²C 数据有效示意图

2. 起始信号和停止信号

起始信号：当 SCL 为高电平的时候，SDA 线上由高到低的跳变被定义为起始信号。

结束条件：当 SCL 为高电平的时候，SDA 线上由低到高的跳变被定义为停止信号。

注意：起始信号和终止信号都是由主机发出的，连接到 I²C 总线上的器件，若具有 I²C 总线的硬件接口，则很容易检测到起始和终止信号。总线在起始条件之后，视为忙状态，在停止条件之后被视为空闲状态。对起始条件和结束条件的描述如图 13.3 所示。

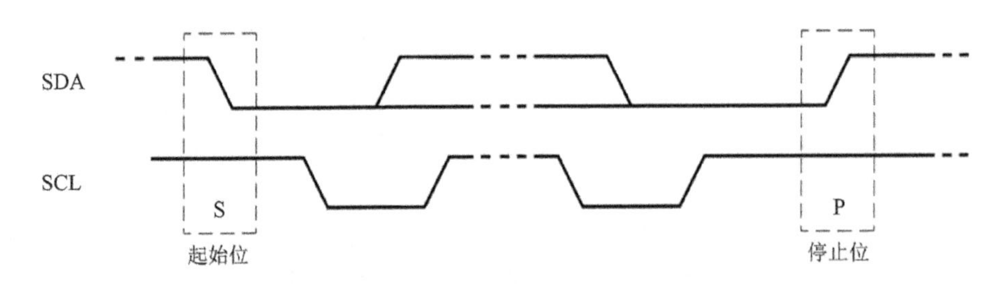

图 13.3　I²C 的起始位和停止位

3. 重复开始信号

在 I²C 总线上，由主机发送一个起始位，启动一次传输后，在发送停止位前，主机可以再发送一次起始位，这个信号被称为重复起始位。它可以帮助主机在不丧失总线控制权的前提下改变数据传输方向或切换到与其他从机通信。它的实现方式是在时钟线为高电平时，数据线由高电平向低电平跳变，产生一个重复起始位，其本质上就是一个起始位。

4. 应答和非应答信号

每当主机向从机发送完1 B(8 b)的数据，主机总是需要等待从机给出一个应答信号，以确认从机是否成功接收到了数据。从机应答主机所需要的时钟仍是主机提供的，应答出现在每一次主机完成8个数据位传输后紧跟着的时钟周期，低电平0表示应答，1表示非应答。

13.1.5 数据传输格式

一般情况，一个标准的 I^2C 通信由四部分组成：起始信号、从机地址传输、数据传输、停止信号。I^2C 通信由主机发送一个起始信号来启动，然后由主机对从机寻址并决定数据传输方向。I^2C 总线上传输数据的最小单位为1 B(8 b)，首先发送的数据位为最高位，每发送完1 B，接收器必须发送1个应答位。如果数据接收器来不及处理数据，可以通过拉低时钟线SCL来通知发送器暂停传输。每次通信的数据字节数是没有限制的，全部数据传送结束后，由主机发送停止信号，结束通信。I^2C 通信时序如图13.4所示。

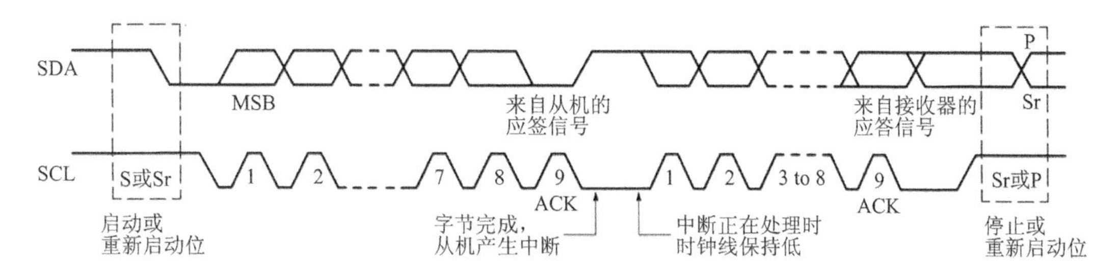

图13.4 I^2C 通信时序

1. 总线寻址定义

I^2C 总线采用独特的寻址方式，规定了起始信号后的第一个字节为寻址字节，用来寻址被控器件，并规定了数据的传输方向。目前，I^2C 总线支持7位、10位寻址模式。

在7位寻址模式中，寻址字节由从机的7位地址(D7～D1)和1位读写位(D0)组成。读写位D0＝1时，表示从下一字节开始主机从从机读取数据；读写位D0＝0时，表示从下一字节开始主机将数据传送给从机。

主机发送起始信号后立即传送寻址字节，总线上的所有器件都将寻址字节中的7位地址与自己的地址进行比较，如果两者相同，则该器件任务被主机寻址，并且发送应答信号。寻址字节中的读写位决定了主机和从机是发送器还是接收器。

主机作为被控器时，其7位地址在 I^2C 总线地址寄存器中给出，为软件地址，而非单片机类型的外围器件地址，完全由器件类型与引脚电平给定。在 I^2C 总线系统中，不允许有两个地址相同的器件，否则会造成数据传输错误。

I^2C 总线委员会协调 I^2C 总线通信地址的分配，并保留了部分地址，见表13-2。

表13-2　I²C总线特殊地址表

从机地址	读/写位	描　述
0000 000	0	广播呼叫地址
0000 000	1	起始字节
0000 001	x	CBUS字节
0000 010	x	保留给不同的总线格式
0000 011	x	保留给将来使用
0000 1xx	x	高速模式主机码
1111 1xx	1	设备ID
1111 0xx	x	10位从机地址

2. 数据传输模式

(1) 主机向从机写N个字节

主机首先产生起始(START)信号，然后发送寻址字节，寻址字节D7～D1位为数据传送目标的从机地址，寻址字节最低位D0为0表示数据传输方向由主机到从机；寻址字节传输完毕后，主机释放数据线(数据线拉高)，并产生一位时钟信号，等待被寻址器件应答信号。

被寻址器件一旦检测到寻址地址与自己地址相同则产生一个应答信号，主机收到应答信号后，开始发送数据。主机每发送完1 B数据，从机产生1个应答信号。

当数据传送完毕后，主机产生一个停止信号结束数据传输，或产生一个重复起始信号进行下一次数据传输。如果数据传输过程中从机产生的不是应答信号，而是非应答信号，则主机会提前结束本次数据传输，主机向从机写N个字节的示意图如图13.5所示。

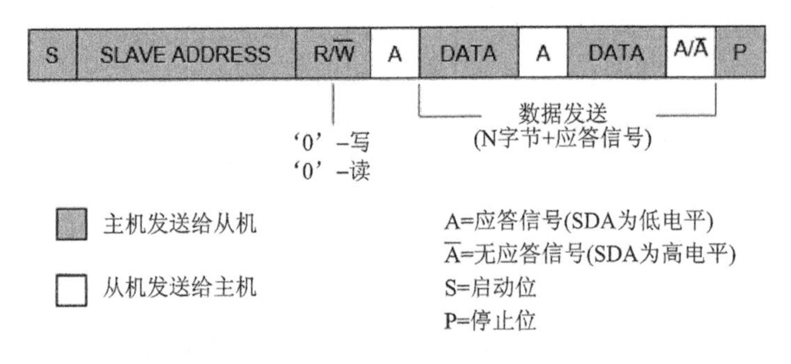

图13.5　主机向从机写N个字节示意图

(2) 主机从从机读取N字节

主机首先产生起始(START)信号，然后发送寻址字节，寻址字节D7～D1位为数据传送目标的从机地址，寻址字节最低位D0为1表示数据传输方向由从机到主机；寻址字节传输完毕后，主机释放数据线(数据线拉高)，并产生一位时钟信号，等待被寻址器件应答信号。

被寻址器件一旦检测到寻址地址与自己地址相同则产生1个应答信号，从机发送完应答信号后，开始发送数据。从机每发送完1 B数据，主机产生1个应答信号。

当数据传输完毕后，主机产生1个非应答信号结束数据传输，然后主机产生1个停止信号结束通信，或产生1个重复起始信号进入下一次数据传输。

在数据传输过程中，主机随时可以产生非应答信号来提前结束本次数据传输，主机从从机读取N字节的示意图如图13.6所示。

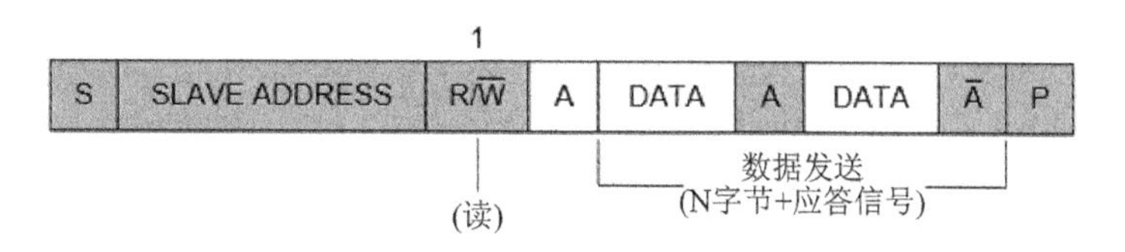

图 13.6 主机从从机读取N字节示意图

(3) 重复起始位

当主机在访问类似存储器器件(如AT24C02)时，主机除了发送寻址字节来确定从机外，还要发送存储单元地址内容；如果需要读取存储单元数据，存在着先写后读的情况，为了解决这个问题，可以利用重复起始信号来实现这个过程。重复起始位示意图如图13.7所示。

首先，主机向从机写多个字节数据，将存储单元地址写入从机，数据传输结束后并不产生停止信号而是产生一个重复起始位，然后发送寻址字节。执行过程与过程(1)、(2)所述完全相同。

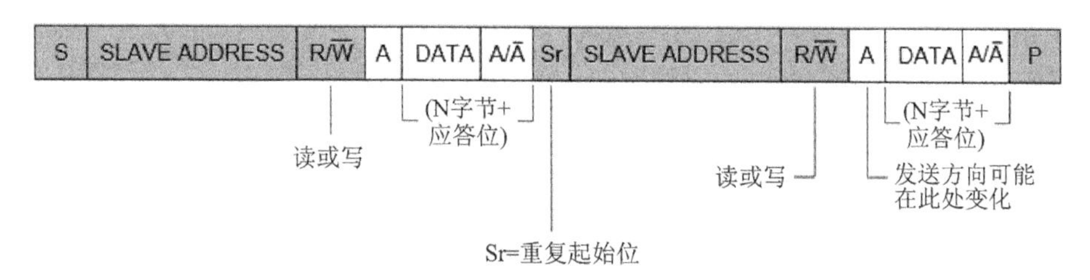

图 13.7 重复起始位示意图

(4) 仲裁与同步

所有主机在时钟线SCL上产生自己的时钟来传输，I^2C总线上的数据只有时钟的高电平周期有效，因此需要一个确定的时钟进行逐位仲裁。

13.2 CH32V103 的 I^2C 功能与结构框图

CH32V103系列单片机的I^2C是个半双工总线，同时只能运行在下列四种模式之一中：主设备发送模式、主设备接收模式、从设备发送模式和从设备接收模式。其主要特征如下：

1) 丰富的通信功能。该模块既可以作为主设备，也可以作为从设备。
2) 可编程的I^2C地址检测，支持7位或10位地址，从设备支持双7位地址。
3) 支持标准和快速两种模式：100 kHz和400 kHz。
4) 完善的错误监测。具有仲裁丢失、总线错误、应答错误、过载/欠载错误四种错误标志。
5) 支持加长的时钟功能，可以避免出现过载/欠载错误。
6) 2个中断向量，分别是事件中断和错误中断。
7) 支持DMA，支持可配置信息包错误检测(PEC)，兼容系统管理总线(System Manage-

ment Bus,SMBus)。

CH32V103 的 I^2C 内部结构框图如图 13.7 所示。CH32V103 的 I^2C 主要组成部分为:数据线 SDA、时钟线 SCL、系统管理总线 SMBA。这些都有相应的引脚与外部设备相连。

其内部包括数据收发模块、时钟逻辑模块和逻辑控制模块。数据收发模块由数据控制器、数据寄存器、数据移位寄存器、比较器和本地地址寄存器等组成。时钟逻辑模块由时钟控制器、时钟控制寄存器和状态寄存器组成。逻辑控制模块由逻辑控制、中断和 DMA 请求/应答组成。

CH32V103C8T6 有 2 个 I^2C 接口,即 I^2C1 和 I^2C2。其引脚对应关系为:IIC1_SMBA1(PB5)、IIC1_SDA(PB7)、IIC1_SCL(PB6)、IIC2_SDA(PB11)、IIC2_SCL(PB10)。

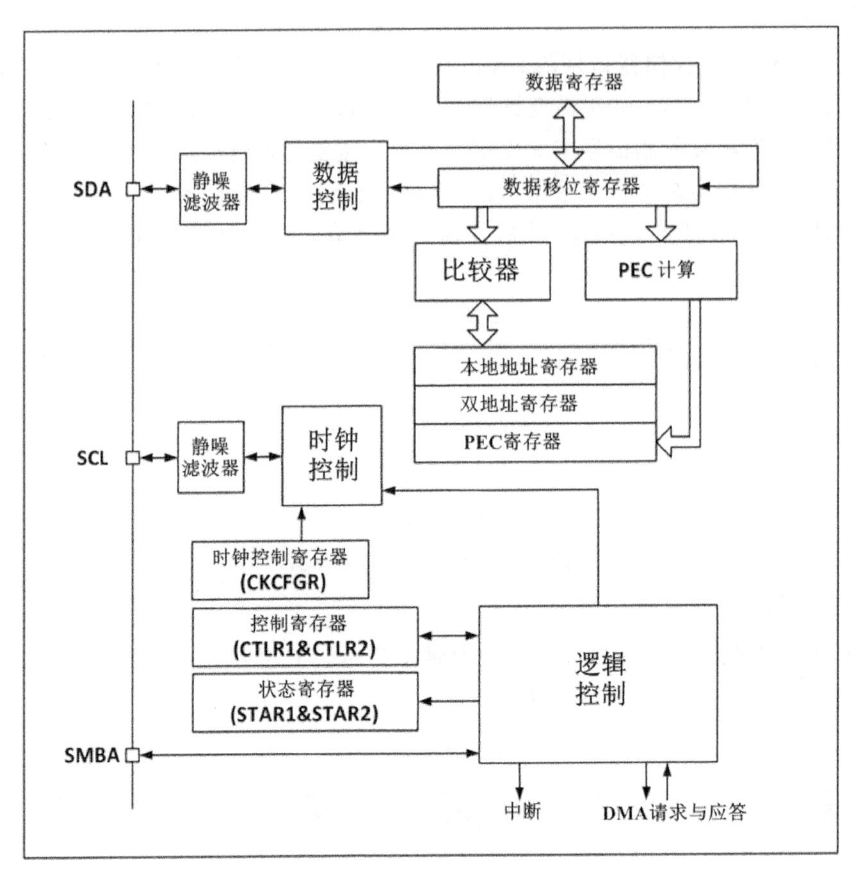

图 13.8 I^2C 内部结构框图

13.3 I^2C 的通信模式

13.3.1 主模式

主模式时,I^2C 模块主导数据传输并输出时钟信号,数据传输以开始事件开始,以结束事件结束。使用主模式通信的步骤如下：

1）在控制寄存器 2(R16_I^2Cx_CTLR2)和时钟控制寄存器(R16_I^2Cx_CKCFGR)中设置正确的时钟。

2）在上升沿寄存器(R16_I^2Cx_RTR)设置合适的上升沿。

3）在控制寄存器(R16_I^2Cx_CTLR1)中置 PE 位启动外设。

4）在控制寄存器(R16_I^2Cx_CTLR1)中置 START 位，产生起始事件。

在置 START 位后，I^2C 模块会自动切换到主模式，MSL 位会置位，产生起始事件。在产生起始事件后，SB 位会置位；如果 ITEVTEN 位(在 R16_I2Cx_CTLR2)被置位，则会产生中断。此时应该读取状态寄存器 1(R16_I2Cx_STAR1)，写从地址到数据寄存器后，SB 位会自动清除。

5）如果是使用 10 位地址模式，那么写数据寄存器发送头序列(头序列为 11110xx0b，其中的 xx 位是 10 位地址的最高两位)。在发送完头序列之后，状态寄存器的 ADD10 位会被置位。如果 ITEVTEN 位已经置位，则会产生中断，此时应读取 R16_I2Cx_STAR1 寄存器，写第二个地址字节到数据寄存器后，清除 ADD10 位。

然后，写数据寄存器发送第二个地址字节，在发送完第二个地址字节后，状态寄存器的 ADDR 位会被置位。如果 ITEVTEN 位已经置位，则会产生中断，此时应读取 R16_I2Cx_STAR1 寄存器后再读一次 R16_I2Cx_STAR2 寄存器以清除 ADDR 位。

如果使用的是 7 位地址模式，那么写数据寄存器发送地址字节，在发送完地址字节后，状态寄存器的 ADDR 位会被置位。如果 ITEVTEN 位已经置位，则会产生中断，此时应读取 R16_I2Cx_STAR1 寄存器后再读一次 R16_I2Cx_STAR2 寄存器以清除 ADDR 位。

在 7 位地址模式下，发送的第一个字节为地址字节，头 7 位代表的是目标从设备地址，第 8 位决定了后续报文的方向，0 代表的是主设备写入数据到从设备，1 代表的是主设备向从设备读取信息。

在 10 位地址模式下，在发送地址阶段，第一个字节为 11110xx0，xx 为 10 位地址的最高 2 位，第二个字节为 10 位地址的低 8 位，如图 13.8 所示。若后续进入主设备发送模式，则继续发送数据；若后续准备进入主设备接收模式，则需要重新发送一个起始条件，跟随发送一个字节为 11110xx1，然后进入主设备接收模式。

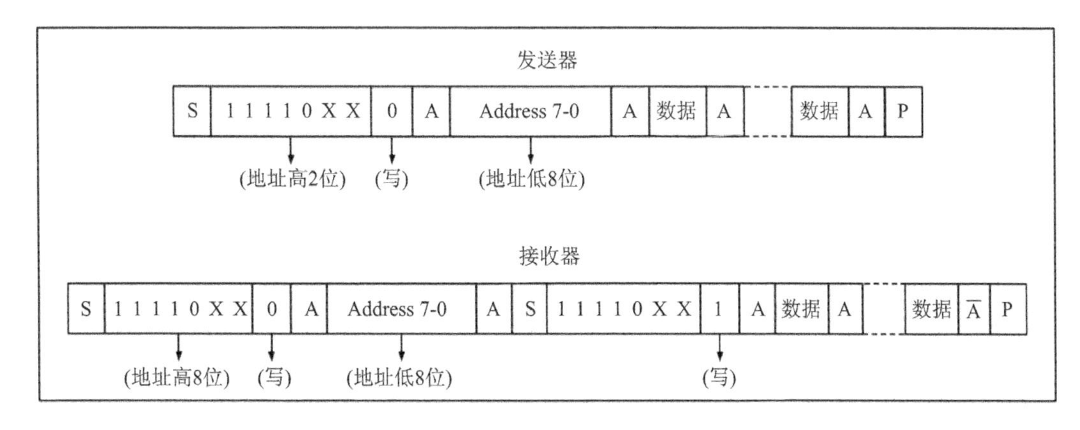

图 13.9　10 位地址时主机收发数据示意图

6）发送模式时，主设备内部的移位寄存器将数据从数据寄存器发送到 SDA 线上。当主设备接收到 ACK 时，状态寄存器 1（R16_I2Cx_STAR1）的 TxE 被置位，如果 ITEVTEN 和 ITBUFEN 被置位，还会产生中断。向数据寄存器写入数据将会清除 TxE 位。

如果 TxE 位被置位且上次发送数据之前没有新的数据被写入数据寄存器，那么 BTF 位会被置位，在其被清除之前，SCL 将保持低电平。读 R16_I2Cx_STAR1 后，向数据寄存器写入数据将会清除 BTF 位。

而在接收模式时，I^2C 模块会从 SDA 线接收数据，通过移位寄存器写进数据寄存器。在每个字节之后，如果 ACK 位被置位，那么 I^2C 模块将会发出一个应答低电平，同时 RxNE 位会被置位，如果 ITEVTEN 和 ITBUFEN 被置位，还会产生中断。如果 RxNE 被置位且在新的数据被接收前，原有的数据没有被读出，则 BTF 位将被置位，在清除 BTF 之前，SCL 将保持低电平，读取 R16_I2Cx_STAR1 后，再读取数据寄存器将会清除 BTF 位。

7）主设备在结束发送数据时，会主动发一个结束事件，即置 STOP 位。在接收模式时，主设备需要在最后一个数据位的应答位置 NAK。注意，产生 NAK 后，I^2C 模块将会切换至从模式。

13.3.2 从模式

从模式时，I^2C 模块能识别自己的地址和广播呼叫地址。软件能控制开启或禁止广播呼叫地址的识别。一旦检测到起始事件，I^2C 模块将 SDA 的数据通过移位寄存器与自己的地址（位数取决于 ENDUAL 和 ADDMODE）或广播地址（ENGC 置位时）相比较，如果不匹配将会忽略，直到产生新的起始事件。如果与头序列相匹配，则会产生一个 ACK 信号并等待第二个字节的地址；如果第二字节的地址也匹配或者 7 位地址情况下全段地址匹配，那么：首先产生一个 ACK 应答；ADDR 位被置位，如果 ITEVTEN 位已经置位，那么还会产生相应的中断；如果使用的是双地址模式（ENDUAL 位被置位），还需要读取 DUALF 位来判断主机唤起的是哪一个地址。

从模式默认是接收模式，在接收的头序列的最后一位为 1，或者 7 位地址最后一位为 1 时（取决于第一次接收到头序列还是普通的 7 位地址），I^2C 模块将进入到发送器模式，TRA 位将指示当前是接收器还是发送器模式。

发送模式时，在清除 ADDR 位后，I^2C 模块将字节从数据寄存器通过移位寄存器发送到 SDA 线上。在收到一个应答 ACK 后，TxE 位将被置位，如果设置了 ITEVTEN 和 ITBUFEN，还会产生一个中断。如果 TxE 被置位但在下一个数据发送结束前没有新的数据被写入数据寄存器，BTF 位将被置位。在清除 BTF 前，SCL 将保持低电平，读取状态寄存器 1（R16_I2Cx_STAR1）后，再向数据寄存器写入数据将会清除 BTF 位。

接收模式时，在 ADDR 被清除后，I^2C 模块将 SDA 上的数据通过移位寄存器存进数据寄存器，每接收到一个字节，I^2C 模块都会置一个 ACK 位，并置 RxNE 位，如果设置了 ITEVTEN 和 ITBUFEN，还会产生一个中断。如果 RxNE 被置位，且在接收到新的数据前旧的数据没有被读出，那么 BTF 会被置位。在清除 BTF 位之前 SCL 会保持低电平。读取状态寄存器 1（R16_I2Cx_STAR1）并读取数据寄存器里的数据会清除 BTF 位。

当 I^2C 模块检测到停止事件时，将置 STOPF 位，如果设置了 ITEVFEN 位，还会产生一个中断。用户需要读取状态寄存器(R16_I2Cx_STAR1)再写控制寄存器(比如复位控制字SWRST)来清除。

13.3.3　错　误

1. 总线错误 BERR

在传输地址或数据期间，I^2C 模块检测到外部的起始或者停止事件时，将产生一个总线错误。产生总线错误时，BERR 位被置位，如果设置了 ITERREN 还会产生一个中断。在从模式下，数据被丢弃，硬件释放总线。如果是起始信号，硬件会认为是重启信号，开始等待地址或停止信号；如果是停止信号，则提前按正常的停止条件操作。在主模式下，硬件不会释放总线，同时不影响当前传输，由用户代码决定是否中止传输。

2. 应答错误 AF

当 I^2C 模块检测到一个字节却没有应答时，会产生应答错误。产生应答错误时：AF 会被置位，如果设置了 ITERREN 还会产生一个中断；遇到 AF 错误，如果 I^2C 模块工作在从模式，硬件必须释放总线，如果处于主模式，软件必须生成一个停止事件。

3. 仲裁丢失 ARLO

当 I^2C 模块检测到仲裁丢失时，产生仲裁丢失错误。产生仲裁丢失错误时：ARLO 位被置位，如果设置了 ITERREN 还会产生一个中断；I^2C 模块切换到从模式，并不再响应针对它的从地址发起的传输，除非有主机发起新的起始事件；硬件会释放总线。

4. 过载/欠载错误 OVR

(1) 过载错误

在从模式下，如果禁止时钟延长，I^2C 模块正在接收数据，且已经接收到一个字节的数据，但是上一次接收到数据还没有被读出，则会产生过载错误。发生过载错误时，最后收到的字节将被丢弃，发送方应当重发最后一次发送的字节。

(2) 欠载错误

在从模式下，如果禁止时钟延长，I^2C 模块正在发送数据，且在下一个字节的时钟到来之前新的数据还没有被写入到数据寄存器，那么将产生欠载错误。在发生欠载错误时，前一次数据寄存器里的数据将被发送两次。如果发生欠载错误，接收方应该丢弃重复收到的数据。为了不产生欠载错误，I^2C 模块应在下一个字节的第一个上升沿之前将数据写入数据寄存器。

13.3.4　时钟延长

如果禁止时钟延长，那么就存在发生过载/欠载错误的可能。但如果使能了时钟延长，则

1) 在发送模式下，如果 TxE 置位且 BTF 置位，SCL 将一直为低，一直等待用户读取状态寄存器，并向数据寄存器写入待发送的数据；

2）在接收模式下，如果 RxNE 置位且 BTF 置位，那么 SCL 在接收到数据后将保持为低，直到用户读取状态寄存器，并读取数据寄存器。

由此可见，使能时钟延长可以避免出现过载/欠载错误。

13.3.5 SMBus

SMBus 是一种双线接口，一般应用在系统和电源管理之间。SMBus 和 I^2C 有很多相似的地方，例如 SMBus 使用和 I^2C 一样的 7 位地址模式。以下是它们的共同点：

1）主从通信模式，主机提供时钟，支持多主多从。

2）两线通信结构，其中 SMBus 可选一个警示线。

3）都支持 7 位地址格式。

它们的区别有：

1）I^2C 支持的速度最高为 400 kHz，而 SMBus 支持的速度最高为 100 kHz，且 SMBus 有最小 10 kHz 的速度限制。

2）SMBus 具有超时报警功能，当时钟线低电平超过 35 ms 时会报超时，但 I^2C 无此限制。

3）SMBus 有固定的逻辑电平，而 I^2C 没有，仅取决于 VDD。

4）SMBus 有总线协议，而 I^2C 没有。

SMBus 还包括设备识别、地址解析协议、唯一的设备标识符、SMBus 提醒和各种总线协议，具体情况请参考 SMBus 规范 2.0 版本。使用 SMBus 时，只需要置控制寄存器的 SMBus 位，按需配置 SMBTYPE 位和 ENAARP 位。

13.3.6 DMA

可以使用 DMA 来进行批量数据的收发。使用 DMA 时不能对控制寄存器的 ITBUFEN 位进行置位。

1. 利用 DMA 发送

通过控制寄存器的 DMAEN 位置位可以激活 DMA 模式。只要 TxE 位被置位，数据将由 DMA 从设定的内存装载进 I^2C 的数据寄存器。需要进行以下设定来为 I^2C 分配通道。

1）向 DMA_PADDRx 寄存器设置 I2Cx_DATAR 寄存器地址，DMA_MADDRx 寄存器中设置存储器地址，这样在每个 TxE 事件后，数据将从存储器送至 I2Cx_DATAR 寄存器。

2）在 DMA_CNTRx 寄存器中设置所需的传输字节数。在每个 TxE 事件后，此值将递减。

3）利用 DMA_CFGRx 寄存器中的 PL[0:1]位配置通道优先级。

4）设置 DMA_CFGRx 寄存器中的 DIR 位，并根据应用要求配置在整个传输完成一半或全部完成时发出中断请求。

5）通过设置 DMA_CFGRx 寄存器上的 EN 位激活通道。

DMA 控制器中设置的数据传输数目已经完成时，DMA 控制器给 I^2C 接口发送一个传输结束的 EOT/EOT_1 信号。在中断允许的情况下，将产生一个 DMA 中断。

2. 利用 DMA 接收

置位 DMAEN 后即可进行 DMA 接收模式。使用 DMA 接收时，DMA 将数据寄存器里的数据传送到预设的内存区域。需要以下步骤来为 I²C 分配通道。

1）向 DMA_PADDRx 寄存器设置 I2Cx_DATAR 寄存器地址，DMA_MADDRx 寄存器中设置存储器地址，这样在每个 RxNE 事件后，数据将从 I2Cx_DATAR 寄存器写入存储器。

2）在 DMA_CNTRx 寄存器中设置所需的传输字节数。在每个 RxNE 事件后，此值将递减。

3）用 DMA_CFGRx 寄存器中的 PL[0:1]配置通道优先级。

4）清除 DMA_CFGRx 寄存器中的 DIR 位，根据应用要求可以设置在数据传输完成一半或全部完成时发出中断请求。

5）设置 DMA_CFGRx 寄存器中的 EN 位激活该通道。

DMA 控制器中设置的数据传输数目已经完成时，DMA 控制器给 I²C 接口发送一个传输结束的 EOT/EOT_1 信号。在中断允许的情况下，将产生一个 DMA 中断。

13.3.7　中　断

每个 I²C 模块都有两种中断向量，分别是事件中断和错误中断。这两种中断向量都具有多个中断源，见图 13.10。

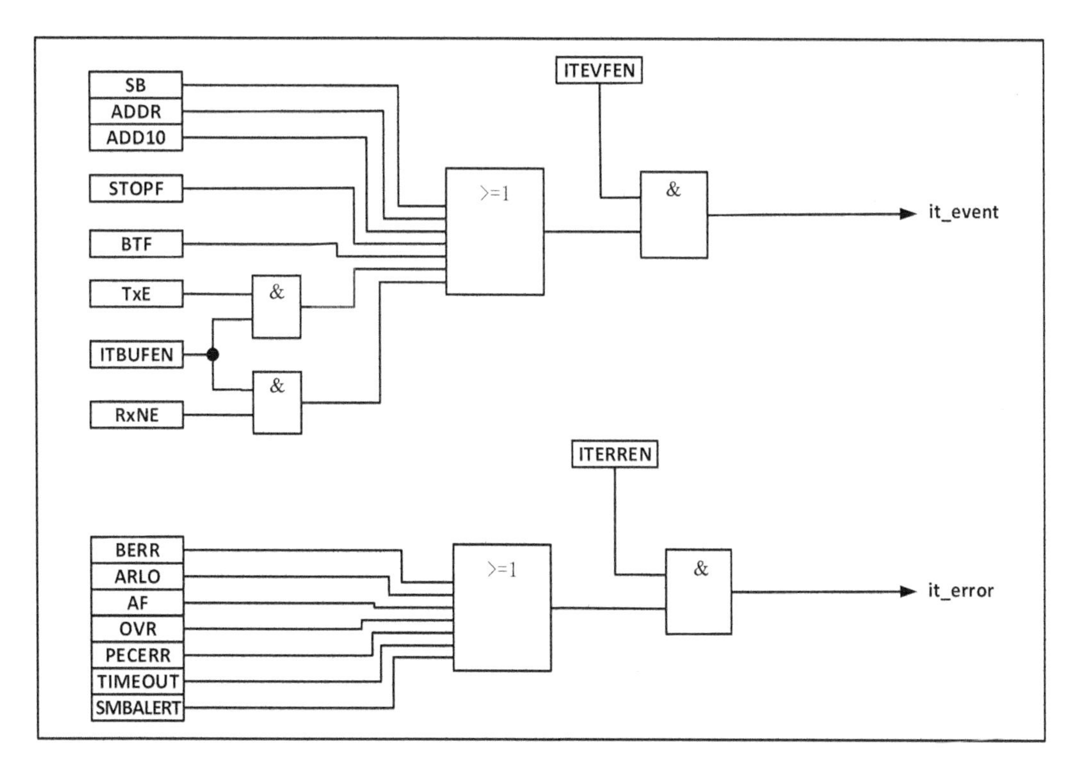

图 13.10　I²C 中断请求

13.3.8 包错误校验

包错误校验(PEC)是为了提高传输的可靠性而增加的CRC8校验方法。CRC8校验码使用$C=X^8+X^2+X+1$进行计算。

PEC计算由控制寄存器的ENPEC位激活，对所有信息字节进行计算，包括地址和读写位在内。在发送时，启用PEC会在最后一字节数据之后加上一个字节的CRC8计算结果；而在接收模式，最后一字节被认为是CRC8校验结果，如果其和内部的计算结果不符合，就会回复一个NAK；如果是主接收器，无论校验结果正确与否，都会回复一个NAK。

13.4 I²C常用库函数介绍

I²C常用库函数如表13-3所列。

表13-3 I²C常用库函数

序 号	函数名称	描 述
1	I2C_DeInit	将I²C外设寄存器配置为默认值
2	I2C_Init	根据I²C_InitStruct指定的参数初始化I²C外设寄存器
3	I2C_StructInit	把I²C_InitStruct中每一个参数配置为默认值
4	I2C_Cmd	使能或失能指定I²C外设
5	I2C_DMACmd	使能或失能指定I²C的DMA请求
6	I2C_DMALastTransferCmd	指定最后一次DMA传输函数
7	I2C_GenerateSTART	产生I²C通信的起始位
8	I2C_GenerateSTOP	产生I²C通信的停止位
9	I2C_AcknowledgeConfig	使能或失能指定I²C的应答功能
10	I2C_OwnAddress2Config	配置指定I²C的接口地址
11	I2C_DualAddressCmd	使能或失能指定I²C的双地址模式
12	I2C_GeneralCallCmd	使能或失能指定I²C的广播呼叫功能
13	I2C_ITConfig	使能或失能指定I²C中断
14	I2C_SendData	通过I²C外设发送一字节数据
15	I2C_ReceiveData	从I²C外设返回最近一次接收的数据
16	I2C_Send7bitAddress	发送地址信息来选择从设备
17	I2C_ReadRegister	读取指定I²C寄存器，并返回值
18	I2C_SoftwareResetCmd	使能或失能指定I²C软件复位
19	I2C_NACKPositionConfig	在主机接收模式下选择指定I²C的NACK位置
20	I2C_SMBusAlertConfig	配置指定I²C的SMBusAlert引脚为高或低电平
21	I2C_TransmitPEC	使能或失能指定I²C的PEC传输
22	I2C_PECPositionConfig	选择指定I²C的PEC位置
23	I2C_CalculatePEC	使能或失能PEC计算值
24	I2C_GetPEC	返回指定I²C的PEC值
25	I2C_ARPCmd	使能或失能指定I²C的ARP值

续表 13-3

序 号	函数名称	描 述
26	I2C_StretchClockCmd	使能或失能指定 I^2C 时钟延长位
27	I2C_FastModeDutyCycleConfig	配置指定 I^2C 的占空比
28	I2C_CheckEvent	检查最后一个 I^2C 事件是否与传递的事件相等
29	I2C_GetLastEvent	返回最后一个事件
30	I2C_GetFlagStatus	检查指定的 I^2C 标志位设置与否
31	I2C_ClearFlag	清除 I^2C 指定的标志位
32	I2C_GetITStatus	检查指定的 I^2C 中断标志位设置与否
33	I2C_ClearITPendingBit	清除 I^2C 指定的中断标志位

(1) I2C_Init 函数

I2C_Init 函数的说明见表 13-4。

表 13-4 I2C_Init 函数说明

项目名	描 述
函数原型	void I2C_Init(I2C_TypeDef * I2Cx, I2C_InitTypeDef * I2C_InitStruct)
功能描述	根据 I2C_InitStruct 中指定的参数初始化外设 I2Cx
输入参数 1	I2Cx:x 可以是 1 或 2 来选择 I2C
输入参数 2	I2C_InitStruct:指向 I2C_InitTypeDef 结构体的指针,包含 I2C 的配置信息
输出参数	无

参数描述:I2C_InitTypeDef 定义在“ch32v10x_i2c.h”文件中。

```
typedef struct
{
  uint32_t  I2C_ClockSpeed;
  uint16_t  I2C_Mode;
  uint16_t  I2C_DutyCycle;
  uint16_t  I2C_OwnAddress1;
  uint16_t  I2C_Ack;
  uint16_t  I2C_AcknowledgedAddress;
} I2C_InitTypeDef;
```

① I2C_ClockSpeed:设置 I^2C 时钟频率,数值必须低于 400 kHz。

② I2C_Mode:设置 I^2C 工作模式,见表 13-5。

表 13-5 I2C_Mode 参数说明

I2C_Mode 参数	描 述
I2C_Mode_I2C	I^2C 模式
I2C_Mode_SMBusDevice	SMBus 从机模式
I2C_Mode_SMBusHost	SMBus 主机模式

③ I2C_DutyCycle：设置 I²C 快速模式的占空比，见表 13-6。

表 13-6　I2C_DutyCycle 参数说明

I2C_DutyCycle 参数	描　述
I2C_DutyCycle_16_9	Tlow/Thigh = 16/9
I2C_DutyCycle_2	Tlow/Thigh = 2

④ I2C_OwnAddress1：设置从设备地址，可以是 7 位或 10 位地址。

⑤ I2C_Ack：设置是否启动应答，见表 13-7。

表 13-7　I2C_Ack 参数说明

I2C_Ack 参数	描　述
I2C_Ack_Enable	使能应答
I2C_Ack_Disable	失能应答

⑥ I2C_AcknowledgedAddress：设置硬件流控模式，见表 13-8。

表 13-8　I2C_AcknowledgedAddress 参数说明

I2C_AcknowledgedAddress 参数	描　述
I2C_AcknowledgedAddress_7bit	7 位寻址模式
I2C_AcknowledgedAddress_10bit	10 位寻址模式

该函数使用方法如下：

```
I2C_InitTypeDef    I2C_InitSturcture;

I2C_InitSturcture.I2C_ClockSpeed = 100000;//配置 I2C 时钟速率 100kHz
I2C_InitSturcture.I2C_Mode = I2C_Mode_I2C;//选择 I2C 模式
I2C_InitSturcture.I2C_DutyCycle = I2C_DutyCycle_2;//占空比 50 %
I2C_InitSturcture.I2C_OwnAddress1 = 0xA0;//从设备地址为 0xA0
I2C_InitSturcture.I2C_Ack = I2C_Ack_Enable;//使能应答
I2C_InitSturcture.I2C_AcknowledgedAddress = I2C_AcknowledgedAddress_7bit;//选择 7 位寻址模式
I2C_Init( I2C2, &I2C_InitSturcture );//初始化 I2C
```

(2) I2C_Cmd 函数

I2C_Cmd 函数的说明见表 13-9。

表 13-9　I2C_Cmd 函数说明

项目名	描　述
函数原型	void I2C_Cmd(I2C_TypeDef * I2Cx, FunctionalStateNewState)
功能描述	使能或失能 I²C 外设
输入参数 1	I2Cx：x 可以是 1 或 2 来选择 I²C
输入参数 2	NewState：设置 I²C 外设状态，可配置 ENABLE 或 DISABLE
输出参数	无

该函数使用方法如下：

```
I2C_Cmd(I2C1, ENABLE);//使能 I2C1
```

(3) I2C_GenerateSTART 函数

I2C_GenerateSTART 函数的说明见表 13-10。

表 13-10　I2C_GenerateSTART 函数说明

项目名	描　述
函数原型	void I2C_GenerateSTART(I2C_TypeDef * I2Cx, FunctionalStateNewState)
功能描述	产生 I^2C 通信的起始位
输入参数 1	I2Cx：x 可以是 1 或 2 来选择 I^2C
输入参数 2	NewState：设置 I^2C 起始位状态，可配置 ENABLE 或 DISABLE
输出参数	无

该函数使用方法如下：

```
I2C_GenerateSTART(I2C1, ENABLE);//使能产生 I2C1 起始位
```

(4) I2C_GenerateSTOP 函数

I2C_GenerateSTOP 函数的说明见表 13-11。

表 13-11　I2C_GenerateSTOP 函数说明

项目名	描　述
函数原型	void I2C_GenerateSTOP(I2C_TypeDef * I2Cx, FunctionalStateNewState)
功能描述	产生 I^2C 通信的停止位
输入参数 1	I2Cx：x 可以是 1 或 2 来选择 I^2C
输入参数 2	NewState：设置 I^2C 停止位状态，可配置 ENABLE 或 DISABLE
输出参数	无

该函数使用方法如下：

```
I2C_GenerateSTOP(I2C1, ENABLE);//使能产生 I2C1 停止位
```

(5) I2C_AcknowledgeConfig 函数

I2C_AcknowledgeConfig 函数的说明见表 13-12。

表 13-12　I2C_AcknowledgeConfig 函数说明

项目名	描　述
函数原型	void I2C_AcknowledgeConfig(I2C_TypeDef * I2Cx, FunctionalStateNewState)
功能描述	使能或失能指定 I^2C 的应答功能
输入参数 1	I2Cx：x 可以是 1 或 2 来选择 I^2C
输入参数 2	NewState：设置 I^2C 应答状态，可配置 ENABLE 或 DISABLE
输出参数	无

该函数使用方法如下：

```
I2C_AcknowledgeConfig(I2C1, ENABLE);//使能 I2C1 应答
```

(6) I2C_ITConfig 函数

I2C_ITConfig 函数说明见表 13-13。

表 13-13　I2C_ITConfig 函数说明

项目名	描　述
函数原型	void I2C_ITConfig(I2C_TypeDef * I2Cx, uint16_t I2C_IT, FunctionalStateNewState)
功能描述	使能或失能指定 I^2C 中断
输入参数 1	I2Cx：x 可以是 1 或 2 来选择 I^2C
输入参数 2	I2C_IT：指定中断源，中断源见表 13-14
输入参数 3	NewState：设置 I^2C 中断状态，可配置 ENABLE 或 DISABLE
输出参数	无

I2C_IT 中断源有三种，见表 13-14。

表 13-14　I2C_IT 中断源说明

I2C_IT 中断源	描　述
I2C_IT_BUF	Buffer 中断
I2C_IT_EVT	事件中断
I2C_IT_ERR	错误中断

该函数使用方法如下：

```
I2C_ITConfig(I2C1, I2C_IT_EVT,ENABLE);//使能 I2C1 事件中断
```

(7) I2C_SendData 函数

I2C_SendData 函数的说明见表 13-15。

表 13-15　I2C_SendData 函数说明

项目名	描　述
函数原型	void I2C_SendData(I2C_TypeDef * I2Cx, uint8_t Data)
功能描述	通过 I^2C 外设发送一字节数据
输入参数 1	I2Cx：x 可以是 1 或 2 来选择 I^2C
输入参数 2	Data：需要发送的一字节数据
输出参数	无

该函数使用方法如下：

```
I2C_SendData( I2C1, (u8)(WriteAddr&0x00FF) );//通过 I2C1 发送一字节数据
```

(8) I2C_ReceiveData 函数

I2C_ReceiveData 函数的说明见表 13-16。

表 13-16　I2C_ReceiveData 函数说明

项目名	描　述
函数原型	uint8_t I2C_ReceiveData(I2C_TypeDef * I2Cx)
功能描述	从 I²C 外设返回最近一次接收的数据
输入参数 1	I2Cx:x 可以是 1 或 2 来选择 I²C
输出参数	接收到的字节数据

该函数使用方法如下：

```
uint8_t rx_data = 0;
rx_data = I2C_ReceiveData(I2C1);//接收 I2C1 的一个字节数据
```

(9) I2C_Send7bitAddress 函数

I2C_Send7bitAddress 函数的说明见表 13-17。

表 13-17　I2C_Send7bitAddress 函数说明

项目名	描　述
函数原型	void I2C_Send7bitAddress(I2C_TypeDef * I2Cx, uint8_t Address, uint8_t I2C_Direction)
功能描述	发送地址信息来选择从设备
输入参数 1	I2Cx:x 可以是 1 或 2 来选择 I²C
输入参数 2	Address:选择要发送的从机地址
输入参数 3	I2C_Direction:选择发送/接收模式,可配置为 I2C_Direction_Transmitter 或 I2C_Direction_Receiver
输出参数	无

该函数使用方法如下：

```
I2C_Send7bitAddress( I2C1, 0XA0, I2C_Direction_Receiver ); //通过 I2C1 选择地址为 0xA0 的从机,
                                                            //并设为接收模式
```

(10) I2C_SoftwareResetCmd 函数

I2C_SoftwareResetCmd 函数的说明见表 13-18。

表 13-18 I2C_SoftwareResetCmd 函数说明

项目名	描 述
函数原型	void I2C_SoftwareResetCmd(I2C_TypeDef * I2Cx, FunctionalStateNewState)
功能描述	使能或失能指定 I²C 软件复位
输入参数 1	I2Cx:x 可以是 1 或 2 来选择 I²C
输入参数 2	NewState:设置 I²C 软件复位状态,可配置 ENABLE 或 DISABLE
输出参数	无

该函数使用方法如下:

```
I2C_SoftwareResetCmd( I2C1, ENABLE); //使能 I2C1 软件复位
```

(11) I2C_NACKPositionConfig 函数

I2C_NACKPositionConfig 函数的说明见表 13-19。

表 13-19 I2C_NACKPositionConfig 函数说明

项目名	描 述
函数原型	void I2C_NACKPositionConfig(I2C_TypeDef * I2Cx, uint16_t I2C_NACKPosition)
功能描述	在主机接收模式下选择指定 I²C 的 NACK 位置
输入参数 1	I2Cx:x 可以是 1 或 2 来选择 I²C
输入参数 2	I2C_NACKPosition:设置 NACK 位置,可配置为 I2C_NACKPosition_Next 或 I2C_NACKPosition_Current
输出参数	无

该函数使用方法如下:

```
I2C_NACKPositionConfig( I2C1, I2C_NACKPosition_Next); //表示下一个接收的字节为最后一个字节
```

(12) I2C_FastModeDutyCycleConfig 函数

I2C_FastModeDutyCycleConfig 函数的说明见表 13-20。

表 13-20 I2C_FastModeDutyCycleConfig 函数说明

项目名	描 述
函数原型	void I2C_FastModeDutyCycleConfig(I2C_TypeDef * I2Cx, uint16_t I2C_DutyCycle)
功能描述	配置指定 I²C 的快速模式占空比
输入参数 1	I2Cx:x 可以是 1 或 2 来选择 I²C
输入参数 2	I2C_DutyCycle:设置 NACK 位置,可配置为 I2C_DutyCycle_2 或 I2C_DutyCycle_16_9
输出参数	无

该函数使用方法如下:

```
I2C_FastModeDutyCycleConfig( I2C1, I2C_DutyCycle_16_9); //占空比为 TLow/Thigh = 16/9
```

(13) I2C_CheckEvent 函数

I2C_CheckEvent 函数的说明见表 13-21。

表 13-21　I2C_CheckEvent 函数说明

项目名	描　述
函数原型	ErrorStatus I2C_CheckEvent(I2C_TypeDef * I2Cx, uint32_t I2C_EVENT)
功能描述	检查最后一个 I²C 事件是否与传递的事件相等
输入参数 1	I2Cx:x 可以是 1 或 2 来选择 I²C
输入参数 2	I2C_EVENT:指定需检查的事件,详见表 13-22
输出参数	ErrorStatus:输出参数为 SUCCESS 或 ERROR

I2C_EVENT 事件的说明见表 13-22,事件发生时,状态寄存器相关标志位置 1。

表 13-22　I2C_EVENT 事件说明

I2C_EVENT 事件	描述(相关标志位置 1)
I2C_EVENT_SLAVE_TRANSMITTER_ADDRESS_MATCHED	TRA, BUSY, TXE ,ADDR
I2C_EVENT_SLAVE_RECEIVER_ADDRESS_MATCHED	BUSY, ADDR
I2C_EVENT_SLAVE_TRANSMITTER_SECONDADDRESS_MATCHED	DUALF, TRA, BUSY ,TXE
I2C_EVENT_SLAVE_RECEIVER_SECONDADDRESS_MATCHED	DUALF, BUSY
I2C_EVENT_SLAVE_GENERALCALLADDRESS_MATCHED	GENCALL, BUSY
I2C_EVENT_SLAVE_BYTE_RECEIVED	BUSY, RXNE
(I2C_EVENT_SLAVE_BYTE_RECEIVED | I2C_FLAG_DUALF)	BUSY, RXNE, DUALF
(I2C_EVENT_SLAVE_BYTE_RECEIVED | I2C_FLAG_GENCALL)	BUSY, RXNE, GENCALL
I2C_EVENT_SLAVE_BYTE_TRANSMITTED	TRA, BUSY, TXE, BTF
(I2C_EVENT_SLAVE_BYTE_TRANSMITTED | I2C_FLAG_DUALF)	TRA, BUSY, TXE, BTF, DUALF
(I2C_EVENT_SLAVE_BYTE_TRANSMITTED | I2C_FLAG_GENCALL)	TRA,BUSY,TXE,BTF,GENCALL
I2C_EVENT_SLAVE_ACK_FAILURE	AF
I2C_EVENT_SLAVE_STOP_DETECTED	STOPF
I2C_EVENT_MASTER_MODE_SELECT	BUSY, MSL, SB
I2C_EVENT_MASTER_TRANSMITTER_MODE_SELECTED	BUSY, MSL, ADDR, TXE, TRA
I2C_EVENT_MASTER_RECEIVER_MODE_SELECTED	BUSY, MSL, ADDR
I2C_EVENT_MASTER_BYTE_RECEIVED	BUSY, MSL, RXNE
I2C_EVENT_MASTER_BYTE_TRANSMITTING	TRA, BUSY, MSL, TXE
I2C_EVENT_MASTER_BYTE_TRANSMITTED	TRA, BUSY, MSL, TXE, BTF
I2C_EVENT_MASTER_MODE_ADDRESS10	BUSY, MSL, ADD10

该函数使用方法如下:

```
//循环检测,直到 I2C1 主机模式选择完成,即 BUSY、MSL 和 SB 位置 1
while( ! I2C_CheckEvent( I2C1, I2C_EVENT_MASTER_MODE_SELECT ) );
```

(14) I2C_GetFlagStatus 函数

I2C_GetFlagStatus 函数的说明见表 13-23。

表 13-23 I2C_GetFlagStatus 函数说明

项目名	描　述
函数原型	FlagStatus I2C_GetFlagStatus(I2C_TypeDef * I2Cx, uint32_t I2C_FLAG);
功能描述	检查指定的 I^2C 标志位设置与否
输入参数 1	I2Cx:x 可以是 1 或 2 来选择 I^2C
输入参数 2	I2C_FLAG:指定需检查的标志,详见表 13-24
输出参数	FlagStatus:输出参数可以是 SET or RESET

参数 I2C_FLAG 的定义见表 13-24。

表 13-24 I2C_FLAG 参数定义

I2C_FLAG 参数	描　述
I2C_FLAG_DUALF	匹配检测标志位
I2C_FLAG_SMBHOST	SMBus 主机头标志位
I2C_FLAG_SMBDEFAULT	SMBus 设备默认地址标志位
I2C_FLAG_GENCALL	广播呼叫地址标志位
I2C_FLAG_TRA	发送/接收标志位
I2C_FLAG_BUSY	总线忙标志位
I2C_FLAG_MSL	主从模式指示位
I2C_FLAG_SMBALERT	SMBus 警示位
I2C_FLAG_TIMEOUT	超时或者 Tlow 错误标志位
I2C_FLAG_PECERR	在接收时发生 PEC 错误标志位
I2C_FLAG_OVR	过载、欠载标志位
I2C_FLAG_AF	应答失败标志位
I2C_FLAG_ARLO	仲裁丢失标志位
I2C_FLAG_BERR	总线出错标志位
I2C_FLAG_TXE	数据寄存器为空标志位
I2C_FLAG_RXNE	数据寄存器非空标志位
I2C_FLAG_STOPF	停止事件标志位
I2C_FLAG_ADD10	10 位地址头序列发送标志位
I2C_FLAG_BTF	字节发送结束标志位
I2C_FLAG_ADDR	地址被发送/地址匹配标志位
I2C_FLAG_SB	起始位发送标志位

该函数使用方法如下：

```
while( I2C_GetFlagStatus( I2C2, I2C_FLAG_BUSY ) ! = RESET ); //如果总线忙就一直等待
```

(15) I2C_ClearFlag 函数

I2C_ClearFlag 函数的说明见表 13-25。

表 13-25　I2C_ClearFlag 函数说明

项目名	描　述
函数原型	void I2C_ClearFlag(I2C_TypeDef * I2Cx, uint32_t I2C_FLAG)
功能描述	清除 I^2C 指定的标志位
输入参数 1	I2Cx：x 可以是 1 或 2 来选择 I^2C
输入参数 2	I2C_FLAG：清除指定的标志位
输出参数	无

该函数用于清除 I2Cx 挂起的标志位，可以清除 I2C_FLAG_SMBALERT、I2C_FLAG_TIMEOUT、I2C_FLAG_PECERR、I2C_FLAG_OVR、I2C_FLAG_AF、I2C_FLAG_ARLO、I2C_FLAG_BERR 这七个状态标志位。

该函数使用方法如下：

```
I2C_ClearFlag( I2C1, I2C_FLAG_BERR);  //清总线出错标志位
```

(16) I2C_GetITStatus 函数

I2C_GetITStatus 函数说明见表 13-26。

表 13-26　I2C_GetITStatus 函数说明

项目名	描　述
函数原型	ITStatus I2C_GetITStatus(I2C_TypeDef * I2Cx, uint32_t I2C_IT)
功能描述	检查指定的 I^2C 中断标志位设置与否
输入参数 1	I2Cx：x 可以是 1 或 2 来选择 I^2C
输入参数 2	I2C_IT：获取指定的 I^2C 中断标志位
输出参数	ITStatus：输出 I2C_IT 最新状态，参数为 SET 或 RESET

参数 I2C_IT 的定义见表 13-27。

表 13-27　I2C_IT 参数定义

I2C_IT 参数	描　述
I2C_IT_SMBALERT	SMBus 警示中断标志位
I2C_IT_TIMEOUT	超时或者 Tlow 错误中断标志位
I2C_IT_PECERR	PEC 错误中断标志位

续表 13-27

I2C_IT参数	描 述
I2C_IT_OVR	过载、欠载中断标志位
I2C_IT_AF	应答失败中断标志位
I2C_IT_ARLO	仲裁丢失中断标志位
I2C_IT_BERR	总线出错中断标志位
I2C_IT_TXE	数据寄存器为空中断标志位
I2C_IT_RXNE	数据寄存器非空中断标志位
I2C_IT_STOPF	停止事件中断标志位
I2C_IT_ADD10	10位地址头序列发送中断标志位
I2C_IT_BTF	字节发送结束中断标志位
I2C_IT_ADDR	地址被发送/地址匹配中断标志位
I2C_IT_SB	起始位发送中断标志位

该函数使用方法如下：

```
FlagStatus   bitstatus;
bitstatus = I2C_GetITStatus( I2C1, I2C_IT_TXE);  //检测 I2C1 接收数据寄存器非空中断标志
```

(17) I2C_ClearITPendingBit 函数

I2C_ClearITPendingBit 函数的说明见表 13-28。

表 13-28 I2C_ClearITPendingBit 函数说明

项目名	描 述
函数原型	void I2C_ClearITPendingBit(I2C_TypeDef * I2Cx, uint32_t I2C_IT)
功能描述	清除 I2Cx 指定的中断标志位
输入参数 1	I2Cx:x 可以是 1 或 2 来选择 I^2C
输入参数 2	I2C_IT:清除指定的 I^2C 中断标志位
输出参数	无

该函数用于清除 I2Cx 挂起的中断标志位，可以清除 I2C_IT_SMBALERT、I2C_IT_TIMEOUT、I2C_IT_PECERR、I2C_IT_OVR、I2C_IT_AF、I2C_IT_ARLO、I2C_IT_BERR 这七个状态标志位。函数使用方法如下：

```
I2C_ClearITPendingBit (I2C1, I2C_IT_BERR);//清除 I2C1 的总线出错中断标志位
```

13.5　I²C 使用流程

对于使用 I²C 进行通信的器件，只要遵循 I²C 协议即可，配置流程也基本相同。对于 CH32V103，首先对 I²C 外设进行配置，使其能够正常工作，再结合不同器件的驱动程序，完成针对性的程序开发。CH32V103 的 I²C 配置流程如图 13.11 所示。

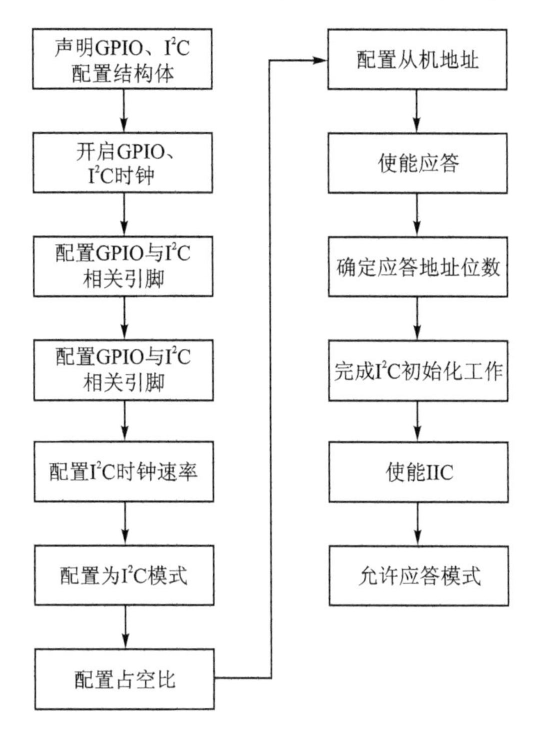

图 13.11　I²C 配置流程图

13.6　项目实战：读写 EEPROM 芯片 AT24C02

13.6.1　硬件设计

1. AT24C02 简介

EEPROM(Electrically Erasable Programmable read only memory)是指电可擦可编程只读存储器，是一种掉电后数据不丢失的存储芯片。EEPROM 可以在电脑或专用设备上擦除已有信息，重新编程。EEPROM 因其简单方便的操作、可靠的性能和低廉的价格在嵌入式设备中得到了广泛的应用。24 系列 EEPROM 是一种 I²C 总线接口的串行存储器，许多厂家都提供相关产品，如 Atmel、ST 等。下面以 AT24Cxx 系列为例介绍其应用。

AT24C系列为美国Atmel公司推出的串行COMS型EEPROM,是典型的串行通信EEPROM。AT24Cxx是I^2C总线串行器件,具有工作电源宽(1.8~6.0 V)、抗干扰能力强(输入引脚内置施密特触发器滤波抑制噪声)、功耗低(写状态时最大工作电流3 mA)、高可靠性(写次数100万次,数据保存100年)、支持在线编程等特点。xx一般表示存储大小,存储范围从1 KB~1 MB,根据需求选择相应型号的芯片。

(1) 封装及引脚说明

AT24Cxx提供8脚DIP封装、8脚SOIC封装和8脚TSSOP封装,引脚排列如图13.12所示。

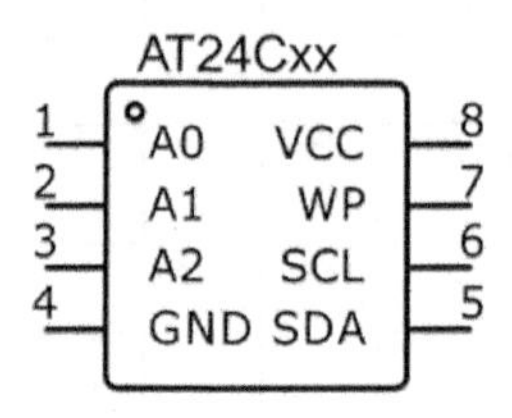

图13.12 AT24Cxx引脚排列

各引脚功能见表13-29。

表13-29 AT24Cxx引脚功能

引　脚	功能描述
VCC	电源
GND	地
A0、A1、A2	通过器件地址输入端A0、A1、A2可以实现最多8个器件连接到总线上。当总线上只有一个器件时,A0、A1、A2可以连接到地
SCL	I^2C串行时钟。一般在上升沿将SDA数据写入存储器,下降沿从存储器中读数据并送到SDA
SDA	I^2C串行数据
WP	当该引脚连接到VCC,I^2C器件内的内容被写保护(只能读)。如果允许对器件进行正常的读写,那么WP引脚须连接到地或者悬空

(2) 通信机制

一般情况下,A0、A1、A2、WP接GND,SCL、SDA接处理器的I^2C接口的相应引脚即可实现与处理器通信。

(3) 设备地址

对I^2C芯片进行操作时,首先要发送一个字节的地址以选择芯片。该地址通过上下拉A2、A1、A0引脚实现。AT24C02高4位为固定值1010;A2、A1、A0用于对多个芯片地址进行区分;R/W为读写操作,1表示读操作,0表示写操作,如图13.13所示。

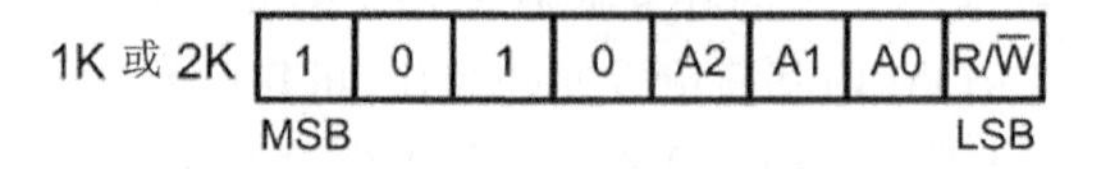

图13.13 AT24C02地址

(4) 写操作

AT24Cxx的写操作有字节写和页写两种方式。

1) 字节写。AT24C02的字节写入时序如图13.14所示。在字节写入模式下，主器件发送开始命令和从器件地址信息给从器件，随后从器件发送应答信号。主器件在收到应答信号后，发送一个8位地址字节写入AT24C02的地址指针。主器件在收到应答信号后，再发送数据到被寻址的存储单元，AT24C02再次应答，并在主器件产生停止信号后开始内部数据的擦写。在内部擦写过程中，AT24C02不再应答主器件的任何请求，典型操作时间为5 ms。

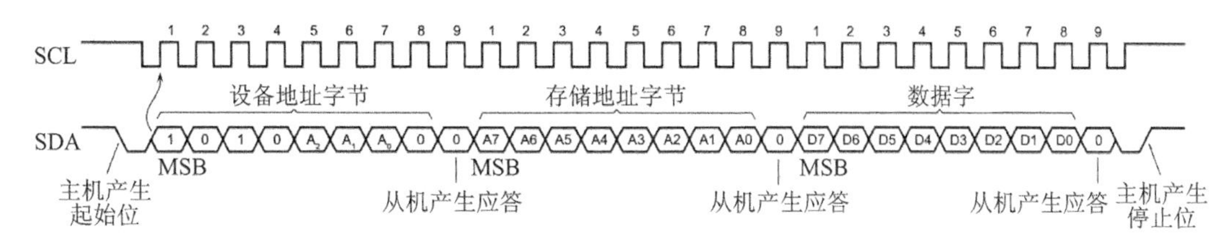

图13.14　字节写入时序图

2) 页写入。AT24C02的页写入时序如图13.15所示。在页写入模式下，AT24C02可一次写入8个字节的数据。页写操作的启动和字节一样，不同之处在于传送了一个字节数据后不发送停止信号，最多支持一次写入8个字节。每发送一个字节，AT24C02产生1个应答位，内部低3位地址加1，高位保持不变。如果在发送停止信号之前主器件已发送超过8个字节，则地址计数器将自动翻转，先前写入的数据被覆盖。在接收到n个字节数据和主器件发送的停止信号后，AT24C02启动内部写周期将数据写到数据区。所有接收的数据在1个周期内写入AT24C02，典型操作时间为5 ms。

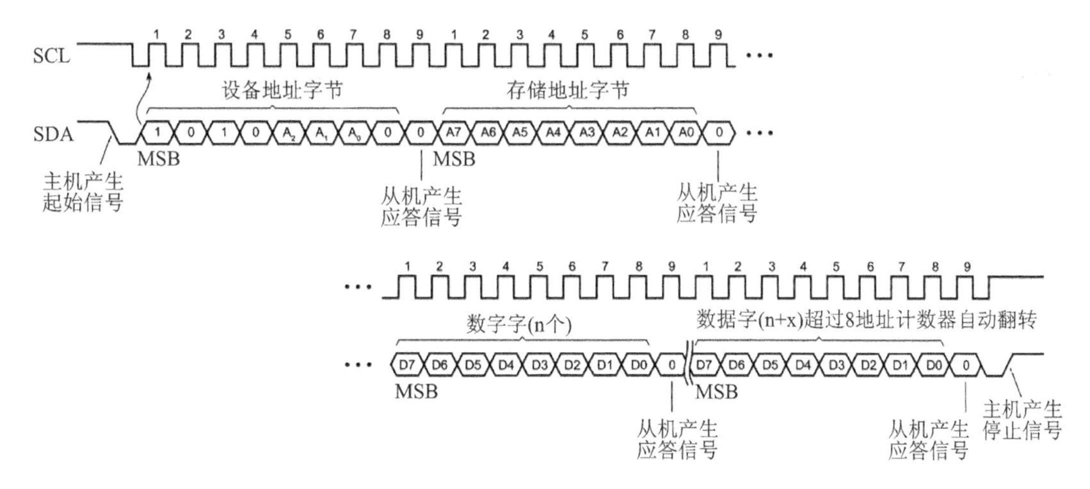

图13.15　页写入时序图

3) 应答查询。一旦主器件发送停止位指示主器件操作结束，AT24C02启动内部写周期，应答查询立即启动，包括发送一个起始信号和发送进行写操作的从器件地址。如果AT24C02正在进行内部写操作，则不会发送应答信号；如果AT24C02已经完成了内部自写周期，将发送一个应答信号，主器件可以继续进行下一次读写操作。

4) 写保护。写保护操作可使用户避免由于操作不当而造成对存储区域内部数据的改写。

当 WP 引脚接高电平时，整个寄存器区全部被保护起来而变为只可读取。AT24C02 可以接收从器件地址和字节地址，但是芯片在接收到第一个数据字节后不发送应答信号，从而避免寄存器区域被编程改写。

(5) 读操作

AT24C02 读操作的初始化方式和写操作时一样，仅仅把 R/W 位置 1。有 3 种不同的读操作方式：立即地址读取、随机地址读取、顺序地址读取。

1）立即地址读取。AT24C02 立即地址读时序如图 13.16 所示。AT24C02 接收到从器件地址信号后（R/W 位置 1），首先发送一个应答信号，然后发送一个 8 位字节数据。主器件不需要发送应答信号，但需要产生一个停止信号。

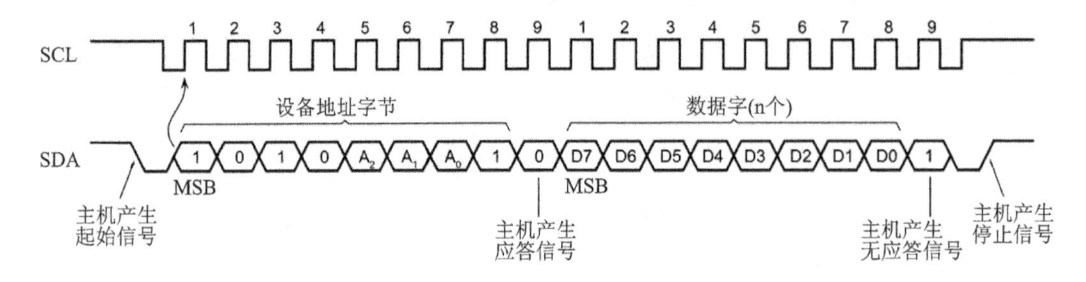

图 13.16　立即地址读时序图

2）随机地址读取。AT24C02 随机地址读取时序如图 13.17 所示。随机读操作允许主器件对寄存器的任意字进行读操作。主器件首先发送起始信号、从机器件地址和需要读取的字节数据的地址，执行一个伪写操作。在 AT24C02 应答后，主器件重新发送起始信号和从器件地址，此时 R/W 位置 1，AT24C02 响应并发送应答信号，然后输出一个 8 位字节数据，主器件不发送应答信号但产生一个停止信号。

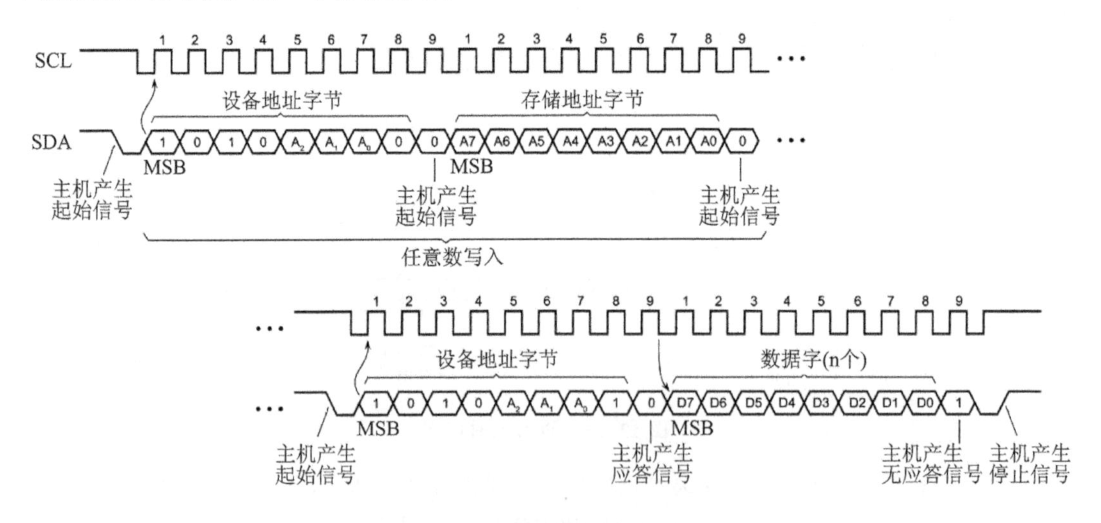

图 13.17　随机地址读时序图

3）顺序地址读取。AT24C02 顺序地址读时序如图 13.18 所示。顺序读操作可通过立即读或随机地址读操作启动。在 AT24C02 发送完一个 8 位数据后，主器件产生一个应答响应，告知 AT24C02 发送更多数据。对每个主机产生的应答信号，AT24C02 将发送一个 8 位数据。当主器件不发送应答信号而发送停止位时，将结束此操作。

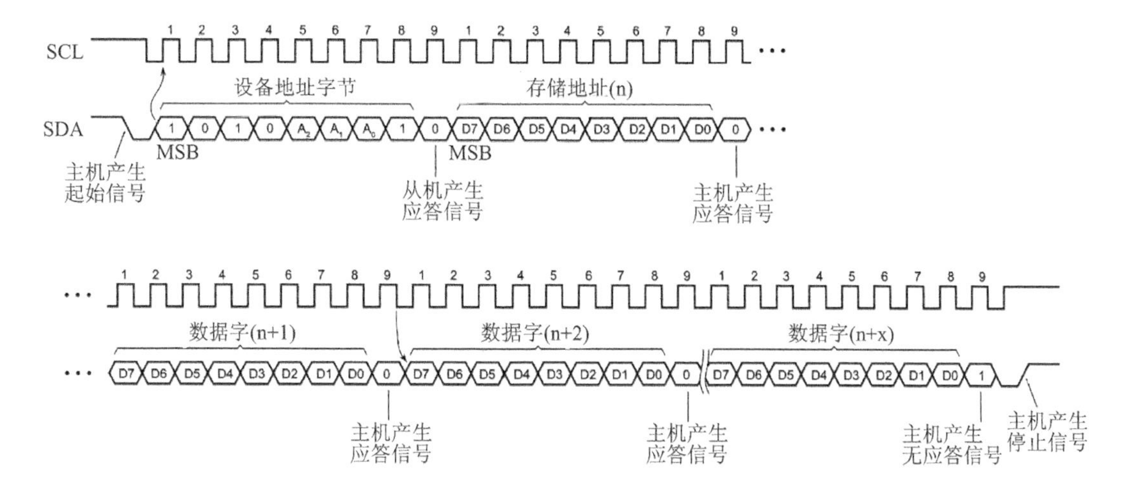

图 13.18　顺序地址读时序图

2. I^2C 实现 AT24C02 数据存取

CH32V103 通过 I^2C 接口完成 AT24C02 读写，通过 USART 将读写信息发送到上位机串口调试助手，显示数据和读写结果。

CH32V103 与 AT24C02 的接口电路如图 13.19 所示。由于 I^2C 采用开漏输出方式，所以需要外接 4.7 kΩ 的上拉电阻，上拉电阻大小由通信速率确定。AT24C02 采用 3.3 V 电源供电，7 位硬件地址为 1010000，其中前 4 位 1010 为 AT24C02 芯片的固定值，后三位由 A2、A1、A0 硬件引脚电平获得。为了提高系统的稳定性，芯片电源输入部分加入去耦电容。

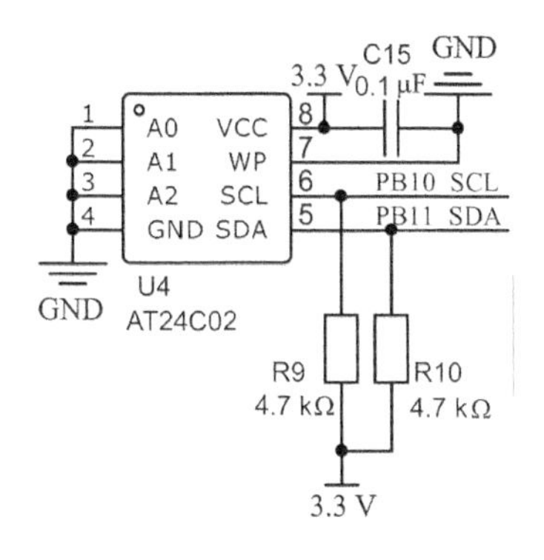

图 13.19　AT24C02 电路原理图

13.6.2　软件设计

根据要求，首先将字符串写入 AT24C02 中，然后读出，比较写入与写出数据是否一致，相应信息通过串口发送到上位机中查看。

1) 初始化 USART，实现串口调试功能，将程序调试信息发送到上位机。

2）初始化 I^2C 外设，完成 I^2C 参数配置。

3）写数据。

4）读数据。

5）比较读写数据信息，发送上位机显示。

CH32V103 读写 AT24C02 程序流程如图 13.20 所示。主程序在 main.c 中，I^2C 驱动在 bsp_iic.c 中，EEPROM 驱动在 bsp_24cxx.c 中。工程文件结构如图 13.21 所示。

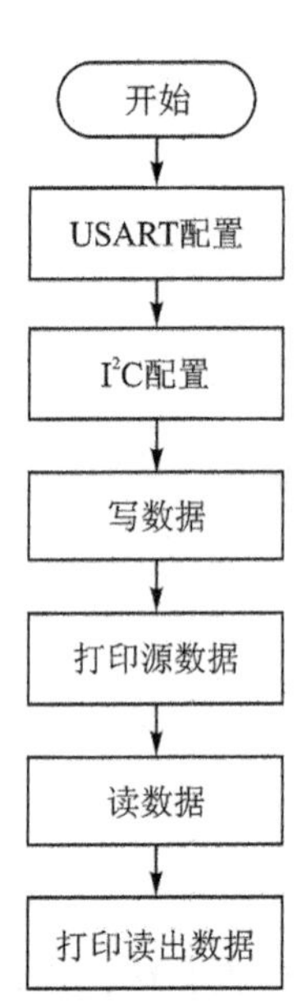

图 13.20　CH32V103 读写 AT24C02 程序流程图

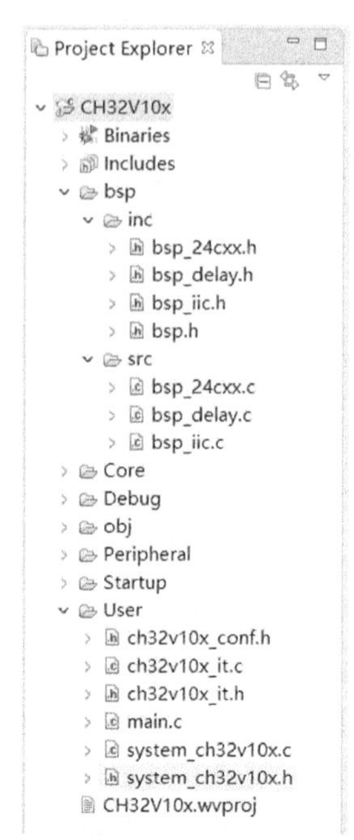

图 13.21　工程文件结构

main.c 程序如下：

```
#include "bsp.h"
/* Global define */
#define SIZE sizeof(TEXT_Buffer)
/* Global Variable */
const u8 TEXT_Buffer[9] = {31,32,33,34,35,36,37,38,39};//源数据
int main(void)
{
    u8 data[9],i;
    USART_Printf_Init(115200);//初始化调试串口
    printf("SystemClk:%d\r\n",SystemCoreClock);
    AT24CXX_Init();
    printf("Start Write 24Cxx....\r\n");
    AT24CXX_Write(100,(u8*)TEXT_Buffer,9);//在指定地址写入源数据
    printf("The Data Writed Is:\r\n");
    for(i = 0;i<9;i++)
    printf("%d", TEXT_Buffer[i]);
    printf("\r\n");
```

```
    printf("Start Read 24Cxx....\r\n");
    AT24CXX_Read(100,data,9);//从指定地址读取 9 字节数据
    printf("The Data Readed Is: \r\n");

    for(i = 0;i<9;i ++ )
        printf(" % d", data[i]);//打印数据
    printf("\r\n");
while(1);
}
```

bsp_iic.c 程序如下：

```
void IIC_Init( u32 bound, u16 address )
{
    GPIO_InitTypeDef    GPIO_InitStructure;
    I2C_InitTypeDef    I2C_InitTSturcture;

    RCC_APB2PeriphClockCmd( RCC_APB2Periph_GPIOB, ENABLE );//打开 GPIO 时钟
    RCC_APB1PeriphClockCmd( RCC_APB1Periph_I2C2, ENABLE );//打开 I²C 时钟

    GPIO_InitStructure.GPIO_Pin = GPIO_Pin_10;
    GPIO_InitStructure.GPIO_Mode = GPIO_Mode_AF_OD;
    GPIO_InitStructure.GPIO_Speed = GPIO_Speed_50MHz;
    GPIO_Init( GPIOB, &GPIO_InitStructure );//PB10 配置为复用开漏

    GPIO_InitStructure.GPIO_Pin = GPIO_Pin_11;
    GPIO_InitStructure.GPIO_Mode = GPIO_Mode_AF_OD;
    GPIO_InitStructure.GPIO_Speed = GPIO_Speed_50MHz;
    GPIO_Init( GPIOB, &GPIO_InitStructure ); //PB11 配置为复用开漏

    I2C_InitTSturcture.I2C_ClockSpeed = bound;//配置时钟速率
    I2C_InitTSturcture.I2C_Mode = I2C_Mode_I2C;//配置为 I²C 模式
    I2C_InitTSturcture.I2C_DutyCycle = I2C_DutyCycle_2;//配置占空比为 50 %
    I2C_InitTSturcture.I2C_OwnAddress1 = address;//设置本地地址
    I2C_InitTSturcture.I2C_Ack = I2C_Ack_Enable;//使能应答
    I2C_InitTSturcture.I2C_AcknowledgedAddress = I2C_AcknowledgedAddress_7bit;//应答 7 位地址
    I2C_Init( I2C2, &I2C_InitTSturcture );//初始化 I²C 结构体

    I2C_Cmd( I2C2, ENABLE );//使能 I²C
    I2C_AcknowledgeConfig( I2C2, ENABLE );//使能应答
}
```

bsp_24cxx.c 程序如下：

```
#include "bsp.h"
/*******************************************
* @Note:AT24Cxx:
READ EEPROM:Start + 0xA0 + 8bit Data Address + Start + 0xA1 + Read Data + Stop.
WRITE EERPOM:Start + 0xA0 + 8bit Data Address + Write Data + Stop.
*******************************************/
/* EERPOM DATA ADDRESS Length Definition */
#define Address_8bit  0

/* EERPOM DATA ADDRESS Length Selection */
#define Address_Lenth   Address_8bit
void AT24CXX_Init(void)
{
  IIC_Init( 100000, 0xA0);//初始化 I2C 通信速率 100k,设备地址 0xA0
}
//从地址中取数据
u8 AT24CXX_ReadOneByte(u16 ReadAddr)
{
    u8 temp = 0;
    while( I2C_GetFlagStatus( I2C2, I2C_FLAG_BUSY ) != RESET );//等待 I2C 空闲
    I2C_GenerateSTART( I2C2, ENABLE );
    while( !I2C_CheckEvent( I2C2, I2C_EVENT_MASTER_MODE_SELECT ) );
    I2C_Send7bitAddress( I2C2, 0XA0, I2C_Direction_Transmitter );
    while( !I2C_CheckEvent( I2C2, I2C_EVENT_MASTER_TRANSMITTER_MODE_SELECTED ) );
    I2C_SendData( I2C2, (u8)(ReadAddr&0x00FF) );//写地址
    while( !I2C_CheckEvent( I2C2, I2C_EVENT_MASTER_BYTE_TRANSMITTED ) );
    I2C_GenerateSTART( I2C2, ENABLE );
    while( !I2C_CheckEvent( I2C2, I2C_EVENT_MASTER_MODE_SELECT ) );
    I2C_Send7bitAddress( I2C2, 0XA0, I2C_Direction_Receiver );
    while( !I2C_CheckEvent( I2C2, I2C_EVENT_MASTER_RECEIVER_MODE_SELECTED ) );
    while( I2C_GetFlagStatus( I2C2, I2C_FLAG_RXNE ) ==  RESET )
    I2C_AcknowledgeConfig( I2C2, DISABLE );
    temp = I2C_ReceiveData( I2C2 );
    I2C_GenerateSTOP( I2C2, ENABLE );
    return temp;
}
//从指定地址写入一字节数据
void AT24CXX_WriteOneByte(u16 WriteAddr,u8 DataToWrite)
{
    while( I2C_GetFlagStatus( I2C2, I2C_FLAG_BUSY ) != RESET );
    I2C_GenerateSTART( I2C2, ENABLE );
    while( !I2C_CheckEvent( I2C2, I2C_EVENT_MASTER_MODE_SELECT ) );
```

```
    I2C_Send7bitAddress( I2C2, 0XA0, I2C_Direction_Transmitter );
    while( ! I2C_CheckEvent( I2C2, I2C_EVENT_MASTER_TRANSMITTER_MODE_SELECTED ) );
    I2C_SendData( I2C2, (u8)(WriteAddr&0x00FF) );
    while( ! I2C_CheckEvent( I2C2, I2C_EVENT_MASTER_BYTE_TRANSMITTED ) );
    if( I2C_GetFlagStatus( I2C2, I2C_FLAG_TXE ) ! =  RESET )
    {
        I2C_SendData( I2C2, DataToWrite );
    }
    while( ! I2C_CheckEvent( I2C2, I2C_EVENT_MASTER_BYTE_TRANSMITTED ) );
    I2C_GenerateSTOP( I2C2, ENABLE );
}
//从指定地址开始连续读取 NumToRead 个字节数据
void AT24CXX_Read(u16 ReadAddr,u8 * pBuffer,u16 NumToRead)
{
    while(NumToRead)
    {
        * pBuffer ++ = AT24CXX_ReadOneByte(ReadAddr ++ );
        NumToRead - - ;
    }
}

void AT24CXX_Write(u16 WriteAddr,u8 * pBuffer,u16 NumToWrite)
{
    while(NumToWrite - - )
    {
        AT24CXX_WriteOneByte(WriteAddr, * pBuffer);
        WriteAddr ++ ;
        pBuffer ++ ;
        mDelayMS(2);
    }
}
```

13.6.3　系统调试

工程建立好后，编写程序文件，最后进行 Build Project 编译，修改至无错误和警告后，通过 Download 界面加载生成好的 HEX 文件，单击 Execute 按钮。下载完成后，打开串口助手，设置串口号、波特率、数据位、校验位后，打开串口。

运行程序后，可以看到打印结果如图 13.22 所示。显然，CH32V103 通过 I^2C 接口对 AT24C02 进行数据的读写，并且数据正确无误地传输完成，达到了预期的目的。

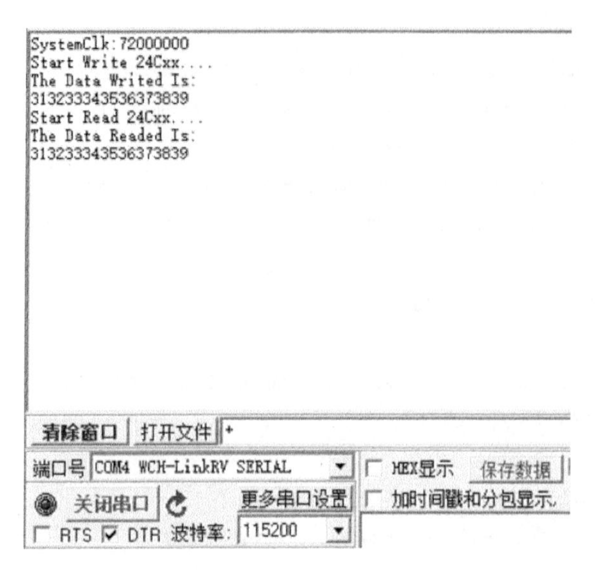

图 13.22　串口助手信息

本章小结

本章主要介绍了I^2C协议的软硬件构成,着重分析了CH32V103上I^2C接口的工作过程,并使用固件库函数实现了I^2C接口读取AT24C02的实验。掌握CH32V103的I^2C接口的重点在于软件程序设计,读者应以此作为切入点,最终达到完全理解、灵活使用的学习目的。

第 14 章　实时时钟 RTC

RTC(Real Time Clock)是指实时时钟,在电子产品中具有广泛的应用。利用 RTC 可以实现产品的精确计时,比如平时用的笔记本电脑、电子日历等都有 RTC 模块。当主电源断电时,RTC 的模块由备用电池来供电,继续进行计时。

14.1　CH32V103 的 RTC 概述

14.1.1　CH32V103 的 RTC

CH32V103 的实时时钟(RTC)是一个独立的定时器模块,其可编程计数器最大可达到 32 位,配合软件即可以实现实时时钟功能,并可修改计数器的值来重新配置系统的当前时间和日期。RTC 模块在后备供电区域,系统复位和待机模式唤醒对其没有影响。CH32V103 的 RTC 具有以下特征:

1) RTC 工作时钟最高为 2^{20} 的预分频系数。

2) 具有 32 位可编程计数器。

3) 具有多种时钟源与中断。

4) RTC 模块具有独立的复位。

由于实时时钟的特殊用途,其处于后备域的四组寄存器(预分频,预分频重装值,主计数器和闹钟)只能通过后备域的复位信号复位。实时时钟的控制寄存器受系统复位或电源复位控制。

14.1.2　UNIX 时间戳

UNIX 时间戳(英文为 Unix time 或 POSIX time)是从 1970 年 1 月 1 日(UTC/GMT 的午夜)开始所经过的秒数。最初计算机操作系统是 32 位,时间也用 32 位表示。32 位能表示的最大值是 2 147 483 647,而 1 年 365 天可换算为 31 536 000 s,也就是说 32 位能表示的最长时间是 68 年,到 2038 年 1 月 19 日 3 时 14 分 07 秒,便会到达最大时间。过了这个时间点,时间戳数据会发生溢出,导致时间戳变为 1901 年 12 月 13 日 20 时 45 分 52 秒,便会出现时间回归的现象,很多软件便会运行异常。时间回归的现象会随着 64 位操作系统的产生而逐渐得到解决,因为用 64 位操作系统可以表示到 292 277 026 596 年 12 月 4 日 15 时 30 分 08 秒。

因为 UNIX 时间戳以秒计时,且普遍被 32 位系统使用,而关于日期编排设定也已经在 UNIX 时间戳设计者的努力下完成了,所以可以利用 CH32V103 的 RTC 模块,配合 UNIX 时间戳实现万年历的功能。

14.2 RTC结构框图

如图14.1所示，RTC模块主要由APB1总线接口、分频器和计数器、控制和状态寄存器三部分组成，其中分频器和计数器部分在后备区域，可由V_{BAT}供电。RTCCK输入分频器(RTC_DIV)之后，被分频成TR_CLK。值得注意的是，分频器(RTC_DIV)的内部是一个自减计数器，自减到溢出就会输出一个TR_CLK，然后从重装值寄存器(RTC_PSCR)里取出预设值重装到分频器里。读分频器实际上是读取它的实时值，写分频系数应该写到重装值寄存器(RTC_PSCR)里。一般TR_CLK的周期被设置为1 s，TR_CLK会触发秒事件，同时会使主计数器(RTC_CNT)自增1；当主计数器增加到和闹钟寄存器的值一致时，会触发闹钟事件；当主计数器自增到溢出时，会触发溢出事件。以上三种事件都可以触发中断，由对应的中断使能位控制。

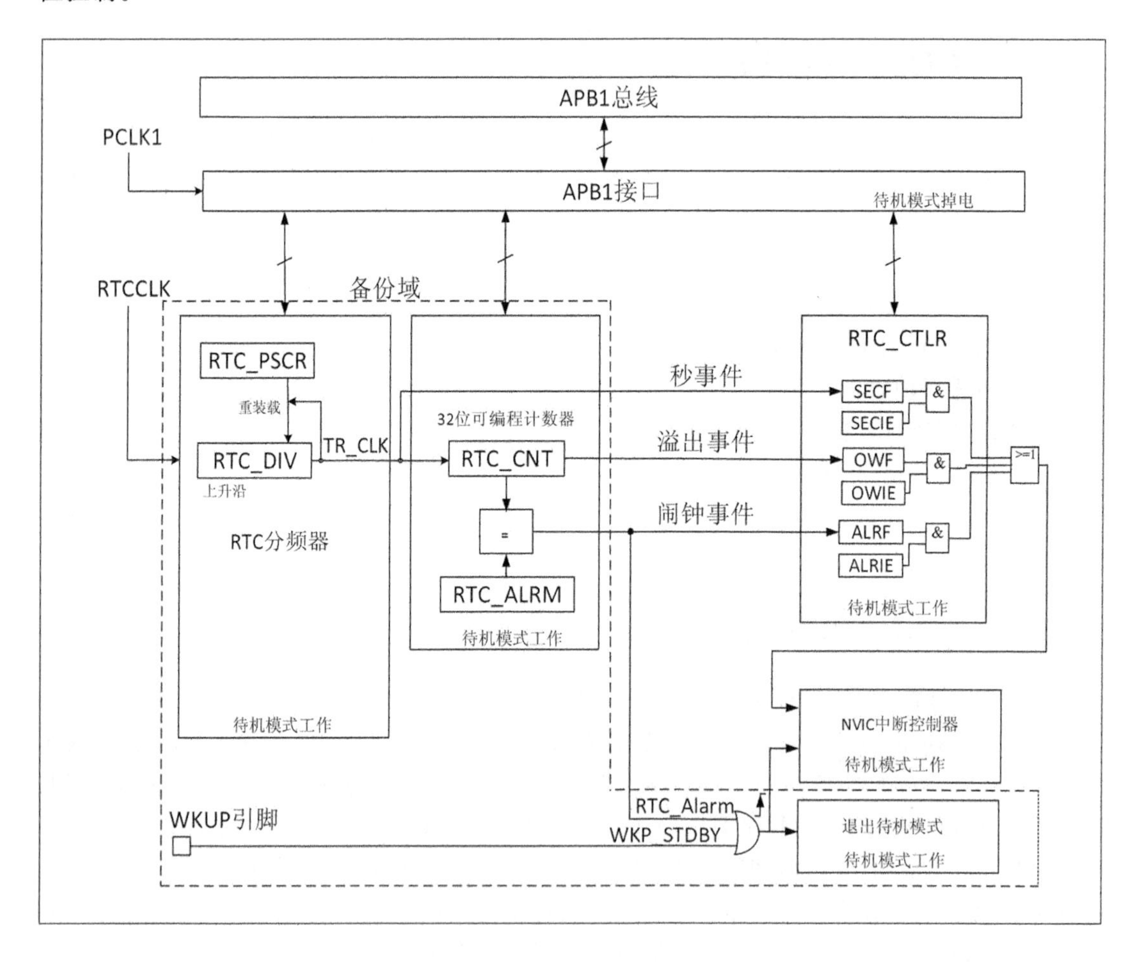

图14.1 RTC结构框图

14.3　常用库函数介绍

CH32V103 标准库提供了 RTC 库函数，见表 14-1。接下来将对常用的几个函数进行介绍。

表 14-1　RTC 库函数

序　号	函数名称	功能描述
1	RTC_ITConfig	使能或失能指定的 RTC 中断
2	RTC_EnterConfigMode	进入 RTC 配置模式
3	RTC_ExitConfigMode	退出 RTC 配置模式
4	RTC_GetCounter	获取 RTC 计数值
5	RTC_SetCounter	设置 RTC 计数值
6	RTC_SetPrescaler	设置 RTC 分频值
7	RTC_SetAlarm	设置 RTC 报警值
8	RTC_GetDivider	获取 RTC 分频值
9	RTC_WaitForLastTask	等待最后一次写 RTC 寄存器操作完成
10	RTC_WaitForSynchro	等待 RTC 寄存器与 RTC APB 时钟同步
11	RTC_GetFlagStatus	检查指定 RTC 标志是否置位
12	RTC_ClearFlag	清除 RTC 挂起标志
13	RTC_GetITStatus	检查指定的 RTC 中断源是否发生
14	RTC_ClearITPendingBit	清除 RTC 中断挂起标志位

(1) RTC_ITConfig 函数

RTC_ITConfig 函数的说明见表 14-2。

表 14-2　RTC_ITConfig 函数说明

项目名	描　述
函数原型	void RTC_ITConfig(uint16_t RTC_IT, FunctionalStateNewState)
功能描述	使能或失能指定的 RTC 中断
输入参数 1	RTC_IT：使能或失能的指定 RTC 中断源
输入参数 2	NewState：RTC 中断的新状态，这个参数为 ENABLE 或 DISABLE
输出参数	无

该函数的使用方法如下：

```
RTC_ITConfig(RTC_IT_SEC,ENABLE);//使能秒中断
```

参数描述：RTC_IT，使能或失能的指定 RTC 中断源，详见表 14-3。

表 14-3　RCT_IT 中断源说明

ADC_IT 中断源	描　述
RCT_IT_OW	溢出中断
RCT_IT_ALR	闹钟中断
RCT_IT_SEC	秒中断

(2) RTC_EnterConfigMode 函数

RTC_EnterConfigMode 函数的说明见表 14-4。

表 14-4　RTC_EnterConfigMode 函数说明

项目名	描　述
函数原型	void RTC_EnterConfigMode(void)
功能描述	进入 RTC 配置模式
输入参数	无
输出参数	无

该函数的使用方法如下：

```
RTC_EnterConfigMode();//进入 RTC 配置模式
```

(3) RTC_ExitConfigMode 函数

RTC_ExitConfigMode 函数的说明见表 14-5。

表 14-5　RTC_ExitConfigMode 函数说明

项目名	描　述
函数原型	void RTC_ExitConfigMode(void)
功能描述	退出 RTC 配置模式
输入参数	无
输出参数	无

该函数的使用方法如下：

```
RTC_ExitConfigMode();//退出 RTC 配置模式
```

(4) RTC_GetCounter 函数

RTC_GetCounter 函数的说明见表 14-6。

表 14－6　RTC_GetCounter 说明

项目名	描　述
函数原型	uint32_t RTC_GetCounter(void)
功能描述	获取 RTC 计数值
输入参数 1	无
输出参数	RTC 计数器值

该函数的使用方法如下：

```
uint32_t value;
value = RTC_GetCounter();//获取当前 RTC 计数值,保存到 value 变量中
```

(5) RTC_SetCounter 函数

RTC_SetCounter 函数的说明见表 14－7。

表 14－7　RTC_SetCounter 函数说明

项目名	描　述
函数原型	void RTC_SetCounter(uint32_t CounterValue)
功能描述	设置 RTC 计数值
输入参数 1	CounterValue:RTC 计数器新值
输出参数	无

该函数的使用方法如下：

```
RTC_SetCounter(0xFFF);//设置 RTC 计数值为 0xFFF
```

(6) RTC_SetPrescaler

RTC_SetPrescaler 函数的说明见表 14－8。

表 14－8　RTC_SetPrescaler 函数说明

项目名	描　述
函数原型	void RTC_SetPrescaler(uint32_t PrescalerValue)
功能描述	设置 RTC 分频值
输入参数 1	PrescalerValue:RTC 分频器新值
输出参数	无

该函数的使用方法如下：

```
RTC_SetPrescaler(32767);//分频系数为 32768,产生 1Hz 信号
```

(7) RTC_GetDivider 函数

RTC_GetDivider 函数的说明见表 14-9。

表 14-9　RTC_GetDivider 函数说明

项目名	描　述
函数原型	uint32_t RTC_GetDivider(void)
功能描述	获取 RTC 分频值
输入参数 1	无
输出参数	RTC 分频器值

该函数的使用方法如下：

```
uint32_t   value;
value = RTC_GetDivider();//获取 RTC 预分频值
```

(8) RTC_WaitForLastTask 函数

RTC_WaitForLastTask 函数的说明见表 14-10。

表 14-10　RTC_WaitForLastTask 函数说明

项目名	描　述
函数原型	void RTC_WaitForLastTask(void)
功能描述	等待最后一次写 RTC 寄存器操作完成
输入参数 1	无
输出参数	无

该函数的使用方法如下：

```
RTC_WaitForLastTask();//等待最近一次对 RTC 寄存器的写操作完成
```

(9) RTC_WaitForSynchro 函数

RTC_WaitForSynchro 函数的说明见表 14-11。

表 14-11　RTC_WaitForSynchro 函数说明

项目名	描　述
函数原型	void RTC_WaitForSynchro(void)
功能描述	等待 RTC 寄存器与 RTCAPB 时钟同步
输入参数 1	无
输出参数	无

该函数的使用方法如下：

```
RTC_WaitForSynchro();//等待 RTC 寄存器同步完成
```

(10) RTC_GetFlagStatus 函数

RTC_GetFlagStatus 函数的说明见表 14－12。

表 14－12　RTC_GetFlagStatus 函数说明

项目名	描　述
函数原型	FlagStatusRTC_GetFlagStatus(uint16_t RTC_FLAG)
功能描述	检查指定 RTC 标志是否置位
输入参数 1	RTC_FLAG:待检查的指定标志
输出参数	RTC_FLAG 的新状态,参数为 SET 或 RESET

该函数的使用方法如下:

```
FlagStatus   status;
status = RTC_GetFlagStatus(RTC_FLAG_SEC);//获取 RTC 秒标志
```

参数描述:RTC_FLAG,待检查的指定标志,详见表 14－13。

表 14－13　RTC_FLAG 标志说明

ADC_IT 中断源	描　述
RTC_FLAG_RTOFF	RTC 操作关闭标志
RTC_FLAG_RSF	寄存器同步标志
RTC_FLAG_OW	溢出标志
RTC_FLAG_ALR	闹钟标志
RTC_FLAG_SEC	秒标志

(11) RTC_ClearFlag 函数

RTC_ClearFlag 函数的说明见表 14－14。

表 14－14　RTC_ClearFlag 函数说明

项目名	描　述
函数原型	void RTC_ClearFlag(uint16_t RTC_FLAG)
功能描述	清除 RTC 挂起标志
输入参数 1	RTC_FLAG:待清除的指定标志
输出参数	无

该函数的使用方法如下:

```
RTC_ClearFlag(RTC_FLAG_SEC);//清除 RTC 秒标志
```

(12) RTC_GetITStatus函数

RTC_GetITStatus函数的说明见表14－15。

表14－15 RTC_GetITStatus函数说明

项目名	描 述
函数原型	ITStatusRTC_GetITStatus(uint16_t RTC_IT)
功能描述	检查指定的RTC中断源是否发生
输入参数1	RTC_IT:待检查的指定RTC中断源
输出参数	RTC_IT的新状态,参数为SET或RESET

该函数的使用方法如下:

```
ITStatus   status;
status = RTC_GetITStatus(RTC_FLAG_SEC);//获取RTC秒中断状态标志位
```

(13) RTC_ClearITPendingBit函数

RTC_ClearITPendingBit函数的说明见表14－16。

表14－16 RTC_ClearITPendingBit函数说明

项目名	描 述
函数原型	void RTC_ClearITPendingBit(uint16_t RTC_IT)
功能描述	清除RTC中断挂起标志位
输入参数1	RTC_IT:待清除的指定中断挂起标志位
输出参数	无

该函数的使用方法如下:

```
RTC_ClearITPendingBit(RTC_FLAG_SEC);//清除RTC秒中断
```

14.4 使用流程

配置RTC一般需要如下基本步骤:

1) 使能PWR和BKP外设时钟。

2) 使能后备寄存器访问。

3) 从指定的后备寄存器中读出数据并判断:如果读出数据与写入的数据相同,说明已经配置过了,不需要重新配置,只要等待最近一次对RTC寄存器的写操作完成和使能RTC秒中断即可;如果读出数据与写入数据不相同,则需要重新配置。修改写入时间时一定要把后备寄存器中的数据修改成其他任意十六位数据,这样才可以重新修改写入时间。

4) 复位备份区域。

5）设置外部低速晶振（LSE），使用外设低速晶振作为 RTC 计数时钟。

6）检查指定的 RCC 标志位设置与否，等待低速晶振就绪。这一步尤为重要，如果晶振出现问题。整个系统是不会正常运行的。

7）设置 RTC 时钟（RTCCLK），选择 LSE 作为 RTC 时钟。

8）使能 RTC 时钟。

9）等待最近一次对 RTC 寄存器的写操作完成。

10）等待 RTC 寄存器同步。

11）使能 RTC 秒中断。

12）等待最近一次对 RTC 寄存器的写操作完成。

13）允许配置 RTC 寄存器。

14）设置 RTC 预分频的值：计算方式 32 768/(32 767+1) = 1 Hz，周期刚好是 1 s。

15）等待最近一次对 RTC 寄存器的写操作完成。

16）设置当前时间。

17）退出配置模式，防止误操作。

18）向指定的后备寄存器中写入用户程序数据。

19）RCT 中断分组设置。

20）更新时间。

14.5　项目实战：利用 RTC 实现万年历

本实验利用 CH32V103 的 RTC 设备，在 UNIX 时间戳和备份电池的配合下设计一个具有实时计时功能的模块，并使用串口向上位机助手打印时间信息。

14.5.1　硬件设计

实现 RTC 功能，需要一个备用电池，在系统断电的情况下给外部低速时钟供电，从而实现计数功能。图 14.2 所示是典型的备份电池供电电路。串口调试电路见图 8.6。单片机最小系统见图 4.7。

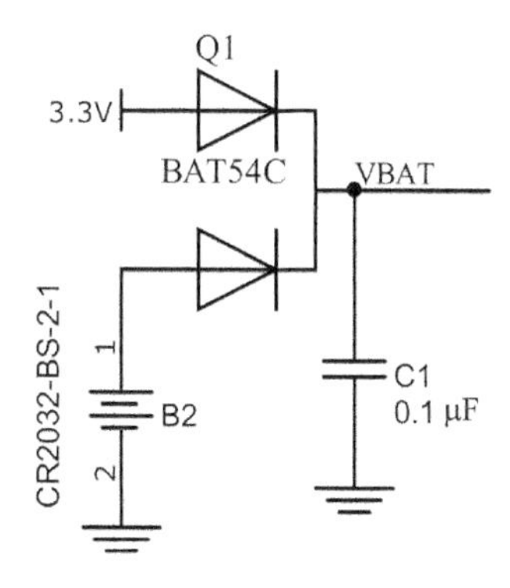

图 14.2　后备电源电路

14.5.2 软件设计

根据要求，首先初始化串口，打印信息。随后进行 RTC 初始化工作，如果尚未配置时间则写入，否则直接读取当前时间。相应信息通过串口发送到上位机中查看。程序流程见图 14.3，工程文件结构见图 14.4。

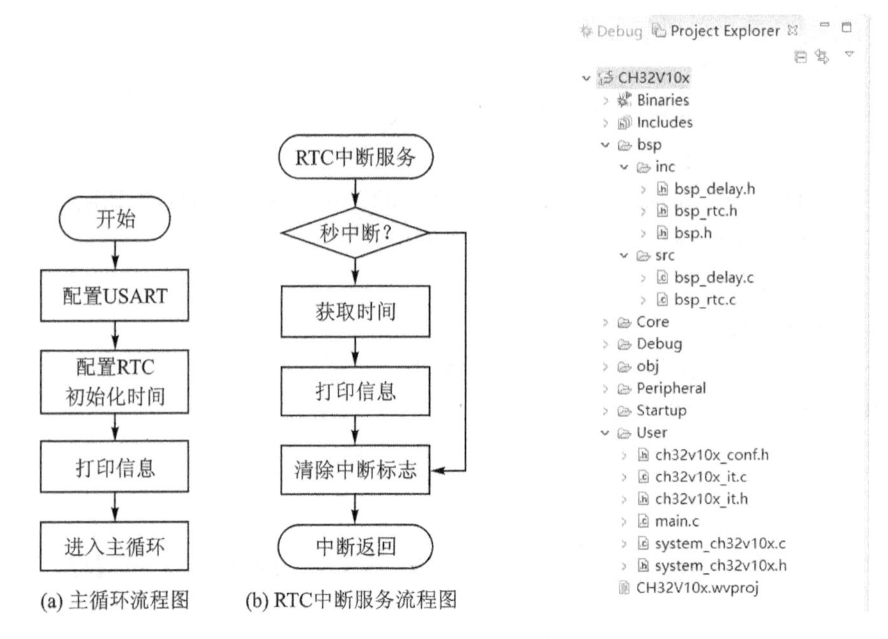

图 14.3 程序流程图　　图 14.4 工程文件结构

main.c 程序如下：

```
#include "bsp.h"
int main(void)
{
    NVIC_PriorityGroupConfig(NVIC_PriorityGroup_2);//设置中断优先级分组
    USART_Printf_Init(115200);//配置调试串口
    printf("SystemClk: %d\r\n",SystemCoreClock);//打印信息
    printf("RTC Test\r\n");
    RTC_Init();//初始化 RTC 功能
    while(1)
    {
    }
}
```

bsp_rtc.c 程序如下：

```
#include "bsp.h"
void RTC_IRQHandler(void) __attribute__((interrupt("WCH-Interrupt-fast")));
u8 const table_week[12] = {0,3,3,6,1,4,6,2,5,0,3,5};//月修正数据表
const u8 mon_table[12] = {31,28,31,30,31,30,31,31,30,31,30,31};//平年的月份日期表
void RTC_IRQHandler(void)
{
    if (RTC_GetITStatus(RTC_IT_SEC) != RESET)   //秒中断
    {
        RTC_Get();//更新时间
        printf("year/month/day/week/hour/min/sec:\r\n");//打印万年历
    printf("%d-%d-%d  %d  %d:%d:%d\r\n",calendar.w_year,calendar.w_month,calendar.
w_date,calendar.week,calendar.hour,calendar.min,calendar.sec );
    }
    if(RTC_GetITStatus(RTC_IT_ALR)!= RESET)   //闹钟中断
    {
        RTC_ClearITPendingBit(RTC_IT_ALR);//清闹钟中断
        }
    RTC_ClearITPendingBit(RTC_IT_SEC|RTC_IT_OW);//清中断标志位
    RTC_WaitForLastTask();
}

void RTC_NVIC_Config(void)
{
    NVIC_InitTypeDef  NVIC_InitStructure;
    NVIC_InitStructure.NVIC_IRQChannel = RTC_IRQn;//RTC 全局中断
    NVIC_InitStructure.NVIC_IRQChannelPreemptionPriority = 0;//先占优先级 1 位,从优先级 3 位
    NVIC_InitStructure.NVIC_IRQChannelSubPriority = 0;//先占优先级 0 位,从优先级 4 位
    NVIC_InitStructure.NVIC_IRQChannelCmd = ENABLE;//使能该通道中断
    NVIC_Init(&NVIC_InitStructure);
}
//实时时钟配置
//初始化 RTC 时钟,同时检测时钟是否工作正常
//返回 0:正常;其他:错误代码
u8 RTC_Init(void)
{
    u8 temp = 0;
    RCC_APB1PeriphClockCmd(RCC_APB1Periph_PWR | RCC_APB1Periph_BKP, ENABLE);//使能时钟
    PWR_BackupAccessCmd(ENABLE);//使能后备寄存器访问
    if(BKP_ReadBackupRegister(BKP_DR2) != 0xA0A2)//从指定的后备寄存器中读出数据
    {
        printf("RTC INIT\r\n"); //打印信息
        BKP_DeInit();//复位备份区域
        RCC_LSEConfig(RCC_LSE_ON);//设置外部低速晶振(LSE),使用外设低速晶振
```

```
        //检查指定的 RCC 标志位设置与否,等待低速晶振就绪
        while (RCC_GetFlagStatus(RCC_FLAG_LSERDY) == RESET&&temp<250)
        {
            temp++;
            mDelayMS(20);
        }
        if(temp>=255)     return 1;//初始化时钟失败,晶振有问题
        RCC_RTCCLKConfig(RCC_RTCCLKSource_LSE);//设置 RTC 时钟,选择 LSE 作为 RTC 时钟
        RCC_RTCCLKCmd(ENABLE);//使能 RTC 时钟
        RTC_WaitForLastTask();//等待最近一次对 RTC 寄存器的写操作完成
        RTC_WaitForSynchro();//等待 RTC 寄存器同步
        RTC_ITConfig(RTC_IT_SEC, ENABLE);//使能 RTC 秒中断
        RTC_WaitForLastTask();//等待最近一次对 RTC 寄存器的写操作完成
        RTC_EnterConfigMode();//允许配置
        RTC_SetPrescaler(32767);//设置 RTC 预分频的值,32768/(32767+1) = 1Hz 周期刚好是 1s
        RTC_WaitForLastTask();//等待最近一次对 RTC 寄存器的写操作完成
        RTC_Set(2020,9,13,14,50,50); //设置时间
        RTC_ExitConfigMode();//退出配置模式
        BKP_WriteBackupRegister(BKP_DR2, 0XA0A2);//向指定的后备寄存器中写入用户程序数据
    }
    else
    {
        PWR_WakeUpPinCmd(DISABLE);//关闭 WakeUP 唤醒功能
        RTC_WaitForSynchro();//等待最近一次对 RTC 寄存器的写操作完成
        RTC_ITConfig(RTC_IT_SEC, ENABLE);//使能 RTC 秒中断
        RTC_WaitForLastTask();//等待最近一次对 RTC 寄存器的写操作完成
    }
    RTC_NVIC_Config();//RCT 中断分组设置
    RTC_Get();//更新时间
    return 0;
}
//输入:年份
//输出:该年份是不是闰年.1,是.0,不是
u8 Is_Leap_Year(u16 year) //判断是否是闰年函数
{
    if(year%4==0)//必须能被 4 整除
    {
        if(year%100==0)
        {
            if(year%400==0)return 1;//如果以 00 结尾,还要能被 400 整除
            else return 0;
```

```
        }else return 1;
    }else return 0;
}
//把输入的时钟转换为秒钟
//以 1970 年 1 月 1 日为基准
//返回值:0,成功;其他:错误代码
u8 RTC_Set(u16 syear,u8 smon,u8 sday,u8 hour,u8 min,u8 sec)
{
    u16 t;
    u32 seccount = 0;
    if(syear<1970||syear>2099)return 1;
    for(t = 1970;t<syear;t ++ )//把所有年份的秒钟相加
    {
        if(Is_Leap_Year(t))seccount + = 31622400;//闰年的秒钟数
        else seccount + = 31536000;//平年的秒钟数
    }
    smon - = 1;
    for(t = 0;t<smon;t ++ )//把前面月份的秒钟数相加
    {
        seccount + = (u32)mon_table[t] * 86400;//月份秒钟数相加
        if(Is_Leap_Year(syear)&&t == 1)seccount + = 86400;//闰年 2 月份增加一天的秒钟数
    }
    seccount + = (u32)(sday - 1) * 86400;//把前面日期的秒钟数相加
    seccount + = (u32)hour * 3600;//小时秒钟数
    seccount + = (u32)min * 60;//分钟秒钟数
    seccount + = sec;//最后的秒钟加上去
    //使能 PWR 和 BKP 外设时钟
    RCC_APB1PeriphClockCmd(RCC_APB1Periph_PWR | RCC_APB1Periph_BKP, ENABLE);
    PWR_BackupAccessCmd(ENABLE);//使能 RTC 和后备寄存器访问
    RTC_SetCounter(seccount);//设置 RTC 计数器的值
    RTC_WaitForLastTask();//等待最近一次对 RTC 寄存器的写操作完成
    return 0;
}
//初始化闹钟
//syear,smon,sday,hour,min,sec:闹钟的年月日时分秒
//返回值:0,成功;其他:错误代码.
u8 RTC_Alarm_Set(u16 syear,u8 smon,u8 sday,u8 hour,u8 min,u8 sec)
{
    u16 t;
    u32 seccount = 0;
    if(syear<1970||syear>2099)return 1;
    for(t = 1970;t<syear;t ++ )//把所有年份的秒钟相加
```

```
        {
            if(Is_Leap_Year(t))seccount + = 31622400;//闰年的秒钟数
            else seccount + = 31536000;//平年的秒钟数
        }
        smon - = 1;
        for(t = 0;t<smon;t ++ )//把前面月份的秒钟数相加
        {
            seccount + = (u32)mon_table[t] * 86400;//月份秒钟数相加
            if(Is_Leap_Year(syear)&&t == 1)seccount + = 86400;//闰年 2 月份增加一天的秒钟数
        }
        seccount + = (u32)(sday - 1) * 86400;//把前面日期的秒钟数相加
        seccount + = (u32)hour * 3600;//小时秒钟数
        seccount + = (u32)min * 60;//分钟秒钟数
        seccount + = sec;//最后的秒钟加上去

        RCC_APB1PeriphClockCmd(RCC_APB1Periph_PWR | RCC_APB1Periph_BKP, ENABLE);//设置时钟
        PWR_BackupAccessCmd(ENABLE);//使能后备寄存器访问
        RTC_SetAlarm(seccount);
        RTC_WaitForLastTask();//等待最近一次对 RTC 寄存器的写操作完成
        return 0;
    }
    //得到当前的时间
    //返回值:0,成功;其他:错误代码
    u8 RTC_Get(void)
    {
        static u16 daycnt = 0;
        u32 timecount = 0;
        u32 temp = 0;
        u16 temp1 = 0;
        timecount = RTC_GetCounter();
        temp = timecount/86400;//得到天数(秒钟数对应的)
        if(daycnt! = temp)//超过一天了
        {
            daycnt = temp;
            temp1 = 1970;//从 1970 年开始
            while(temp> = 365)//计算出来的天数大于等于一年的天数
            {
                if(Is_Leap_Year(temp1))//是闰年
                {
                    if(temp> = 366)temp - = 366;//闰年的秒钟数
                    else {temp1 ++ ;break;}
```

```
            }
            else temp -= 365; //平年
            temp1++;
        }
        calendar.w_year = temp1;//得到年份
        temp1 = 0;
        while(temp>= 28)//超过了一个月
        {
            if(Is_Leap_Year(calendar.w_year)&&temp1 == 1)//当年是不是闰年/2 月份
            {
                if(temp>= 29) //如果天数超过 29 天
                temp -= 29;//闰年的秒钟数
                else break;//小于 29 天,不到闰年 3 月,直接跳出
            }
            else
            {
                if(temp>= mon_table[temp1])
                    temp -= mon_table[temp1];//平年
                else break;
            }
            temp1++;
        }
        calendar.w_month = temp1 + 1;//得到月份
        calendar.w_date = temp + 1;//得到日期
    }
    temp = timecount % 86400;//得到秒钟数
    calendar.hour = temp/3600;//小时
    calendar.min = (temp % 3600)/60;//分钟
    calendar.sec = (temp % 3600) % 60;//秒钟
    calendar.week = RTC_Get_Week(calendar.w_year,calendar.w_month,calendar.w_date);//获取星期
    return 0;
}
//功能描述:输入公历日期得到星期(只允许 1901 - 2099 年)
//输入参数:公历年月日
//返回值:星期号
u8 RTC_Get_Week(u16 year,u8 month,u8 day)
{
    u16 temp2;
    u8 yearH,yearL;
    yearH = year/100;yearL = year % 100;
    if (yearH>19)yearL += 100;//如果为 21 世纪,年份数加 100
```

```
    temp2 = yearL + yearL/4;//所过闰年数只算1900年之后的
    temp2 = temp2 % 7;
    temp2 = temp2 + day + table_week[month - 1];
    if (yearL % 4 == 0&&month<3)temp2 - - ;
    return(temp2 % 7);
}
```

14.5.3 系统调试

工程建立好后，编写程序文件，最后进行 Build Project 编译，修改至无错误和警告后，通过 Download 界面加载生成好的 HEX 文件，单击 Execute 按钮。下载完成后，打开串口助手，设置串口号、波特率、数据位、校验位后，打开串口。可以看到串口助手以每秒间隔出现事件信息，如图 14.5 所示。

图 14.5 串口助手信息

本章小结

本章介绍了 CH32V103 系列单片机 RTC 外设单元的基本特性和功能，并在 UNIX 时间戳的配合下完成了一个简易实时时钟的设计。CH32V103 配备的 RTC 外设具有较高的性价比，利用 UNIX 时间戳完全可以实现标准 RTC 芯片的大部分功能，在对实时时钟要求不高的电子产品中使用，可以大幅降低产品成本。

第 15 章　循环冗余校验 CRC

15.1　CRC 校验概述

CRC 即循环冗余校验码，是数据通信领域中最常用的一种查错校验码，其特征是信息字段和校验字段的长度可以任意选定。循环冗余校验(CRC)是一种数据传输检错方法，对数据进行多项式计算，并将得到的结果附在帧的后面，接收设备也执行类似的算法，以保证数据传输的正确性和完整性。

15.2　CH32V103 中的 CRC 计算单元

15.2.1　主要特征

CH32V103 的 CRC 具有以下特征：

1) 使用 CRC32 多项式(0x4C11DB7)计算，即

$X^{32}+X^{26}+X^{23}+X^{22}+X^{16}+X^{12}+X^{11}+X^{10}+X^{8}+X^{7}+X^{5}+X^{4}+X^{2}+X+1$；

2) 同一个 32 位寄存器既作为数据的输入又作为 CRC32 计算的输出；

3) 单次转换时间：4 个 AHB 时钟周期(HCLK)。

15.2.2　功能描述

(1) CRC 单元复位

如果要开始一次新数据组的 CRC 计算，需要先复位 CRC 计算单元。向控制寄存器 CRC_CTLR 的 RST 位写 1，硬件将复位数据寄存器，恢复初始值 0xFFFFFFFF。

(2) CRC 计算

CRC 单元的计算结果是前一次 CRC 计算结果和新计算结果的组合。CRC_DATAR 数据寄存器，对其执行写操作将送新数据到硬件计算单元；执行读取操作，将得到最新一轮的 CRC 计算值。硬件计算时会中断系统的写操作，因此可以连续写入新的值。

注意：CRC 单元是对整个 32 位数据进行计算，而不是逐字节计算。

(3) 独立数据缓冲区

CRC 单元提供了一个 8 位独立数据寄存器 CRC_IDATAR，用于应用代码临时存放 1 B

的数据，不受 CRC 单元复位影响。

15.2.3 结构框图

CH32V103 的 CRC 计算单元根据固定的生成多项式得到任一 32 位数据的 CRC 计算结果。利用系统提供的硬件 CRC 计算单元可以大大节省 CPU 和 RAM 资源，并可提高效率。CH32V103 的 CRC 结构如图 15.1 所示。

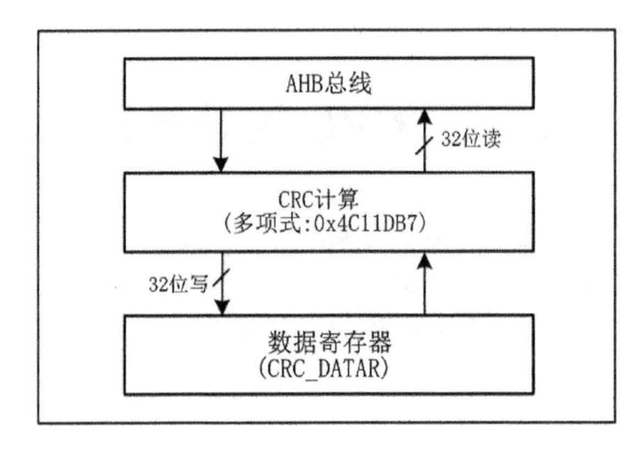

图 15.1 CRC 结构框图

CH32V103 的 CRC 功能是通过操作相应寄存器实现的，包括数据寄存器(R32_CRC_DATAR)、独立数据缓冲(R8_CRC_IDATAR)、控制寄存器(R32_CRC_CTLR)。

15.3 CRC 应用

使用内置 CRC 模块的方法非常简单。首先，复位 CRC 模块，把 CRC 计算的余数初始化为 0xFFFFFFFF；然后把要计算的数据按每 32 位分割为一组数据字，并把这组数据字逐个写入 CRC_DR 寄存器，写完所有数据字后，就可以从 CRC_DR 寄存器读出计算的结果。

15.4 常用库函数介绍

CRC 函数库的说明见表 15-1。

表 15-1 CRC 函数库说明

序 号	函数名称	功能描述
1	CRC_ResetDR	复位 CRC 数据寄存器
2	CRC_CalcCRC	计算一个 32 位数据的 CRC-32 校验码
3	CRC_CalcBlockCRC	计算一段 32 位数据的 CRC-32 校验码
4	CRC_GetCRC	获取当前 CRC 值

续表 15-1

序　号	函数名称	功能描述
5	CRC_SetIDRegister	将一个 8 位数据保存在独立数据寄存器中
6	CRC_GetIDRegister	获取一个保存在独立数据寄存器中的 8 位数据

(1) CRC_ResetDR 函数

CRC_ResetDR 函数的说明见表 15-2。

表 15-2　CRC_ResetDR 函数说明

项目名	描　述
函数原型	void CRC_ResetDR(void)
功能描述	复位 CRC 数据寄存器(DR)
输入参数 1	无
输出参数	无

该函数的使用方法如下：

```
CRC_ResetDR();//复位 CRC-32 计算单元
```

(2) CRC_CalcCRC 函数

CRC_CalcCRC 函数的说明见表 15-3。

表 15-3　CRC_CalcCRC 函数说明

项目名	描　述
函数原型	uint32_t CRC_CalcCRC(uint32_t Data)
功能描述	计算一个 32 位数据的 CRC-32 校验码
输入参数 1	Date:用来计算 CRC 的 32 位数据字
输出参数	32 位 CRC 值

该函数的使用方法如下：

```
uint32_t   value;
value = CRC_CalcCRC(0x1234);//计算给定数据字(32 位)的 32 位 CRC
```

(3) CRC_CalcBlockCRC 函数

CRC_CalcBlockCRC 函数的说明见表 15-4。

表 15-4　CRC_CalcBlockCRC 函数说明

项目名	描　述
函数原型	uint32_t CRC_CalcBlockCRC(uint32_t pBuffer[], uint32_t BufferLength)

续表 15-4

项目名	描　述
功能描述	计算一段 32 位数据的 CRC-32 校验码
输入参数 1	pBuffer:指向含有待计算数据的缓冲区
输入参数 2	BufferLength:待计算的缓冲区长度
输出参数	32 位 CRC 值

该函数的使用方法如下：

```
//计算个数为 1 024 的 32 位数的 CRC-32 校验码,数据块通过 pBuffer 传入,结果保存在 value 中
uint32_t   value;
value = CRC_CalcBlockCRC(pBuffer, 1024);
```

(4) CRC_GetCRC 函数

CRC_GetCRC 函数的说明见表 15-5。

表 15-5　CRC_GetCRC 函数说明

项目名	描　述
函数原型	uint32_t CRC_GetCRC(void)
功能描述	获取当前 CRC 值
输入参数 1	无
输出参数	32 位 CRC

该函数的使用方法如下：

```
uint32_t   value;
value  =  CRC_GetCRC();//返回当前 CRC 的值
```

(5) CRC_SetIDRegister 函数

CRC_SetIDRegister 函数的说明见表 15-6。

表 15-6　CRC_SetIDRegister 函数说明

项目名	描　述
函数原型	void CRC_SetIDRegister(uint8_t IDValue)
功能描述	将一个 8 位数据保存在独立数据寄存器中
输入参数 1	IDValue:存储在 ID 寄存器中的 8 位值
输出参数	无

该函数的使用方法如下：

```
CRC_SetIDRegister(0x10);//将 0x10 保存在独立数据寄存器中
```

(6) CRC_GetIDRegister 函数

CRC_GetIDRegister 函数的说明见表 15-7。

表 15-7　CRC_GetIDRegister 函数说明

项目名	描　述
函数原型	void CRC_GetIDRegister(uint8_t IDValue)
功能描述	获取一个保存在独立数据寄存器中的 8 位数据
输入参数 1	无
输出参数	ID 寄存器的 8 位值

该函数的使用方法如下：

```
uint08_t   value;
value = CRC_GetIDRegister();//获取 ID 寄存器的数据
```

15.5　项目实战:CRC 数据校验

本实验测试 CH32V103 的 CRC-32 计算单元是否可以正确地计算任意数据序列的 CRC-32 校验码。随机定义一段数据序列，使用 CH32V103 的 CRC-32 计算单元计算出 CRC-32 校验码，查看校验码是否正确。

15.5.1　硬件设计

本实验设计的硬件电路只需要一个完整的 CH32V103 最小系统。为了方便打印数据信息，通过串口调试助手显示，需要一个 USB 转串口电路，见图 8.6。

15.5.2　软件设计

根据实验设计的思路，程序设计步骤如下：

1) 初始化 USART；

2) 打开 CRC-32 计算单元的时钟控制；

3) 使用 CRC-32 校验码直接计算函数。

main.c 程序如下：

```
#include "debug.h"
/* Global define */
#define Buf_Size 32
/* Global Variable */
u32  SRC_BUF[Buf_Size] = {0x01020304,0x05060708,0x090A0B0C,0x0D0E0F10,
                          0x11121314,0x15161718,0x191A1B1C,0x1D1E1F20,
                          0x21222324,0x25262728,0x292A2B2C,0x2D2E2F30,
                          0x31323334,0x35363738,0x393A3B3C,0x3D3E3F40,
```

```
                                    0x41424344,0x45464748,0x494A4B4C,0x4D4E4F50,
                                    0x51525354,0x55565758,0x595A5B5C,0x5D5E5F60,
                                    0x61626364,0x65666768,0x696A6B6C,0x6D6E6F70,
                                    0x71727374,0x75767778,0x797A7B7C,0x7D7E7F80};
u32 CRCValue = 0;
int main(void)
{
USART_Printf_Init(115200);
printf("SystemClk: %d\r\n",SystemCoreClock);

printf("CRC TEST\r\n");
RCC_AHBPeriphClockCmd(RCC_AHBPeriph_CRC, ENABLE);
CRCValue = CRC_CalcBlockCRC((u32 *)SRC_BUF, Buf_Size);

printf("CRCValue: 0x%08x\r\n",CRCValue);           //CRCValue结果应该为0x199AC3CA
while(1);
}
```

15.5.3 系统调试

编译程序后，将程序下载到开发板。打开串口助手，设置串口号、波特率、数据位、停止位后，打开串口。

运行程序后，在串口助手中查看结果，如图15.2所示，计算结果为0x199ac3ca，与理论值相符。

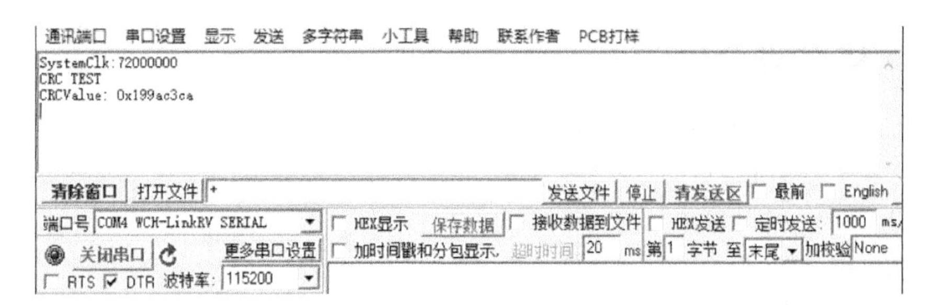

图15.2 串口助手信息

本章小结

本章简要介绍了CH32V103单片机的CRC外设及其特征和功能，并在此基础上设计了CRC校验的实验，重点考察该CRC-32校验单元的功能。实验结果表明，CH32V103的CRC-32计算单元的功能、易用性较好，在使用CH32V103进行开发的过程中，可以提高程序的效率。

第 16 章　模/数转换器 ADC

16.1　ADC 概述

现实世界中的各种模拟量，如温度、湿度、压力等值无法直接被数字系统采集，必须经过模数转换器(Analog-Data Convertor，ADC)的转换才行。ADC 将连续的模拟信号转换为时间离散、幅度离散的数字化信号，从而可被数字信号处理器或单片机使用。ADC 转换一般包括采样、保持、量化、编码四个步骤。

16.1.1　ADC 分类

根据不同的转换方式，ADC 可以分为许多类型，常用的有逐次逼近(SAR)型、流水线(Pipeline)型、插值结构和折叠插值型、Σ－Δ 型等。通常来说，在同样的结构下，ADC 的分辨率越高，转换速度就越低。

16.1.2　ADC 性能指标

在使用 ADC 之前，有必要了解 ADC 的各个性能指标。

1. 分辨率

分辨率(Resolution)指数字量变化一个最小量时模拟信号的变化量，定义为满刻度与 2^n 的比值。分辨率又称精度，通常以数字信号的位数来表示。一个 12 位 ADC 可以分辨出满刻度 $1/2^{12}$ 的输入电压变化。例如，一个 4.096 V 满刻度的 12 位 ADC 能够分辨输入电压变化的最小值是 1 mV。

2. 转换速率

转换速率(Conversion Rate)是指完成一次从模拟转换到数字的 ADC 转换所需时间的倒数。积分型 ADC 的转换时间是毫秒级的，属低速 ADC；逐次比较型 ADC 是微秒级的，属中速 ADC；全并行/串并行型 ADC 可达到纳秒级。采样时间则是指两次转换的间隔。为了保证转换能够正确完成，采样速率(Sample Rate)必须小于或等于转换速率。因此，有人习惯上将转换速率在数值上等同于采样速率也是可以接受的。常用单位是 Ks/s 和 Ms/s，表示每秒采样千/百万次(Kilo/Million Samples Per Second)。

3. 量化误差

量化误差(Quantizing Error)是指由于 ADC 的有限分辨率而引起的误差,即有限分辨率 ADC 的阶梯状转移特性曲线与无限分辨率 ADC(理想 ADC)的转移特性曲线(直线)之间的最大偏差。通常是 1 个或半个最小数字量的模拟变化量,表示为 1LSB、1/2LSB。

4. 偏移误差

偏移误差(Offset Error)是指输入信号为零时输出信号不为零的值,可外接电位器调至最小。

5. 满刻度误差

满刻度误差(Full Scale Error)是指满刻度输出时对应的输入信号与理想输入信号值之差。

6. 线性度

线性度(Linearity)是指实际转换器的转移函数与理想直线的最大偏移,不包括以上三种误差。比如一块精度 0.2%(或常说的准确度 0.2 级)的四位半万用表,测得 A 点电压 1.000 0 V,B 点电压 1.000 5 V,可以分辨出 B 点比 A 点高 0.000 5 V,但 A 点电压的真实值可能在 0.998 0～1.002 0 之间。

16.2 CH32V103 的 ADC 简介

CH32V103 的 ADC 模块包含一个 12 位的逐次逼近型模拟数字转换器,最高 14 MHz 的输入时钟,最高支持 16 个外部通道和 2 个内部信号源采样源,可完成通道的单次转换、连续转换,具有通道间自动扫描模式、间断模式、外部触发模式等功能,可以通过模拟看门狗功能监测通道电压是否在阈值范围内。CH32V103 系列 ADC 具有以下特点:

1) 12 位分辨率。
2) 多通道的多种采样转换方式:单次、连续、扫描、触发、间断等。
3) 数据对齐模式:左对齐、右对齐。
4) 采样时间可按通道分别编程。
5) 规则转换和注入转换均支持外部触发。
6) 模拟看门狗监测通道电压,自校准功能。
7) ADC 通道输入范围:0≤VIN≤VDDA。

16.3 CH32V103 的 ADC 结构框图

CH32V103 的 ADC 主要组成部分包括模拟电源(V_{DDA}、V_{SSA})、最高 16 个外部信号源

(ADC_IN0～ADC_IN15)和 2 个内部信号源采样。其内部包括中断使能位、模拟看门狗、GPIO 端口、温度传感器、内部参考电压 V_{REFINT}、模拟至数字转换器、注入通道数据寄存器、规则通道数据寄存器、触发控制、ADC_CLK 和地址/数据总线。ADC 结构框图如图 16.1 所示。

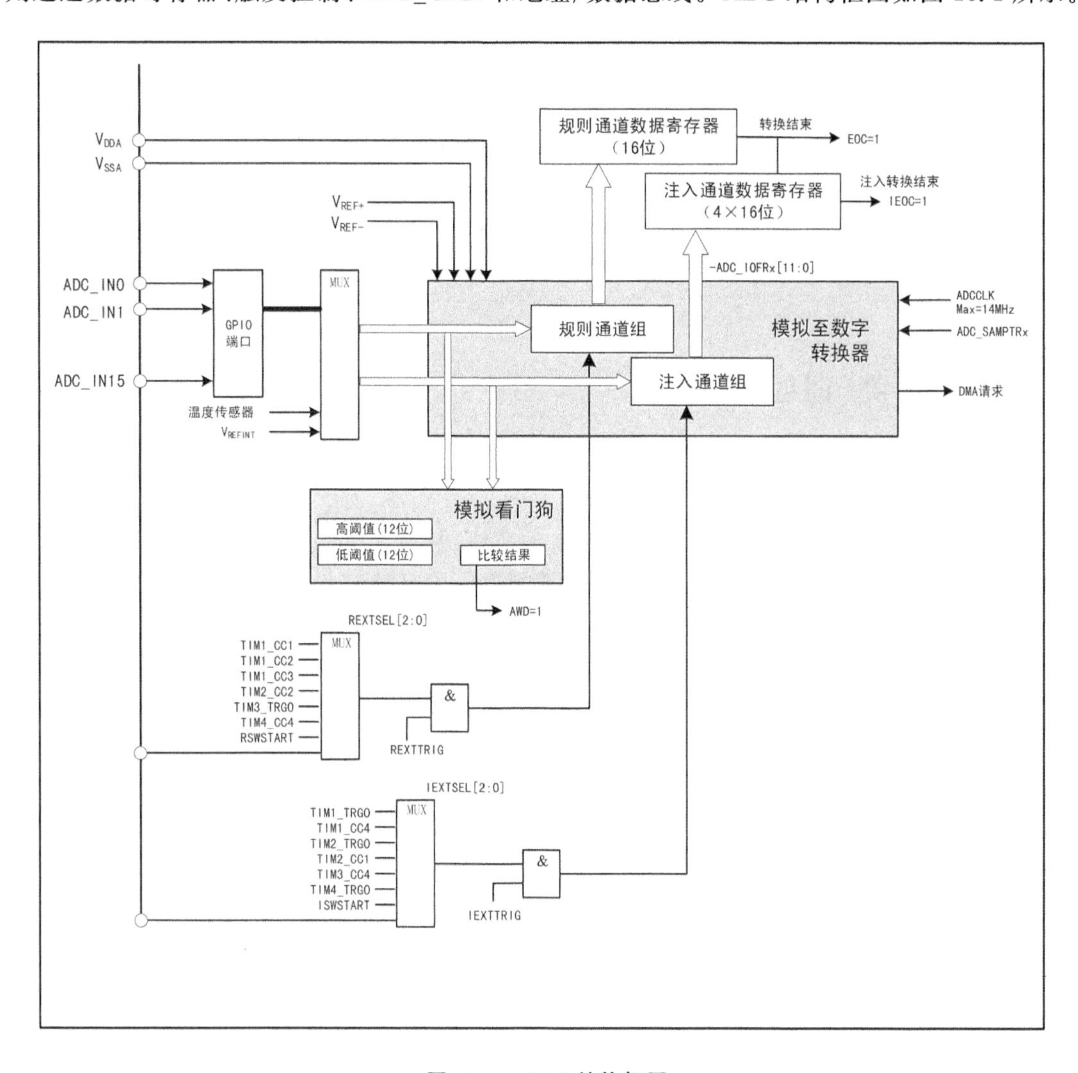

图 16.1　ADC 结构框图

CH32V103C8T6 有 1 个 ADC，10 个外部信号源引脚。ADC 正常工作的电压为 +3.0 V $\leqslant V_{DDA} \leqslant$ +5.5 V，V_{SSA} 接模拟电源地。10 个外部信号源引脚对应情况如下：ADC_IN0～ADC_IN7(PA0～PA7)、ADC_IN8(PB0)、ADC_IN9(PB1)。2 个内部信号源采样源：温度传感器连接 ADC_IN16 通道，用来测量器件周围的温度(TA)；V_{REFINT} 连接 ADC_IN17 通道，用来测量内部参考电压。

ADC 的功能是通过操作相应寄存器实现的，包括 ADC 状态寄存器(R32_ADC_STATR)、ADC 控制寄存器 1(R32_ADC_CTLR1)、ADC 控制寄存器 2(R32_ADC_CTLR2)、ADC 采样时间配置寄存器 1(R32_ADC_SAMPTR1)、ADC 采样时间配置寄存器 2(R32_ADC_SAMPTR2)、ADC 注入通道数据偏移寄存器 x(R32_ADC_IOFRx，x=1，2，3，4)、ADC 看门狗高阈值寄存器(R32_ADC_WDHTR)、ADC 看门狗低阈值寄存器(R32_ADC_WDL-

TR)、ADC 规则通道序列寄存器 x(R32_ADC_RSQRx,x=1,2,3)、ADC 注入通道序列寄存器(R32_ADC_ISQR)、ADC 注入数据寄存器 x(R32_ADC_IDATARx,x=1,2,3,4)、ADC 规则数据寄存器(R32_ADC_RDATAR)。

ADC 的相关寄存器介绍请参考 CH32V103 产品手册,可从沁恒微电子的官网(http://www.wch.cn/downloads/CH32xRM_PDF.html)下载,也可从本书附赠材料包里获取。寄存器的读写可以通过编程设置实现,也可以借助标准外设库的函数实现。标准库提供了几乎所有寄存器操作函数,基于标准库开发更加简单、快捷。

16.4 ADC 的功能描述

16.4.1 开关、时钟及通道

1. 模块上电

ADC_CTLR2 寄存器的 ADON 位为 1 表示 ADC 模块上电。当 ADC 模块从断电模式(ADON=0)进入上电状态(ADON=1)后,需要延迟一段时间 t_{STAB}(典型值 1 μs)用于模块稳定。之后再次写入 ADON 位为 1,用于作为软件启动 ADC 转换的启动信号。通过清除 ADON 位为 0,可以终止当前转换并将 ADC 模块置于断电模式,这个状态下,ADC 几乎不耗电。

2. 采样时钟

模块寄存器的操作基于 PCLK2(APB2 总线)时钟,其转换单元的时钟基准 ADCCLK 与 PCLK2 同步,由 RCC_CFGR0 寄存器的 ADCPRE[1:0]域配置分频,最大不能超过 14 MHz。

3. 通道配置

ADC 模块提供了 18 个通道采样源,包括 16 个外部通道和 2 个内部通道。它们可以配置到两种转换组中:规则组和注入组,以实现任意多个通道上以任意顺序进行一系列转换构成的组转换。通道的选择和转换顺序可以通过寄存器设置,也可以由库函数实现。

1) 规则组:由多达 16 个转换组成。规则通道和它们的转换顺序在 ADC_RSQRx 寄存器中设置。规则组中转换的总数量应写入 ADC_RSQR1 寄存器的 RLEN[3:0]中。

2) 注入组:由多达 4 个转换组成。注入通道和它们的转换顺序在 ADC_ISQR 寄存器中设置。注入组里的转换总数量应写入 ADC_ISQR 寄存器的 ILEN[1:0]中。

如果 ADC_RSQRx 或 ADC_ISQR 寄存器在转换期间被更改,当前的转换被终止,一个新的启动信号将发送到 ADC 以转换新选择的组。

4. 注入通道管理

1) 触发注入。IAUTO 位为 0,在扫描规则组通道过程中,发生了注入组通道转换的触发事件,当前转换被复位,注入通道的序列以单次扫描方式进行,在所有选中的注入组通道扫描转换结束后，恢复上次被中断的规则组通道转换。

如果在扫描注入组通道序列时发生了规则通道的启动事件，注入组转换不会被中断，而是在注入序列转换完成后再执行规则序列的转换。

使用触发注入转换时，必须保证触发事件的间隔长于注入序列。例如，完成注入序列的转换总体时间需要 28 个 ADCCLK，那么触发注入通道的事件间隔时间最小值为 29 个 ADCCLK。

2）自动注入。IAUTO 位为 1，在扫描完规则组选中的所有通道转换后，自动进行注入组选中通道的转换。这种方式可以用来转换 ADC_RSQRx 和 ADC_ISQR 寄存器中多达 20 个转换序列。

16.4.2　转换模式控制

1. 单次单通道转换模式

此模式下，对当前 1 个通道只执行一次转换。该模式对规则组或注入组中排序第 1 的通道执行转换，其中通过设置 ADC_CTLR2 寄存器的 ADON 位置 1（只适用于规则通道）来启动，也可通过外部触发来启动（适用于规则通道或注入通道）。一旦选择通道的转换完成将出现以下情形：

1）如果转换的是规则组通道，则转换数据被储存在 16 位 ADC_RDATAR 寄存器中，EOC 标志被置位，如果设置了 EOCIE 位，将触发 ADC 中断。

2）如果转换的是注入组通道，则转换数据被储存在 16 位 ADC_IDATAR1 寄存器中，EOC 和 IEOC 标志被置位，如果设置了 IEOCIE 或 EOCIE 位，将触发 ADC 中断。

2. 单次扫描模式转换

通过设置 ADC_CTLR1 寄存器的 SCAN 位为 1 进入 ADC 扫描模式。此模式用来扫描一组模拟通道，对被 ADC_RSQRx 寄存器（对规则通道）或 ADC_ISQR（对注入通道）选中的所有通道逐个执行单次转换。当前通道转换结束时，同一组的下一个通道被自动转换。

在扫描模式里，根据 IAUTO 位的状态，又分为触发注入方式和自动注入方式。

在此模式里，必须禁止注入通道的外部触发（IEXTTRIG＝0）。

对于 ADC 时钟预分频系数（ADCPRE[1:0]）为 4～8 时，从规则转换切换到注入序列或从注入转换切换到规则序列时，会自动插入 1 个 ADCCLK 间隔；当 ADC 时钟预分频系数为 2 时，则有 2 个 ADCCLK 间隔的延迟。

3. 单次间断模式转换

通过设置 ADC_CTLR1 寄存器的 RDISCEN 或 IDISCEN 位为 1 进入规则组或注入组的间断模式。此模式将一组通道分为多个短序列，每次外部触发事件将执行一个短序列的扫描转换，而不是扫描完整的一组通道。

短序列的长度 n(n＜＝8)定义在 ADC_CTLR1 寄存器的 DISCNUM[2:0]中，当 RDISCEN 为 1，则为规则组的间断模式，待转换总长度定义在 ADC_RSQR1 寄存器的 RLEN[3:0]中；当 IDISCEN 为 1，则是注入组的间断模式，待转换总长度定义在 ADC_ISQR 寄存器的 IL-

EN[1:0]中。不能同时将规则组和注入组设置为间断模式。

1）规则组间断模式举例：RDISCEN=1，DISCNUM[2:0]=3，RLEN[3:0]=8，待转换通道=1,3,2,5,8,4,10,6，则

① 第1次外部触发：转换序列为1,3,2。

② 第2次外部触发：转换序列为5,8,4。

③ 第3次外部触发：转换序列为10,6，同时产生EOC事件。

④ 第4次外部触发：转换序列为1,3,2。

2）注入组间断模式举例：IDISCEN=1，DISCNUM[2:0]=1，ILEN[1:0]=3，待转换通道=1,3,2，则

1）第1次外部触发：转换序列为1。

2）第2次外部触发：转换序列为3。

3）第3次外部触发：转换序列为2，同时产生EOC和IEOC事件。

4）第4次外部触发：转换序列为1。

在使用间断模式时，需要注意以下几点：

1）当以间断模式转换一个规则组或注入组时，转换序列结束后不自动从头开始。当所有子组被转换完成，下一次触发事件启动第一个子组的转换。

2）不能同时使用自动注入（IAUTO=1）和间断模式。

3）不能同时为规则组和注入组设置间断模式，间断模式只能用于一组转换。

4. 连续转换

通过设置ADC_CTLR2寄存器的CONT位为1，进入ADC的连续转换模式。此模式在前面ADC转换一结束马上就启动另一次转换，转换不会在选择组的最后一个通道上停止，而是再次从选择组的第一个通道继续转换。

启动事件包括外部触发事件和ADON位置1。结合前面的单次模式中的几种转换方式，也包括连续单通道转换、连续扫描模式（触发注入或自动注入）转换。

16.4.3 中断和DMA请求

1. DMA请求

ADC的规则通道转换支持DMA功能。规则通道转换的值储存在一个仅有的数据寄存器ADC_RDATAR中，为防止连续转换多个规则通道时没有及时取走ADC_RDATAR寄存器中的数据，可以开启ADC的DMA功能。硬件会在规则通道的转换结束时（EOC置位）产生DMA请求，并将转换的数据从ADC_RDATAR寄存器传输到用户指定的目的地址。

对DMA控制器模块的通道配置完成后，写ADC_CTLR2寄存器的DMA位置1，开启ADC的DMA功能。需要注意的是，注入组转换不支持DMA功能。

2. ADC中断

规则组和注入组转换结束时能产生中断，模拟看门狗也可以产生中断。它们均有独立的中断使能位。

16.4.4 其他功能

1. 模拟看门狗

如果被 ADC 转换的模拟电压低于低阈值或高于高阈值，AWD 模拟看门狗状态位被设置。阈值设置位于 ADC_WDHTR 和 ADC_WDLTR 寄存器的最低 12 个有效位中，见图 16.2。通过设置 ADC_CTLR1 寄存器的 AWDIE 位以允许产生相应中断。配置 ADC_CTLR1 寄存器可以选择模拟看门狗警戒的通道。

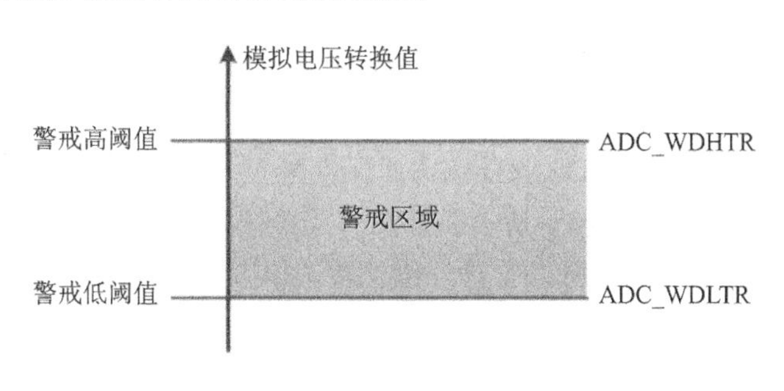

图 16.2　模拟看门狗阈值区

2. 校　准

ADC 有一个内置自校准模式。经过校准环节可大幅度减小因内部电容器组的变化而造成的精准度误差。在校准期间，每个电容器都会计算出一个误差修正码，用于消除在随后的转换中每个电容器上产生的误差。

通过写 ADC_CTLR2 寄存器的 RSTCAL 位置 1 初始化校准寄存器，等待 RSTCAL 硬件清 0 表示初始化完成。置位 CAL 位，启动校准功能；一旦校准结束，硬件会自动清除 CAL 位，将校准码存储到 ADC_RDATAR 中。之后可以开始正常的转换工作。建议在 ADC 模块上电时执行一次 ADC 校准。启动校准前，必须保证 ADC 模块处于上电状态（ADON=1）超过至少两个 ADC 时钟周期。

3. 温度传感器

模块内置温度传感器，连接 ADC_INT16 通道，通过 ADC 将传感器输出的电压转换成数字值来反馈器件周围温度，推荐设置采样时间是 17.1 μs。温度传感器输出的电压随温度线性变化。由于生产差异，其线性变化的曲线斜率和偏移有所不同，所以内部温度传感器更适合于检测温度的变化，而不是测量绝对的温度。如果需要测量精确的温度，应该使用外置温度传感器。

通过设置 ADC_CTLR2 寄存器的 TSVREFE 位置 1，唤醒 ADC 内部采样通道，软件启动或者外部触发启动 ADC 的温度传感器通道转换，读取数据结果（mV）。其中，数字值和温度（℃）换算公式为

$$温度(℃)=((V_{SENSE}-V_{25})/Avg\_Slope)+25$$

其中，V_{25} 为温度传感器在 25℃下的电压值；Avg_Slope 为温度与 V_{SENSE} 曲线的平均斜率

(mV/℃)。温度传感器特性参数见表 16-1。

表 16-1　温度传感器特性

符　号	参　数	条　件	最小值	典型值	最大值
Avg_Slope	平均斜率		3.3 mV/ ℃	4.3 mV/ ℃	5.3 mV/ ℃
V_{25}	在 25℃时的电压		1.11 V	1.34 V	1.57 V
TS_temp	当读取温度时，ADC 采样时间	f_{ADC} = 14 MHz			17.1 μs

4. 数据对齐

ADC_CTLR2 寄存器中的 ALIGN 位选择 ADC 转换后的数据存储对齐方式。12 位数据支持左对齐和右对齐模式，如图 16.3 和图 16.4 所示。

规则组通道的数据寄存器 ADC_RDATAR 保存的是实际转换的 12 位数字值；而注入组通道的数据寄存器 ADC_IDATARx 是实际转换的数据减去 ADC_IOFRx 寄存器定义的偏移量后写入的值，会存在正负情况，所以有符号位(SIGNB)。

规则组数据寄存器

D11	D10	D9	D8	D7	D6	D5	D4	D4	D2	D1	D0	0	0	0	0

注入组数据寄存器

SIGNB	D11	D10	D9	D8	D7	D6	D5	D4	D3	D2	D1	D0	0	0	0

图 16.3　数据左对齐

规则组数据寄存器

0	0	0	0	D11	D10	D9	D8	D7	D6	D5	D4	D3	D2	D1	D0

注入组数据寄存器

SIGNB	SIGNB	SIGNB	SIGNB	D11	D10	D9	D8	D7	D6	D5	D4	D3	D2	D1	D0

图 16.4　数据右对齐

5. 可编程的通道采样

ADC 使用若干个 ADCCLK 周期对输入电压采样，通道的采样周期数目可以通过 ADC_SAMPTR1 和 ADC_SAMPTR2 寄存器中的 SMPx[2:0]位更改。每个通道可以分别使用不同的时间采样。

总转换时间计算公式为

$$T_{CONV} = \text{采样时间} + 12.5T_{ADCCLK}$$

6. 外部触发转换

ADC 转换的启动事件可以由外部事件触发。如果设置了 ADC_CTLR2 寄存器的 REXTTRI 或 IEXTTRIG 位，则可分别通过外部事件触发规则组或注入组通道的转换。此时，REXTSEL[2:0]和 IEXTSEL[2:0]位的配置决定规则组和注入组的外部事件源，见表 16-2 和表 16-3。

表 16-2　规则组通道的外部触发源

REXTSEL[2:0]	触发源	类　型
000	定时器 1 的 CC1 事件	来自片上定时器的内部信号
001	定时器 1 的 CC2 事件	
010	定时器 1 的 CC3 事件	
011	定时器 2 的 CC2 事件	
100	定时器 3 的 TRGO 事件	
101	定时器 4 的 CC4 事件	
110	EXTI 线 11	来自外部引脚
111	RSWSTART 位置 1 软件触发	软件控制位

表 16-3　注入组通道的外部触发源

IEXTSEL[2:0]	触发源	类　型
000	定时器 1 的 TRGO 事件	来自片上定时器的内部信号
001	定时器 1 的 CC4 事件	
010	定时器 2 的 TRGO 事件	
011	定时器 2 的 CC1 事件	
100	定时器 3 的 CC4 事件	
101	定时器 4 的 TRGO 事件	
110	EXTI 线 15	来自外部引脚
111	ISWSTART 位置 1 软件触发	软件控制位

16.5　ADC 常用库函数介绍

CH32V103 标准库提供了 ADC 操作的函数，见表 16-4。所有 ADC 相关函数在 ch32v10x_adc.c 和 ch32v10x_adc.h 中进行函数定义与函数声明。为了理解这些函数的使用方法，接下来将对常用函数进行介绍。

表 16-4　ADC 函数库

序　号	函数名称	功能描述
1	ADC_DeInit	将外设 ADCx 寄存器配置为默认值
2	ADC_Init	根据 ADC_InitTypeDef 中指定的参数初始化外设 ADCx
3	ADC_StructInit	把 ADC_InitTypeDef 中每一个参数配置为默认值
4	ADC_Cmd	使能或失能 ADCx 外设
5	ADC_DMACmd	使能或失能指定 ADC 的 DMA 请求

续表 16-4

序 号	函数名称	功能描述
6	ADC_ITConfig	使能或失能指定 ADC 的中断
7	ADC_ResetCalibration	复位指定 ADC 的校准寄存器
8	ADC_GetResetCalibrationStatus	获取指定 ADC 的校准寄存器状态
9	ADC_StartCalibration	开始指定 ADC 的校准过程
10	ADC_GetCalibrationStatus	获取指定 ADC 的校准状态
11	ADC_SoftwareStartConvCmd	使能或失能指定 ADC 的软件转换启动功能
12	ADC_GetSoftwareStartConvStatus	获取 ADC 软件转换启动状态
13	ADC_DiscModeChannelCountConfig	对 ADC 规则组通道配置间断模式
14	ADC_DiscModeCmd	使能或失能指定 ADC 规则组通道
15	ADC_RegularChannelConfig	设置指定 ADC 规则组通道，设置它们的转化顺序和采样时间
16	ADC_ExternalTrigConvCmd	使能或失能 ADCx 的经外部触发启动转换功能
17	ADC_GetConversionValue	得到最近一次 ADCx 规则组的转换结果
18	ADC_GetDualModeConversionValue	得到最近一次双 ADC 模式下的转换结果
19	ADC_AutoInjectedConvCmd	使能或失能指定 ADC 在规则组转化后自动开始注入组转换
20	ADC_InjectedDiscModeCmd	使能或失能指定 ADC 的注入组间断模式
21	ADC_ExternalTrigInjectedConvConfig	配置 ADCx 的外部触发启动注入组转换功能
22	ADC_ExternalTrigInjectedConvCmd	使能或失能 ADCx 的经外部触发启动注入组转换功能
23	ADC_SoftwareStartInjectedConvCmd	使能或失能 ADCx 软件启动注入组转换状态
24	ADC_GetSoftwareStartInjectedConvCmdStatus	获取指定 ADC 的软件启动注入组转换状态
25	ADC_InjectedChannelConfig	设置指定 ADC 的注入组通道，设置转化顺序和采样时间
26	ADC_InjectedSequencerLengthConfig	设置注入组通道的转换序列长度
27	ADC_SetInjectedOffset	设置注入组通道的转换偏移值
28	ADC_GetInjectedConversionValue	返回 ADC 指定注入通道的转换结果
29	ADC_AnalogWatchdogCmd	失能或失能指定单个/全体，规则/注入组通道上的模拟看门狗
30	ADC_AnalogWatchdogThresholdsConfig	设置模拟看门狗的高/低阈值
31	ADC_AnalogWatchdogSingleChannelConfig	对单个 ADC 通道设置模拟看门狗
32	ADC_TempSensorVrefintCmd	使能或失能温度传感器和内部参考电压通道
33	ADC_GetFlagStatus	检查指定 ADC 的标志位设置与否
34	ADC_ClearFlag	清除 ADC 指定的标志位
35	ADC_GetITStatus	检查指定 ADC 的中断标志位是否置位
36	ADC_ClearITPendingBit	清除 ADC 指定的中断标志位
37	TempSensor_Volt_To_Temper	将内部温度传感器电压数据转换成温度值

(1) ADC_Init 函数

ADC_Init 函数的说明见表 16-5。

表 16-5　ADC_Init 函数说明

项目名	描　述
函数原型	void ADC_Init(ADC_TypeDef * ADCx, ADC_InitTypeDef * ADC_InitStruct)
功能描述	根据 ADC_InitTypeDef 中指定的参数初始化外设 ADCx
输入参数 1	ADCx:x 用来选择 ADC,目前已有型号可以选择 1
输入参数 2	ADC_InitStruct:指向 ADC_InitTypeDef 结构体的指针,包含 ADC 的配置信息
输出参数	无

参数描述:ADC_InitTypeDef 定义在“ch32v10x_adc.h”文件中。

```
typedef struct
{
    uint32_t  ADC_Mode;
    FunctionalStateADC_ScanConvMode;
    FunctionalStateADC_ContinuousConvMode;
    uint32_t ADC_ExternalTrigConv;
    uint32_t ADC_DataAlign;
    uint8_t ADC_NbrOfChannel;
}ADC_InitTypeDef;
```

1) ADC_Mode:设置 ADC 运行在独立模式或者双模式,详见表 16-6。

表 16-6　ADC_Mode 参数说明

ADC_Mode 参数	描　述
ADC_Mode_Independent	独立模式
ADC_Mode_RegInjecSimult	同步规则和同步注入模式
ADC_Mode_RegSimult_AlterTrig	同步规则模式和交替触发模式
ADC_Mode_InjecSimult_FastInterl	同步规则模式和快速交替模式
ADC_Mode_InjecSimult_SlowInterl	同步注入模式和慢速交替模式
ADC_Mode_InjecSimult	同步注入模式
ADC_Mode_RegSimult	同步规则模式
ADC_Mode_FastInterl	快速交替模式
ADC_Mode_SlowInterl	慢速交替模式
ADC_Mode_AlterTrig	交替触发模式

2) ADC_ScanConvMode:设置 ADC 转换工作在扫描模式(多通道)还是单次(单通道)模式,可设置为 ENABLE 或 DISABLE。

3) ADC_ContinuousConvMode:设置 ADC 转换工作在连续还是单次模式,可设置为 EN-

ABLE 或 DISABLE。

4) ADC_ExternalTrigConv：设置使用外部触发来启动规则通道的 ADC 转换，详见表 16-7。

表 16-7　ADC_ExternalTrigConv 参数说明

ADC_ExternalTrigConv 参数	描述(外部触发源)
ADC_ExternalTrigConv_T1_CC1	TIM1 的捕获/比较 1
ADC_ExternalTrigConv_T1_CC2	TIM1 的捕获/比较 2
ADC_ExternalTrigConv_T2_CC2	TIM2 的捕获/比较 2
ADC_ExternalTrigConv_T3_TRGO	TIM3 的 TRGO
ADC_ExternalTrigConv_T4_CC4	TIM4 的捕获/比较 4
ADC_ExternalTrigConv_Ext_IT11_TIM8_TRGO	外部中断 11/TIM8 的 TRGO
ADC_ExternalTrigConv_T1_CC3	TIM1 的捕获/比较 3
ADC_ExternalTrigConv_None	非外部触发(软件触发)

5) ADC_DataAlign：设置 ADC 数据是左对齐还是右对齐，见表 16-8。

表 16-8　ADC_DataAlign 参数说明

ADC_DataAlign 参数	描　述
ADC_DataAlign_Right	右对齐
ADC_DataAlign_Left	左对齐

6) ADC_NbrOfChannel：指定顺序进行规则转换的 ADC 通道的数目，可配置为 1～16 之间的整数。

该函数使用方法如下：

```
ADC_InitTypeDef   ADC_InitStructure;
ADC_InitStructure.ADC_Mode = ADC_Mode_Independent;//独立模式
ADC_InitStructure.ADC_ScanConvMode = DISABLE;//单通道模式
ADC_InitStructure.ADC_ContinuousConvMode = DISABLE;//单次模式
ADC_InitStructure.ADC_ExternalTrigConv = ADC_ExternalTrigConv_None;//软件触发
ADC_InitStructure.ADC_DataAlign = ADC_DataAlign_Right;//数据左对齐
ADC_InitStructure.ADC_NbrOfChannel = 1;//进行规则转换的 ADC 通道的数目为 1
ADC_Init(ADC1, &ADC_InitStructure);//初始化 ADC1
```

(2) ADC_Cmd 函数

ADC_Cmd 函数的说明见表 16-9。

表 16-9　ADC_Cmd 函数说明

项目名	描　述
函数原型	void ADC_Cmd(ADC_TypeDef * ADCx, FunctionalStateNewState)
功能描述	使能或失能 ADC 外设

续表 16-9

项目名	描　述
输入参数 1	ADCx:x 用来选择 ADC,目前已有型号可以选择 1
输入参数 2	NewState:设置 ADC 外设状态,可配置 ENABLE 或 DISABLE
输出参数	无

该函数使用方法如下:

```
ADC_Cmd(ADC1, ENABLE);//使能 ADC1
```

(3) ADC_DMACmd 函数

ADC_DMACmd 函数的说明见表 16-10。

表 16-10　ADC_DMACmd 函数说明

项目名	描　述
函数原型	void ADC_DMACmd(ADC_TypeDef * ADCx, FunctionalStateNewState)
功能描述	使能或失能指定 ADC 的 DMA 请求
输入参数 1	ADCx:x 用来选择 ADC,目前已有型号可以选择 1
输入参数 2	NewState:设置 ADC 的 DMA 状态,可配置 ENABLE 或 DISABLE
输出参数	无

该函数使用方法如下:

```
ADC_DMACmd(ADC1, ENABLE);//使能 ADC1 的 DMA 请求
```

(4) ADC_ITConfig 函数

ADC_ITConfig 函数的说明见表 16-11。

表 16-11　ADC_ITConfig 函数说明

项目名	描　述
函数原型	void ADC_ITConfig(ADC_TypeDef * ADCx, uint16_t ADC_IT, FunctionalStateNewState)
功能描述	使能或失能指定 ADC 的中断
输入参数 1	ADCx:x 用来选择 ADC,目前已有型号可以选择 1
输入参数 2	ADC_IT:指定中断源,中断源见表 16-12
输入参数 3	NewState:设置 ADC 中断状态,可配置 ENABLE 或 DISABLE
输出参数	无

ADC_IT 中断源有三种,见表 16-12。

表 16-12　ADC_IT 中断源说明

ADC_IT 中断源	描　述
ADC_IT_EOC	转换结束中断
ADC_IT_AWD	模拟看门狗中断
ADC_IT_JEOC	注入转换结束中断

该函数使用方法如下：

```
ADC_ITConfig(ADC1, ADC_IT_EOC,ENABLE);//使能 ADC 转换结束中断源
```

(5) ADC_ResetCalibration 函数

ADC_ResetCalibration 函数的说明见表 16-13。

表 16-13　ADC_ResetCalibration 函数说明

项目名	描　述
函数原型	void ADC_ResetCalibration(ADC_TypeDef * ADCx)
功能描述	复位指定 ADC 的校准寄存器
输入参数 1	ADCx:x 用来选择 ADC,目前已有型号可以选择 1
输出参数	无

该函数使用方法如下：

```
ADC_ResetCalibration(ADC1);//复位 ADC1 的校准寄存器
```

(6) ADC_GetResetCalibrationStatus 函数

ADC_GetResetCalibrationStatus 函数的说明见表 16-14。

表 16-14　ADC_GetResetCalibrationStatus 函数说明

项目名	描　述
函数原型	FlagStatusADC_GetResetCalibrationStatus(ADC_TypeDef * ADCx)
功能描述	获取指定 ADC 的校准寄存器复位状态
输入参数 1	ADCx:x 用来选择 ADC,目前已有型号可以选择 1
输出参数	输出复位校准状态,参数为 SET 或 RESET

该函数使用方法如下：

```
FlagStatus  bitstatus;
bitstatus = ADC_GetResetCalibrationStatus(ADC1);//获取输出复位校准状态
```

(7) ADC_StartCalibration 函数

ADC_StartCalibration 函数的说明见表 16-15。

表 16 - 15　ADC_StartCalibration 函数说明

项目名	描　述
函数原型	void ADC_StartCalibration(ADC_TypeDef * ADCx)
功能描述	开始指定 ADC 的校准过程
输入参数 1	ADCx:x 用来选择 ADC,目前已有型号可以选择 1
输出参数	无

该函数使用方法如下：

```
ADC_StartCalibration(ADC1);//开始 ADC1 的校准过程
```

(8) ADC_GetCalibrationStatus 函数

ADC_GetCalibrationStatus 函数的说明见表 16 - 16。

表 16 - 16　ADC_GetCalibrationStatus 函数说明

项目名	描　述
函数原型	FlagStatusADC_GetCalibrationStatus(ADC_TypeDef * ADCx)
功能描述	获取指定 ADC 的校准状态
输入参数 1	ADCx:x 用来选择 ADC,目前已有型号可以选择 1
输出参数	输出校准状态,参数为 SET 或 RESET

该函数使用方法如下：

```
FlagStatus  bitstatus;
bitstatus = ADC_GetCalibrationStatus(ADC1);//获取输出校准状态
```

(9) ADC_SoftwareStartConvCmd 函数

ADC_SoftwareStartConvCmd 函数说明见表 16 - 17。

表 16 - 17　ADC_SoftwareStartConvCmd 函数说明

A	描　述
函数原型	void ADC_SoftwareStartConvCmd(ADC_TypeDef * ADCx, FunctionalStateNewState)
功能描述	使能或失能指定 ADC 的软件转换启动功能
输入参数 1	ADCx:x 用来选择 ADC,目前已有型号可以选择 1
输入参数 2	NewState:可配置为 ENABLE 或 DISABLE
输出参数	无

该函数使用方法如下：

```
ADC_SoftwareStartConvCmd(ADC1,ENABLE);//使能 ADC1 的软件转换启动功能
```

(10) ADC_RegularChannelConfig 函数

ADC_RegularChannelConfig 函数的说明见表 16-18。

表 16-18　ADC_RegularChannelConfig 函数说明

项目名	描　述
函数原型	void ADC_RegularChannelConfig(ADC_TypeDef * ADCx,uint8_tADC_Channel,uint8_t Rank, uint8_t ADC_SampleTime)
功能描述	设置指定 ADC 的规则组通道
输入参数 1	ADCx:x 用来选择 ADC,目前已有型号可以选择 1
输入参数 2	ADC_Channel:指定 ADC 采样通道,可配置为 ADC_Channel_x(x 取 0～17 之间的整数)
输入参数 3	Rank:当前通道在规则组中的采样排序,可配置整数范围为 1～16
输入参数 4	ADC_SampleTime:采样时间,详见表 16-19
输出参数	无

ADC_SampleTime 参数说明见表 16-19。

表 16-19　ADC_SampleTime 参数说明

ADC_SampleTime 参数	描　述
ADC_SampleTime_1Cycles5	采样时间为 1.5 周期
ADC_SampleTime_7Cycles5	采样时间为 7.5 周期
ADC_SampleTime_13Cycles5	采样时间为 13.5 周期
ADC_SampleTime_28Cycles5	采样时间为 28.5 周期
ADC_SampleTime_41Cycles5	采样时间为 41.5 周期
ADC_SampleTime_55Cycles5	采样时间为 55.5 周期
ADC_SampleTime_71Cycles5	采样时间为 71.5 周期
ADC_SampleTime_239Cycles5	采样时间为 239.5 周期

该函数使用方法如下：

```
//配置 ADC1,通道 2,序列 1,采样时间 239.5 个周期
ADC_RegularChannelConfig(ADC1, ADC_Channel_2, 1, ADC_SampleTime_239Cycles5 );
```

(11) ADC_ExternalTrigConvCmd 函数

ADC_ExternalTrigConvCmd 函数的说明见表 16-20。

表 16-20　ADC_ExternalTrigConvCmd 函数说明

项目名	描　述
函数原型	void ADC_ExternalTrigConvCmd(ADC_TypeDef * ADCx, FunctionalStateNewState)
功能描述	使能或失能 ADC 转换外部触发
输入参数 1	ADCx:x 用来选择 ADC,目前已有型号可以选择 1
输入参数 2	NewState:可配置为 ENABLE 或 DISABLE
输出参数	无

该函数使用方法如下：

```
ADC_ExternalTrigConvCmd(ADC1,ENABLE);//使能 ADC1 转换外部触发
```

(12) ADC_GetConversionValue 函数

ADC_GetConversionValue 函数的说明见表 16 - 21。

表 16 - 21　ADC_GetConversionValue 函数说明

项目名	描　述
函数原型	uint16_t　ADC_GetConversionValue(ADC_TypeDef * ADCx)
功能描述	获取规则组通道最后一个 ADC 转换结果数据
输入参数 1	ADCx:x 用来选择 ADC,目前已有型号可以选择 1
输出参数	ADC 转换结果

该函数使用方法如下：

```
uint16_t adc_value;
adc_value = ADC_GetConversionValue(ADC1);//获取 ADC1 转换结果数据
```

(13) ADC_AutoInjectedConvCmd 函数

ADC_AutoInjectedConvCmd 函数的说明见表 16 - 22。

表 16 - 22　ADC_AutoInjectedConvCmd 函数说明

项目名	描　述
函数原型	void ADC_AutoInjectedConvCmd(ADC_TypeDef * ADCx, FunctionalStateNewState)
功能描述	使能或失能 ADC 自动注入组
输入参数 1	ADCx:x 用来选择 ADC,目前已有型号可以选择 1
输入参数 2	NewState:可配置为 ENABLE 或 DISABLE
输出参数	无

该函数使用方法如下：

```
ADC_AutoInjectedConvCmd(ADC1,ENABLE);//使能 ADC1 自动注入组
```

(14) ADC_InjectedDiscModeCmd 函数

ADC_InjectedDiscModeCmd 函数的说明见表 16 - 23。

表 16 - 23　ADC_InjectedDiscModeCmd 函数说明

项目名	描　述
函数原型	void ADC_InjectedDiscModeCmd(ADC_TypeDef * ADCx, FunctionalStateNewState)

续表 16-23

项目名	描　述
功能描述	使能或失能 ADC 注入组不连续模式
输入参数 1	ADCx:x 是用来选择 ADC,目前已有型号可以选择 1
输入参数 2	NewState:可配置为 ENABLE 或 DISABLE
输出参数	无

该函数使用方法如下：

```
ADC_InjectedDiscModeCmd(ADC1,ENABLE);//使能 ADC1 注入组不连续模式
```

(15) ADC_ExternalTrigInjectedConvConfig 函数

ADC_ExternalTrigInjectedConvConfig 函数的说明见表 16-24。

表 16-24　ADC_ExternalTrigInjectedConvConfig 函数说明

项目名	描　述
函数原型	void ADC_ExternalTrigInjectedConvConfig(ADC_TypeDef * ADCx, uint32_t ADC_ExternalTrigInjecConv)
功能描述	配置 ADC 注入通道转换的外部触发方式
输入参数 1	ADCx:x 用来选择 ADC,目前已有型号可以选择 1
输入参数 2	ADC_ExternalTrigInjecConv:配置注入通道外部触发源,详见表 16-25
输出参数	无

ADC_ExternalTrigInjecConv 参数说明见表 16-25。

表 16-25　ADC_ExternalTrigInjecConv 参数说明

ADC_ExternalTrigInjecConv 参数	描述(外部触发源)
ADC_ExternalTrigInjecConv_T1_TRGO	TIM1 的 TRGO
ADC_ExternalTrigInjecConv_T1_CC4	TIM1 的捕获/比较 4
ADC_ExternalTrigInjecConv_T2_TRGO	TIM2 的 TRGO
ADC_ExternalTrigInjecConv_T2_CC1	TIM2 的捕获/比较 1
ADC_ExternalTrigInjecConv_T3_CC4	TIM3 的捕获/比较 4
ADC_ExternalTrigInjecConv_T4_TRGO	TIM4 的 TRGO
ADC_ExternalTrigInjecConv_Ext_IT15_TIM8_CC4	外部中断 15/TIM8 的捕获/比较 4
ADC_ExternalTrigInjecConv_None	非外部触发(软件触发)

该函数使用方法如下：

```
//ADC1 注入通道选择软件触发方式
ADC_ExternalTrigInjectedConvConfig(ADC1,ADC_ExternalTrigInjecConv_None);
```

(16) ADC_ExternalTrigInjectedConvCmd 函数

ADC_ExternalTrigInjectedConvCmd 函数的说明见表 16-26。

表 16-26　ADC_ExternalTrigInjectedConvCmd 函数说明

项目名	描　述
函数原型	void ADC_ExternalTrigInjectedConvCmd(ADC_TypeDef * ADCx, FunctionalStateNewState)
功能描述	使能或失能 ADC 注入通道通过外部触发转换
输入参数 1	ADCx:x 用来选择 ADC,目前已有型号可以选择 1
输入参数 2	NewState:可配置为 ENABLE 或 DISABLE
输出参数	无

该函数使用方法如下：

```
ADC_ExternalTrigInjectedConvCmd(ADC1,ENABLE);//使能 ADC1 注入通道通过外部触发转换
```

(17) ADC_SoftwareStartInjectedConvCmd 函数

ADC_SoftwareStartInjectedConvCmd 函数说明见表 16-27。

表 16-27　ADC_SoftwareStartInjectedConvCmd 函数说明

项目名	描　述
函数原型	void ADC_SoftwareStartInjectedConvCmd(ADC_TypeDef * ADCx, FunctionalStateNewState)
功能描述	使能或失能 ADC 注入通道软件方式启动
输入参数 1	ADCx:x 用来选择 ADC,目前已有型号可以选择 1
输入参数 2	NewState:可配置为 ENABLE 或 DISABLE
输出参数	无

该函数使用方法如下：

```
ADC_SoftwareStartInjectedConvCmd(ADC1,ENABLE);//使能 ADC1 注入通道软件方式启动
```

(18) ADC_InjectedChannelConfig 函数

ADC_InjectedChannelConfig 函数的说明见表 16-28。

表 16-28　ADC_InjectedChannelConfig 函数说明

项目名	描　述
函数原型	void ADC_InjectedChannelConfig(ADC_TypeDef * ADCx, uint8_t ADC_Channel, uint8_t Rank, uint8_t ADC_SampleTime)
功能描述	设置指定 ADC 的注入组通道
输入参数 1	ADCx:x 用来选择 ADC,目前已有型号可以选择 1
输入参数 2	ADC_Channel:指定 ADC 采样通道,可配置为 ADC_Channel_x(x 取 0～17 之间的整数)

续表 16-28

项目名	描　述
输入参数 3	Rank：当前通道在规则组中的采样排序，可配置整数范围为 1～4
输入参数 4	ADC_SampleTime：采样时间
输出参数	无

该函数使用方法如下：

```
//配置 ADC1,通道 2,序列 1,采样时间 239.5 个周期
ADC_InjectedChannelConfig(ADC1, ADC_Channel_2, 1, ADC_SampleTime_239Cycles5 );
```

(19) ADC_GetInjectedConversionValue 函数

ADC_GetInjectedConversionValue 函数的说明见表 16-29。

表 16-29　ADC_GetInjectedConversionValue 函数说明

项目名	描　述
函数原型	uint16_t ADC_GetInjectedConversionValue(ADC_TypeDef * ADCx, uint8_t ADC_InjectedChannel)
功能描述	返回 ADC 指定注入通道的转换结果
输入参数 1	ADCx：x 用来选择 ADC，目前已有型号可以选择 1
输入参数 2	ADC_InjectedChannel：选择注入通道 ADC_InjectedChannel_x(x 取 1、2、3 或 4)
输出参数	ADC 转换结果

该函数使用方法如下：

```
//获取 ADC1 注入通道 1 转换结果数据
uint16_t adc_value;
adc_value = ADC_GetInjectedConversionValue(ADC1,ADC_InjectedChannel_1);
```

(20) ADC_AnalogWatchdogCmd 函数

ADC_AnalogWatchdogCmd 函数的说明见表 16-30。

表 16-30　ADC_AnalogWatchdogCmd 函数说明

项目名	描　述
函数原型	void ADC_AnalogWatchdogCmd(ADC_TypeDef * ADCx, uint32_t ADC_AnalogWatchdog)
功能描述	使能或失能指定单个/全体规则或注入组通道上的模拟看门狗
输入参数 1	ADCx：x 用来选择 ADC，目前已有型号可以选择 1
输入参数 2	ADC_AnalogWatchdog：模拟看门狗通道配置，详见表 16-31
输出参数	无

ADC_AnalogWatchdog 参数说明见表 16-31。

表 16－31　ADC_AnalogWatchdog 参数说明

ADC_AnalogWatchdog 参数	描　述
ADC_AnalogWatchdog_SingleRegEnable	单规则通道
ADC_AnalogWatchdog_SingleInjecEnable	单注入通道
ADC_AnalogWatchdog_SingleRegOrInjecEnable	单规则或注入通道
ADC_AnalogWatchdog_AllRegEnable	所有规则通道
ADC_AnalogWatchdog_AllInjecEnable	所有注入通道
ADC_AnalogWatchdog_AllRegAllInjecEnable	所有规则和注入通道
ADC_AnalogWatchdog_None	不配置通道

该函数使用方法如下：

```
//使能在 ADC1 单规则通道上的模拟看门狗
ADC_AnalogWatchdogCmd( ADC1, ADC_AnalogWatchdog_SingleRegEnable);
```

(21) ADC_AnalogWatchdogThresholdsConfig 函数

ADC_AnalogWatchdogThresholdsConfig 函数的说明见表 16－32。

表 16－32　ADC_AnalogWatchdogThresholdsConfig 的函数说明

项目名	描　述
函数原型	void ADC_AnalogWatchdogThresholdsConfig(ADC_TypeDef * ADCx, uint16_t HighThreshold, uint16_t LowThreshold)
功能描述	设置模拟看门狗的高/低阈值
输入参数 1	ADCx:x 用来选择 ADC,目前已有型号可以选择 1
输入参数 2	HighThreshold:模拟看门狗高阈值,此参数必须是一个 12 位值
输入参数 3	LowThreshold:模拟看门狗低阈值,此参数必须是一个 12 位值
输出参数	无

该函数使用方法如下：

```
ADC_AnalogWatchdogThresholdsConfig(ADC1, 3500, 2000);//设置 ADC1 通道的模拟看门狗高低阈值
```

(22) ADC_AnalogWatchdogSingleChannelConfig 函数

ADC_AnalogWatchdogSingleChannelConfig 函数的说明见表 16－33。

表 16－33　ADC_AnalogWatchdogSingleChannelConfig 函数说明

项目名	描　述
函数原型	void ADC_AnalogWatchdogSingleChannelConfig(ADC_TypeDef * ADCx, uint8_t ADC_Channel)
功能描述	设对单个 ADC 通道设置模拟看门狗
输入参数 1	ADCx:x 用来选择 ADC,目前已有型号可以选择 1

续表 16-33

项目名	描　述
输入参数 2	ADC_Channel:指定 ADC 通道设置模拟看门狗,可配置为 ADC_Channel_x(x 取 0~17 之间的整数)
输出参数	无

该函数使用方法如下:

```
ADC_AnalogWatchdogSingleChannelConfig( ADC1, ADC_Channel_2);//设置 ADC1 通道 2 的模拟看门狗
```

(23) ADC_TempSensorVrefintCmd 函数

ADC_TempSensorVrefintCmd 函数的说明见表 16-34。

表 16-34　ADC_TempSensorVrefintCmd 函数说明

项目名	描　述
函数原型	void ADC_TempSensorVrefintCmd(FunctionalStateNewState)
功能描述	使能或失能温度传感器和内部参考电压通道
输入参数 1	NewState:可配置为 ENABLE 或 DISABLE
输出参数	无

该函数使用方法如下:

```
ADC_TempSensorVrefintCmd(ENABLE);//使能温度传感器和内部参考电压通道
```

(24) ADC_GetFlagStatus 函数

ADC_GetFlagStatus 函数的说明见表 16-35。

表 16-35　ADC_GetFlagStatus 函数说明

项目名	描　述
函数原型	FlagStatusADC_GetFlagStatus(ADC_TypeDef * ADCx, uint8_t ADC_FLAG)
功能描述	检查指定 ADC 的标志位设置与否
输入参数 1	ADCx:x 用来选择 ADC,目前已有型号可以选择 1
输入参数 2	ADC_FLAG:指定需检查的标志,详见表 16-36
输出参数	输出参数可以是 SET or RESET

参数 ADC_FLAG 的定义表 16-36。

表 16-36　参数 ADC_FLAG 的定义

ADC_FLAG 参数	描　述
ADC_FLAG_AWD	模拟看门狗标志
ADC_FLAG_EOC	转换结束标志

续表 16 - 36

ADC_FLAG 参数	描　述
ADC_FLAG_JEOC	注入组转换结束标志
ADC_FLAG_JSTRT	注入组转换开始标志
ADC_FLAG_STRT	规则组转换开始标志

该函数使用方法如下：

```
while(! ADC_GetFlagStatus(ADC1, ADC_FLAG_EOC ));  //等待直到 ADC1 转换完成
```

(25) ADC_ClearFlag 函数

ADC_ClearFlag 函数的说明见表 16 - 37。

表 16 - 37　ADC_ClearFlag 函数说明

项目名	描　述
函数原型	void ADC_ClearFlag(ADC_TypeDef * ADCx, uint8_t ADC_FLAG)
功能描述	清除 ADC 指定的标志位
输入参数 1	ADCx:x 用来选择 ADC,目前已有型号可以选择 1
输入参数 2	ADC_FLAG:清除指定的标志位
输出参数	无

该函数用于清除 ADCx 挂起的标志位，可以清除 ADC_FLAG_AWD、ADC_FLAG_EOC、ADC_FLAG_JEOC、ADC_FLAG_JSTRT、ADC_FLAG_STRT 这五个状态标志位。

该函数使用方法如下：

```
ADC_ClearFlag( ADC1,ADC_FLAG_AWD);  //清看门狗标志位
```

(26) ADC_GetITStatus 函数

ADC_GetITStatus 函数的说明见表 16 - 38。

表 16 - 38　ADC_GetITStatus 函数说明

项目名	描　述
函数原型	ITStatusADC_GetITStatus(ADC_TypeDef * ADCx, uint16_t ADC_IT)
功能描述	检查指定 ADC 的中断标志位是否置位
输入参数 1	ADCx:x 用来选择 ADC,目前已有型号可以选择 1
输入参数 2	ADC_IT:获取指定的 ADC 中断标志位
输出参数	输出 ADC_IT 最新状态,参数为 SET 或 RESET

参数 ADC_IT 的定义见表 16 - 39。

表 16-39　ADC_IT 参数定义

ADC_IT 参数	描　述
ADC_IT_EOC	转换完成中断标志位
ADC_IT_AWD	模拟看门狗中断标志位
ADC_IT_JEOC	注入通道转换完成中断标志位

该函数使用方法如下：

```
FlagStatus   bitstatus;
bitstatus = ADC_GetITStatus( ADC1, ADC_IT_EOC);  //检测 ADC1 转换完成中断标志
```

(27) ADC_ClearITPendingBit 函数

ADC_ClearITPendingBit 函数的说明见表 16-40。

表 16-40　ADC_ClearITPendingBit 函数说明

项目名	描　述
函数原型	void ADC_ClearITPendingBit(ADC_TypeDef * ADCx, uint16_t ADC_IT)
功能描述	清除 ADC 指定的中断标志位
输入参数 1	ADCx：x 用来选择 ADC，目前已有型号可以选择 1
输入参数 2	ADC_IT：清除指定的 ADC 中断标志位
输出参数	无

该函数用于清除 ADCx 挂起的中断标志位，可以清除 ADC_IT_EOC、ADC_IT_AWD、ADC_IT_JEOC 这三个状态标志位。函数使用方法如下：

```
ADC_ClearITPendingBit (ADC1, ADC_IT_EOC);//清除 ADC1 的转换完成中断标志位
```

(28) TempSensor_Volt_To_Temper 函数

TempSensor_Volt_To_Temper 函数说明见表 16-41。

表 16-41　TempSensor_Volt_To_Temper 函数说明

项目名	描　述
函数原型	s32 TempSensor_Volt_To_Temper(s32 Value)
功能描述	将内部温度传感器电压数据转换成温度值
输入参数 1	Value：电压值
输出参数	输出电压值对应的温度数据

该函数使用方法如下：

```
s32 temp_value;
temp_value = TempSensor_Volt_To_Temper(1500);  //将内部温度传感器电压数据转换成温度值
```

16.6　ADC 使用流程

CH32V103 的 ADC 功能较多，可以使用 DMA、中断等方式进行数据传输，结合库函数进行程序配置可以大大提高 ADC 的使用效率，ADC 配置流程如图 16.5 所示。

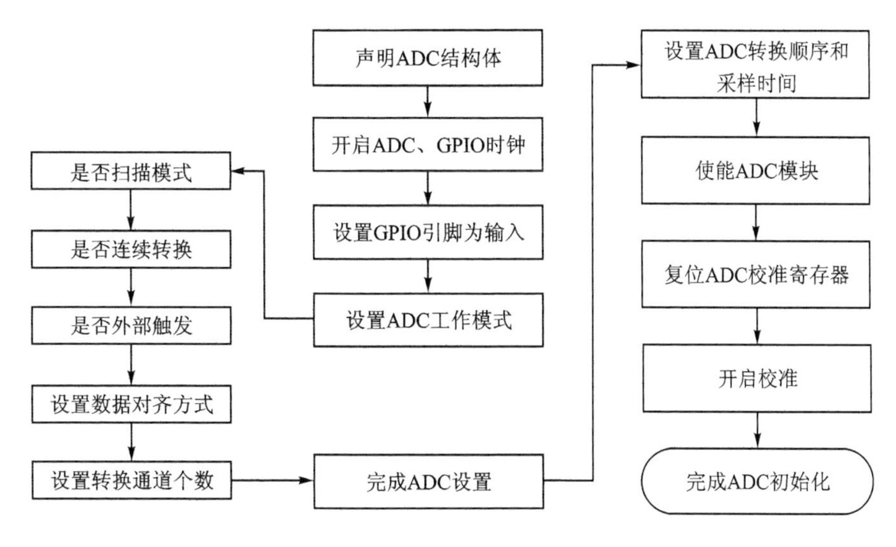

图 16.5　ADC 配置流程图

如果使用中断功能，则需要继续配置中断；如果使用 DMA 功能，则需要继续配置 DMA。ADC1 的 DMA 通道外设基地址为 ADC1 的外设基地址（0x40012400）加上 ADC 规则数据寄存器（R32_ADC_RDATAR）的偏移地址（0x4C），即 0x4001244C。

ADC 设置完成后，根据触发方式，满足触发条件时 ADC 进行转换。如果不使用 DMA 传输，则函数 ADC_GetConversionValue 可以得到转换后的值。

16.7　项目实战：外部电压采集

16.7.1　硬件设计

利用 CH32V103 的 ADC 采集电压信号，电路原理如图 16.6 所示。3.3 V 电压经过 1 kΩ 与 10 kΩ 可调电阻分压后，输入到单片机 PB0 引脚。当可调电阻为 0 Ω 时，输入电压为 0 V。当可调电阻为 10 kΩ 时，输入电压为 3 V。该电路电压采集范围为 0～3 V。

PB0 引脚对应的是 ADC 输入通道 8，因此采用 ADC 通道 8 进行电压采集。通过 DMA 方式进行连续采样电压，每 100 ms 通过串口上传采样值与实际电压，通过串口调试助手观察采样结果。

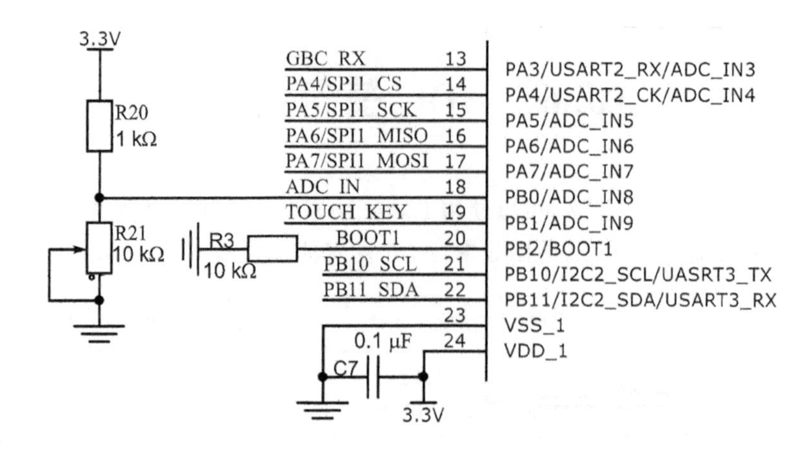

图 16.6　ADC 采集电路原理图

16.7.2　软件设计

ADC 外部电压采集程序流程如图 16.7 所示。根据要求，程序应完成以下工作：

1）配置 USART，实现串口发送功能，发送 ADC 的采样值和实际电压。

2）配置 DMA 通道 1，用于 ADC 传输转换结果。

3）配置 ADC，完成外部电压采集功能。

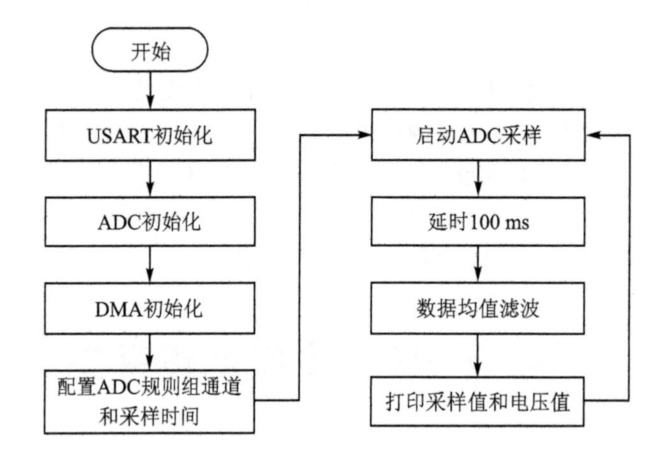

图 16.7　ADC 外部电压采集程序流程图

main. c 程序如下：

```
#include "bsp.h"
u16 TxBuf[10];
int main(void)
{
    u16 ADC_Average;
```

```
    USART_Printf_Init(115200);
    printf("SystemClk: %d\r\n",SystemCoreClock);
    ADC_Function_Init();
    DMA_Tx_Init( DMA1_Channel1, (u32)&ADC1->RDATAR, (u32)TxBuf, 10 );
    ADC_RegularChannelConfig(ADC1, ADC_Channel_8, 1, ADC_SampleTime_239Cycles5 );
    ADC_SoftwareStartConvCmd(ADC1, ENABLE);
    while(1)
    {
        mDelayMS(100);
        ADC_Average = Get_ADC_Average(TxBuf,10);
        printf( "Cal: %04d    ", ADC_Average );
        printf( "Vcc: %04dmV\r\n", (ADC_Average * 3300) / 4096);
    }
}
```

bsp_adc.c 程序如下：

```
#include "bsp.h"
void ADC_Function_Init(void)
{
    ADC_InitTypeDef   ADC_InitStructure;
    GPIO_InitTypeDef   GPIO_InitStructure;
    RCC_APB2PeriphClockCmd(RCC_APB2Periph_GPIOB, ENABLE );//使能 GPIO 时钟
    RCC_APB2PeriphClockCmd(RCC_APB2Periph_ADC1, ENABLE );//使能 ADC1
    RCC_ADCCLKConfig(RCC_PCLK2_Div8);//ADC 时钟分频因子
    GPIO_InitStructure.GPIO_Pin = GPIO_Pin_0;
    GPIO_InitStructure.GPIO_Mode = GPIO_Mode_AIN;
    GPIO_Init(GPIOB, &GPIO_InitStructure);//配置 GPIO PB0 模拟输入
    ADC_DeInit(ADC1);//重置 ADC1 寄存器
    ADC_InitStructure.ADC_Mode = ADC_Mode_Independent;//独立模式
    ADC_InitStructure.ADC_ScanConvMode = DISABLE;//单通道模式
    ADC_InitStructure.ADC_ContinuousConvMode = ENABLE;//开启连续扫描
    ADC_InitStructure.ADC_ExternalTrigConv = ADC_ExternalTrigConv_None;//无外部触发
    ADC_InitStructure.ADC_DataAlign = ADC_DataAlign_Right;//数据右对齐
    ADC_InitStructure.ADC_NbrOfChannel = 1;//规则转换通道数目
    ADC_Init(ADC1, &ADC_InitStructure);//初始化 ADC
    ADC_DMACmd(ADC1, ENABLE);//使能 ADC 的 DMA 功能
    ADC_Cmd(ADC1, ENABLE);//使能 ADC
    ADC_ResetCalibration(ADC1);//开启复位校准
    while(ADC_GetResetCalibrationStatus(ADC1));//等待校准完成
    ADC_StartCalibration(ADC1); //开启 ADC 校准
    while(ADC_GetCalibrationStatus(ADC1));//等待校准完成
```

```
}
u16 Get_ADC_Average(u16 * buf,u8 times)
{
    u32 temp_val = 0;
    u8 t;
    u16 val;
    for(t = 0;t<times;t ++ ){
        temp_val + = buf[t]; }
    val = temp_val/times;
    return val;
}
```

bsp_dma.c 程序如下：

```
void DMA_Tx_Init( DMA_Channel_TypeDef * DMA_CHx, u32 ppadr, u32 memadr, u16 bufsize)
{
    DMA_InitTypeDef   DMA_InitStructure;
    RCC_AHBPeriphClockCmd( RCC_AHBPeriph_DMA1, ENABLE ); //使能 DMA1 时钟
    DMA_DeInit(DMA_CHx);//重置 DMA_CHx 寄存器
    DMA_InitStructure.DMA_PeripheralBaseAddr = ppadr;//DMA 外设基地址
    DMA_InitStructure.DMA_MemoryBaseAddr = memadr;//内存地址
    DMA_InitStructure.DMA_DIR = DMA_DIR_PeripheralSRC;//设置传输方向由外设到内存
    DMA_InitStructure.DMA_BufferSize = bufsize;//通道缓存大小
    DMA_InitStructure.DMA_PeripheralInc = DMA_PeripheralInc_Disable;//外设寄存器地址不递增
    DMA_InitStructure.DMA_MemoryInc = DMA_MemoryInc_Enable;//内存寄存器地址递增
    DMA_InitStructure.DMA_PeripheralDataSize = DMA_PeripheralDataSize_HalfWord;//外设位宽为
                                                                               //16 位
    DMA_InitStructure.DMA_MemoryDataSize = DMA_MemoryDataSize_HalfWord;//内存位宽为 16 位
    DMA_InitStructure.DMA_Mode = DMA_Mode_Circular;//循环传输模式
    DMA_InitStructure.DMA_Priority = DMA_Priority_VeryHigh;//优先级最高
    DMA_InitStructure.DMA_M2M = DMA_M2M_Disable;//不开启内存到内存
    DMA_Init( DMA_CHx, &DMA_InitStructure );//初始化 DMA
    DMA_Cmd( DMA_CHx, ENABLE );//使能 DMA
}
```

16.7.3 系统调试

编译程序后，将程序下载到开发板。打开串口助手，设置串口号、波特率、数据位、停止位后，打开串口；可以查看电压采集的结果，如图 16.8 所示，改变电位器阻值，可采集相应电压。

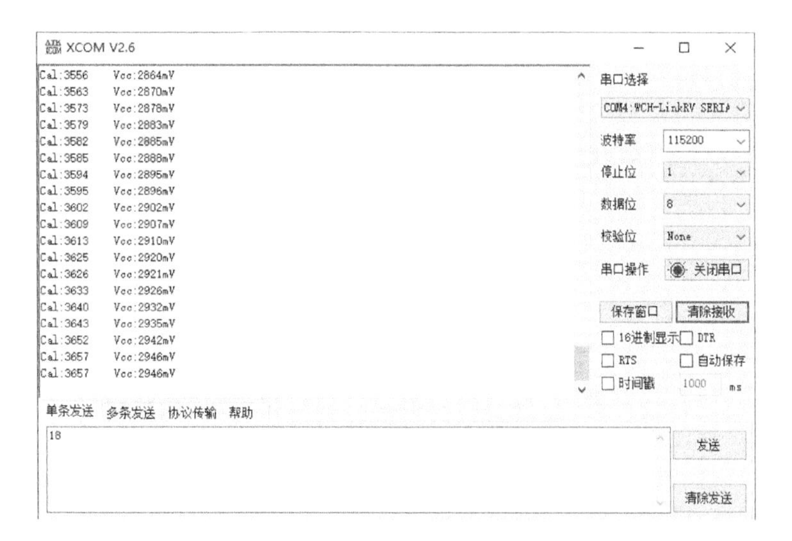

图 16.8　电压采集结果

本章小结

本章介绍了 CH32V103 单片机的 ADC 外设单元的功能、特性以及使用流程。ADC 作为电子设计中的重要组成,已经成为 CH32V103 单片机开发应用的重点内容之一。读者需要从软件和硬件的角度去学习和使用 ADC 单元,熟悉一些软硬件滤波技术,并灵活应用于实际工程项目中。

第17章　USB全速主机/设备控制器USBHD

17.1　USB简介及协议基础

17.1.1　USB简介

USB(Universal Serial Bus,通用串行总线)是一个外部总线标准,用于规范计算机与外部设备的连接和通信。USB是应用在PC领域的接口技术,具有支持设备即插即用和热插拔功能。USB是在1994年底由英特尔、康柏、IBM、Microsoft等多家公司联合提出的。USB发展到现在已经有USB 1.0、USB 1.1、USB 2.0、USB 3.0等版本。CH32V103自带的USB符合USB 2.0规范。

USB是一种主从结构的系统。主机叫做HOST,从机叫做Device(也叫做设备)。USB的数据交换只能发生在主机和设备之间,主机和主机、设备和设备之间不能直接互连和交换数据。为了解决这个问题,扩大USB的应用范围,又出现了USB OTG(On The Go)。USB OTG的做法是:同一个设备,在不同的场合下可以在主机和从机之间切换。

USB具有许多优点,例如即插即用,容易使用,方便携带,传输速度快,可扩展性强,标准统一,价格低廉,等。

17.1.2　USB的电气特性

标准的USB连接线由4条线组成:5V电源线(V_{BUS})、差分数据线负(D－)、差分数据线正(D＋)和地(GND)。在USB OTG中使用的是5条线,比标准的USB多了一条身份识别(ID)线。USB采用差分传输模式,因而有2条数据线,分别为D＋和D－。在USB低速模式(1.5 Mb/s)、全速模式(12 Mb/s)中采用的是电压传输模式;而在高速模式(480 Mb/s)中,采用电流传输模式。CH32V103单片机支持USB 2.0全速12 Mb/s或者低速1.5 Mb/s。关于USB的各种电气参数,请参考USB协议。

17.1.3　USB的插入检测机制

在USB主机上,D－和D＋都接了15 kΩ的电阻到地,所以在没有设备接入的时候,D＋和D－均是低电平。而在USB设备中,如果是全速设备,则会在D＋上接一个1.5 kΩ的电阻到VCC,而如果是低速设备,则会在D－上接一个1.5 kΩ的电阻到VCC。这样当设备接入主机的时候,主机就可以判断是否有设备接入,并能判断设备是全速设备还是低速设备。

当设备插入到主机时，接了上拉电阻的那条数据线的电压由 1.5 kΩ 的上拉电阻和 15 kΩ 的下拉电阻分压决定，结果在 3 V 左右。主机通过检测被拉高的数据线是 D+还是 D−来判断插入的是什么速度类型的设备。

17.1.4　USB 的描述符

描述符中记录了设备的类型、厂商 ID 和产品 ID(通常依靠它们来加载对应的驱动程序)、端点情况、版本号等众多信息。

USB 2.0 协议定义的标准描述符有 8 种，分别是设备描述符、配置描述符、接口描述符、端点描述符、字符串描述符、设备限定描述符、其他速率配置描述符、接口电源描述符。另外还有一些特殊的描述符，例如类特殊描述符(如 HID 描述符和音频接口描述符)、厂家自定义的描述符等。

1. 设备描述符

设备描述符给出了 USB 设备的一般信息，包括对设备及在设备配置中起全程作用的信息，如制造商标识号 ID、产品序列号、所属设备类号、默认端点的最大包长度和配置描述符的个数等。一个 USB 设备必须有且仅有一个设备描述符。设备描述符里决定了该设备里有多少个接口，每个接口都有一个配置描述符；每一个配置描述符中又定义了该配置里有多少个接口，每个接口里都有一个接口描述符；在接口描述符里又定义了该接口有多少个端点，每个端点都有一个端点描述符；端点描述符定义了端点的大小、类型等。如果有类特殊描述符，它跟在相应的接口描述符之后。

2. 配置描述符

配置描述符描述有关特定设备配置的信息。配置描述符描述了配置提供的接口数量。每个接口可以独立运行。当主机请求配置描述符时，将返回所有相关的接口和端点描述符。USB 设备具有一个或多个配置描述符。每个配置都有一个或多个接口，每个接口都有零个或多个端点。除非端点由同一接口的备用设置使用，否则端点不会在单个配置中的接口之间共享。端点可以在不受此限制的不同配置的一部分接口之间共享。配置完成后，设备可能会对配置进行有限的调整。如果特定接口有备用设置，可在配置后选择备用。配置描述符主要记录的信息有：配置所包含的接口数、配置的编号、供电方式、是否支持远程唤醒、电流需求量等。

3. 接口描述符

接口描述符描述配置中的特定接口。配置提供一个或多个接口，每个接口具有零个或多个端点描述符，用于描述配置中的唯一端点集。如果接口仅使用端点 0，则端点描述符不会跟随接口描述符。接口可以包括备用设置，其允许在配置设备之后改变端点和/或它们的特性。备用设置允许改变设备配置的一部分，而其他接口保持运行。如果配置具有一个或多个接口的备用设置，则每个设置都包含单独的接口描述符及其关联的端点。接口描述符主要记录的信息有：接口的编号、接口的端点数、接口所使用的类、子类、协议等。

4. 端点描述符

端点描述符用于接口的每个端点，此描述符包含主机确定每个端点的带宽要求所需的信息。端点描述符主要记录的信息有：端点号及方向、端点的传输类型、最大包长度、查询时间间隔等。

5. 字符串描述符

字符串描述符是可选的，描述了如制造商、设备名称或序列号等信息。如果一个设备无字符串描述符，则其他描述符中与字符串有关的索引值都必须为0。字符串描述符使用 Unicode 标准，全球字符编码，能支持多种语言。

6. 设备限定描述符

设备限定描述符描述了有关全速设备的信息，如果设备以其他速度运行，该设备将发生变化。标准设备描述符的供应商、产品、设备、制造商、产品和序列号字段不包含在此描述符中，因为该信息对于所有支持的速度的设备是恒定的。

7. 其他速率配置描述符

其他速率配置描述符用于指定另一传输速率下该设备的配置信息，如果高速 USB 设备既需要采用高速传输又需要全速传输，则它必须支持其他速率配置描述符。

8. 接口电源描述符

接口电源描述符决定了设备是否支持接口层级的电源管理。

17.1.5 USB 包的结构

USB 是串行总线，数据是一位一位地在数据线上传送的。既然是一位一位传送的，就存在着一个数据位的先后问题。USB 采用的是 LSB 在前的方式，即先出来的是最低位的数据，接下来是次低位，最后是最高位（MSB）。在 USB 系统中，主机处于主导地位，所以把设备到主机的数据叫做输入，从主机到设备的数据叫做输出。

USB 总线上的数据传输是以包为基本单位的，一个包被分成不同的域。LSB、MSB 是以域来为单位划分的。不同类型的包，所包含的域是不一样的。不同的包有一个共同的特点，都要以同步域开始，紧跟着一个包标识符 PID(Packet Identifier)，最后以包结束符 EOP(End Of Packet)来结束。

同步域用来通告 USB 的串行接口引擎数据即将开始传输。此外，同步域还可以用来同步主机端和设备端的数据时钟。全速/低速设备的同步域为 00000001；高速设备的同步域为 31 个 0，后面跟一个 1。

包标识符 PID 用来标识一个包的类型。PID 由一个 4 位数据包类型字段和一个 4 位校验字段组成，如图 17.1 所示。USB 协议规定了四类包，分别是令牌包、数据包、握手包和特殊包。

包结束符 EOP 对于高速设备和全速/低速设备不一样。全速/低速设备的 EOP 是一个大约 2 个数据位宽度的单端 0 信号。对于高速设备的 EOP,使用故意的位填充错误实现。

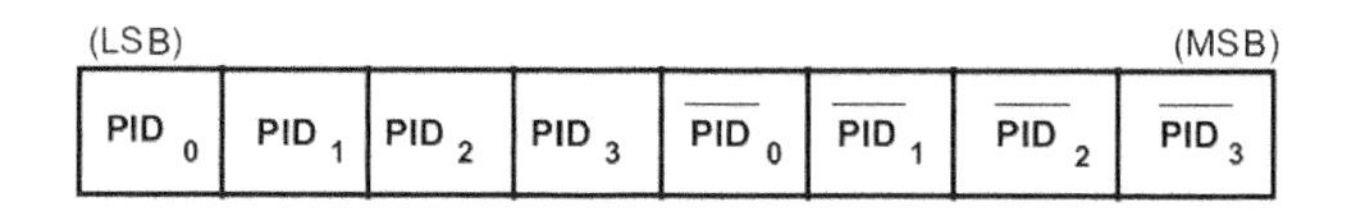

图 17.1 PID 格式

17.1.6 USB 的四种传输类型

USB 定义了数据在总线上传输的基本单位是包,但不能随意使用包来传输数据,而是必须按照一定的关系把这些不同的包组织成事务(Transaction)才能传输数据。事务通常由令牌包、数据包和握手包组成。

1) 令牌包用来启动一个事务,总是由主机发送。

2) 数据包传送数据,可以从主机到设备,也可以从设备到主机,方向由令牌包决定。

3) 握手包的发送者通常为数据接收者。当数据接收正确后,发送握手包。设备也可以用 NAK 握手来决定"数据还未准备好"。

USB 协议规定了四种传输类型:批量传输、等时传输、中断传输和控制传输。其中批量传输、等时传输和中断传输每传输一次数据都是一个事务;控制传输包括三个过程,建立过程和状态过程分别是一个事务,数据过程则可能包含多个事务。

1. 批量传输

批量传输是使用批量事务(Bulk Transactions) 来传输数据。一次批量事务有三个阶段:令牌包阶段、数据包阶段和握手包阶段。批量传输分为批量读和批量写。批量读使用批量输入事务,批量写使用批量输出事务。

批量传输没有规定数据包中数据的意义和结构,具体的数据结构要由设备自己定义。批量传输通常用在数据量大、对数据的实时性要求不高的场合,例如 USB 打印机、扫描仪、大容量存储设备等。

2. 等时传输

等时传输用于数据量大、对实时性要求高的场合,如音频设备、视频设备等对数据延时敏感的场合。对音频或者视频设备来说,对数据的正确率要求不高,少量数据的错误能够容忍,但要保证不能停顿,所以等时传输不保证数据 100%的正确。当数据传输错误时,并不能进行重传操作,因此等时传输也没有应答包,不进行重传操作。数据是否正确,可以由数据包的 CRC 校验来确认。出错的数据,由软件来决定如何处理。等时传输使用等时事务(Isochronous Transactions)来传输数据。

3. 中断传输

中断传输是一种保证查询频率的传输。中断端点在端点描述符中要报告它的查询时间,主机会保证在小于这个事件间隔的范围内安排一次传输。

中断传输通常用于数据量不大,但是对时间要求较严格的设备中,例如人机接口设备

(HID)中的鼠标、键盘、轨迹球。中断传输也可以用来不停地检查某个状态,条件满足后再用批量传输来传输大量的数据。

4. 控制传输

控制传输分为三个过程:

1) 建立过程;

2) 可选的数据过程;

3) 状态过程。

建立过程使用一个建立事务。建立事务是一个输出数据包的过程,与批量传输的输出事务相比,有几处不一样:

1) 令牌包不一样,建立过程使用SETUP令牌包。

2) 数据包类型不一样,SETUP只能使用DATA0包。

3) 握手不一样,设备只能采用ACK来应答,不能使用NAK或者STALL来应答,即设备必须接受建立事务的数据。

17.2 CH32V103的USBHD主要特征

CH32V103芯片内嵌USB主从控制器及收发器,特性如下:

1) 支持USB Host主机功能和USB Device设备功能。

2) 支持USB 2.0全速12 Mb/s或者低速1.5 Mb/s。

3) 支持USB控制传输、批量传输、中断传输、同步/实时传输。

4) 支持最大64 B的数据包,内置FIFO,支持中断和DMA。

17.3 功能说明

CH32V103系列MCU的USB控制器分为3个部分,分别是USB全局寄存器、USB设备控制寄存器、USB主机控制寄存器。部分寄存器是在主机和设备模式下进行复用的。

17.3.1 USB全局寄存器

USB全局寄存器有8个,分别是:USB控制寄存器(R8_USB_CTRL)、USB中断使能寄存器(R8_USB_INT_EN)、USB设备地址寄存器(R8_USB_DEV_AD)、USB状态寄存器(R32_USB_STATUS)、USB杂项状态寄存器(R8_USB_MIS_ST)、USB中断标志寄存器(R8_USB_INT_FG)、USB中断状态寄存器(R8_USB_INT_ST)、USB接收长度寄存器(R8_USB_RX_LEN)。

17.3.2 USB设备控制寄存器

CH32V103系列产品,其USBHD模块在USB设备模式下,提供了端点号0~7共8组双向端点配置寄存器，可映射端点号 8～15 的配置，所有端点的最大数据包长度都是 64 B。

1）端点 0 是默认端点，支持控制传输，发送和接收共用一个 64 B 数据缓冲区。

2）端点 1～15，可配置独立的 64 B 发送和接收缓冲区或者双 64 B 数据缓冲区，支持批量传输、中断传输和实时/同步传输。

每组端点都具有一个控制寄存器 R8_UEPn_CTRL 和发送长度寄存器 R8_UEPn_T_LEN，用于设定该端点的同步触发位、对 OUT 事务和 IN 事务的响应以及发送数据的长度等。

作为 USB 设备所必要的 USB 总线上拉电阻可以由软件随时设置是否启用。当 USB 控制寄存器 R8_USB_CTRL 中的 RB_UC_DEV_PU_EN 置 1 时，控制器根据 RB_UD_LOW_SPEED 的速度设置，在内部为 USB 总线的 DP/DM 引脚连接上拉电阻，并启用 USB 设备功能。

当检测到 USB 总线复位、USB 总线挂起或唤醒事件，或者当 USB 成功处理完数据发送或者数据接收后，USB 协议处理器都将设置相应的中断标志，如果中断使能打开，还会产生相应的中断请求。每次处理完 USB 发送或者接收中断后，都应该正确修改相应端点的同步触发位，用于下次所发送的数据包或者下次所接收的数据包是否同步的检测。

各个端点准备发送的数据在各自的缓冲区中，准备发送的数据长度独立设定在 R8_UEPn_T_LEN 中；各个端点接收到的数据在各自的缓冲区中，但是接收到的数据长度都在 USB 接收长度寄存器 R8_USB_RX_LEN 中，可以在 USB 接收中断时根据当前端点号区分。

USB 设备控制寄存器有：USB 设备物理端口控制寄存器（R8_UDEV_CTRL）、端点模式控制寄存器（R8_UEPx_x_MOD）、端点缓冲区起始地址（R16_UEPx_DMA）、端点 x 发送长度寄存器（R16_UEPx_T_LEN）、端点 x 控制寄存器（R8_UEPx_CTRL）。

17.3.3　USB 主机控制寄存器

在 USB 主机模式下，芯片提供了一组双向主机端点，包括一个发送端点 OUT 和一个接收端点 IN，一个数据包的最大长度是 1 023 B，支持控制传输、中断传输、批量传输和实时/同步传输。

USB 主机控制寄存器有：USB 主机物理端口控制寄存器（R8_UHOST_CTRL）、USB 主机端点模式控制寄存器（R8_UH_EP_MOD）、USB 主机接收缓冲区起始地址（R16_UH_RX_DMA）、USB 主机发送缓冲区起始地址（R16_UH_TX_DMA）、USB 主机辅助设置寄存器（R8_UH_SETUP）、USB 主机令牌设置寄存器（R8_UH_EP_PID）、USB 主机接收端点控制寄存器（R8_UH_RX_CTRL）、USB 主机发送长度寄存器（R16_UH_TX_LEN）、USB 主机发送端点控制寄存器（R8_UH_TX_CTRL）。

17.4　库函数介绍

库函数中的主要函数的功能介绍见表 17 - 1～表 17 - 4。

表 17-1 USB-Device 函数库

序　号	函数名称	功能描述
1	USB_DeviceInit	初始化 USB 设备
2	DevEP1_IN_Deal	输入到设备端点 1
3	DevEP2_IN_Deal	输入到设备端点 2
4	DevEP3_IN_Deal	输入到设备端点 3
5	DevEP4_IN_Deal	输入到设备端点 4

表 17-2 USB_DeviceInit 函数

项目名	功能描述
函数原型	void USB_DeviceInit(void)
功能描述	初始化 USB 设备
输入参数 1	无
输出参数	无

表 17-3 DevEP1_IN_Deal 函数

项目名	功能描述
函数原型	void DevEP1_IN_Deal(UINT8 l)
功能描述	设备端点 1 输入
输入参数 1	输入长度，该值需要小于 64
输出参数	无

表 17-4 USB-HOST 函数库

序　号	函数名称	功能描述
1	DisableRootHubPort	禁用控制器
2	AnalyzeRootHub	分析控制器状态
3	SetHostUsbAddr	设置 USB 主机地址
4	SetUsbSpeed	设置 USB 速度
5	ResetRootHubPort	重置控制器
6	EnableRootHubPort	启用控制器
7	WaitUSB_Interrupt	等待 USB 中断
8	USBHostTransact	USB 主机传输事务
9	HostCtrlTransfer	主机运输控制
10	CopySetupReqPkg	复制安装请求包
11	CtrlGetDeviceDescr	获取设备描述符
12	CtrlGetConfigDescr	获取配置描述符
13	CtrlSetUsbAddress	设置 USB 设备地址

续表 17-4

序　号	函数名称	功能描述
14	CtrlSetUsbConfig	设置 USB 配置
15	CtrlClearEndpStall	清除端点暂停
16	CtrlSetUsbIntercace	设置 USB 接口配置
17	USB_HostInit	初始化 USB 主机模式
18	InitRootDevice	初始化 USB 控制器
19	HubGetPortStatus	查询 HUB 端口状态，返回在 Com_Buffer 中
20	HubSetPortFeature	设置 HUB 端口特性
21	HubClearPortFeature	清除 HUB 端口特性

CH32V103 系列提供了封装好的 USB 操作函数，保存在 CHRV3UFI. lib 文件中，通过调用程序库中的子程序，可以较为方便地进行 USB 程序开发。CH32V103 的程序库函数见表 17-5。

表 17-5　CHRV3UFI. lib 函数库

序　号	函数名称	功能描述
1	CHRV3GetVer	获取当前子程序库的版本号
2	CHRV3DirtyBuffer	清除磁盘缓冲区
3	CHRV3BulkOnlyCmd	执行基于 BulkOnly 协议的命令
4	CHRV3DiskReady	查询磁盘是否准备好
5	CHRV3AnalyzeError	USB 操作失败分析，CHRV3IntStatus 返回错误状态
6	CHRV3FileOpen	打开文件或者枚举文件
7	CHRV3FileClose	关闭当前文件
8	CHRV3FileErase	删除文件并关闭
9	CHRV3FileCreate	新建文件并打开，如果文件已经存在则先删除后再新建
10	CHRV3FileAlloc	根据文件长度调整为文件分配的磁盘空间
11	CHRV3FileModify	查询或者修改当前文件的信息
12	CHRV3FileQuery	查询当前文件的信息
13	CHRV3FileLocate	移动当前文件指针
14	CHRV3FileRead	从当前文件读取数据到指定缓冲区
15	CHRV3FileWrite	向当前文件写入指定缓冲区的数据
16	CHRV3ByteLocate	以字节为单位移动当前文件指针
17	CHRV3ByteRead	以字节为单位从当前位置读取数据块
18	CHRV3ByteWrite	以字节为单位向当前位置写入数据块
19	CHRV3DiskQuery	查询磁盘信息
20	CHRV3SaveVariable	备份/保存/恢复子程序库的变量，用于子程序库在多个芯片或者 U 盘之间进行切换

17.5 项目实战1:U盘文件读写

17.5.1 硬件设计

CH32V103单片机内置USB主机控制器和从机控制器,其芯片内部具有阻抗匹配电路,无须外接22 Ω终端匹配电阻。USB-A接口的差分信号线D+、D-直接连接到单片机引脚上。D+连接单片机的PA12引脚,D-连接单片机的PA11引脚。USB接口原理如图17.2所示。本次实验使用USB主机功能,还用到调试串口,用来打印数据信息。

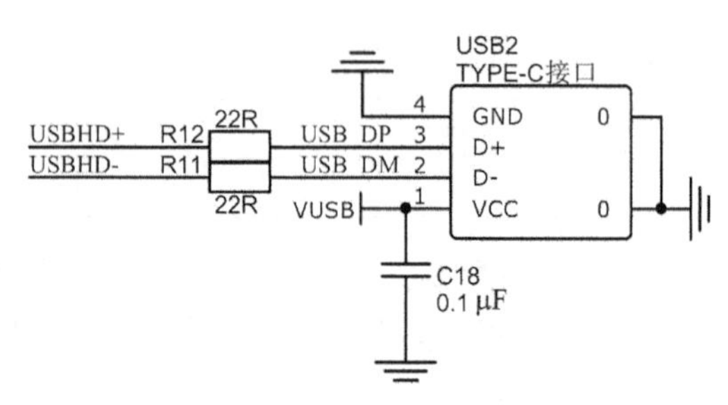

图17.2 USB设备接口图

17.5.2 软件设计

主程序初始化流程如图17.3所示,主循环流程如图17.4所示。

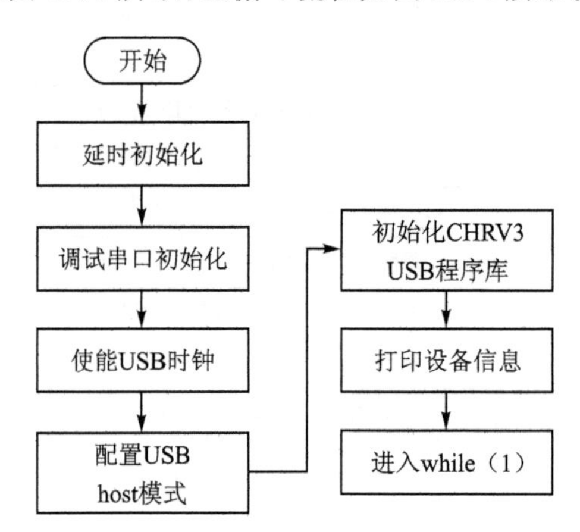

图17.3 主程序初始化

主程序代码如下:

```
#include "debug.h"
#include "string.h"
#include "CHRV3UFI.h"
/* Global Variable */
__attribute__ ((aligned(4))) UINT8  RxBuffer[MAX_PACKET_SIZE];       // IN, must even address
```

```
__attribute__ ((aligned(4))) UINT8  TxBuffer[MAX_PACKET_SIZE] ;       // OUT, must even address
__attribute__ ((aligned(4))) UINT8  Com_Buffer[128];
UINT8  buf[100]; //长度可以根据应用自己指定
/* 检查操作状态,如果错误则显示错误代码并停机 */
void mStopIfError( UINT8 iError )
{
    if ( iError == ERR_SUCCESS )
    { return;     /* 操作成功 */}
printf( "Error: %02X\r\n", (UINT16)iError );  /* 显示错误 */
    /* 遇到错误后,应该分析错误码以及 CHRV3DiskStatus 状态,例如调用 CHRV3DiskReady 查询当
    前 U 盘是否连接,如果 U 盘已断开那么就重新等待 U 盘插上再操作,建议出错后的处理步骤:
    1.调用一次 CHRV3DiskReady,成功则继续操作,例如 Open、Read、Write 等
    2.如果 CHRV3DiskReady 不成功,那么强行将从头开始操作(等待 U 盘连接,CHRV3DiskReady 等)
    */
    while ( 1 )
    {  }
}
void USBHD_ClockCmd(UINT32 RCC_USBCLKSource,FunctionalStateNewState)//配置 USB 时钟
{
    RCC_APB2PeriphClockCmd(RCC_APB2Periph_GPIOA, NewState);
    EXTEN->EXTEN_CTR |= EXTEN_USBHD_IO_EN;
    RCC_USBCLKConfig(RCC_USBCLKSource); //USBclk = PLLclk/1.5 = 48Mhz
    RCC_AHBPeriphClockCmd(RCC_AHBPeriph_USBHD,NewState);
}
int main()
{
    UINT8   s, i;
    PUINT8  pCodeStr;
    UINT16  j;
    NVIC_PriorityGroupConfig(NVIC_PriorityGroup_2);
    Delay_Init();
    USART_Printf_Init(115200);
    printf("SystemClk:%d\r\n",SystemCoreClock);

    printf("USBHD HOST Test\r\n");
    USBHD_ClockCmd(RCC_USBCLKSource_PLLCLK_1Div5,ENABLE);
    pHOST_RX_RAM_Addr = RxBuffer;
    pHOST_TX_RAM_Addr = TxBuffer;
    USB_HostInit();//USB Host 初始化
    CHRV3LibInit();//CH32V 子程序库初始化
    printf( "Wait Device In\r\n" );
    while(1)
    {
```

```
    s = ERR_SUCCESS;
    if ( R8_USB_INT_FG & RB_UIF_DETECT )//发现设备
    {
        R8_USB_INT_FG = RB_UIF_DETECT ;
        s = AnalyzeRootHub( );
        if ( s == ERR_USB_CONNECT )//如果 USB 已经连接
        {
            printf( "New Device In\r\n" );
            FoundNewDev = 1;
        }
        if( s == ERR_USB_DISCON )//如果 USB 已经断开
        {
            printf( "Device Out\r\n" );
        }
    }
    if ( FoundNewDev || s == ERR_USB_CONNECT )
    {
        FoundNewDev = 0;
        Delay_Ms( 200 );
        s = InitRootDevice( Com_Buffer );
        if ( s == ERR_SUCCESS )
        {
            CHRV3DiskStatus = DISK_USB_ADDR;//配置 USB 地址
            for ( i = 0; i ! = 10; i ++ )
            {
                printf( "Wait DiskReady\r\n" );
                s = CHRV3DiskReady( ); //等待 U 盘准备好
                if ( s == ERR_SUCCESS )
                {break;}
                else
                {printf(" % 02x\r\n",(UINT16)s);}
                Delay_Ms( 50 );
            }
            if ( CHRV3DiskStatus >= DISK_MOUNTED )
            {
              printf( "Open\r\n" ); / * 读文件 * /
              //设置要操作的文件名和路径
              strcpy( (PCHAR)mCmdParam.Open.mPathName, "/C51/CH103HFT.C" );
              s = CHRV3FileOpen( ); //打开文件
              if ( s == ERR_MISS_DIR )
                {
                  printf("不存在该文件夹则列出根目录所有文件\r\n");
```

```
                pCodeStr = (PUINT8)"/*";
            }
            else
            {
             pCodeStr = (PUINT8)"/C51/*";     //列出\C51 子目录下的的文件
            }
            printf( "List file %s\r\n", pCodeStr );
            //限定 10000 个文件,实际上没有限制
            for ( j = 0; j < 10000; j ++ )
            {
             strcpy( (PCHAR)mCmdParam.Open.mPathName, (PCCHAR)pCodeStr);
             //搜索文件名,* 为通配符,适用于所有文件或者子目录
             i = strlen( (PCHAR)mCmdParam.Open.mPathName );
             mCmdParam.Open.mPathName[ i ] = 0xFF;
                CHRV3vFileSize = j; //指定搜索/枚举的序号
                i = CHRV3FileOpen( ); //打开文件
                if ( i == ERR_MISS_FILE )
                { break; //再也搜索不到匹配的文件,已经没有匹配的文件名}
                //搜索到与通配符相匹配的文件名,文件名及其完整路径在命令缓冲区中
                if ( i == ERR_FOUND_NAME )
                {
                  /* 显示序号和搜索到的匹配文件名或者子目录名 */
                 printf("matchfile%04d#: %s\r\n", (unsignedint)j, mCmdParam.Open.
                 mPathName );
                continue; /* 继续搜索下一个匹配的文件名,下次搜索时序号会加 1 */
                }
                else //出错
                {
                    mStopIfError( i );
                    break;
                }
            }
             i = CHRV3FileClose( );  //关闭文件
             printf( "U 盘演示完成\r\n" );
        }
        else
        {
          printf( "U 盘没有准备好 ERR = %02X\r\n", (UINT16)s );
        }
      }
    }
    Delay_Ms( 100 );  //模拟单片机做其他事
    SetUsbSpeed( 1 );  //默认为全速
  }
}
```

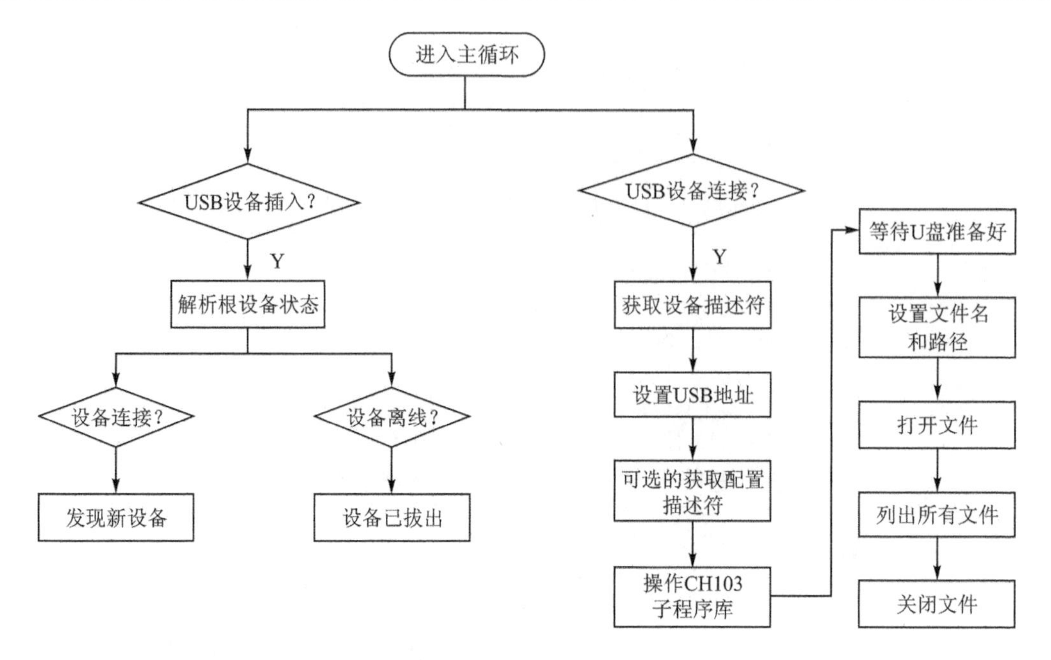

图 17.4 主循环流程图

17.5.3 系统调试

工程建立好后,编写程序文件,最后进行 Build Project 编译,修改至无错误和警告后,通过 Download 界面加载生成好的 HEX 文件,单击 Execute 按钮。下载完成后,打开串口助手,设置串口号、波特率、数据位、校验位后,打开串口。可以看到串口助手收到"Wait Device In"字样。

随后将 U 盘接入开发板中,设备检测到 U 盘,打印信息"New Device In",等待 U 盘初始化完成。然后读取 C51 目录下的文件,通过串口助手打印,如图 17.5 所示。

图 17.5 串口助手信息

显然,以上信息表明程序符合设计期望。

17.6　项目实战 2:实现 CDC 串口

USB CDC 串口即通过 USB 的物理端口,由一般计算机上自带的 CDC 类(Communication Device Class,USB 通信设备类)驱动,在上层应用层显示为一个虚拟的串口设备,可以按照串口具有的数据格式、流控等配置和传输。

17.6.1　硬件设计

本次实验在硬件设计上和 USB 主机功能硬件一样,无须额外器件,芯片 D+、D－直接连到 USB 端口座上(一般 USB 母口),芯片内部已做好阻抗匹配。

17.6.2　软件设计

相比于 USB 主机功能,USB 设备的软件实现主要依靠中断通知或标志查询。作为一个 USB 设备,在传输协议上需要收到主机的请求才能发送或者接收数据,而不能主动发送数据。当主机发送接收数据请求(IN 包),如果设备准备好了数据即可发送给主机,此过程称为数据上传;当主机发送发送数据请求(OUT 包),如果设备可以接收数据即在数据接收后发送应答给主机,此过程称为数据下载。本次的模拟 CDC 串口过程就包括 USB 数据的上传和下载。

系统基本配置完成后,初始化 USB 设备功能,打开 USB 传输、复位、挂起中断。如果不使用中断,也可以通过查询中断标志来处理。USB 设备控制器以 USB 事务为单位进行数据收发通知,在用户软件处理过程中,硬件控制器将自动进行 USB 的流控处理。图 17.6 是软件处理总框图,模拟 USB CDC 设备的枚举和串口配置通过控制传输进行,而串口收发数据在非 0 端点上进行批量传输,包含一个上传通道和一个下传通道。另外,CDC 设备还有一个中断端点,作用是传输改变通知。

USB 处理部分反馈了 USB 设备端口对主机端口的响应,而一个完整的串口设备,需要将 USB 端数据转换为真正的串口信号收发。本次实验就是将 USB 数据转为芯片的 UART 外设端口来实现数据收发,在软件处理上,就是建立数据收发转移的缓冲池。对于 UART 收发,数据是单个字节收发通知,而 USB 端以包为单位进行数据收发通知,每包数据范围 0～64 B。为了提高传输效率(USB 包之间有协议开销),实践中使用循环缓冲池,当数据累加到超过 64 B 后,进行数据的转移;数据和数据间隔时间超过设定超时时间也进行数据转移。设定时间应该按照传输的波特率动态调整。数据转移包括缓冲池中数据移动到 USB 上传通道数据区域内,以及从 USB 下传通道移动到缓冲池中。缓冲池处理图如图 17.7 所示。

如果要节省更多时间,还可以不断改变 USB 传输的数据 DMA 指针,这样就无须进行数据软件搬移,完全由硬件处理,效率会更高,也会有更多的空闲时间执行其他任务。具体代码及处理过程可参考 CH32V103 官方例程包。

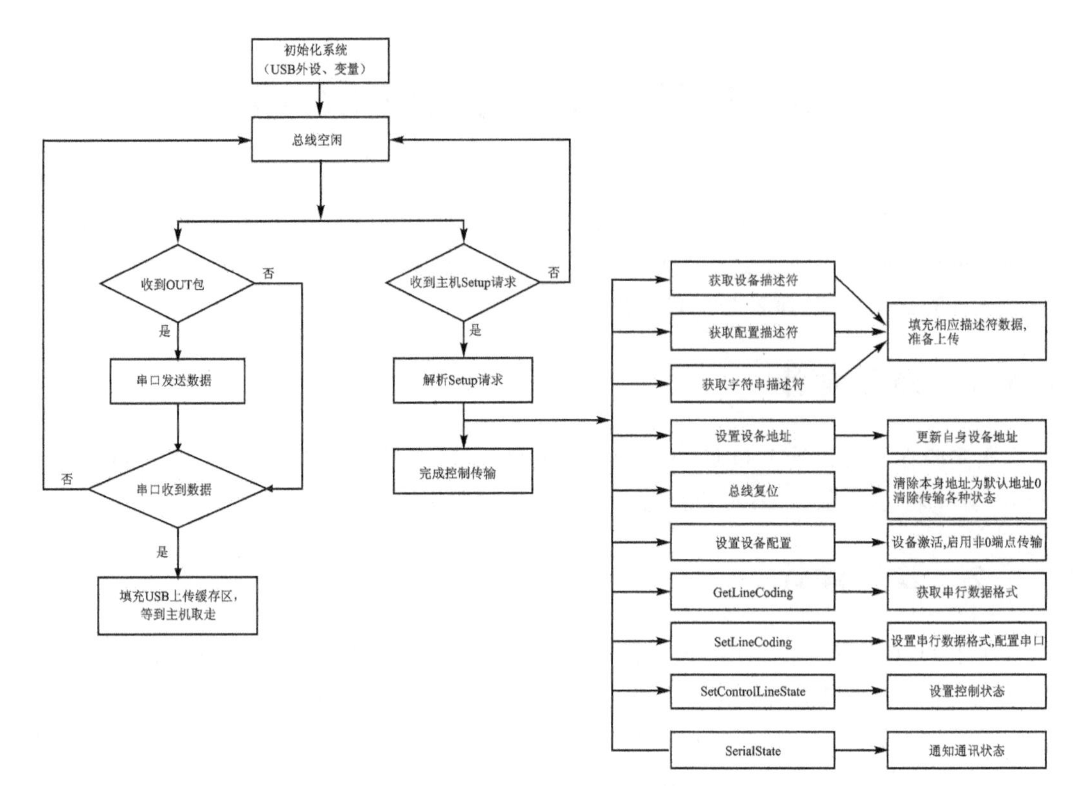

图 17.6 总处理框图

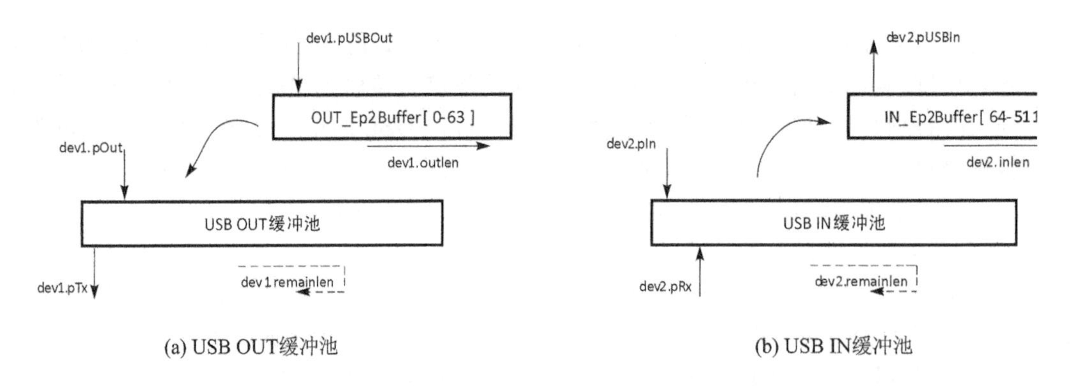

图 17.7 缓冲池处理图

17.6.3 系统调试

烧录好程序，将硬件板的 USB 口连接电脑（Win10 系统），在电脑的设备管理器中可以看到出现了一个"USB 串行设备"，将硬件 UART 的 RXD 和 TXD 短接，打开上位机串口调试软件进行发送，就可实现串口的自发自收功能，如图 17.8 所示。

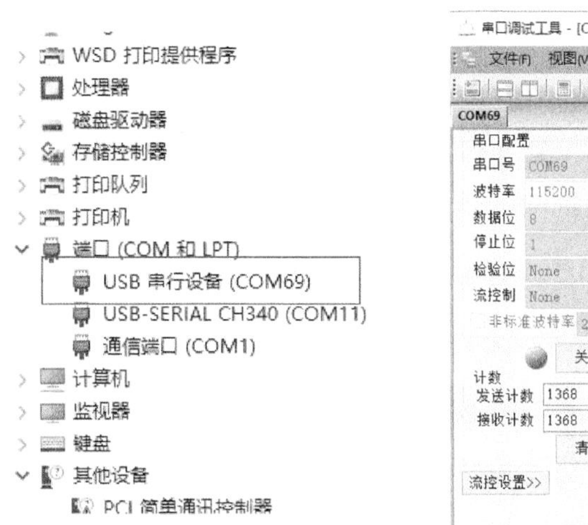

(a) 设备管理器界面

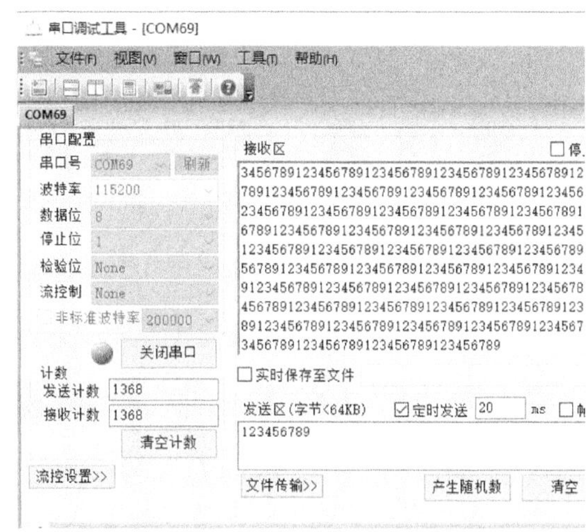

(b) 串口调试工具界面

图 17.8　测试结果

本章小结

本章简要介绍了 USB 的一些基本概念，并针对 CH32V103 的 USB 控制器进行了详细说明。CH32V103 的 USB 控制器是主机/设备控制器，具有非常强大的功能。USB 通信的详细过程很复杂。CH32V103 函数库提供了 USB 子程序库，通过子程序库可以很方便地进行程序的开发。CH32V103 函数库还提供了 U 盘读写的示例和 USB 虚拟串口示例，通过 USB 控制器可以进行 U 盘文件的读写操作、USB 模拟串口功能。

第18章　综合案例:蓝牙加密U盘

18.1　蓝牙加密U盘介绍

存储设备给人们日常工作以及学习都带来了不可忽视的重要作用,给生活提供了便利。U盘作为一种微型高容量移动存储产品,具有即插即用、无需物理驱动器、便于携带等优点。随着磁盘存储技术、闪存技术、通用串行总线技术的发展,U盘在速度、接口、容量、功耗等方面都大幅提升,成为各领域数据转移、存储、备份的首选工具。在此基础上,加密U盘、启动U盘、多分区U盘等多样功能产品也已应运而生。

随着蓝牙技术的普及与发展,蓝牙通信为传统设备提供了一种低成本的无线通信方式。串口是一种使用广泛的通信接口,通过串口转蓝牙进行无线通信传输的需求逐渐呈现。

将传统U盘与蓝牙结合,利用手机蓝牙功能与U盘通信,实现U盘的加密与解锁,可降低数据被泄露的风险,保障数据安全。

作为特色应用之一,南京沁恒微电子基于CH569+CH573双RISC-V芯片设计了一款具有蓝牙解锁功能的USB 3.0 U盘,其部分存储区域可加密隐藏,支持手机App蓝牙解锁,实现了蓝牙加密U盘的设计。2021年初,南京沁恒微电子推出了符合蓝牙5.0/5.1规范的CH583和CH32V208,其中CH32V208在CH32V103的基础上增加了蓝牙5.1,提高了系统主频,增加了Ethernet,这两款芯片是对CH573的扩展和补充。

18.2　CH573简介

18.2.1　概　述

CH573是集成BLE无线通信的32位RISC-V内核单片机。片上集成低功耗蓝牙BLE通信模块、全速USB主机和设备控制器及收发器、SPI、4个串口、ADC、触摸按键检测模块、RTC等丰富的外设资源。CH573低功耗蓝牙型MCU,结合精简指令集RISC-V的特点和低功耗电源管理及BLE无线技术,实现0.3 μA超低睡眠电流、−96 dBm接收灵敏度,点对点传输最高达到300 m。

18.2.2　功能说明

1. 内　核

CH573 使用 RISC－V3A 内核，支持 RISC－V 指令的 IMAC 子集，支持单周期乘法和硬件除法；具有低功耗两级流水线，降低系统运行功耗；具有多挡系统主频，最低 32 kHz，可在低功耗模式下运行；具有高速的中断响应机制，降低系统响应时间，提高系统整体运行效率。

2. 系统存储

CH573 具有 512 KB 非易失存储 FlashROM，包括 448 KB 用户应用程序存储区 CodeFlash、32 KB 用户非易失数据存储区 DataFlash、24 KB 系统引导程序存储区 BootLoader 和 8 KB 系统非易失配置信息存储区 InfoFlash。CH573 支持 ICP、ISP 和 IAP 功能，可以实现 OTA 无线升级。Flash 具有 20MHz 系统主频下零等待的特性。

CH573 具有 18 KB 字节易失数据存储 SRAM，包括 16KB 双电源供电的睡眠保持存储区 RAM16K 和 2KB 双电源供电的睡眠保持存储区 RAM2K。

3. 电源管理和低功耗

CH573 具有丰富的电源管理功能，支持多种低功耗模式：空闲模式 Idle 下功耗 1.5 mA、暂停模式 Halt 下功耗 320 μA、睡眠模式 Sleep 下功耗 1.4～6 μA、下电模式 Shutdown 下功耗 0.3～1.3 μA。支持 3.3 V 和 2.5 V 电源供电，内置 DC－DC 转换，0 dBm 发送功率时电流 6 mA。

4. 低功耗蓝牙 BLE

CH573 集成 2.4 GHz RF 收发器和基带及链路控制，接收灵敏度达－96 dBm，支持可编程＋5 dBm 发送功率。BLE 符合 BluetoothLowEnergy 4.2 规范，在 5 dBm 发送功率时无线通信距离约 300 m。提供了优化的协议栈和应用层 API，方便用户使用。

5. 通用串行总线 USB

CH573 内置 USB 控制器和 DMA，支持 64 B 数据包，集成 USB 2.0 全速收发器 PHY，支持全/低速的 Host 主机和 Device 设备模式。

6. 模数转换 ADC

CH573 具有 12 位模数转换器，支持差分和单端输入，支持 10 路外部模拟信号通道和 2 路内部信号。

7. 异步串口 UART

CH573 具有 4 组独立 UART，通信波特率可达 6 Mb/s。UART0 支持部分 Modem、硬件自动流控、多机通信时从机地址自动匹配功能。

8. 串行外设接口 SPI

CH573 具有一路串行外设接口 SPI，内置 FIFO，支持 DMA。SCK 串行时钟频率可达系统主频的一半，支持 Master 和 Slave 模式。

18.2.3 系统框图

如图 18.1 所示，CH573 在 32 位系统总线上挂载了 RISC-V 内核、DMA 控制器、FlashROM 控制模块、RAM 以及各种外设或模块，具有独立的电源管理模块和时钟生成模块。

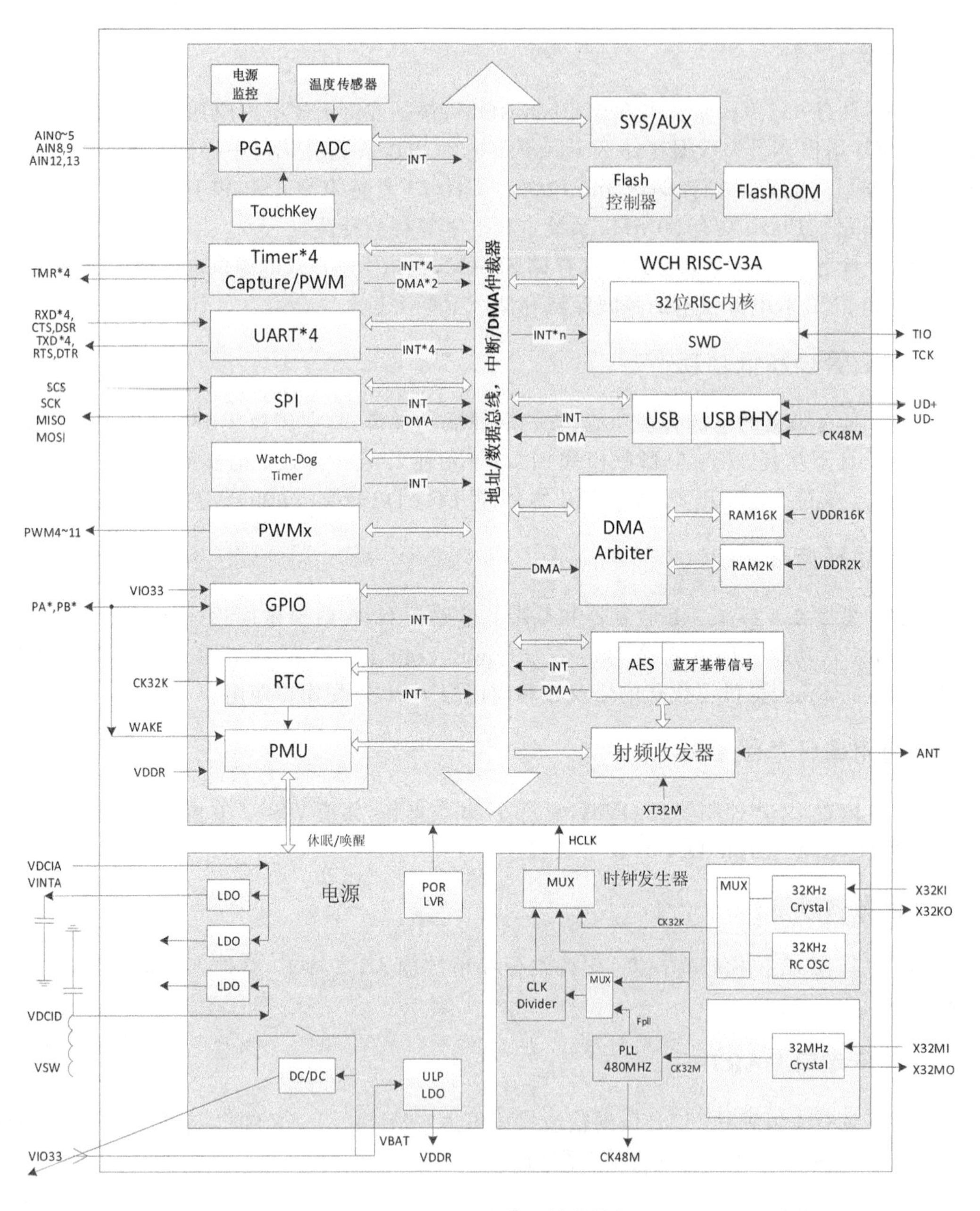

图 18.1 CH573 芯片系统结构框图

18.2.4　无线通信介绍

CH573集成低功耗2.4 GHz无线通信模块,包括RF收发器、基带和链路控制以及天线匹配网络,支持低功耗蓝牙BLE。内部提供100多个寄存器用于调节参数和控制过程及状态。无线通信底层操作主要以子程序库提供应用支持。主要特性有:

1) 集成2.4 GHz射频收发器、BaseBand基带和LLE链路控制。

2) 支持低功耗蓝牙BLE,符合BluetoothLowEnergy 4.2规范。

3) 单端RF接口,简化板级设计。

4) 接收灵敏度−96 dBm,可编程−20～+5 dBm发送功率,支持动态调整。

5) 在0 dBm发送功率时使用PCB板载天线的通信距离约170 m,在5 dBm发送功率时约300 m。

6) 使用内置DC－DC转换后,0 dBm发送功率时电流仅6 mA。

7) 支持AES加解密,支持DMA。

8) 提供优化的协议栈和应用层API,支持组网。

18.3　CH569简介

18.3.1　CH569概述

CH569使用RISC－V3A内核,支持RISC－V指令的IMAC子集。片上采取128位数据宽度的DMA以支持多个高速外设的高带宽需求,实现大数据量的高速传输。外设包括USB 3.0超速、USB 2.0高速主机和设备控制器及收发器PHY、千兆以太网控制器、专用高速SerDes控制器及收发器PHY、SD/EMMC接口控制器、加解密模块、高速并行接口、数字视频接口DVP等,可广泛应用于流媒体、即时存储、超高速FIFO、通信延长、安防监控等应用场景。

18.3.2　功能说明

1. 内　核

CH569采用RISC V3A内核,支持RV32IMAC指令集组合,内置硬件乘法和除法模块;具有可编程中断控制器,可以快速响应中断;内置静态分支预测,可依靠分支指令本身的信息进行预测;具有低功耗两级流水线;最高主频可达120 MHz。

2. 系统存储

CH569具有多种存储区域,包括448KB用户应用程序存储区CodeFlash、32 KB用户数据存储区DataFlash、24 KB系统引导程序存储区BootLoader、8 KB系统非易失配置信息存储区InfoFlash、32/64/96 KB可配置的128位宽SRAM(RAMX)、16 KB的32位宽SRAM(RAMS)。

3. 超速 USB 3.0 控制器及收发器(内置 PHY)

CH569 内置 USB 3.0 超高速接口,支持 USB 3.0Host/Device 模式、OTG 功能,支持控制、批量、中断、实时/同步传输,主机支持 USB 3.0HUB,支持 U1/U2/U3 低功耗状态。

4. SD/EMMC 控制器

CH569 内置 SD/EMMC 控制器,符合 SD 3.0 规范的 UHS-ISDR50 模式并向下兼容;符合 EMMC 卡 4.4 和 4.5.1 规范,兼容 5.0 规范;支持 1/4/8 线数据通信,最高 96 MHz 通信时钟。

5. ECDC 加密模块

支持 AES/SM4 算法,8 种组合加解密模式;支持 SRAM/EMMC/HSPI 外设接口数据加解密。

6. 高速 USB 2.0 控制器及收发器(内置 PHY)

CH569 内置 USB 2.0 高速接口,支持 USB 2.0 Host/Device 模式;支持控制、批量、中断、实时/同步传输;支持数据收发双缓冲。

7. 千兆以太网控制器 ETH

CH569 内置千兆以太网控制器,符合 IEEE 802.3 协议规范;提供 RGMII 和 RMII 接口,连接外置的 PHY;通过 PHY,支持 10/100/1 000 Mb/s 的传输速率。

8. 数字视频接口 DVP

可配置 8/10/12 位数据宽度;支持 YUV、RGB、JPEG 压缩数据。

9. 其他特性

CH569 拥有 3 组 26 位定时器,支持定时、计数、信号捕捉、PWM 调制输出等功能;具有 4 组通用异步串口 UART,最高波特率可达 7.5 Mb/s;具有 2 组 SPI 接口,支持主从(Master/Slave)模式;具有 49 个通用 IO,8 个可设置电平或边沿中断;支持低功耗模式,部分 GPIO、USB、以太网信号可唤醒单片机;具有唯一 64 位 ID 识别号。

18.3.3 系统框图

图 18.2 是系统内部结构框图。在 32 位系统总线(AHB)上挂载了 RISC-V 内核、DMA1/DMA2 仲裁控制器、ROM 控制模块、SRAM 以及各种外设模块。内核通过系统总线访问各个外设或模块,并接收外部中断信号触发中断服务。系统默认 32 KB 大小的 ROM 代码全速零等待运行,保障指令取址速度和系统主频一致。用户可以使用的 SRAM 区域分为 RAMS 和 RAMX 区域,其中 RAMX 大小可以通过接口配置,多余区域将用于 ROM 代码的 SRAM 映射范围。

1) RAMS:共 16KB 字节大小,32 位宽访问的 SRAM,寻址范围 0x20000000～0x20003FFF。

2) RAMX:可配置 32 KB/64 KB/96 KB 大小,128 位宽访问的高速 SRAM,寻址范围 0x20020000～0x20037FFF。

3) DMA1:建立了 RAMX 和 CPU、普通外设、高速外设之间的访问。高速外设包括:EMMC、HSPI、ECDC、USB 2.0、USB 3.0、ETH、SerDes、DVP。

4) DMA2:建立了 RAMS 和 CPU、普通外设之间的访问。普通外设包括 Timer1、Timer2、SPI0、SPI1。

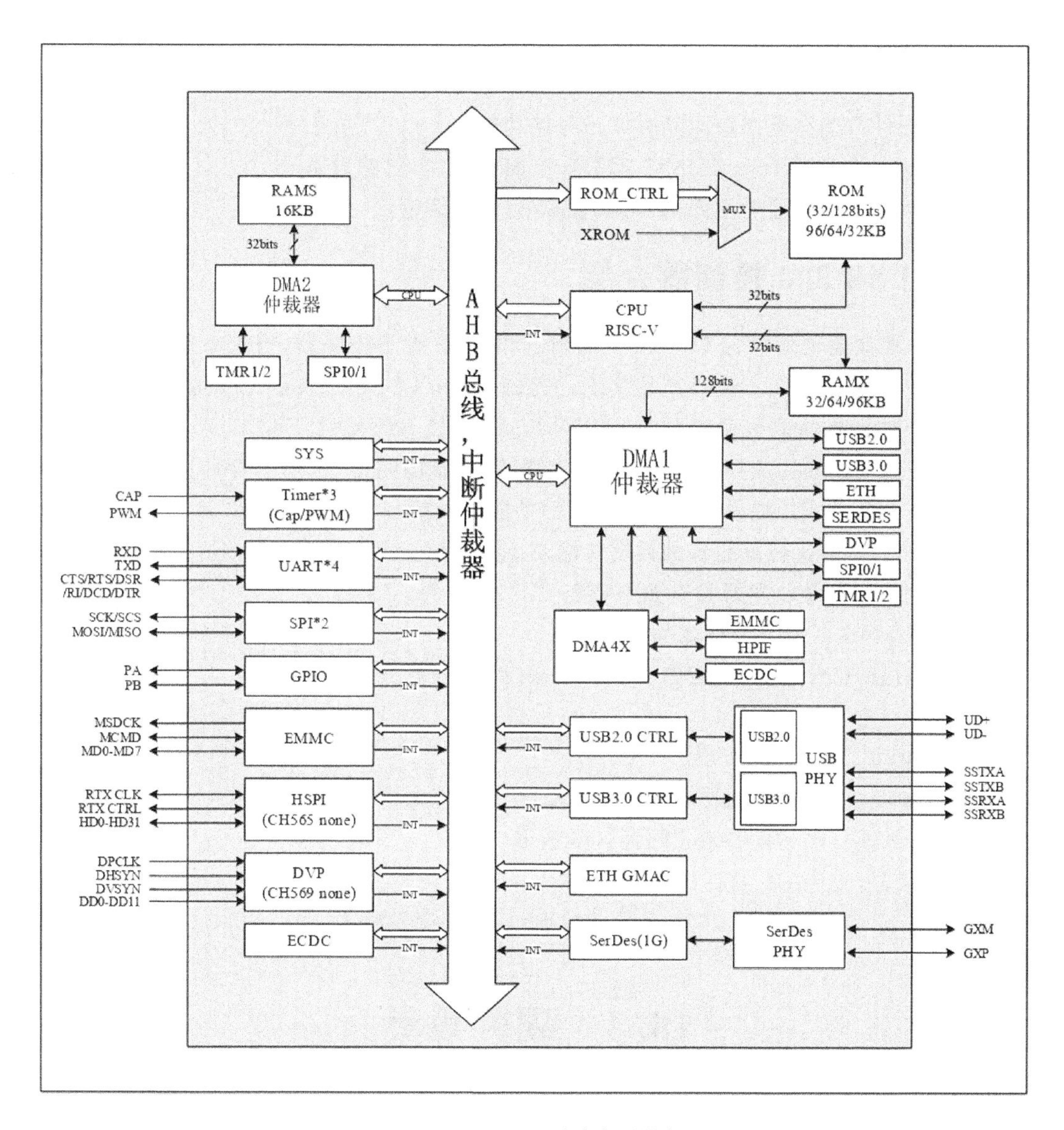

图 18.2 CH569 系统内部结构框图

18.3.4 SD/EMMC控制器介绍

CH569提供1组SDIO控制器主机接口，传输时钟可达96 MHz，支持1/4/8线通信模式，可外接SD/TF卡、EMMC卡等器件。应用程序代码可灵活设置数据收发的各种命令、应答包、有效数据包的模式和长度、双缓冲长度切换界限等参数。

SDIO控制器主机接口具有如下特点：

1）符合EMMC卡4.4和4.5.1规范，兼容5.0规范，兼容HS200模式。

2）通信模式支持1/4/8线模式。

3）最高通信时钟96 MHz。

4）灵活可设置的数据包长度、命令格式、应答状态。

5）提供硬件自动在数据块间隔时停止时钟功能。

6）支持SD卡、SDIO卡、EMMC卡等符合SD接口协议的设备。

7）支持接口数据传输的硬件AES和SM4算法加解密。

18.3.5 USB 3.0控制器介绍

USB 3.0控制器模块包含USB主机控制器和USB设备控制器，搭配系统内置的物理收发器PHY，可实现USB 3.0接口产品功能。支持5 Gb/s的USBSuperSpeed超高速信号，硬件接口包括2对超高速差分信号线（SSRXA/SSRXB和SSTXA/SSTXB，A/B可连+/－或－/+）。此控制器模块为应用代码提供了链接层寄存器访问接口，用于管理设备的连接和断开、总线状态、电源模式。提供了主机（HOST）功能访问接口、设备（DEVICE）功能访问接口，用于实现USB 3.0协议规范的各种数据传输及上层协议。

USB 3.0控制器及收发器具有如下特点：

1）支持USB 3.0协议接口规范。

2）支持USB Host主机功能和USB Device设备功能。

3）支持OTG功能。

4）支持驱动USB 3.0 HUB。

5）主机和设备均支持控制传输、批量传输、中断传输、实时/同步传输。

6）DMA方式直接访问各端点缓冲区的数据。

7）电源管理，支持U1/U2/U3低功耗状态。

8）非0端点均支持最大1 024字节的数据包，支持突发模式。

18.4 硬件设计

USB 3.0超高速蓝牙加密U盘由主控芯片CH569、低功耗蓝牙型MCU CH573、电源模块、EMMC存储卡、USB 3.0接口组成。

CH569 MCU资源上配有EMMC卡控制器和USB 3.0 OTG控制器及收发器，通过EMMC接口挂载SD/TF/EMMC卡后即可具备U盘设计的基本物理资源。USB口作为设备口，插入 USB 主机端口后，系统获取到 USB 接口的 5 V 电源，通过 DC－DC 转换为 3.3 V 电压供给 CH569 芯片和存储卡。

硬件设计上，CH569 内置双层 DMA 架构，两路 DMA 实时并发处理高速数据（如 USB 3.0 端、EMMC 卡端）和低速数据（如 MCU、定时器等），互不影响；中断模式提供优先级抢占和高速直通方式；接口模式上采用通知优先方式，将软件处理和硬件传输同步进行，提高整体速度性能。

1. 电源模块

由 USB 3.0 接口输入 5 V 电压，经过降压芯片后产生 3.3 V、1.8 V 电压供整个系统使用，如图 18.3 所示。

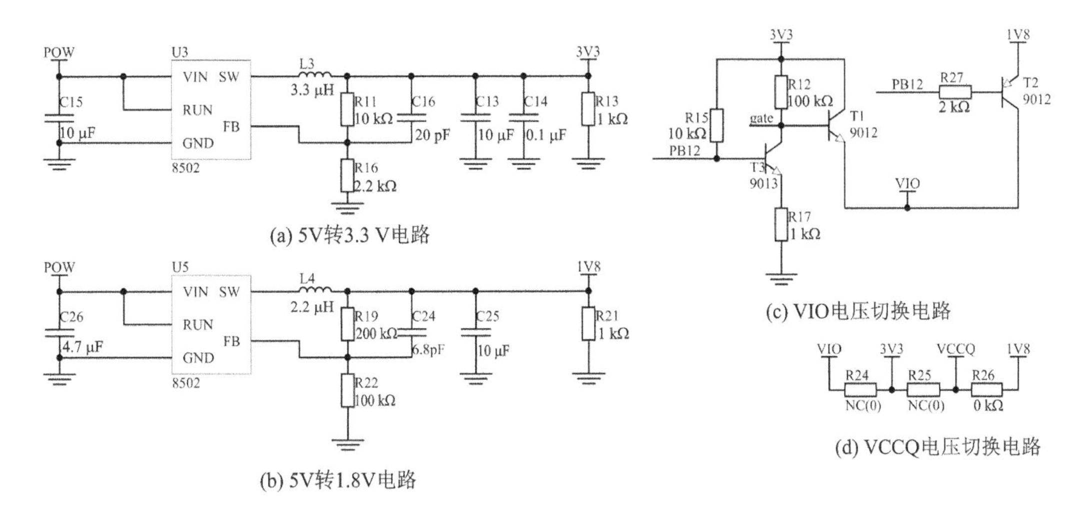

图 18.3　电源模块

2. 低功耗蓝牙型 MCU CH573

低功耗蓝牙型 MCU CH573 的外围电路较为简单，由外部高速晶振、外部低速晶振、串口通信、串口下载、供电电源和射频天线组成，如图 18.4 所示。

3. EMMC 存储器

采用镁光公司的 EMMC 存储器 MTFC16G，具有 16 GB 存储空间。EMMC 存储器引脚主要由控制信号、数据信号和电源输入组成，如图 18.5 所示。

CLK：CLK 信号用于从主机输出时钟信号，进行数据传输的同步和设备运作的驱动。

CMD：CMD 信号主要用于主机向 EMMC 发送命令和 EMMC 向主机发送对应的应答。

DATS：EMMC 发送给主机，频率与 CLK 信号相同，用于主机进行数据接收的同步。

RST_N：芯片复位引脚。

DAT0～DAT7：用于主机和 EMMC 之间的数据传输。

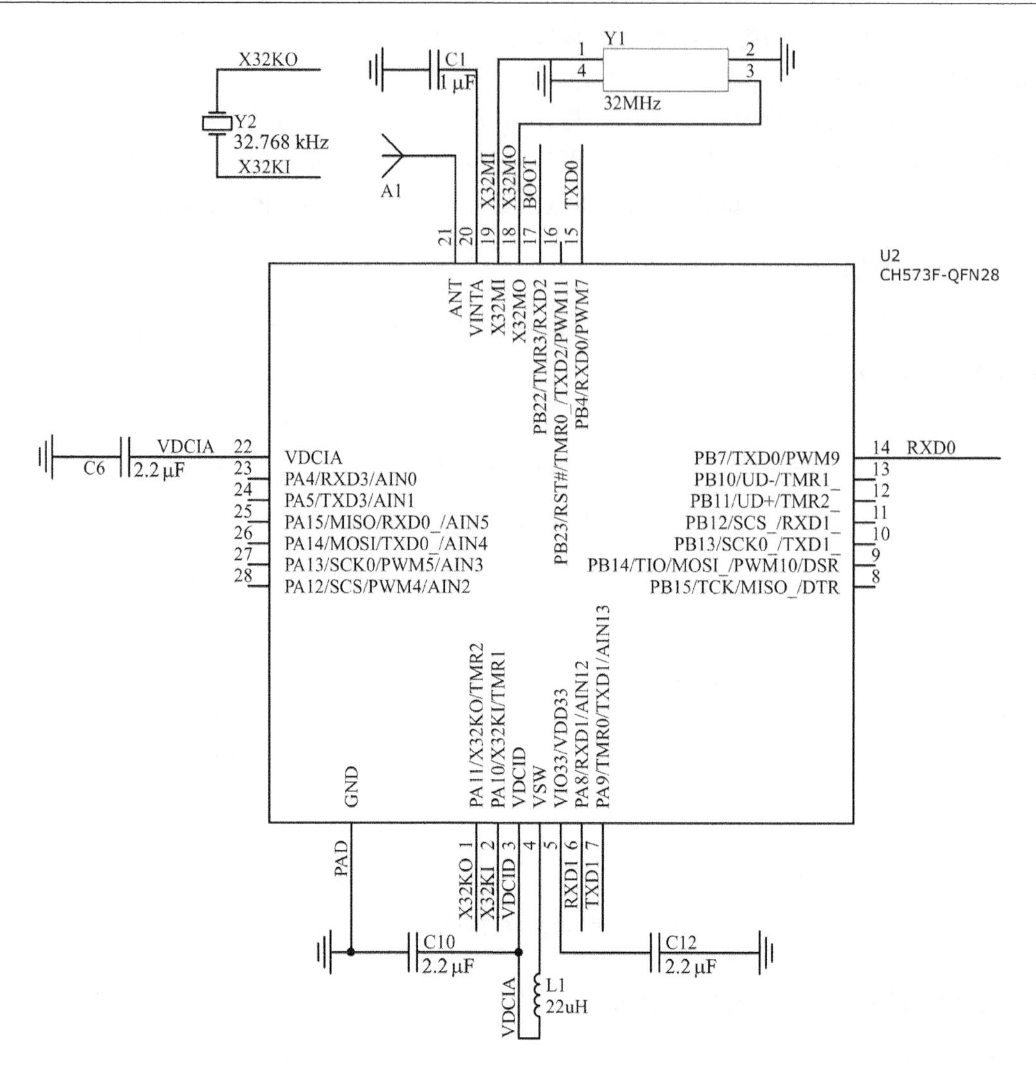

图 18.4 CH573 原理图

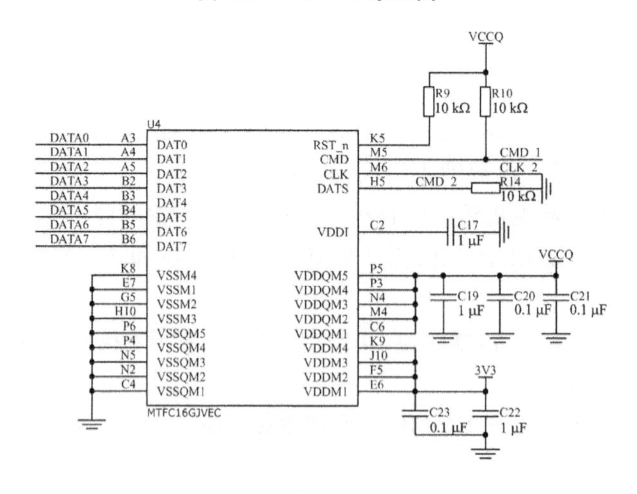

图 18.5 EMMC 存储器电路

4. USB 3.0 接口

USB 3.0 接口有9个引脚，前面4个兼容USB 2.0接口，传输的是半双工差分信号；后面5个为USB 3.0的高速数据传输线，为两对数据线和一根屏蔽地，传输的是全双工差分信号。USB 3.0的传输速度是5 Gb/s，是USB 2.0的10倍，传输理论值可达625 MB/s。USB 3.0接口原理图如图18.6所示。

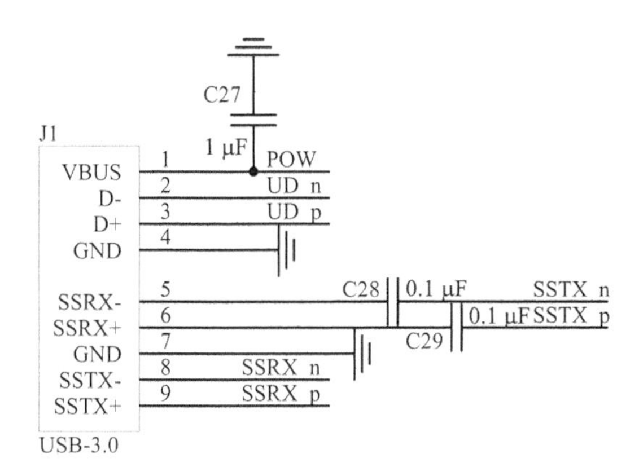

图 18.6　USB 3.0 接口

5. CH569 原理图

CH569电路如图18.7所示，包含电源输入、30MHz晶振电路、串口通信、EMMC通信接口、USB 3.0接口。

18.5　软件设计

软件设计上有：缓冲区资源共享，划分队列管理，USB 3.0端数据和EMMC卡数据只进行DMA地址修改，不参与任何数据拷贝，以减少MCU处理时间；添加了EMMC卡协议命令处理及USB 3.0设备端命令响应过程。启用片上AES/SM4对称算法加解密模块，可以将普通U盘扩展为数据加密存储U盘，正确的密钥下才可见磁盘或数据。软件总体框图如图18.8所示，工程文件结构如图18.9所示。

系统上电后，CH569进行系统时钟初始化，延时函数初始化，GPIO模拟串口初始化，调试串口初始化，获取保存在单片机Flash内的密钥值后进入主循环。当蓝牙收到数据后，CH569进行数据接收与解析，将解析到的命令执行相应的操作。程序初始化流程见图18.10，模拟串口接收数据流程见图18.11，主循环流程见图18.12。

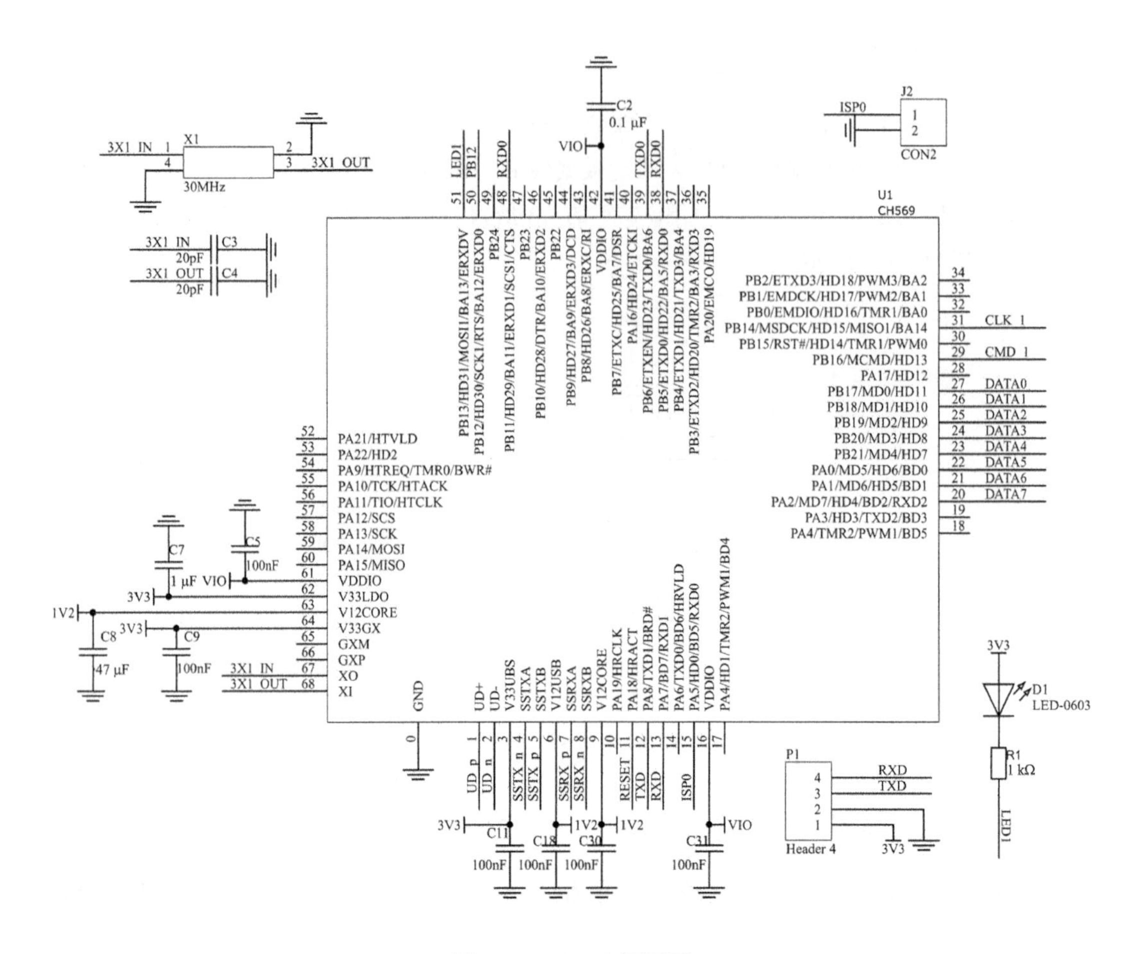

图 18.7　CH569 原理图

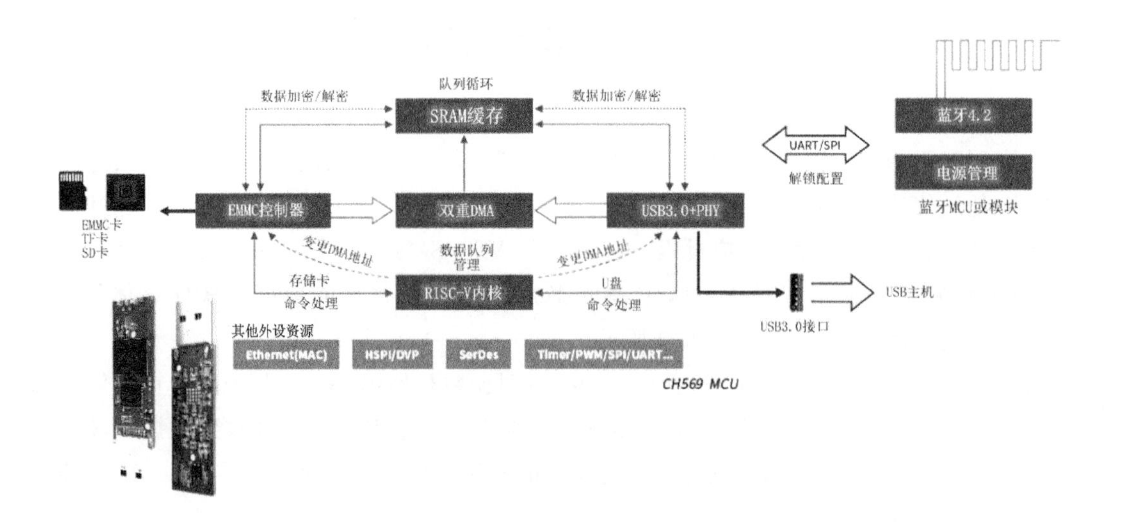

图 18.8　软件总体框图

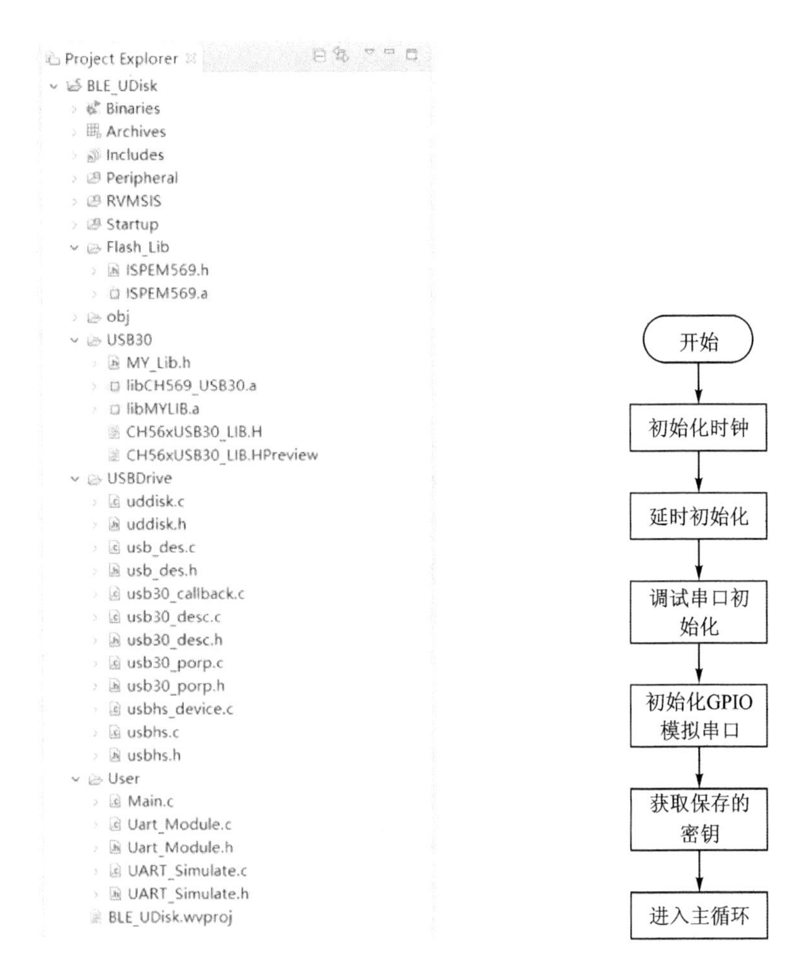

图 18.9　工程文件结构

图 18.10　程序初始化流程图

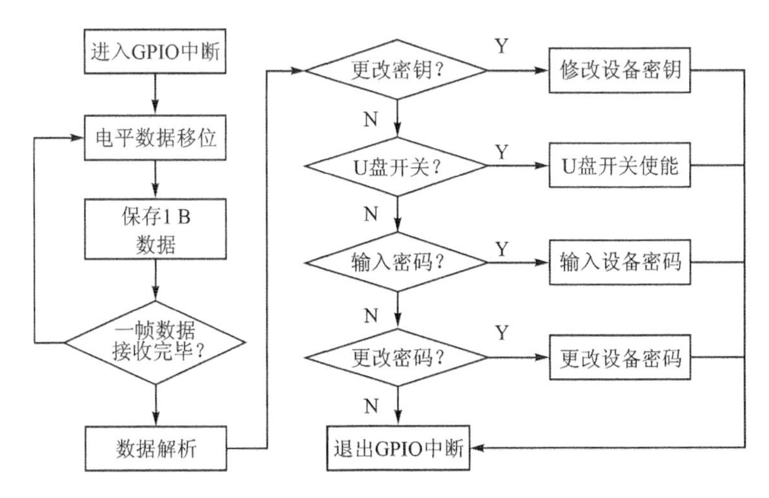

图 18.11　模拟串口数据接收处理流程图

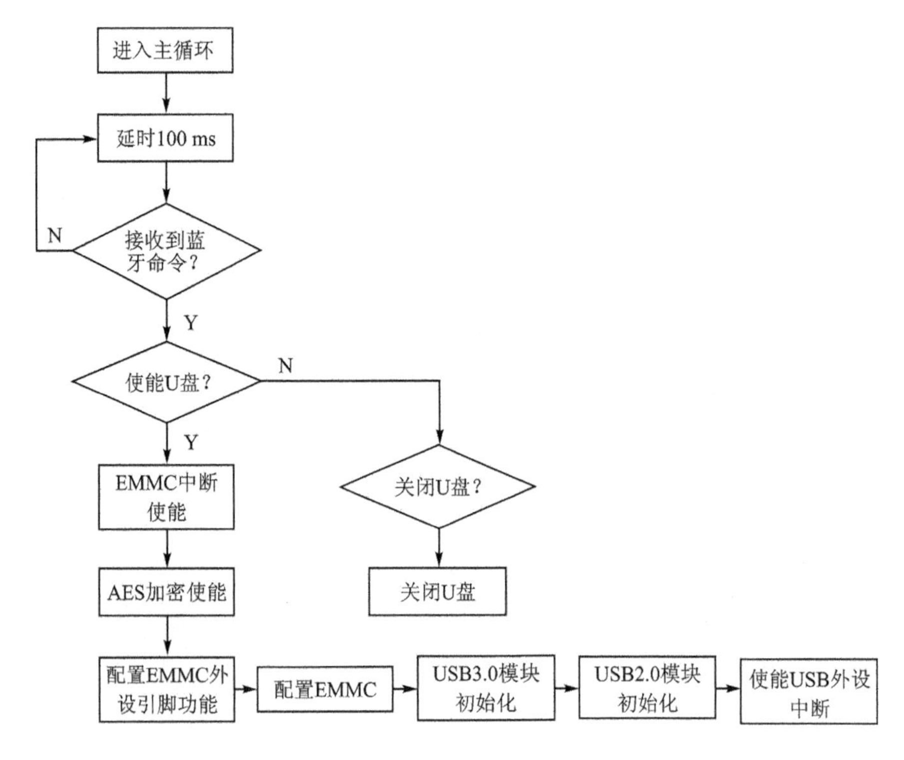

图 18.12　主循环流程图

CH569 main.c 部分程序：

```
int main()
{
    UINT8 s;
    UINT8   Pdatabuff1[64];
    UINT8   Pdatabuff2[64];
    SystemInit(FREQ_SYS);
    Delay_Init(FREQ_SYS);
    mDelaymS(500);

    DebugInit(UART1_BAUD);//调试串口初始化
    My_Uart0_Half_Duplex();                    //UART0 半双工配置初始化
    UART_Simulate_Init();                      //GPIO 模拟串口初始化
    EEPROM_READ( 0x4000, KeyValue, 32 );   //获取保存的密钥
while(1)
{
    mDelaymS(100);//延时 100ms
    if(USB3_Start_flag == 1)                    //USB 打开使能标志位为 1
    {
        if(USB3_Start_flag_Count == 0)
```

```
{
mDelaymS(10);
PFIC_EnableIRQ(EMMC_IRQn);//使能 EMMC 控制器中断
mDelaymS(10);
ECDC_Init(MODE_AES_ECB, ECDCCLK_240MHZ, KEYLENGTH_128BIT, KeyValue, NULL);
mDelaymS(20);
EMMCIO0Init();  //EMMC 控制器初始化
mDelaymS(20);
s = EMMCCardConfig( &TF_EMMCParam );
if(s ! = OP_SUCCESS){
    PRINT("Init Failed...\n");
}
EEPROM_READ(pLun_Area,Pdatabuff2,0x01);                    //read max_lun
if ((Pdatabuff2[0] == 0xff)||(Pdatabuff2[0] == 0)){
Max_Lun = 0;
ResetCode_Flag = 0;
}
else{
if(Pdatabuff2[0]<16){
Max_Lun = Pdatabuff2[0];
ResetCode_Flag = 1;          //修改密码状态标志位
s = EEPROM_ERASE(pLun_Area,1024 * 4);          //erase lun
if(s){
          PRINT("     * * * Error * * * \n");
          }
          Pdatabuff1[0] = 0;
          s = EEPROM_WRITE(pLun_Area,Pdatabuff1,1);   //write lun = 0
          if(s){
              PRINT("     * * * Error * * * \n");
          }
      }
else{
    PRINT("Unknow_Error \n");
    }
}
mDelaymS(100);
R32_USB_CONTROL = 0;                              //USB device mode
Uinfo_init();
USB30_init();                                          //USB 3.0 初始化
usbhs_init();                                          //USB 2.0 初始化
PFIC_EnableIRQ(USBSS_IRQn);
PFIC_EnableIRQ(LINK_IRQn);
```

```
            USB3_Start_flag_Count++;
        }
        if(USB3_Close_flag==1)                                    //关闭U盘
        {
            Udisk_Close();
        }
        while(USB3_Hide_Exit! =0)                                 //等待退出隐藏
        {
            s=EEPROM_ERASE(pLun_Area,1);                           //erase max_lun
            if(s){
                PRINT("***Error_e***\n");
            }
            Pdatabuff1[0]=0x01;
            s=EEPROM_WRITE(pLun_Area,Pdatabuff1,0x01);            //write max_lun=1
            if(s){
                PRINT("***Error_w***\n");
            }
            mDelayuS(2);
            R8_SAFE_ACCESS_SIG = 0x57;                            //复位
            R8_SAFE_ACCESS_SIG = 0xa8;
            R8_RST_WDOG_CTRL = 0x40 | RB_SOFTWARE_RESET;
            break;
        }
      }
     }
    return 0;
}
```

18.6 系统调试

18.6.1 CH573 程序下载

打开链接 http://www.wch.cn/downloads/WCHISPTool_Setup_exe.html，下载 CH573 MCU 烧录软件工具。根据安装向导完成软件安装，如图 18.13 所示。

串口下载过程如下：

1) 打开"WCHISPTool.exe"工具软件，选择 CH57X 系列，芯片型号选择 CH573，下载方式选择串口下载，下载波特率为 115 200。在 USB 设备列表中选择串口设备，在用户程序栏中选择程序文件。

2) 将 MCU 的 PB22 引脚接到 GND 上（此过程 MCU 不要上电）。

3) 给芯片供电。

4) 电脑端的烧录工具软件检测到可用的"串口设备列表"（如果没有，请检查自己的串口

图 18.13　下载工具界面

设备)，单击“下载”控件，执行烧录。

5）在“下载记录”中查看烧录结果。提示完成后，将直接运行用户程序，也可重新上电或硬件复位来运行芯片中刚烧录的用户程序。如果提示失败，请重复上述步骤 4）～5）。下载成功后，界面如图 18.14 所示。

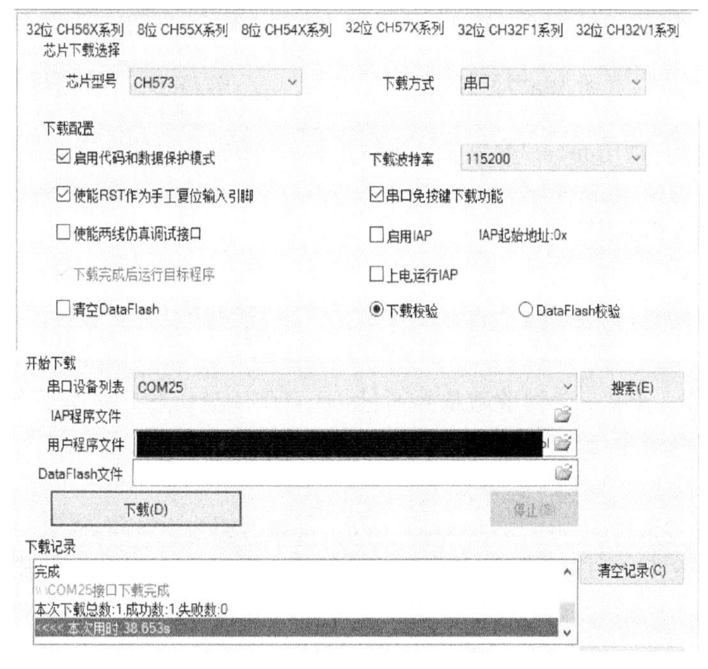

图 18.14　串口下载成功界面

18.6.2 蓝牙调试

1）请打开 http://www.wch.cn/downloads/BLEAssist_ZIP.html，下载安卓系统 BLE 调试工具，用于低功耗蓝牙设备通信调试。在手机上打开相应 App 后，界面如图 18.15 所示。

2）单击 SCAN 按钮进行蓝牙设备扫描，在界面里会显示一个“Simple Peripheral”设备，该设备就是 U 盘蓝牙设备，如图 18.16 所示。

图 18.15 蓝牙 App 界面

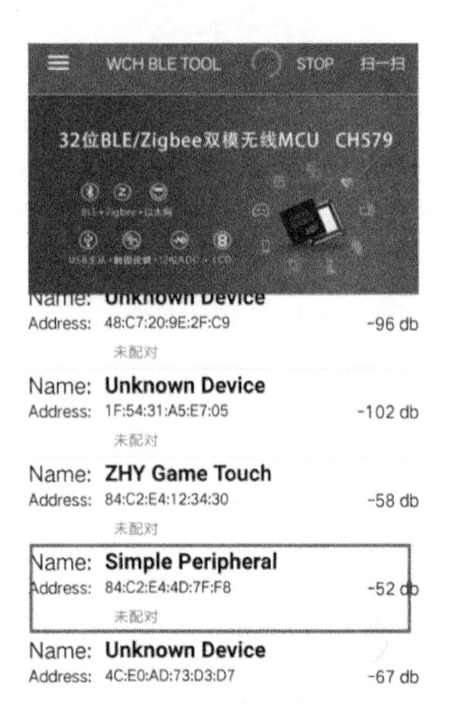

图 18.16 设备界面

3）单击“Simple Peripheral”设备条目进行连接，连接成功后软件会切换至连接完成界面，显示该设备包含的所有服务，如 Generic Access、GenericAttribute、设备信息和 Unknown Service，如图 18.17 所示。

4）单击第一个 characteristic，即“0xFFE1”服务。该服务具有读写属性，在发送输入框输入一个字节，单击发送，则通过蓝牙将数据发出。单击“读取”按钮获取刚才发送的一个字节，如图 18.18 所示。

蓝牙通信界面上半部分为接收数据界面，用于显示 U 盘状态。界面下半部分为数据发送界面，用于发送控制命令，控制命令默认以 ASCII 码格式发送。

5）U 盘各控制命令如下：

① 更改 U 盘加密密钥：aa+xxxxxxxx+dd。加密密钥为 128 位，若要更改密钥则需将此命令发送 4 次，每次发送的密钥长度必须小于或等于 8，若一次发送的密钥长度小于 8，则自动补 0。

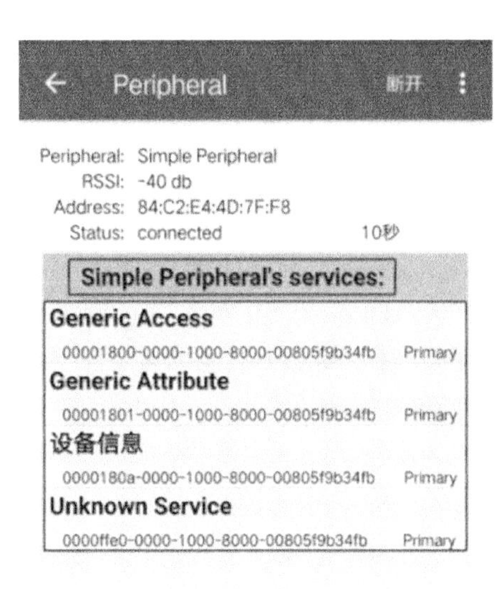

图 18.17　服务界面

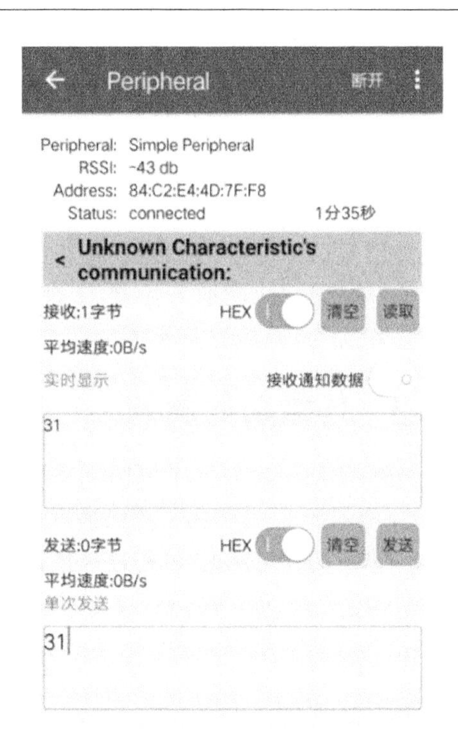

图 18.18　收发数据

② 控制 U 盘打开：bb+000001+dd。

③ 控制 U 盘关闭：bb+000000+dd。

④ 输入密码：ee+xxxxxx+dd。输入此命令后能弹出隐藏盘（即加密逻辑分区），U 盘原始密码为'ffffff'。

⑤ 修改密码：ff+xxxxxx+dd。在输入原始密码正确的情况下，输入此命令即可修改密码。

6）U 盘使用演示

① 插入 U 盘，打开 App 按步骤 1）～4）进行配置。

② 在"发送数据"框内输入"bb+000001+dd"命令，控制 U 盘打开，此时 U 盘弹出一个盘符（明区）。

③ 在"发送数据"框内输入"ee+ffffff+dd"命令，此时 U 盘盘符消失，且"接收数据"框显示 U 盘状态为"Password_is_Correct"。

④ 在"发送数据"框内输入"bb+000001+dd"命令，此时弹出两个盘符，第一个为明区盘符，第二个则为隐藏区盘符；仅在此状态下可修改 U 盘的密码。

⑤ 在"发送数据"框内输入"ff+000001+dd"命令，此时若"接收数据"框显示"set_Password_OK"，则修改密码成功（密码范围为 0～f，不区分大小写）。

⑥ 在"发送数据"框内输入"bb+000000+dd"命令，此时 U 盘关闭。

7）更改密钥演示

此加密 U 盘的控制芯片带有硬件加密功能，支持 AES/SM4 两种加密算法，程序代码中采用 AES 算法。在数据加解密过程中需载入密钥，程序代码中设置密钥长度为 128 位，程序将从手机 App 接收到的数据转换成 16 进制，因此命令内容长度为 8，发送 4 次，即为正确密钥格式，发送的密钥长度小于 8 时程序代码补 0，U 盘原始密钥为“ffffffffffffffffffffffffffffffff”（密钥范围为 0～f，不区分大小写）。

① 在“发送数据”框输入“aa＋00000001＋dd”，单击“发送”，若内容格式正确则“接收数据”框显示“Contol_Data_OK”。

② 连续发送 4 次后，接收数据框若显示“Key_Value_Write_OK”，则说明设置密钥成功。

③ 在“输入数据”框输入控制 U 盘关闭命令“bb＋000000＋dd”，然后重新输入“bb＋000001＋dd”命令，则系统提示需将 U 盘格式化，至此完成 U 盘密钥设置。

18.6.3 U 盘功能测试

经实测，使用一款 16 G EMMC 卡作为存储介质，在 Windows 10 平台下进行大数据拷贝，读出速度不低于 40 MB/s，写入速度不低于 30 MB/s。读写速度尤其是写速度主要受限于 EMMC 卡本身的存储延迟，可通过选择更快的存储介质做速度提升。

本章小结

本章简要介绍了蓝牙加密 U 盘的设计与应用，采用了南京沁恒微电子的 RISC - V 内核的主控芯片 CH569，利用 EMMC 卡控制器和 USB 3.0 OTG 控制器及收发器，实现了 U 盘的存储功能。使用 RISC - V 内核低功耗蓝牙型 MCU CH573，实现蓝牙数据通信功能，最终实现了蓝牙加解密 U 盘功能。

第 19 章　行业应用案例实战:智能家居应用

近几年,物联网在互联网领域得到广泛的应用。国内外有许多团队针对物联网推出了开发工具、套件和系统等。比如 ARM 公司专门针对物联网设计的 mbed 系统、微软的 Windows 10 IOT、华为的 Lite OS、机智云 IOT 等。

机智云平台是机智云物联网公司经过多年行业内的耕耘及对物联网行业的深刻理解而推出的面向个人、企业开发者的一站式智能硬件开发及云服务平台。该平台提供了从定义产品、设备端开发调试、应用开发服务到产品测试、云端开发、运营管理、数据服务等覆盖智能硬件的功能,能满足开发者管理设备的全生命周期的要求。

机智云平台为开发者提供了自助式智能硬件开发工具与开放的云端服务。傻瓜化的自助工具、完善的 SDK 与 API 服务能力最大限度降低了物联网硬件开发的技术门槛,降低了开发者的研发成本,提升了开发者的产品投产速度,帮助开发者进行硬件智能化升级,更好地连接、服务最终消费者。

本章将基于机智云物联网云服务平台,介绍一个实际应用案例。

19.1　机智云物联网开发步骤

设备接入机智云的步骤如下:

1) 注册机智云开发者账号,创建产品信息与数据点。
2) 手机端安装"机智云"App。
3) 自动生成代码。
4) 虚拟设备调试。
5) 给 Wi-Fi 模块烧录 GAgent 固件。
6) 移植机智云代码,添加应用代码。
7) App 绑定设备,完成开发。

19.1.1　创建新项目

机智云是物联网解决方案提供商,可以让用户创建设备接入其中。首先,输入网址 https://www.gizwits.com/,进入机智云物联网云服务首页,然后单击右上角的"开发者中心"按钮,注册机智云开发者账号。注册完成后在"开发者中心"登录,进入机智云开发者账号,选择开发者类型为"个人开发者",完善相关信息。单击"开发者中心"按钮,便可创建自己的"个人项目"了。

使用 CH32V103 终端设备接入机智云云端的开发过程如下:

1）单击“创建新产品”按钮，如图 19.1 所示，进入创建产品的界面，选择产品分类，输入产品名称，选择设备接入方案，单击“保存”按钮，如图 19.2 所示。

图 19.1　创建新产品开发界面

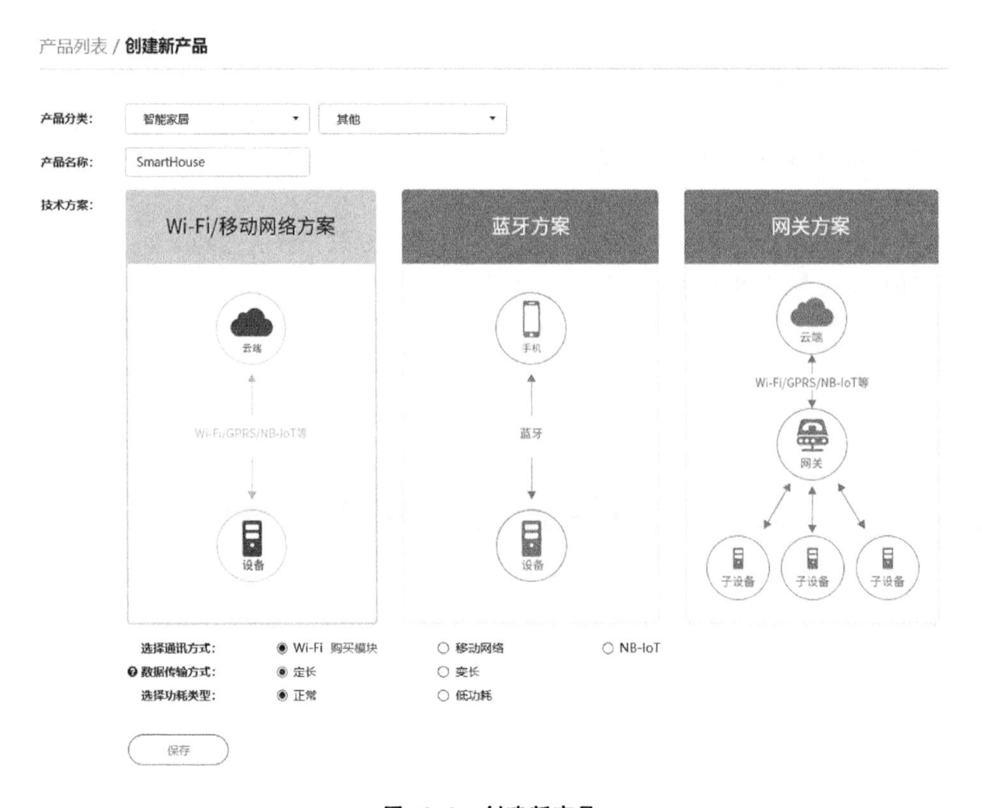

图 19.2　创建新产品

2）进入“数据点”界面，建立终端与云平台之间进行数据传输的数据点。单击“数据点”选项，然后单击“新建数据点”按钮，如图 19.3 所示。

3）单击“新建数据点”后，进入“添加数据点”界面。将标识名命名为“RGB_RED”，读写类型设定为“可写”，数据类型设定为“布尔值”，备注内容为“远程控制 RGB 红灯开关指令”。单击“添加”按钮，如图 19.4 所示。

4）单击“添加”按钮后，出现如图 19.5 所示界面。单击“应用”按钮可以激活所设置的数据点，单击“编辑”或“删除”可以对创建的数据点进行编辑或删除操作。

5）按上述方式建立新的数据点，标识名为“Temperature”，读写类型为“只读”，数据类型为“数值”，分辨率设定为 0.1，备注内容为“环境温度”，如图 19.6 所示。

重复按上述方式建立新的数据点，直至建立如图 19.7 所示的所有数据点。

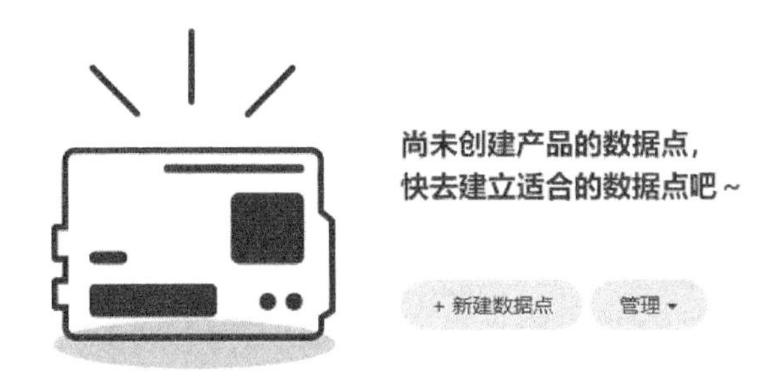

图 19.3　创建数据点

图 19.4　添加数据点

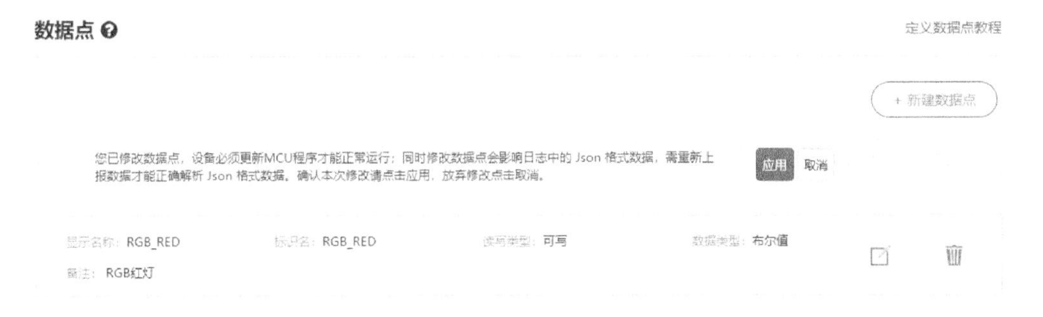

图 19.5　应用数据点

19.1.2　安装手机 App

机智云 App 是一款 IoT 设备通用调试工具，根据开发者自定义的产品功能，自动生成可响应的控制页面。开发者在机智云平台开发智能硬件时，可以很方便地使用该 App 对硬件设备进行调试和验证。此 App 有完整的用户注册、登陆和注销流程，并且可以完成机智云智能硬件的配置入网、设备搜索、设备绑定、设备登录、设备控制、远程控制、状态更新、本地远程切换等基本设备操作。

图 19.6　添加新的数据点

图 19.7　添加新的数据点

对于个人开发者，一般使用机智云提供的调试 App 就可以完成对产品的控制，无须自己编写手机 App，降低了开发难度。机智云手机安装 App 的界面如图 19.8 所示。

图 19.8　手机安装 App

19.1.3　自动生成代码

单击“MCU 开发”选项，选择“独立 MCU 方案”。由于选用的是 CH32V103C8T6 芯片，故“硬件平台”中选择“其他平台”，如图 19.9 所示。

在“基本信息”（见图 19.10）中找到“Product Secret”并填入一串字符串，然后单击“生成代码包”按钮，下载压缩包文件，如图 19.11 所示。

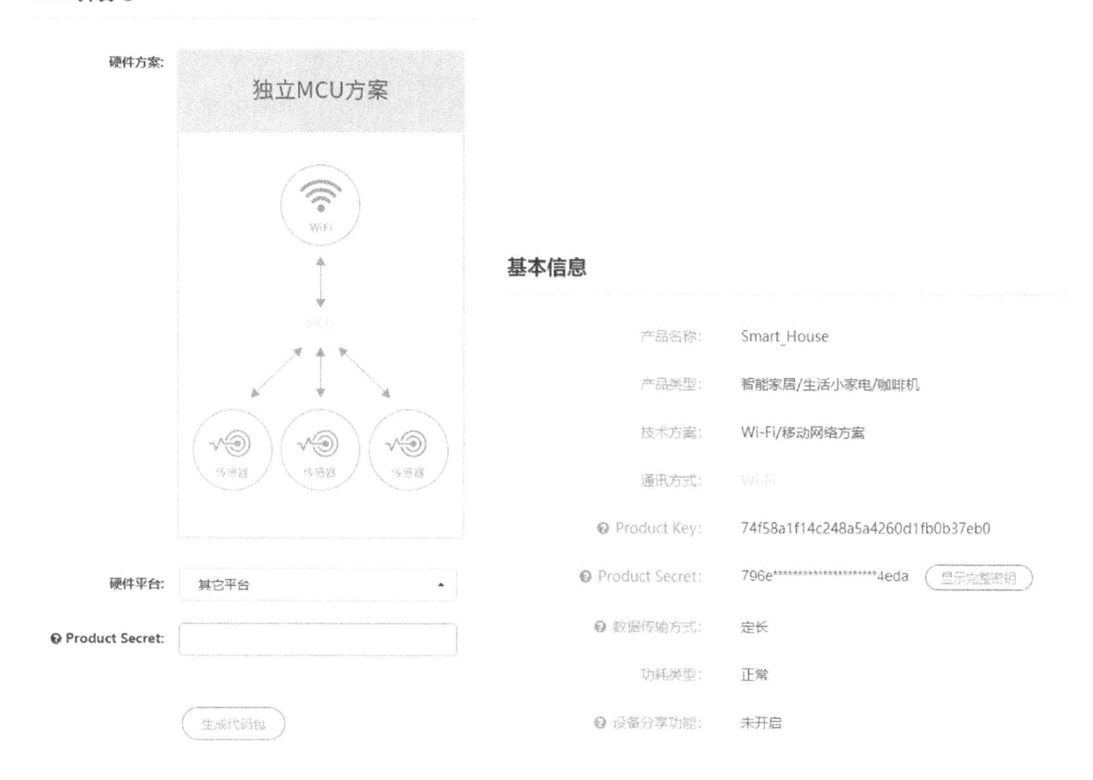

图 19.9　MCU 开发　　　　图 19.10　产品基本信息

图 19.11　下载代码

生成的代码文件如图 19.12 所示，其中 Gizwits 文件夹内包含机智云的协议层，包括通信协议和用户事件处理；User 文件夹内包含 App 应用层；Utils 文件夹内包含机智云的工具层。

自动化代码生成工具已根据用户定义的产品数据点信息，生成了对应的机智云串口协议层代码。用户需要移植代码到自己的工程中，完成设备的接入工作。程序结构框图如图 19.13 所示。

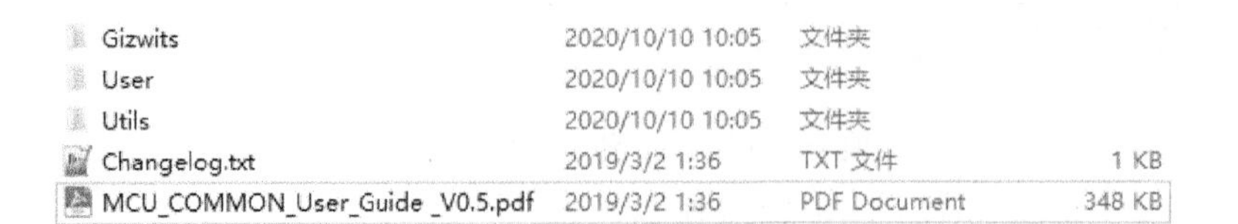

图 19.12　程序文件

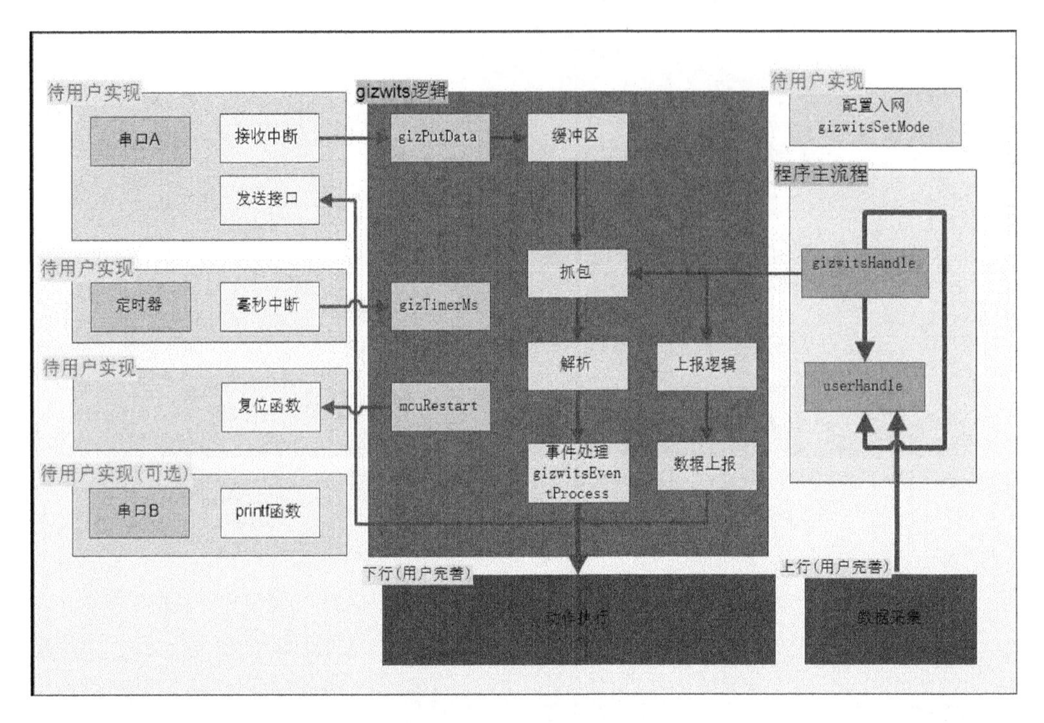

图 19.13　程序结构框图

19.1.4　虚拟设备调试

在"虚拟设备"选项中单击"启动虚拟设备"按钮，见图19.14。

虚拟设备

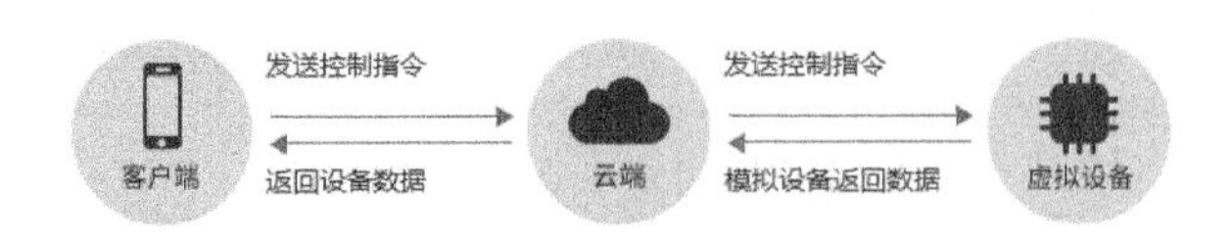

通过虚拟设备模拟真实设备上报数据的行为，可以快速验证接口功能的开发。

用您开发的app或 下载Demo App 绑定虚拟设备，即可对虚拟设备进行远程控制及查看通讯日志。

启动虚拟设备

图 19.14　启动虚拟设备

启动虚拟设备后，进入如图 19.15 所示界面。在这里可以进行一些虚拟设备的调试工作，即硬件终端发送和接收数据均可以在这个虚拟平台上模拟。

图 19.15　虚拟设备调试界面

安装“机智云 Wi-Fi/移动通信产品调试 App”后，打开机智云手机 App 应用。跳过登录界面，用该应用的扫码器扫描“虚拟设备”中的二维码进行设备绑定，如图 19.16 所示。

图 19.16　扫描二维码绑定机智云 App 应用

绑定后，可以把“虚拟设备”当作目标硬件终端平台，进行手机App与硬件终端平台的虚拟调试，效果如图19.17所示。

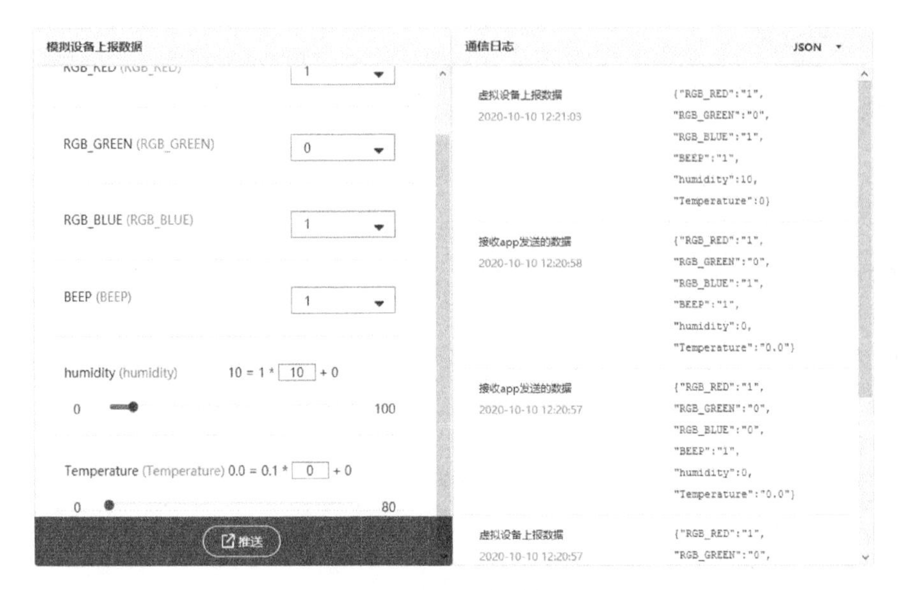

图19.17 虚拟设备端效果图

19.1.5 Wi-Fi模块固件烧录

本程序使用ATK-ESP-01-ESP8266 Wi-Fi模块连接互联网，进而使硬件终端连接到机智云平台，机智云平台可以暂时存放或者转接硬件终端与手机终端之间的数据交互。为了方便，硬件终端接入互联网并与机智云平台建立数据通路，需要对Wi-Fi模块烧录机智云的GAgnet固件。

在机智云物联网云平台的“下载中心”中单击“GAgnet”选项，找到“GAgent for ESP8266 04020034”，下载该固件，如图19.18所示。具体烧写过程可以参考机智云平台提供的烧写方

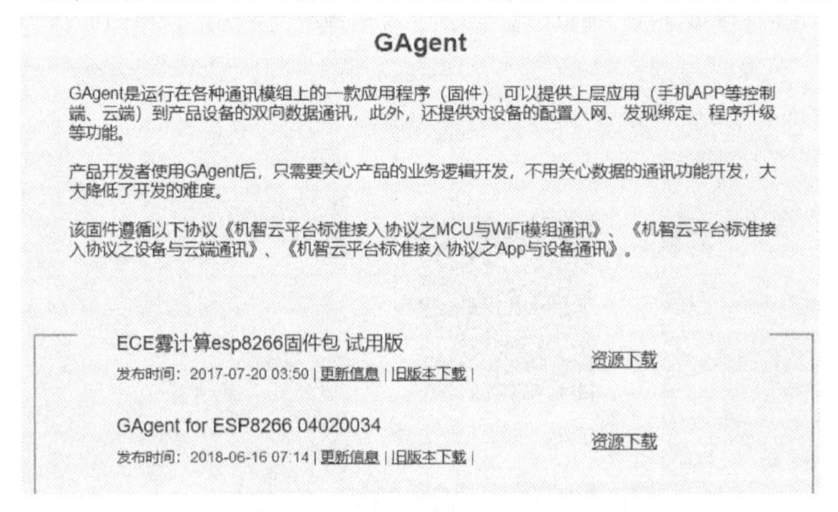

图19.18 下载GAgent固件

法,见图 19.19。固件烧写过程见图 19.20,显示“FINISH 完成”后即将机智云的 GAgnet 固件烧写入 Wi-Fi 模块中。

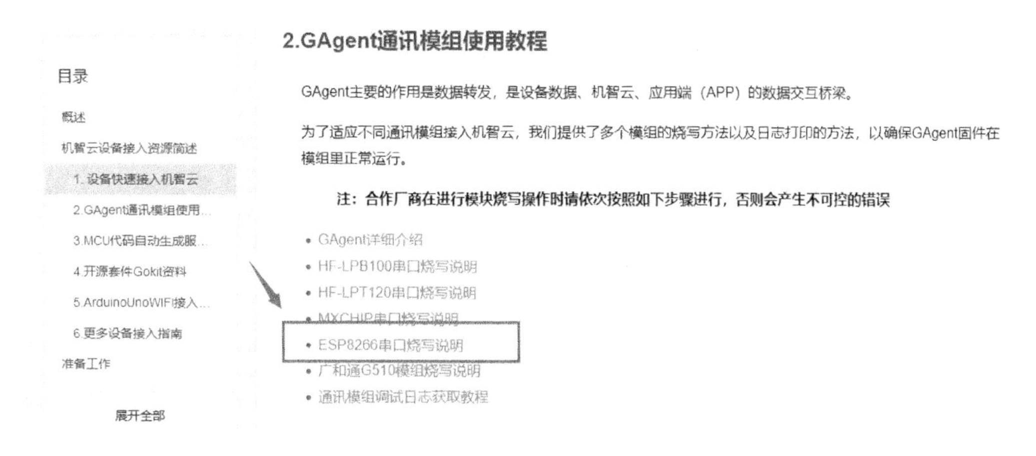

图 19.19　烧写说明文档

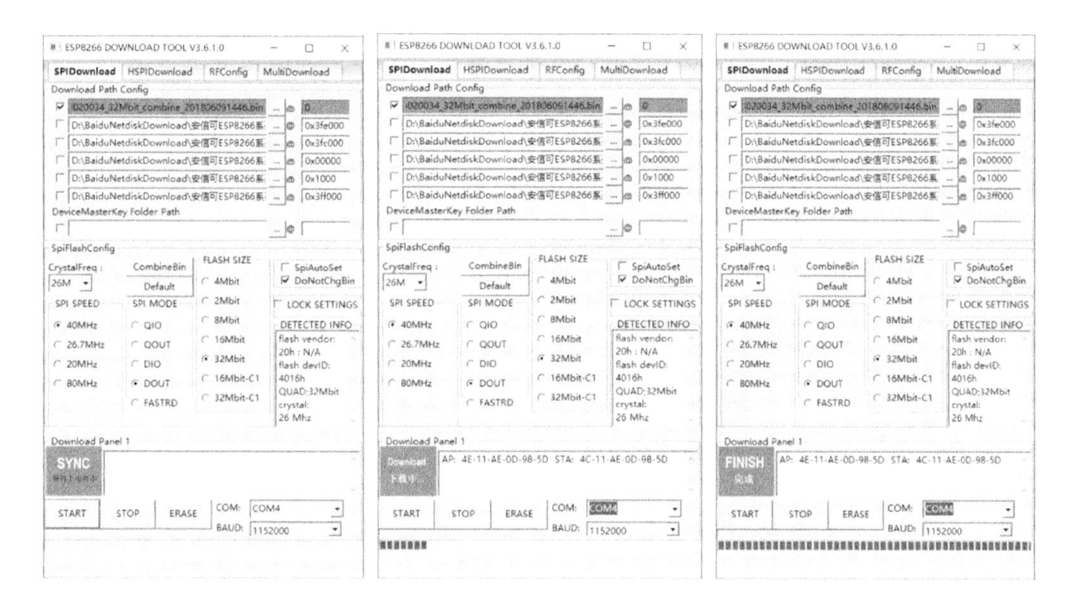

图 19.20　固件烧写界面

19.1.6　移植机智云代码

对于 CH32V103 平台,用户需要自行移植通用代码(即 gizwits_product.c 和 gizwits_product.h),将机智云加入自己创建的 MCU 工程代码中。用户需要通过参考文档《MCU_COMMON_User_Guide_V0.5.pdf》(可在 MCU 开发界面下载的压缩包中查看该文档,见图 19.12)实现通用平台代码的移植。

19.1.7　App 绑定设备

安装手机 App 后,可以使用扫码/添加设备的方法绑定设备。绑定成功后,即可用手机

App 控制用户的设备。

19.2 功能分析

本节给出的实例基于机智云物联网云平台的智能监控系统。利用温湿度传感器采集室内环境，通过 Wi-Fi 模块将数据发送至机智云物联网平台，机智云云端再将数据推送到手机 App 中。同时可以在手机 App 端进行状态控制，通过 Wi-Fi 模块接收物联网平台数据，可进行灯光控制和蜂鸣器报警控制。

19.3 硬件设计

智慧家居控制系统包括温湿度传感器模块 DHT11(见图 19.21)、CH32V103 控制模块、RGB 灯、按键模块、Wi-Fi 模块、蜂鸣器模块。

DHT11 数字温湿度传感器是一款含有已校准数字信号输出的温湿度复合传感器，内部由一个 8 位单片机控制一个电阻式感湿元件和一个 NTC 测温元件，采用单总线通信协议。DHT11 的温度测量范围为 0～50℃，误差在±2℃之内；湿度的测量范围为 20%～90%RH，误差在±5%RH 之内。通过杜邦线，将模块电源相连，数据口与单片机 PB8 引脚相连，如图 19.22 所示。

图 19.21 DHT11 模块

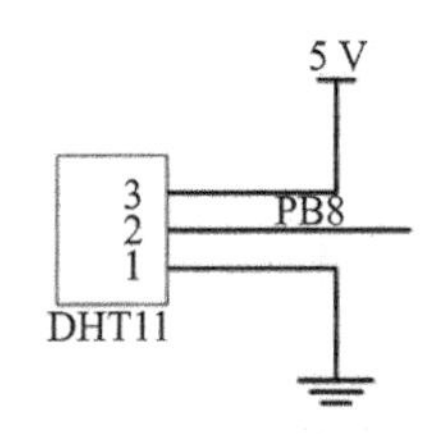

图 19.22 模块连接图

Wi-Fi 模块采用的是正点原子 ATK-ESP8266 模块。ATK-ESP8266 模块支持 LVTTL 串口，兼容 3.3V 和 5V 单片机系统，可以很方便地与产品连接，从而快速构建串口-WIFI 数据传输方案。模块外观如图 19.23 所示，引脚连接图见图 19.24。模块引脚介绍见表 19-1。

图 19.23 Wi-Fi 模块外观图

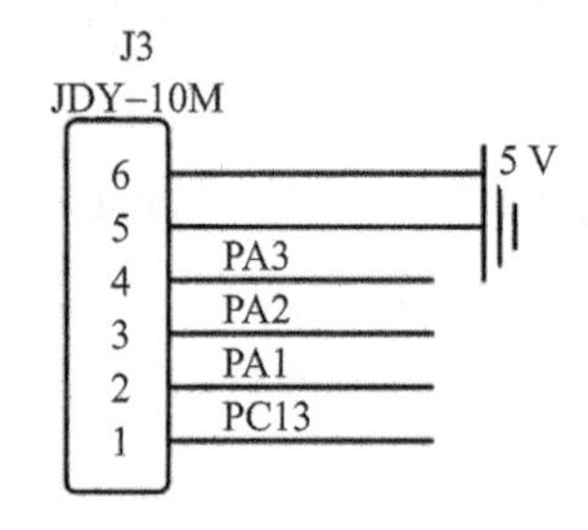

图 19.24 引脚连接图

表 19-1　引脚描述

名　称	编　号	说　明
VCC	6	电源输入(3.3 V～5 V)
GND	5	电源地
TXD	4	模块串口发送脚,接单片机的 RXD
RXD	3	模块串口接收脚,接单片机的 TXD
RST	2	复位(低电平有效)
IO	1	用于进入固件烧写模式,低电平是烧写模式,高电平是运行模式(默认状态)

RGB 灯模块见图 6.2,按键模块见图 7.6。

19.4　软件设计

系统初始化流程如图 19.25 所示,机智云协议通信流程如图 19.26 所示,温湿度传感器程序流程如图 19.27 所示,主流程如图 19.28 所示。

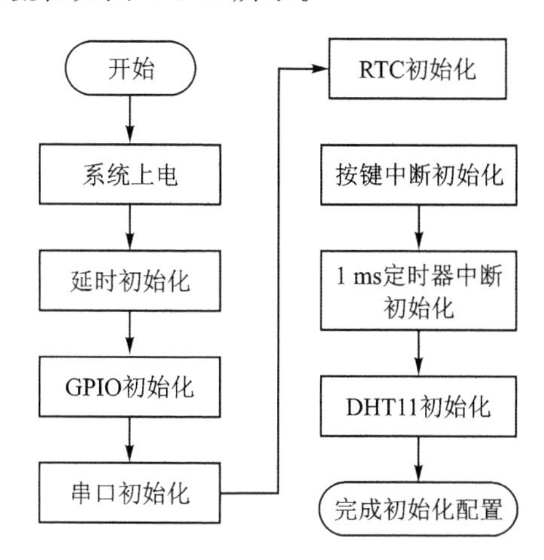

图 19.25　系统初始化流程图

19.4.1　主程序功能软件设计

主程序主要包括程序初始化、串口初始化、定时器初始化、GPIO 初始化、机智云网络连接配置、蜂鸣器控制、灯光控制。按下独立按键后,Wi-Fi 模块进入 SOFTAP 模式,可进行网络连接配置。网络连接成功后,可在手机 App 上控制蜂鸣器和 RGB 灯,同时可读出当前环境温度和湿度数据。

19.4.2　温湿度检测软件设计

CH32V103 处理器与 DHT11 之间的通信和同步,采用单总线数据格式,一次通信时间 4 ms 左右,数据分小数部分和整数部分。一次完整的数据传输为 40 位,高位先出。

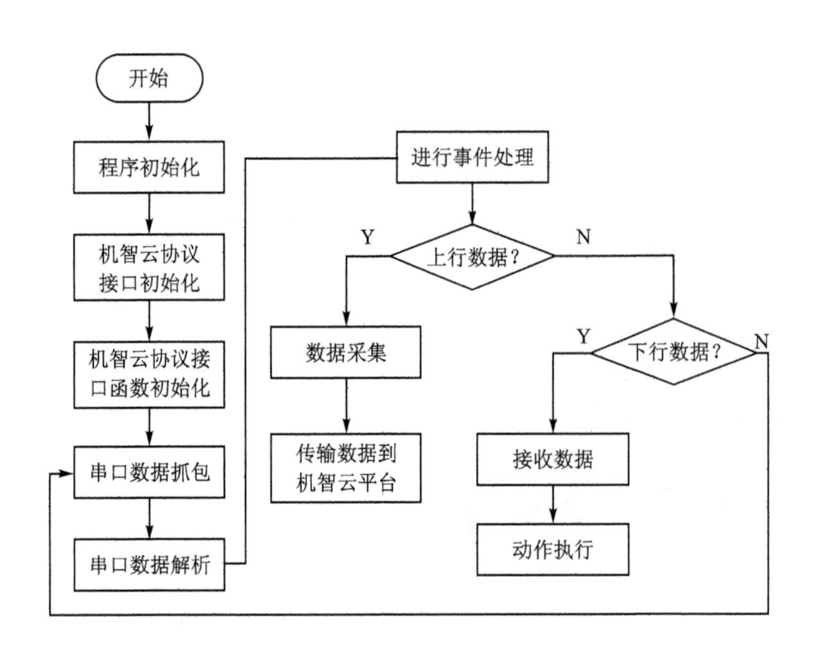

图 19.26 机智云协议通信流程图

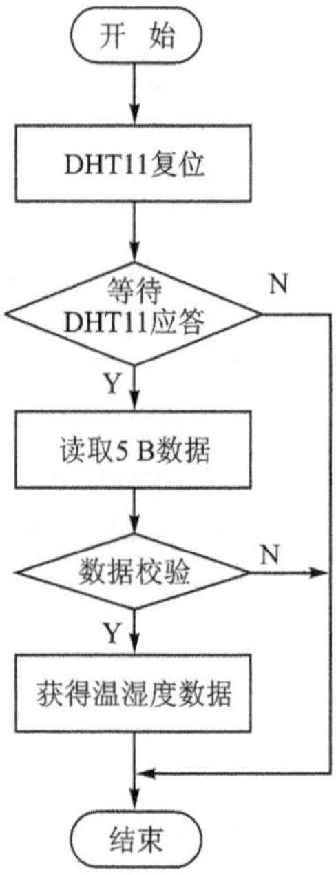

图 19.27 温湿度传感器程序流程图

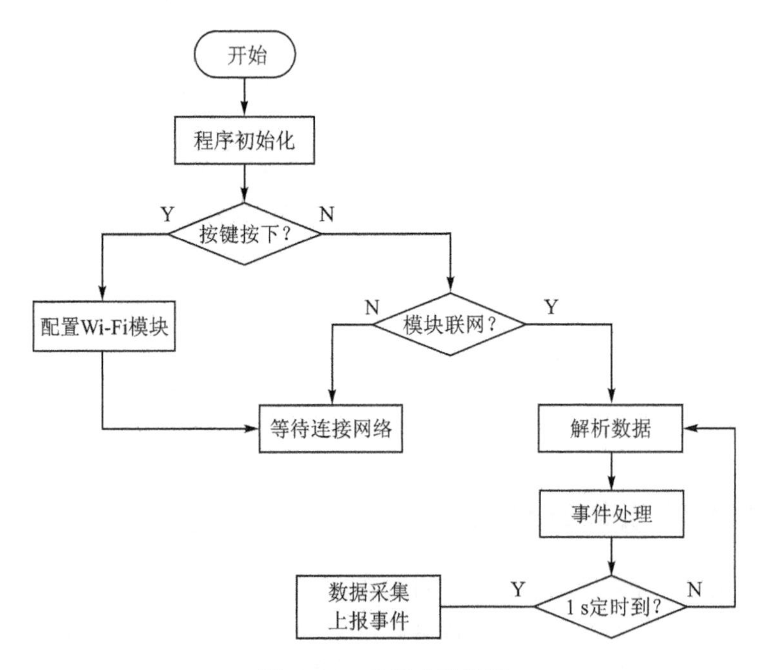

图 19.28 主程序流程图

数据格式为：8位湿度整数数据＋8位湿度小数数据＋8位温度整数数据＋8位温度小数数据＋8位校验和。

数据传送正确时校验和数据等于“8位湿度整数数据＋8位湿度小数数据＋8位温度整数数据＋8位温度小数数据”所得结果的末8位。

CH32V103 处理器发送一次开始信号后,DHT11 从低功耗模式转换到高速模式,等待主机开始信号结束后,DHT11 发送响应信号,送出 40 位的数据,并触发一次信号采集,用户可选择读取部分数据。从模式下,DHT11 接收到开始信号触发一次温湿度采集,如果没有接收到主机发送开始信号,DHT11 不会主动进行温湿度采集。采集数据后转换到低速模式。

DHT11 的数据通信流程如图 19.29 所示。

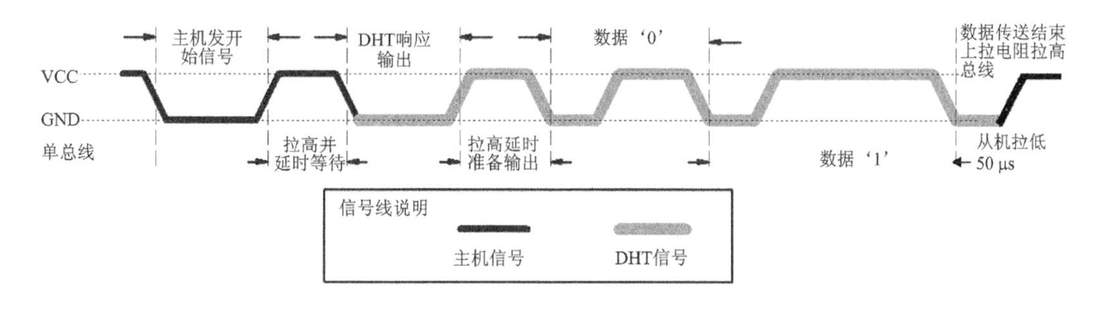

图 19.29　DHT11 通信流程图

19.4.3　机智云控制设计

机智云控制流程如图 19.26 所示。代码运行流程为:首先对单片机外设模块进行初始化,随后进行机智云(Gizwits)串口协议初始化,包括 Wi-Fi 串口模块、1 ms 定时器模块、数据缓冲区模块。Wi-Fi 模块通过按键配置入网,连接到云端服务器后,Wi-Fi 模块会收到 App 端发送的数据点和状态等信息。接收完成后,通过机智云协议格式发送到 MCU 端,MCU 端串口接收数据后放入数据缓存区,每隔一段时间对数据抓包,抓包正确后进行数据解析,解析完成后进行事件处理,根据数据点相应的事件去处理。MCU 端将采集到的传感器数据按照机智云协议格式打包发送给 Wi-Fi 模块,Wi-Fi 模块将数据上传给机智云服务器。

19.4.4　物联网功能实现

对于下行事件来说,手机 App 终端发送控制指令给机智云云端,机智云云端将控制指令发送给 Wi-Fi 模块,最终由 CH32V103 硬件终端串口进行数据解析,完成一次下行操作。

对于上行事件来说,CH32V103 硬件终端通过 Wi-Fi 模块发送设备数据给机智云云端,机智云云端将设备数据推送到手机 App 终端,完成一次上行操作。

CH32V103 平台需要自己移植机智云代码(即 gizwits_product.c 和 gizwits_protocol.c),按照机智云提供的《MCU_COMMON_User_Guide _V0.5.pdf》(见本书附赠资料包中的"其他资源")进行代码的修改。根据用户创建的数据点,移植完成后,还需要添加数据采集和逻辑控制代码。完成后的工程文件结构如图 19.30 所示。

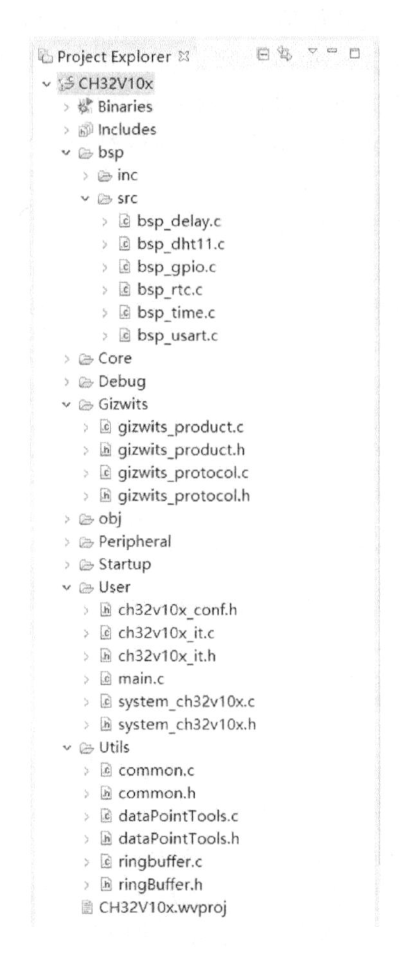

图 19.30　机智云开发的 CH32 工程文件结构

19.5　系统调试

1) 将 DHT11 模块用杜邦线连在开发板上，将 Wi - Fi 模块插入开发板 J3 口中，编译工程文件程序，编译正确无误后下载。

2) 首次下载后，需要配置 Wi - Fi 模块连接网络，当模块连接网络后会记住当前密码，下次启动自动入网。

3) 按下独立按键，此时 Wi - Fi 模块进入 SOFTAP 模式。打开机智云 App，进行模块入网操作。

4) 单击热点配置，进入“选择设备工作 Wi - Fi”界面，账号密码为需要 Wi - Fi 连接的网络，选择模组类型为“乐鑫”，随后进入手机网络界面，连接 Wi - Fi 热点，之后进行设备连接，等待连接完成。最后在“我的设备”中可发现“Smart_House”，完成初始化操作。具体操作流程如图 19.31～19.37 所示。

图19.31　热点配置

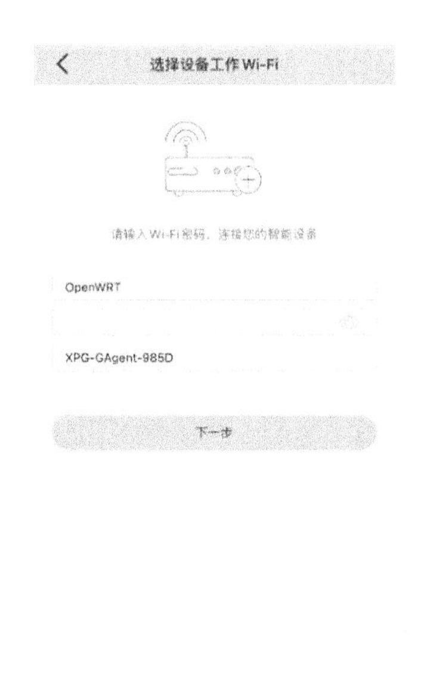

图19.32　Wi-Fi密码配置

图19.33　模组类型选择

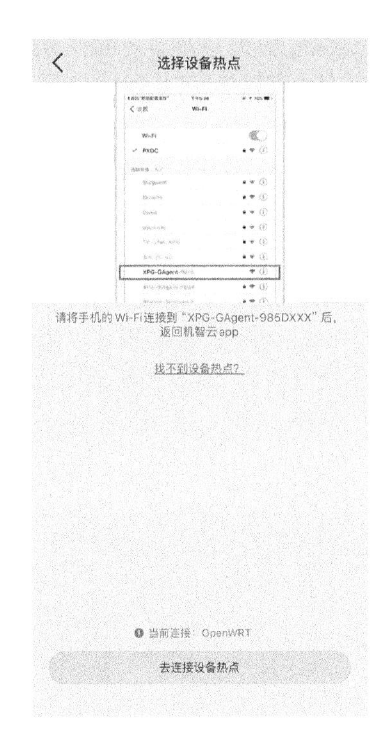

图19.34　连接设备热点

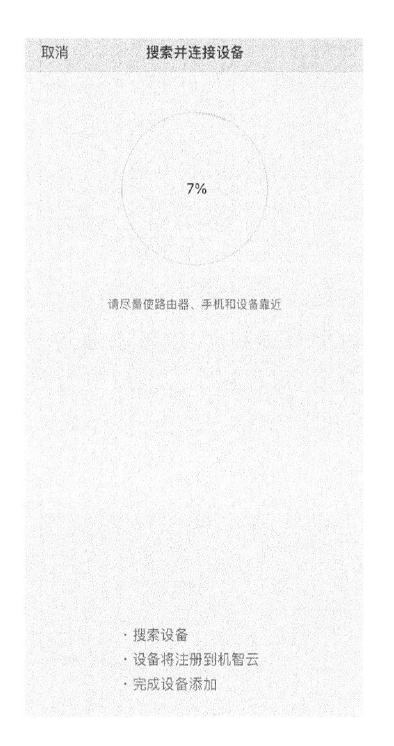

图19.35　连接设备

图 19.36　设备列表

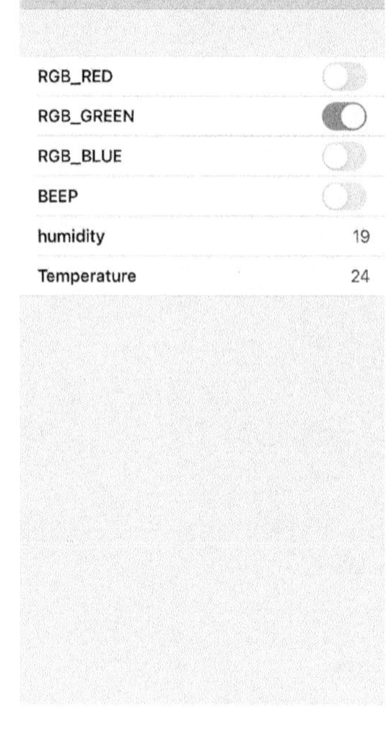

图 19.37　控制界面

随后通过控制按钮可以实现灯光和蜂鸣器的控制，温湿度数据每秒钟上报 1 次。程序符合预期，完成设计。

本章小结

本章介绍了通过机智云平台实现的一个简易的智能家居应用。该应用可在手机客户端实时监控家庭温湿度数据，也可以通过手机 App 进行灯光控制、蜂鸣器报警操作。熟悉机智云物联网平台后，可根据实际需要进行传感器的搭配与数据交互设计，简单快捷地完成设备的接入操作。

附录 A　RISC－V 伪指令集

RISC－V 架构定义了一系列的伪指令，见表 A－1。伪指令并不是真正的指令，而是其他基本指令使用形式的一种别称。

表 A－1　RISC－V 伪指令集

伪指令	基本指令	含　义
nop	addi x0, x0, 0	空操作
li rd, immediate	Myriad sequences	立即数加载
mv rd, rs	addi rd, rs, 0	复制寄存器
not rd, rs	xori rd, rs, −1	二进制反码
neg rd, rs	sub rd, x0, rs	二进制补码
negw rd, rs	subw rd, x0, rs	二进制补码字
sext. w rd, rs	addiw rd, rs, 0	符号扩展位
seqz rd, rs	sltiu rd, rs, 1	为 0 则置位
snez rd, rs	sltu rd, x0, rs	非 0 则置位
sltz rd, rs	slt rd, rs, x0	小于 0 则置位
sgtz rd, rs	slt rd, x0, rs	大于 0 则置位
fmv. s rd, rs	fsgnj. s rd, rs, rs	复制单精度寄存器
fabs. s rd, rs	fsgnjx. s rd, rs, rs	单精度绝对值
fneg. s rd, rs	fsgnjn. s rd, rs, rs	单精度符号取反
fmv. d rd, rs	fsgnj. d rd, rs, rs	复制双精度寄存器
fabs. d rd, rs	fsgnjx. d rd, rs, rs	双精度绝对值
fneg. d rd, rs	fsgnjn. d rd, rs, rs	双精度符号取反
beqz rs, offset	beq rs, x0, offset	为 0 则跳转
bnez rs, offset	bne rs, x0, offset	非 0 则跳转
blez rs, offset	bge x0, rs, offset	小于等于 0 则跳转
bgez rs, offset	bge rs, x0, offset	大于等于 0 则跳转
bltz rs, offset	blt rs, x0, offset	小于 0 则跳转
bgtz rs, offset	blt x0, rs, offset	大于 0 则跳转
bgt rs, rt, offset	blt rt, rs, offset	若 rs 大于 rt，则跳转
ble rs, rt, offset	bge rt, rs, offset	若 rs 小于等于 rt，则跳转
bgtu rs, rt, offset	bltu rt, rs, offset	若无符号数 rs 大于 rt，则跳转

续表 A-1

伪指令	基本指令	含　义
bleu rs, rt, offset	bgeu rt, rs, offset	若无符号数 rs 小于等于 rt,则跳转
j offset	jal x0, offset	跳转
jal offset	jal x1, offset	跳转与连接
jr rs	jalr x0, 0(rs)	跳转寄存器
jalr rs	jalr x1, 0(rs)	跳转与连接寄存器
ret	jalr x0, 0(x1)	从子程序中返回
call offset	auipc x1, offset[31 : 12] + offset[11] jalr x1, offset[11:0](x1)	调用远端子程序
tail offset	auipc x6, offset[31 : 12] + offset[11] jalr x0, offset[11:0](x6)	跟踪调用远端子程序
fence	fence iorw, iorw	屏蔽所有的存储器和 I/O
rdinstret[h] rd	csrrs rd, instret[h], x0	读取过时指令计数器
rdcycle[h] rd	csrrs rd, cycle[h], x0	读取时钟周期计数器
rdtime[h] rd	csrrs rd, time[h], x0	读取实时时钟
csrr rd, csr	csrrs rd, csr, x0	读取 CSR 寄存器
csrw csr, rs	csrrw x0, csr, rs	写入 CSR 寄存器
csrs csr, rs	csrrs x0, csr, rs	CSR 寄存器置位
csrc csr, rs	csrrc x0, csr, rs	CSR 寄存器复位
csrwi csr, imm	csrrwi x0, csr, imm	立即数写入 CSR 寄存器
csrsi csr, imm	csrrsi x0, csr, imm	立即数置位 CSR 寄存器
csrci csr, imm	csrrci x0, csr, imm	立即数复位 CSR 寄存器
frcsr rd	csrrs rd, fcsr, x0	读取浮点控制/状态寄存器
fscsr rd, rs	csrrw rd, fcsr, rs	交换浮点控制/状态寄存器
fscsr rs	csrrw x0, fcsr, rs	写入浮点控制/状态寄存器
frrm rd	csrrs rd, frm, x0	读取浮点舍入标志
fsrm rd, rs	csrrw rd, frm, rs	交换浮点舍入标志
fsrm rs	csrrw x0, frm, rs	写入浮点舍入标志
frflags rd	csrrs rd, fflags, x0	读取浮点异常标志
fsflags rd, rs	csrrw rd, fflags, rs	交换浮点异常标志
fsflags rs	csrrw x0, fflags, rs	写入浮点异常标志

附录B　RISC－V 寄存器介绍

RISC－V 寄存器包含通用寄存器（General Purpose Register，GPR）、控制和状态寄存器（Control and Status Register，CSR）。

B1　通用寄存器

基本整数子集用户有 32 个通用寄存器 x0～x31，用来保存整数值。其中，零号寄存器 x0 是只读寄存器，其值为常数 0，宽度由 XLEN 来表示，32 位架构的寄存器宽度为 32 位。RISC－V 通用寄存器见表 B－1。

表 B－1　RISC－V 通用寄存器

寄存器	ABI 命名	描　述	调用关系
x0	zero	硬编码恒为 0	——
x1	ra	函数调用的返回地址	调用方
x2	sp	堆指针	被调方
x3	gp	全局指针	——
x4	tp	线程指针	——
x5	t0	临时/备用链接寄存器	调用方
x6～7	t1～2	临时存储单元	调用方
x8	s0/fp	保存寄存器/帧指针	被调方
x9	s1	保存寄存器	被调方
x10～11	a0～1	函数参数/返回值	调用方
x12～17	a2～7	函数参数	调用方
x18～27	s2～11	保存寄存器	被调方
x28～31	t3～6	临时寄存器	调用方
f0～7	ft0～7	浮点临时寄存器	调用方
f8～9	fs0～1	浮点保存寄存器	被调方
f10～11	fa0～1	浮点参数/返回值	调用方
f12～17	fa2～7	浮点参数	调用方
f18～27	fs2～11	浮点保存寄存器	被调方
f28～31	ft8～11	浮点临时寄存器	调用方

B2　控制和状态寄存器

控制和状态寄存器（CSR 寄存器）用于配置或记录一些运行的状态，是 CPU 核内部的寄存器，使用专门的 12 位地址编码空间。

1. Machine ISA Register——misa

misa 寄存器表示处理器所支持的指令集与扩展。RISC－V 指令集标准涵盖多种字长，包括 32 位、64 位和 128 位，同时具有多种指令集扩展。misa 寄存器用于指示处理器支持的字长和扩展，以提高软件的可移植性。

指令集寄存器如图 B.1 所示。

MXLEN-1　MXLEN-2	MXLEN-3　26	25　　0
MXL[1:0] (WARL)	WLRL	Extensions[25:0] (WARL)
2	MXLEN-28	26

图 B.1　指令集寄存器

XLEN（X Register Length）代表寄存器的字长。MXL（Machine XLEN）用以表示当前处理器所支持的架构位数，具体含义为：

- 两位值为 00，表示当前为 32 位架构（RV32）。
- 两位值为 01，表示当前为 64 位架构（RV64）。
- 两位值为 10，表示当前为 128 位架构（RV128）。

misa 寄存器低 26 位用于指示当前处理器所支持的 RISC－V ISA 中不同模块化指令子集，每一位表示的模块化指令子集如表 B－2 所列。misa 寄存器在 RISC－V 架构文档中被定义为可读可写的寄存器，从而允许某些处理器设计时能够动态地配置某些特性。

表 B－2　misa 寄存器低 26 位各域表示的模块化指令子集

位	扩展指令集	描　述
0	A	原子操作扩展
1	B	暂时保留给位操作扩展
2	C	压缩扩展
3	D	双精度浮点扩展
4	E	基于 ISA 的 RV32E
5	F	单精度浮点扩展
6	G	保留
7	H	管理员模式扩展
8	I	基于 ISA 的 RV32I/64I/128I
9	J	暂时保留给动态翻译语言扩展
10	K	保留
11	L	暂时保留给十进制浮点扩展
12	M	整数乘法/除法扩展

续表 B - 2

位	扩展指令集	描　述
13	N	用户级中断支持
14	O	保留
15	P	暂时保留给拥挤的单指令多数据指令集扩展
16	Q	四精度浮点扩展
17	R	保留
18	S	执行监督模式
19	T	暂时保留给事务性内存扩展
20	U	执行用户模式
21	V	暂时保留给向量扩展
22	W	保留
23	X	非标准扩展
24	Y	保留
25	Z	保留

2. Machine Vendor ID Register——mvendorid

mvendorid 存储厂商标识代码(Vendor ID),用于对不同厂商设计生产的 RISC - V 处理器进行区分,如图 B.2 所示。对于 RV32 来说,这是一个 32 位只读寄存器。如果此寄存器的值为 0,表示此寄存器未实现,或者表示此处理器不是一个商业处理器核。

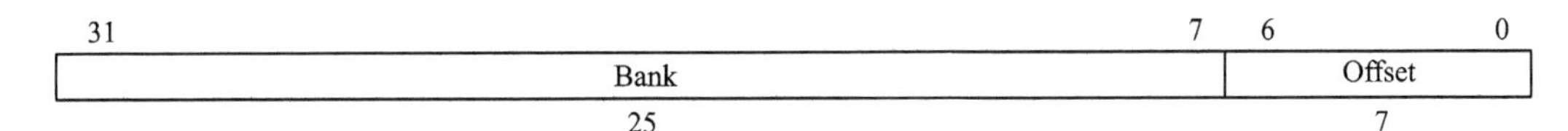

图 B.2　mvendorid 寄存器

3. Machine Architecture ID Register——marchid

marchid 寄存器在 RV32 中是一个 32 位只读寄存器,用来存放 Hart 所对应的体系架构的标识代码(Architecture ID),如图 B.3 所示。如果处理器设计者选择不支持这个寄存器,则应该返回零值。

图 B.3　marchid 寄存器

4. Machine Implementation ID Register——mimpid

mimpid 寄存器在 RV32 中是一个 32 位只读寄存器,用于存放该处理器核的版本号(Implementation ID),如图 B.4 所示。该寄存器的格式由处理器设计者决定。如果处理器设计者选择不支持该寄存器，则应该返回零值。

图 B.4　mimpid 寄存器

5. Hart ID Register——mhartid

在 RISC－V 中，每个处理器核可以包含有多个硬件线程，称为 Hart(Hardware Thread)，如图 B.5 所示。每个 Hart 都有自己的程序计数器和寄存器空间，独立顺序运行指令。mhartid 寄存器用来给这些 Hart 标号索引。RISC－V 架构规定，在单 Hart 或者多 Hart 的系统中，起码要有一个 Hart 的编号必须是 0。

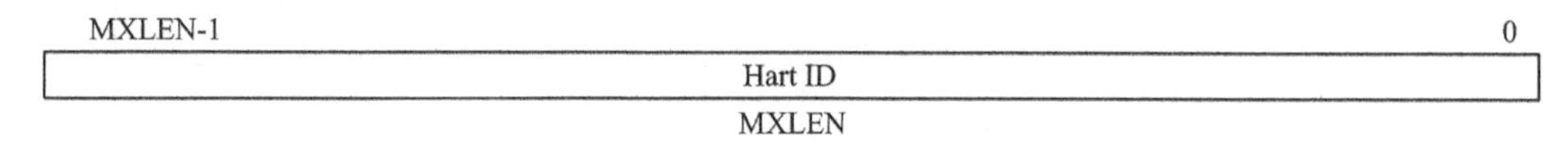

图 B.5　mhartid 寄存器

6. Machine Status Registers——mstatus

mstatus 寄存器是机器模式(Machine Mode)下的状态寄存器，用来标识和控制 Hart 的操作状态。如图 B.6 所示，该寄存器包含若干不同的功能域。

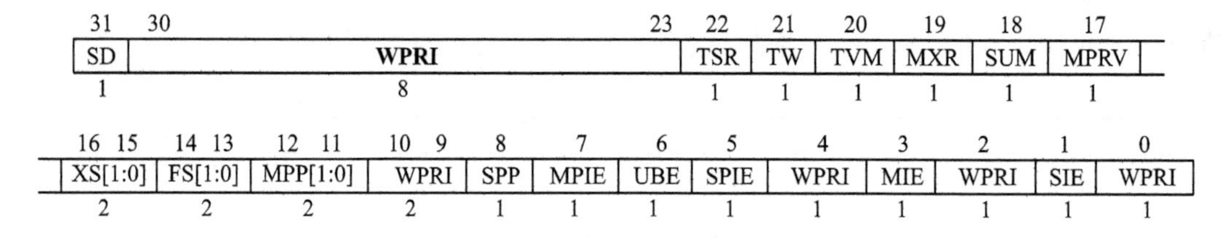

图 B.6　mstatus 寄存器

mstatus 寄存器中的 MIE 域表示全局中断使能。当该 MIE 域的值为 1 时，表示所有中断的全局开关打开；当 MIE 域的值为 0 时，表示全局关闭所有的中断。

mstatus 寄存器中的 MPIE 和 MPP 域分别用于保存进入异常之前 MIE 域和特权模式(Privilege Mode)的值。RISC－V 架构规定，处理器进入异常时：MPIE 域的值被更新为当前 MIE 的值；MIE 的值被更新称为 0；MPP 的值被更新为异常发生前的模式。

mstatus 寄存器中的 FS 域用于维护或反映浮点单元的状态。FS 域由两位组成，其编码如表 B－3 所列。FS 域的更新准则如下：1）FS 上电后的默认值为 0，浮点单元的状态为 Alloff。如果需要使用浮点单元，软件需要使用 CSR 写指令将 FS 的值改写为非 0 值。2）如果浮点的值为 1 或者 2，执行了任何浮点指令后，FS 的值会自动切换为 3，表示浮点单元的状态发生了改变。3）如果处理器不使用浮点运算单元，可使用 CSR 写指令将 mstatus 寄存器的 FS 域设置为 0，关闭浮点单元。当浮点单元的功能关闭之后，任何访问浮点 CSR 寄存器的操作或者任何执行浮点指令的行为都将会产生非法指令。

表 B－3　FS 域表示的状态编码

状　态	FS 含义	XS 含义
0	关闭	全部关闭
1	初始化	没有状态改变或清零
2	清零	没有状态改变，少量清零
3	状态改变	少量状态改变

mstatus 寄存器中的 XS 域和 FS 域的作用类似，但是其用于维护或反映用户自定义的扩展指令单元状态。在标准 RISC－V 中定义 XS 域为只读域，用于反映所有自定义扩展指令单元的状态总和。

mstatus 寄存器中的 SD 域是一个只读域，反映了 XS 域或 FS 域处于 Dirty 状态。其逻辑关系表达式为：SD ＝((FS ＝＝ 11)OR(XS ＝＝ 11))。

7. Machine Trap-Vector Base-Address Register——mtvec

mtvec 寄存器为机器模式异常向量基地址寄存器，用于配置异常的入口地址，如图 B.7 所示。在处理器的程序执行过程中，一旦遇到异常发生，则终止当前的程序流，处理器被强行跳转到一个新的 PC 地址，该过程在 RISC－V 的架构中定义为陷阱(trap)，表示进入异常状态。RISC－V 处理器进入异常后跳入的 PC 地址即由 mtvec 寄存器指定。

图 B.7　mtvec 寄存器

8. Machine Trap Delegation Registers——medeleg 和 mideleg

medeleg 寄存器是机器模式异常委托寄存器，mideleg 寄存器是机器模式中断委托寄存器，如图 B.8 和图 B.9 所示。在默认情况下，尽管机器模式异常可以使用 MRET 指令将陷阱(trap)重定向回合适的级别，但所有特权级别的陷阱都在机器模式下进行处理。为了提高性能，在 medeleg 和 mideleg 中提供单独的读/写位，用以指示由较低的特权级别直接处理某些异常和中断。

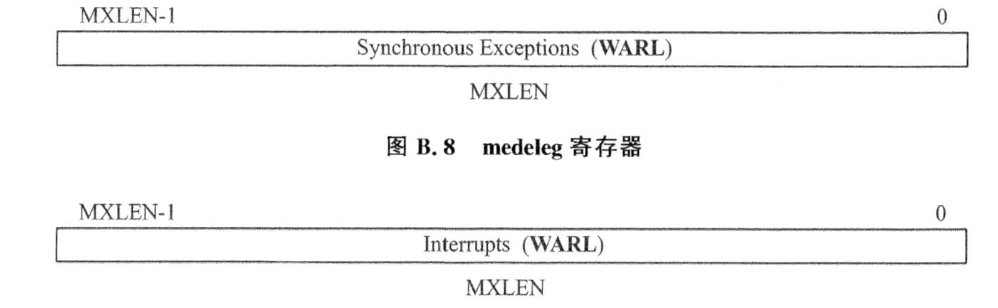

图 B.8　medeleg 寄存器

图 B.9　mideleg 寄存器

9. Machine Interrupt Registers——mip 和 mie

机器模式下的中断寄存器有两个：Machine interrupt-pending register（mip，机器模式中断等待寄存器）以及 Machine interrupt-enable register（mie，机器模式中断使能寄存器），如图 B.10～图 B.13 所示。mip 和 mie 都是一个 MXLEN 位的可读写的寄存器，mip 包含着与中断等待相关的信息，而 mie 包含中断使能位。在 mip 中，只有在低特权级别的位才能够使用 CSR 来寻址写入，包括软件中断（MSIP、SSIP）、时钟中断（MTIP、STIP）以及外部中断（MEIP、SEIP）。剩余的位都是只读的。

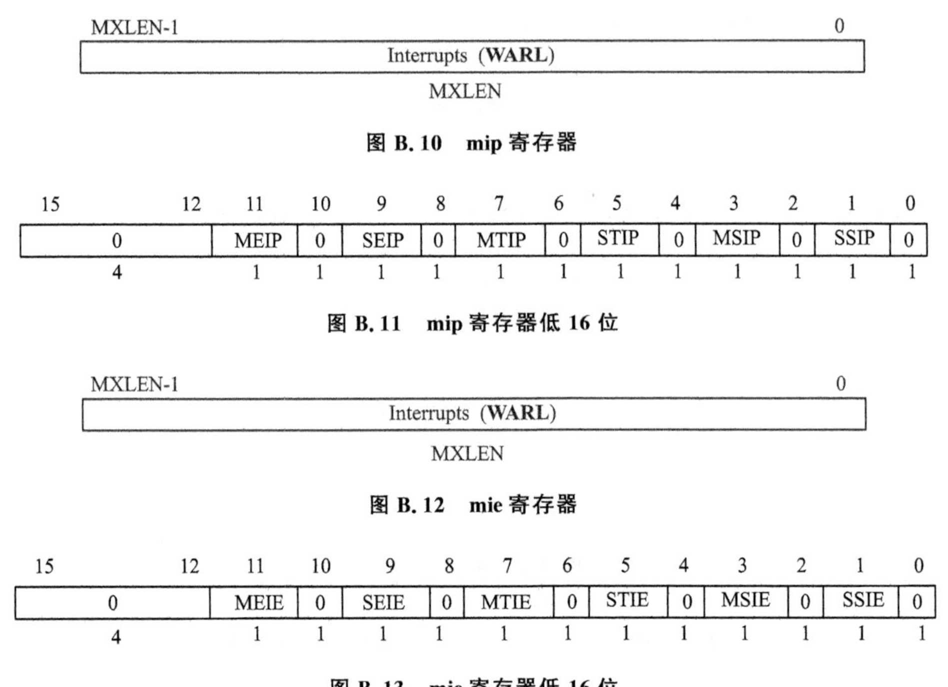

图 B.10 mip 寄存器

图 B.11 mip 寄存器低 16 位

图 B.12 mie 寄存器

图 B.13 mie 寄存器低 16 位

mip 和 mie 在其他特权级别下的寄存器分别为 sip/sie 以及 uip/uie。如果一个中断通过设置在 mideleg 寄存器中的位，来下放到 x 特权级别下处理，则它在 xip 寄存器中是可见的，并且可以在 xie 寄存器中进行屏蔽。否则，对应的 xip 以及 xie 中的位会被硬编码为 0。

MTIP、STIP 分别对应机器级、特权级下的计时中断等待位。MTIP 位是只读的，只能够通过写内存映射的机器模式计时器比较寄存器(machine-code timer compare register，mtimecmp)来清除。STIP 可以被工作在机器模式下的软件写入，用于传递计时中断给低级的特权级。特权级的软件可以通过调用 SEE(Supervisor Execution Environment)来清除 STIP 位。

MTIE、STIE 分别对应机器级、特权级下的计时中断使能位。

每个低级的特权级都有一个软件中断等待位，可以在本特权级或者更高的特权级使用 CSR 指令来读写。机器级的 MSIP 只能通过存储器映射的控制寄存器来控制。

MEIP 域是只读的，表示一个机器模式下的外部中断正在等待。MEIP 只能通过 PLIC (Platform - Level Interrupt Controller)来设置。MEIE 在设置后即允许外部中断。

SEIP 是可读写的位。SEIP 可能会在机器模式下被软件写入来表示在特权模式下有一个外部中断正在等待。此外，也可能是 PLIC 产生了一个特权级的中断正在等待。因此，特权级的外部中断可以由 PLIC 产生，也可以由机器模式下的软件来产生。

MEIE、SEIE 分别对应机器级、特权级下的外部中断使能位。

对于所有的中断类型来说（软件中断、计时中断以及外部中断），如果其特权级没有得到支持，则对应的 mip 和 mie 中的位硬编码为 0。

一个中断 i 会在 mip 以及 mie 中对应类型的位置为 1 时得以触发，并且此时全局的中断位也是 1。默认情况下，Hart 运行在低于机器模式的特权级别下时，或者 Hart 运行在机器模式下且 MIE 位为 1 时，机器级的中断是开放的。如果 mideleg 中的位 i 置为 1，那么，中断在以下情况中是全局开放的：当前 Hart 的特权级与下放的特权级相等，且该模式的全局中断使能为 1；当前的特权级模式比下放的特权级模式要低。

10. Machine Timer Registers——mtime 和 mtimecmp

mtime 和 mtimecmp 是两个 64 位寄存器。RISC－V 架构中定义了一个 64 位实时计数器，该计数器的值反映在 mtime 寄存器中，如图 B.14 所示。

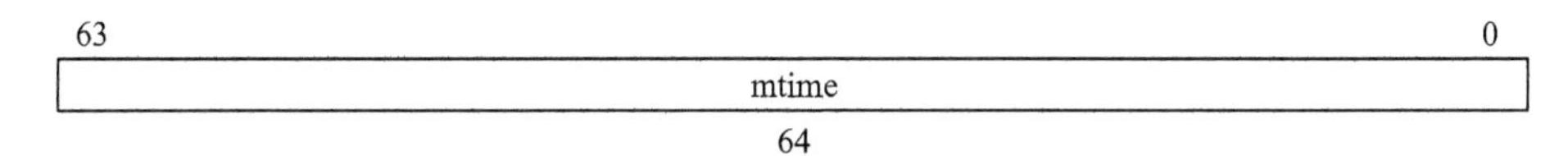

图 B.14　mtime 寄存器

mtimecmp 寄存器的主要作用是与 mtime 的值做比较，如图 B.15 所示。当 mtime 中的值大于或等于 mtimecmp 中的值时，便可以触发产生时钟中断。

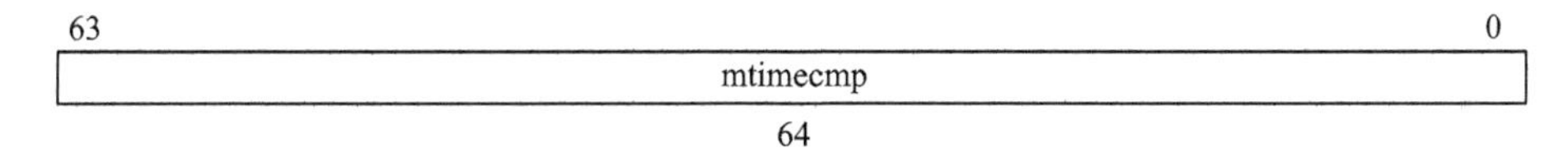

图 B.15　mtimecmp 寄存器

在 RISC－V 架构中，没有将 mtime 和 mtimecmp 寄存器定义为 CSR 寄存器，而是定义为存储器映射（Memory Address Mapped）的系统寄存器，其具体的存储器映射地址由 SoC 系统集成者实现。

11. Hardware Performance Monitor

机器模式具有基本的硬件性能监视功能。mcycle 寄存器计数运行 hart 的处理器内核执行的时钟周期数。minstret 寄存器计数已经结束的 hart 的指令数量。mcycle 和 minstret 寄存器在 RV32 和 RV64 系统中具有 64 位精度。

硬件性能监视器包括 29 个附加的 64 位事件计数器，即 mhpmcounter3～mhpmcounter31，如图 B.16 所示。这些寄存器用于控制哪个事件导致相应的计数器递增。这些事件的含义由平台定义，但是事件 0 代表“无事件”。

12. Machine Counter-Enable Register——mcounteren

mcounteren 寄存器是机器模式计数使能寄存器，是一个 32 位寄存器，如图 B.17 所示。该寄存器用于控制硬件性能监视计数器的可用性到下一个最低特权模式。该寄存器中的设置

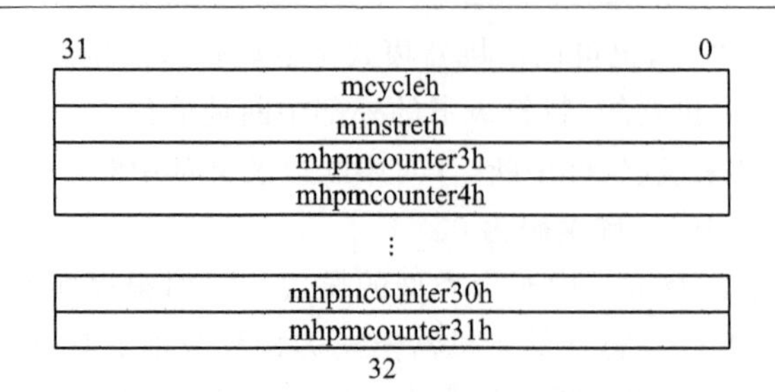

图 B.16 硬件性能监视器计数器

仅控制可访问性，读或写该寄存器的行为不会影响基础计数器。即使无法访问，基础计数器也会继续增加。

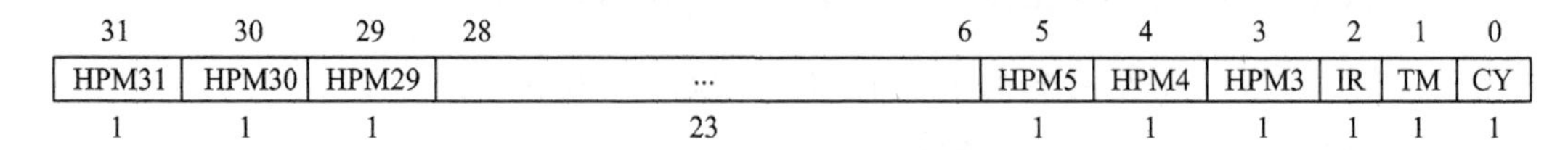

图 B.17 mcounteren 寄存器

13. Machine Counter-Inhibit CSR——mcountinhibit

mcountinhibit 寄存器是机器模式计数禁止寄存器，是一个 32 位寄存器，如图 B.18 所示。该寄存器用于控制哪个硬件性能监视计数器递增。该寄存器中的设置仅控制计数器是否递增，其可访问性不受此寄存器设置的影响。

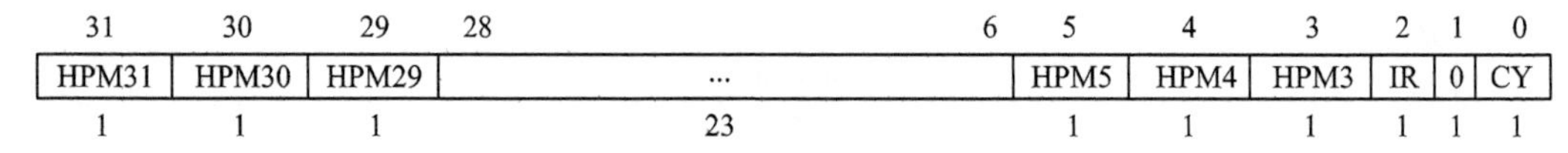

图 B.18 mcountinhibit 寄存器

14. Machine Scratch Register——mscratch

mscratch 寄存器是草稿寄存器，用于机器模式下的程序临时保存某些数据，在 RV32 中是一个 32 位的读写寄存器，如图 B.19 所示。mscratch 寄存器可以提供一种快速的保存和恢复机制。该寄存器除了被用来作为 CSR 寄存器操作的读写测试外，还可以被操作系统作为暂存空间。譬如，在进入机器模式的异常处理程序后，将应用程序的某个通用寄存器的值临时存入 mscratch 寄存器中，然后在退出异常处理程序之前，将 mscratch 寄存器中的值读出恢复至通用寄存器。

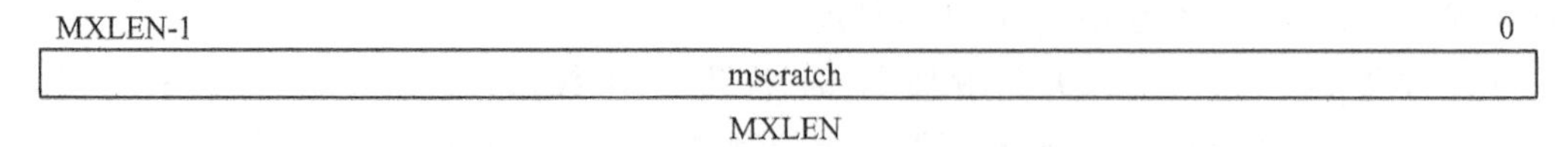

图 B.19 mscratch 寄存器

15. Machine Exception Program Counter——mepc

mepc 寄存器是机器模式异常程序计数器，用于保存进入异常之前指令的 PC 值，作为异常的返回地址。mepc 是一个 MXLEN 位的可读写寄存器，如图 B.20 所示。mepc 的最低位

(mepc[0])恒为0。在不支持16位指令扩展的实现当中,mepc最低的两位(mepc[1:0])恒为0。

mepc是一个WARL的寄存器,必须能够包含所有合法的物理以及虚拟地址。它不需要支持包含所有可能的不合法的地址,某些实现当中,可能会将一些不合法的地址串转换成其他的不合法的地址来写入mepc当中。当发生异常进入机器模式时,mepc会写入该异常的虚拟地址。

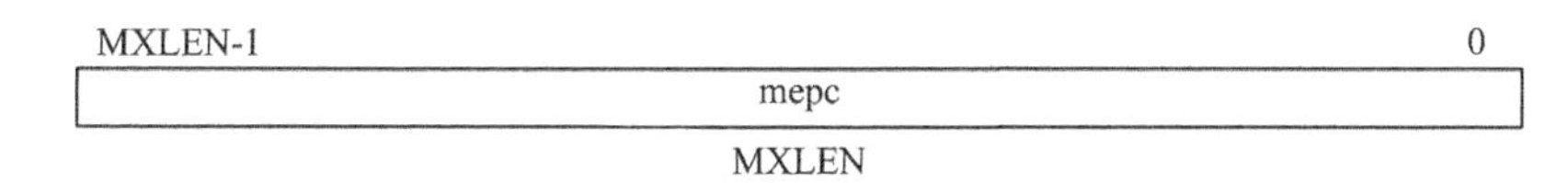

图B.20 mepc寄存器

16. Machine Cause Register——mcause

mcause即机器模式异常原因寄存器。mcause是一个MXLEN位的可读写的寄存器,如图B.21所示。RISC－V架构规定,所有的异常默认进入机器模式(Machine Mode),此时mcause被写入一个值表明是什么事件造成了这个异常。

当异常是由一个中断造成的时候,mcause中的Interrupt位会被置为1。Exception Code域包含着标明最近一个异常发生的原因。表3－2列出了可能的机器级的异常编码。Exception Code域是WLRL(Write Legal Read Legal)的,因此它需要保证只能包含所支持的异常编码。

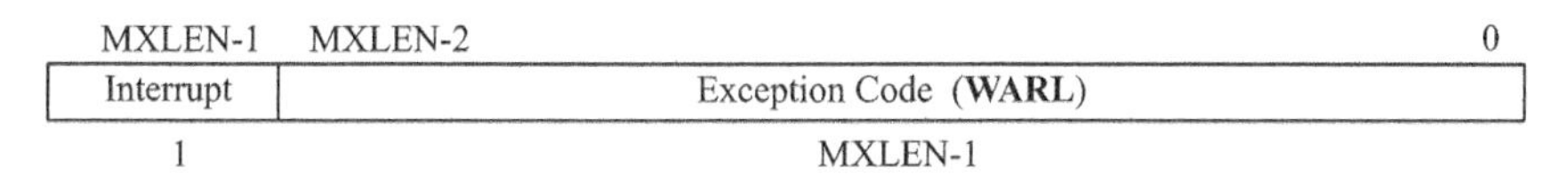

图B.21 mcause寄存器

17. Machine Trap Value Register——mtval

mtval寄存器是机器模式异常值寄存器。mtval是一个MXLEN位的可读写寄存器,如图B.22所示。当一个异常事件发生,内核进入机器模式时,mtval被写入该异常的信息,帮助服务程序来处理这个异常。

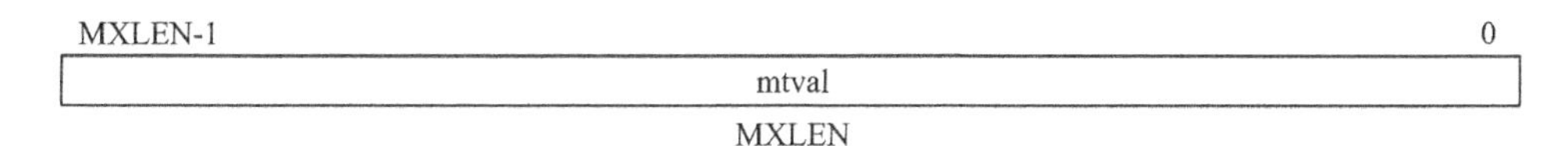

图B.22 mtval寄存器

当一个硬件的断点触发、指令的获取、加载存储地址未对齐、页故障异常发生时,mtval会写入受异常影响的地址。在非法指令的异常中,mtval会写入故障指令的MXLEN位。对于其他异常来说,mtval会写入0。将来可能会扩展更多的内容。

在RISC－V的指令获取异常中,如果指令是变长的,mtval会包含一个指向该指令一部分的指针,而mepc会指向该指令的起始地址。

mtval还可以在非法指令异常时选择返回异常指令(mepc指向内存中该异常指令的地址)。如果不支持这个特性,那么mtval设置为0;如果支持这项特性,在一个非法指令异常之后,mtval会包含整个异常指令。如果指令的长度小于MXLEN,则mtval的高位用0来填充。如果指令的长度大于MXLEN,那么mtval会包含该异常指令的前MXLEN位。

附录 C　RISC - V 指令编码列表

本附录取自“RISC - V 指令集和特权体系文档”（riscv - spec - v2. 2. pdf），以便于读者快速查阅。电子版文档可在随书附赠资料包中获取。

C1　RV32I 指令编码

RV32I Base Instruction Set

imm[31:12]				rd	0110111	LUI
imm[31:12]				rd	0010111	AUIPC
imm[20|10:1|11|19:12]				rd	1101111	JAL
imm[11:0]		rs1	000	rd	1100111	JALR
imm[12|10:5]	rs2	rs1	000	imm[4:1|11]	1100011	BEQ
imm[12|10:5]	rs2	rs1	001	imm[4:1|11]	1100011	BNE
imm[12|10:5]	rs2	rs1	100	imm[4:1|11]	1100011	BLT
imm[12|10:5]	rs2	rs1	101	imm[4:1|11]	1100011	BGE
imm[12|10:5]	rs2	rs1	110	imm[4:1|11]	1100011	BLTU
imm[12|10:5]	rs2	rs1	111	imm[4:1|11]	1100011	BGEU
imm[11:0]		rs1	000	rd	0000011	LB
imm[11:0]		rs1	001	rd	0000011	LH
imm[11:0]		rs1	010	rd	0000011	LW
imm[11:0]		rs1	100	rd	0000011	LBU
imm[11:0]		rs1	101	rd	0000011	LHU
imm[11:5]	rs2	rs1	000	imm[4:0]	0100011	SB
imm[11:5]	rs2	rs1	001	imm[4:0]	0100011	SH
imm[11:5]	rs2	rs1	010	imm[4:0]	0100011	SW
imm[11:0]		rs1	000	rd	0010011	ADDI
imm[11:0]		rs1	010	rd	0010011	SLTI
imm[11:0]		rs1	011	rd	0010011	SLTIU
imm[11:0]		rs1	100	rd	0010011	XORI
imm[11:0]		rs1	110	rd	0010011	ORI
imm[11:0]		rs1	111	rd	0010011	ANDI
0000000	shamt	rs1	001	rd	0010011	SLLI
0000000	shamt	rs1	101	rd	0010011	SRLI
0100000	shamt	rs1	101	rd	0010011	SRAI
0000000	rs2	rs1	000	rd	0110011	ADD
0100000	rs2	rs1	000	rd	0110011	SUB
0000000	rs2	rs1	001	rd	0110011	SLL
0000000	rs2	rs1	010	rd	0110011	SLT
0000000	rs2	rs1	011	rd	0110011	SLTU
0000000	rs2	rs1	100	rd	0110011	XOR
0000000	rs2	rs1	101	rd	0110011	SRL
0100000	rs2	rs1	101	rd	0110011	SRA
0000000	rs2	rs1	110	rd	0110011	OR
0000000	rs2	rs1	111	rd	0110011	AND
fm pred	succ	rs1	000	rd	0001111	FENCE
000000000000		00000	000	00000	1110011	ECALL
000000000001		00000	000	00000	1110011	EBREAK

31 27	26 25	24 20	19 15	14 12	11 7	6 0	
funct7		rs2	rs1	funct3	rd	opcode	R-type
imm[11:0]			rs1	funct3	rd	opcode	I-type
imm[11:5]		rs2	rs1	funct3	imm[4:0]	opcode	S-type

C2　RV32M 指令编码

RV32M Standard Extension

0000001	rs2	rs1	000	rd	0110011	MUL
0000001	rs2	rs1	001	rd	0110011	MULH
0000001	rs2	rs1	010	rd	0110011	MULHSU
0000001	rs2	rs1	011	rd	0110011	MULHU
0000001	rs2	rs1	100	rd	0110011	DIV
0000001	rs2	rs1	101	rd	0110011	DIVU
0000001	rs2	rs1	110	rd	0110011	REM
0000001	rs2	rs1	111	rd	0110011	REMU

C3　RV32F 指令编码

RV32F Standard Extension

imm[11:0]			rs1	010	rd	0000111	FLW
imm[11:5]		rs2	rs1	010	imm[4:0]	0100111	FSW
rs3	00	rs2	rs1	rm	rd	1000011	FMADD.S
rs3	00	rs2	rs1	rm	rd	1000111	FMSUB.S
rs3	00	rs2	rs1	rm	rd	1001011	FNMSUB.S
rs3	00	rs2	rs1	rm	rd	1001111	FNMADD.S
0000000		rs2	rs1	rm	rd	1010011	FADD.S
0000100		rs2	rs1	rm	rd	1010011	FSUB.S
0001000		rs2	rs1	rm	rd	1010011	FMUL.S
0001100		rs2	rs1	rm	rd	1010011	FDIV.S
0101100		00000	rs1	rm	rd	1010011	FSQRT.S
0010000		rs2	rs1	000	rd	1010011	FSGNJ.S
0010000		rs2	rs1	001	rd	1010011	FSGNJN.S
0010000		rs2	rs1	010	rd	1010011	FSGNJX.S
0010100		rs2	rs1	000	rd	1010011	FMIN.S
0010100		rs2	rs1	001	rd	1010011	FMAX.S
1100000		00000	rs1	rm	rd	1010011	FCVT.W.S
1100000		00001	rs1	rm	rd	1010011	FCVT.WU.S
1110000		00000	rs1	000	rd	1010011	FMV.X.W
1010000		rs2	rs1	010	rd	1010011	FEQ.S
1010000		rs2	rs1	001	rd	1010011	FLT.S
1010000		rs2	rs1	000	rd	1010011	FLE.S
1110000		00000	rs1	001	rd	1010011	FCLASS.S
1101000		00000	rs1	rm	rd	1010011	FCVT.S.W
1101000		00001	rs1	rm	rd	1010011	FCVT.S.WU
1111000		00000	rs1	000	rd	1010011	FMV.W.X

C4 RV32A 指令编码

RV32A Standard Extension

00010	aq	rl	00000	rs1	010	rd	0101111	LR.W
00011	aq	rl	rs2	rs1	010	rd	0101111	SC.W
00001	aq	rl	rs2	rs1	010	rd	0101111	AMOSWAP.W
00000	aq	rl	rs2	rs1	010	rd	0101111	AMOADD.W
00100	aq	rl	rs2	rs1	010	rd	0101111	AMOXOR.W
01100	aq	rl	rs2	rs1	010	rd	0101111	AMOAND.W
01000	aq	rl	rs2	rs1	010	rd	0101111	AMOOR.W
10000	aq	rl	rs2	rs1	010	rd	0101111	AMOMIN.W
10100	aq	rl	rs2	rs1	010	rd	0101111	AMOMAX.W
11000	aq	rl	rs2	rs1	010	rd	0101111	AMOMINU.W
11100	aq	rl	rs2	rs1	010	rd	0101111	AMOMAXU.W

C5 RV32D 指令编码

RV32D Standard Extension

imm[11:0]			rs1	011	rd	0000111	FLD
imm[11:5]		rs2	rs1	011	imm[4:0]	0100111	FSD
rs3	01	rs2	rs1	rm	rd	1000011	FMADD.D
rs3	01	rs2	rs1	rm	rd	1000111	FMSUB.D
rs3	01	rs2	rs1	rm	rd	1001011	FNMSUB.D
rs3	01	rs2	rs1	rm	rd	1001111	FNMADD.D
0000001		rs2	rs1	rm	rd	1010011	FADD.D
0000101		rs2	rs1	rm	rd	1010011	FSUB.D
0001001		rs2	rs1	rm	rd	1010011	FMUL.D
0001101		rs2	rs1	rm	rd	1010011	FDIV.D
0101101		00000	rs1	rm	rd	1010011	FSQRT.D
0010001		rs2	rs1	000	rd	1010011	FSGNJ.D
0010001		rs2	rs1	001	rd	1010011	FSGNJN.D
0010001		rs2	rs1	010	rd	1010011	FSGNJX.D
0010101		rs2	rs1	000	rd	1010011	FMIN.D
0010101		rs2	rs1	001	rd	1010011	FMAX.D
0100000		00001	rs1	rm	rd	1010011	FCVT.S.D
0100001		00000	rs1	rm	rd	1010011	FCVT.D.S
1010001		rs2	rs1	010	rd	1010011	FEQ.D
1010001		rs2	rs1	001	rd	1010011	FLT.D
1010001		rs2	rs1	000	rd	1010011	FLE.D
1110001		00000	rs1	001	rd	1010011	FCLASS.D
1100001		00000	rs1	rm	rd	1010011	FCVT.W.D
1100001		00001	rs1	rm	rd	1010011	FCVT.WU.D
1101001		00000	rs1	rm	rd	1010011	FCVT.D.W
1101001		00001	rs1	rm	rd	1010011	FCVT.D.WU

C6 RV32Q 指令编码

RV32Q Standard Extension

imm[11:0]			rs1	100	rd	0000111	FLQ
imm[11:5]		rs2	rs1	100	imm[4:0]	0100111	FSQ
rs3	11	rs2	rs1	rm	rd	1000011	FMADD.Q
rs3	11	rs2	rs1	rm	rd	1000111	FMSUB.Q
rs3	11	rs2	rs1	rm	rd	1001011	FNMSUB.Q
rs3	11	rs2	rs1	rm	rd	1001111	FNMADD.Q
0000011		rs2	rs1	rm	rd	1010011	FADD.Q
0000111		rs2	rs1	rm	rd	1010011	FSUB.Q
0001011		rs2	rs1	rm	rd	1010011	FMUL.Q
0001111		rs2	rs1	rm	rd	1010011	FDIV.Q
0101111		00000	rs1	rm	rd	1010011	FSQRT.Q
0010011		rs2	rs1	000	rd	1010011	FSGNJ.Q
0010011		rs2	rs1	001	rd	1010011	FSGNJN.Q
0010011		rs2	rs1	010	rd	1010011	FSGNJX.Q
0010111		rs2	rs1	000	rd	1010011	FMIN.Q
0010111		rs2	rs1	001	rd	1010011	FMAX.Q
0100000		00011	rs1	rm	rd	1010011	FCVT.S.Q
0100011		00000	rs1	rm	rd	1010011	FCVT.Q.S
0100001		00011	rs1	rm	rd	1010011	FCVT.D.Q
0100011		00001	rs1	rm	rd	1010011	FCVT.Q.D
1010011		rs2	rs1	010	rd	1010011	FEQ.Q
1010011		rs2	rs1	001	rd	1010011	FLT.Q
1010011		rs2	rs1	000	rd	1010011	FLE.Q
1110011		00000	rs1	001	rd	1010011	FCLASS.Q
1100011		00000	rs1	rm	rd	1010011	FCVT.W.Q
1100011		00001	rs1	rm	rd	1010011	FCVT.WU.Q
1101011		00000	rs1	rm	rd	1010011	FCVT.Q.W
1101011		00001	rs1	rm	rd	1010011	FCVT.Q.WU

C7 RV32C 指令编码

15 14 13	12 11 10	9 8 7	6 5	4 3 2	1 0	
000	0			0	00	*Illegal instruction*
000	nzuimm[5:4|9:6|2|3]			rd′	00	C.ADDI4SPN *(RES, nzuimm=0)*
001	uimm[5:3]	rs1′	uimm[7:6]	rd′	00	C.FLD *(RV32/64)*
001	uimm[5:4|8]	rs1′	uimm[7:6]	rd′	00	C.LQ *(RV128)*
010	uimm[5:3]	rs1′	uimm[2|6]	rd′	00	C.LW
011	uimm[5:3]	rs1′	uimm[2|6]	rd′	00	C.FLW *(RV32)*
011	uimm[5:3]	rs1′	uimm[7:6]	rd′	00	C.LD *(RV64/128)*
100	—				00	*Reserved*
101	uimm[5:3]	rs1′	uimm[7:6]	rs2′	00	C.FSD *(RV32/64)*
101	uimm[5:4|8]	rs1′	uimm[7:6]	rs2′	00	C.SQ *(RV128)*
110	uimm[5:3]	rs1′	uimm[2|6]	rs2′	00	C.SW
111	uimm[5:3]	rs1′	uimm[2|6]	rs2′	00	C.FSW *(RV32)*
111	uimm[5:3]	rs1′	uimm[7:6]	rs2′	00	C.SD *(RV64/128)*

15 14 13	12	11 10	9 8 7	6 5	4 3 2	1 0	
000	nzimm[5]	0		nzimm[4:0]		01	C.NOP *(HINT, nzimm≠0)*
000	nzimm[5]	rs1/rd≠0		nzimm[4:0]		01	C.ADDI *(HINT, nzimm=0)*
001	imm[11|4|9:8|10|6|7|3:1|5]					01	C.JAL *(RV32)*
001	imm[5]	rs1/rd≠0		imm[4:0]		01	C.ADDIW *(RV64/128; RES, rd=0)*
010	imm[5]	rd≠0		imm[4:0]		01	C.LI *(HINT, rd=0)*
011	nzimm[9]	2		nzimm[4|6|8:7|5]		01	C.ADDI16SP *(RES, nzimm=0)*
011	nzimm[17]	rd≠{0, 2}		nzimm[16:12]		01	C.LUI *(RES, nzimm=0; HINT, rd=0)*
100	nzuimm[5]	00	rs1′/rd′	nzuimm[4:0]		01	C.SRLI *(RV32 NSE, nzuimm[5]=1)*
100	0	00	rs1′/rd′	0		01	C.SRLI64 *(RV128; RV32/64 HINT)*
100	nzuimm[5]	01	rs1′/rd′	nzuimm[4:0]		01	C.SRAI *(RV32 NSE, nzuimm[5]=1)*
100	0	01	rs1′/rd′	0		01	C.SRAI64 *(RV128; RV32/64 HINT)*
100	imm[5]	10	rs1′/rd′	imm[4:0]		01	C.ANDI
100	0	11	rs1′/rd′	00	rs2′	01	C.SUB
100	0	11	rs1′/rd′	01	rs2′	01	C.XOR
100	0	11	rs1′/rd′	10	rs2′	01	C.OR
100	0	11	rs1′/rd′	11	rs2′	01	C.AND
100	1	11	rs1′/rd′	00	rs2′	01	C.SUBW *(RV64/128; RV32 RES)*
100	1	11	rs1′/rd′	01	rs2′	01	C.ADDW *(RV64/128; RV32 RES)*
100	1	11	—	10	—	01	*Reserved*
100	1	11	—	11	—	01	*Reserved*
101	imm[11|4|9:8|10|6|7|3:1|5]					01	C.J
110	imm[8|4:3]		rs1′	imm[7:6|2:1|5]		01	C.BEQZ
111	imm[8|4:3]		rs1′	imm[7:6|2:1|5]		01	C.BNEZ

15 14 13	12	11 10 9 8 7	6 5 4 3 2	1 0	
000	nzuimm[5]	rs1/rd≠0	nzuimm[4:0]	10	C.SLLI *(HINT, rd=0; RV32 NSE, nzuimm[5]=1)*
000	0	rs1/rd≠0	0	10	C.SLLI64 *(RV128; RV32/64 HINT; HINT, rd=0)*
001	uimm[5]	rd	uimm[4:3|8:6]	10	C.FLDSP *(RV32/64)*
001	uimm[5]	rd≠0	uimm[4|9:6]	10	C.LQSP *(RV128; RES, rd=0)*
010	uimm[5]	rd≠0	uimm[4:2|7:6]	10	C.LWSP *(RES, rd=0)*
011	uimm[5]	rd	uimm[4:2|7:6]	10	C.FLWSP *(RV32)*
011	uimm[5]	rd≠0	uimm[4:3|8:6]	10	C.LDSP *(RV64/128; RES, rd=0)*
100	0	rs1≠0	0	10	C.JR *(RES, rs1=0)*
100	0	rd≠0	rs2≠0	10	C.MV *(HINT, rd=0)*
100	1	0	0	10	C.EBREAK
100	1	rs1≠0	0	10	C.JALR
100	1	rs1/rd≠0	rs2≠0	10	C.ADD *(HINT, rd=0)*
101	uimm[5:3|8:6]		rs2	10	C.FSDSP *(RV32/64)*
101	uimm[5:4|9:6]		rs2	10	C.SQSP *(RV128)*
110	uimm[5:2|7:6]		rs2	10	C.SWSP
111	uimm[5:2|7:6]		rs2	10	C.FSWSP *(RV32)*
111	uimm[5:3|8:6]		rs2	10	C.SDSP *(RV64/128)*

参考文献

[1] 胡振波. RISC-V 架构与嵌入式开发快速入门[M]. 北京:人民邮电出版社,2019.

[2] 胡振波. 手把手教你设计 CPU RISC-V 处理器篇[M]. 北京:人民邮电出版社, 2018.

[3] 顾长怡. 基于 FPGA 与 RISC-V 的嵌入式系统设计[M]. 北京:清华大学出版社, 2020.

[4] 滕宇. 基于 RISC-V 指令集处理器的控制器研究[D]. 哈尔滨:黑龙江大学,2018.

[5] 胡振波. RISC-V 的爆发是中国芯片产业的一次机遇![J]. 单片机与嵌入式系统应用, 2019,19(07):1-3.

[6] 潘树朋,刘有耀. RISC-V 微处理器以及商业 IP 的综述[J]. 单片机与嵌入式系统应用, 2020,20(06):5-8,12.

[7] 雷思磊. RISC-V 架构的开源处理器及 SoC 研究综述[J]. 单片机与嵌入式系统应用, 2017,17(02):56-60,76.

[8] Ted M. RISC-V:改变 SoC 器件的开发[J]. 中国电子商情(基础电子),2017(12): 34-35.

[9] 苏嘉玮,关宁,刘强,等. 基于 RISC-V 微处理器的软硬件调试方法研究与实现[J]. 航天标准化,2020(02):12-15.

[10] 张明. 基于 RISC-V 指令集微控制器的研究[D]. 合肥:安徽大学,2020.

[11] 刘权胜. 基于 RISC-V 指令集的超标量处理器设计与实现[M]. 上海:上海科学技术文献出版社,2020.

[12] 张淑清. 嵌入式单片机 STM32 原理及应用[M]. 北京:机械工业出版社, 2019.

[13] 刘火良,杨森. STM32 库开发实战指南[M]. 北京:机械工业出版社,2013.

[14] 张洋,刘军,严汉宇. 原子教你玩 STM32:寄存器版[M]. 北京:北京航空航天大学出版社,2013.

[15] 蒙博宇. STM32 自学笔记[M]. 北京:北京航空航天大学出版社,2014.

[16] 刘荣. 圈圈教你玩 USB[M]. 2 版. 北京:北京航空航天大学出版社,2013.